大数据系列丛书

大数据基础与Python机器学习

高　静　申志军　姜新华　陈俊杰　主编

清華大学出版社
北　京

内 容 简 介

本书全面介绍与大数据和人工智能相关的数据采集、数据存储、并行计算等技术体系，以及 Python 编程基础、数据处理分析和可视化、机器学习算法和深度学习模型的原理与应用。

全书共分 4 部分：第 1 部分（第 1 章）为大数据基础，主要介绍与大数据应用相关的数据采集、数据存储、并行计算等技术体系；第 2 部分（第 2 章）为 Python 编程基础，主要介绍 Python 的基本语法，为读者学习后续的数据处理分析、可视化、机器学习算法和深度学习模型等内容提供基础知识；第 3 部分（第 3、4 章）为数据处理分析和可视化，主要介绍基于 Pandas 的数据处理分析方法和基于 Matplotlib 的数据可视化方法；第 4 部分（第 5～9 章）为机器学习和深度学习，其中，第 5～8 章主要介绍回归、聚类、分类等机器学习算法及应用，第 9 章主要介绍深度学习模型及建模应用。各章都有配套的思考题、自测习题和教学视频等资源。

本书适合作为高等学校数据科学与大数据技术、计算机科学与技术、网络工程、软件工程、物联网工程等专业的大数据导论、Python 编程技术、数据处理及可视化、Python 数据科学导引以及机器学习等课程的教材，也可作为 IT 开发人员、非计算机专业师生和科研工作者的参考书。

图书在版编目（CIP）数据

大数据基础与 Python 机器学习/高静等主编. —北京：清华大学出版社，2022.4（2022.11重印）
（大数据系列丛书）
ISBN 978-7-302-60239-2

Ⅰ.①大… Ⅱ.①高… Ⅲ.①数据处理 ②软件工具－程序设计 ③机器学习 Ⅳ.①TP274 ②TP311.561 ③TP181

中国版本图书馆 CIP 数据核字（2022）第 035945 号

责任编辑：张　玥　战晓雷
封面设计：常雪影
责任校对：焦丽丽
责任印制：曹婉颖

出版发行：清华大学出版社
网　　址：http://www.tup.com.cn，http://www.wqbook.com
地　　址：北京清华大学学研大厦 A 座　　**邮　　编**：100084
社 总 机：010-83470000　　**邮　　购**：010-62786544
投稿与读者服务：010-62776969，c-service@tup.tsinghua.edu.cn
质量反馈：010-62772015，zhiliang@tup.tsinghua.edu.cn
课件下载：http://www.tup.com.cn，010-83470236
印 装 者：三河市君旺印务有限公司
经　　销：全国新华书店
开　　本：185mm×260mm　　**印　　张**：21.75　　**字　　数**：500 千字
版　　次：2022 年 5 月第 1 版　　**印　　次**：2022 年11月第 2 次印刷
印　　数：1501～2700
定　　价：69.80 元

产品编号：090223-01

前　言

PREFACE

大数据和人工智能已经成为信息技术发展的新动能，围绕大数据和人工智能的创新层出不穷。究其根本，所有新思路和新技术都离不开高质量的数据，因此与数据相关的大数据技术体系，如数据采集、数据存储、并行计算、数据处理分析、编程工具 Python、数据处理分析工具 Pandas、数据可视化工具 Matplotlib，以及与人工智能相关的机器学习算法和深度学习模型等，已成为学习大数据、人工智能的必备知识。基于这种现状，本书将上述知识按照逐层深入的思路进行整合，使之成为一条有机的阶梯式递进学习链，帮助读者从基础知识到应用实践一步步构建大数据和人工智能应用的知识体系。

本书以 IT 企业对从业人员技术能力要求为出发点，以工程实践能力培养为目标，按照工程需求组织内容，便于读者学习和掌握。本书既可以作为高校计算机类专业各层次的教材，还可以作为 IT 开发人员、非计算机专业师生和科研工作者的参考书。

本书具有以下特点：

(1) 知识覆盖面广，技术体系完整。本书涵盖大数据技术体系、Python 编程基础知识、数据处理分析和可视化方法以及机器学习算法和深度学习模型等基础理论和相关应用知识。

(2) 理论和实践相结合。本书运用丰富的实践案例帮助读者理解相关原理和理论，同时用详细的操作步骤和直观的运行结果展示其背后的规则和算法，避免单调的理论叙述，易教易学。

(3) 配套资源丰富。本书提供配套的课件、例题案例、自测习题和各知识点的教学视频，适合线上线下混合式教学。

本书由高静、申志军、姜新华、陈俊杰、谢聪娇、左东石、刘敏、白洁和刘振羽等共同编写。其中，高静和刘振羽共同编写了第 1 章，白洁编写了第 2 章，申志军编写了第 3、4 章，刘敏编写了第 5 章，谢聪娇编写了第 6 章，姜新华编写了第 7 章，左东石编写了第 8 章，陈俊杰编写了第 9 章，全书由高静教授统稿。在编写过程中，参阅了 Python、Pandas、Matplotlib 和 PyTorch 的官网及中文社区，也吸取了国内外教材的精髓，在此对这些作者的贡献表示由衷的感谢。本书在出版过程中还得到了清华大学出版社张玥编辑的大力支持，在此向她表示诚挚的感谢。

限于作者水平，书中难免有不妥和疏漏之处，恳请各位专家、同仁和读者不吝赐教，并与编者讨论，编者的邮箱是 shensljx@sina.com。

编　者

2022 年 4 月

目 录

CONTENTS

数据与大数据导论

本章学习目标

- 了解大数据的定义、数据结构类型及数据分类。
- 掌握数据分析流程及常用的预处理方法。
- 了解云存储和大数据存储技术。
- 了解云计算和大数据并行计算。
- 了解常用的数据分析方法和算法。
- 了解大数据可视化技术。
- 了解大数据应用和挑战。

本章主要内容如图 1.1 所示。

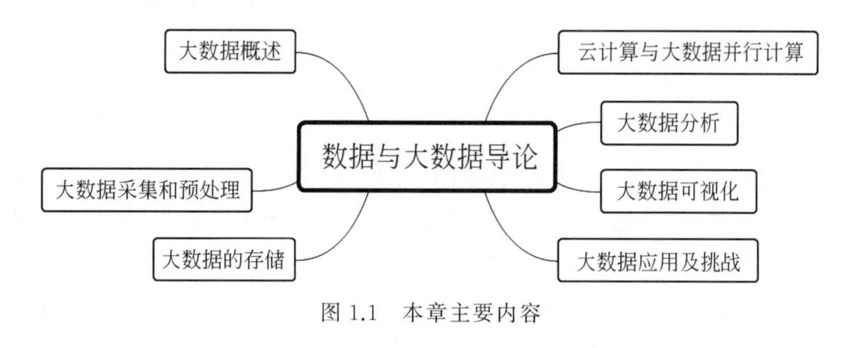

图 1.1　本章主要内容

1.1　大数据概述

1.1.1　大数据的来源

人类对数据的认识经历了漫长的发展历程，最早可溯源至数觉。所谓数觉，即感觉到数据的增减变化。从数据到大数据的发展脉络如图 1.2 所示。人类从最原始的数觉，逐渐形成了数值的概念，此后逐渐产生了计数、算术、模拟计算和电子计算的概念或方法。计算机的发明和应用使人类从繁重的脑力劳动中解放出来，推动人类向信息社会迈进。人们的关注点从数值转移到数据，再转移到目前的大数据。

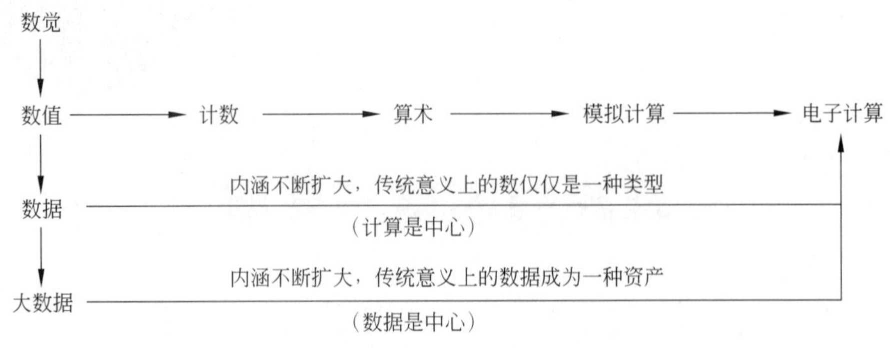

图 1.2　从数据到大数据的发展脉络

在互联网时代，大数据主要来自两方面：一方面是用户使用网络所留下的痕迹（包括浏览信息、行动和行为信息）；另一方面是互联网公司在日常运营中生成和累积的用户数据。目前大数据的来源主要包括传统行业数据、互联网数据以及设备和传感器的实时记录数据。

1. 传统行业数据

传统行业（如电信、银行、金融、医疗健康、教育等行业）会产生大量数据。例如，银行产生的数据集中在用户存款交易、风险贷款抵押、利率市场投放、业务管理等方面。除此之外还有互联网银行，例如支付宝，用户每天通过支付宝转入转出或者支付产生的数据也是相当可观的。

2. 互联网数据

搜索引擎公司是最早面对大数据技术问题的企业，Google 和百度等公司存储着全世界几乎所有可访问的网页，数目超过万亿规模。在存储的网页文件的基础上，进行大数据计算，构建搜索引擎，都需要大数据技术的支撑。微信、微博、抖音、推特、脸书等社交网络、电子商务平台和电子商务直播平台都是大数据的主要来源。例如，每天有 10.9 亿个用户打开微信，有 3.3 亿个用户进行视频通话，有 7.8 亿个用户浏览朋友圈，有 1.2 亿个用户发布朋友圈（其中照片 6.7 亿张，短视频 1 亿条），有 3.6 亿个用户读公众号文章，有 4 亿个用户使用微信小程序；Facebook 月活跃用户接近 8.5 亿个，每天上传的照片总量为 2.5 亿张。YouTube 每天有 20 亿次浏览量，平均每个用户每天花 900s 在 You Tube 上，每天超过 82.9 万个视频被上传，平均每个视频长度为 2 分 46 秒等。分析、挖掘这些数据，可以获取更多的信息，发现更大的潜在价值。

3. 设备和传感器的实时记录数据

汽车生产商在车辆中配置 GPRS、油耗器、速度表、公里表等可传播信号的监控器，可以连续读取车辆整体的运行情况，车联网数据可以用于智能交通管理；科研仪器设备产生大量数据，以辅助科学研究，例如，大型对撞机产生高能物理学数据，天文望远镜产生天体物理数据，测序仪产生海量基因组学数据，等等；物联网数据是设备和传感器数据的实例，工业物联网和农业物联网通过对传感器采集的数据的分析实现监测和预测。

1.1.2 大数据的定义和特征

1. 大数据的定义

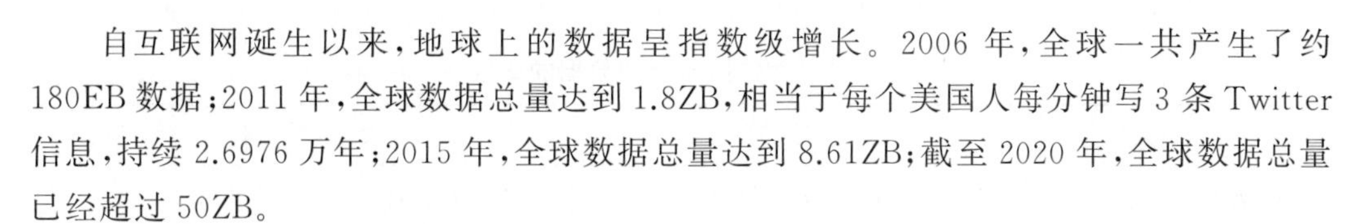

自互联网诞生以来，地球上的数据呈指数级增长。2006年，全球一共产生了约180EB数据；2011年，全球数据总量达到1.8ZB，相当于每个美国人每分钟写3条Twitter信息，持续2.6976万年；2015年，全球数据总量达到8.61ZB；截至2020年，全球数据总量已经超过50ZB。

大数据是一个宽泛的概念，人们对它的理解见仁见智。从大数据应用价值的角度，《大数据时代》的作者维克托·迈尔-舍恩伯格和肯尼思·库克耶对大数据的定义为："大数据就是一种能力，该能力使用信息来发现有价值的洞见或商品，以及有显著价值的服务；或者是那种在小规模数据条件下不能够达成，但是在大数据这种情况下能达成的发现见解和创造新价值。"

此外，还有人从大数据技术属性的角度定义大数据。例如：

- 大数据是一种富集、整合、分析数据的手段。
- 大数据是一种帮助我们找到相关数据并分析其含义的新工具。
- 对于企业而言，大数据是一种从内部数据处理到外部数据挖掘的意识转变。

综上，目前关于大数据的定义主要从大数据的本质属性（数据量级大、种类多等）、目标属性（交叉复用带来的价值）和技术属性（富集、整合、分析数据的手段）进行定义。

2. 大数据的特征

大数据的特征最早是由道格·兰尼在2001年发表的一篇讨论电子商务数据的容量、速率和多样性对企业数据仓库的影响的文章中提出的。随着大数据的发展，考虑到非结构化数据的较低信噪比的需要，数据真实性随后也被添加到大数据特征列表中。最终形成公认的大数据5V特征：容量（Volume）、速率（Velocity）、多样性（Variety）、真实性（Veracity）和价值（Value）。

- 容量大。数据容量能够影响数据的独立存储和处理需求，同时还能对数据准备、数据恢复、数据管理的操作产生影响。
- 高速率。在大数据环境中，数据产生得很快，在极短的时间内就能聚集大量的数据。从企业角度来看，高速率的数据流要求与之匹配的数据处理方案更具弹性，同时也需要更强大的数据存储能力。
- 类型多样。大数据解决方案需要支持多种不同格式、不同类型的数据。数据多样性给企业带来的挑战涉及数据聚合、数据交换、数据处理和数据存储等方面。
- 真实性。信噪比越高的数据，其真实性越高。从可控的行为（例如网络注册）中获取的数据常常比通过不可控行为（例如发布博文章等）中获取的数据含有更少的噪声。

- 价值。数据的有用程度。价值特征直观地与真实性特征相关联，真实性越高，价值越高。同时，价值也依赖于数据处理时间，这是因为数据的分析结果具有时效性。例如，20min 延迟的股票报价与 20ms 延迟的股票报价相比，后者的价值明显远大于前者。数据的价值与时间紧密相关，过时的数据将会降低决策的效率和质量。

与传统数据相比，大数据具有独特的特性，如表 1.1 所示。

表 1.1　大数据与传统数据的比较

属　　性	传统数据	大　数　据
数据规模	规模小，以 MB、GB 为处理单位	规模大，以 TB、PB 为处理单位
数据生成速率	以小时、天计	以更短的时间单位计，以秒、毫秒计
数据结构类型	单一的结构化数据	多样化
数据源	集中的数据源	分散的数据源
数据存储	关系数据库管理系统	分布式文件系统、非关系数据库
模式和数据的关系	先有模式后有数据	先有数据后有模式，且模式随数据变化而不断演变
处理对象	数据仅作为处理对象	作为处理对象或辅助资源以解决其他领域的问题
处理工具	一种或少数几种处理工具	不存在单一的全处理工具

1.1.3　数据结构类型

目前，通常将大数据分为结构化数据、半结构化数据和非结构化数据 3 种类型。

1. 结构化数据

结构化数据遵循标准的模型或模式，常以表格形式存储，例如关系数据库和 CSV 文档数据，如表 1.2 所示。由于数据库本身以及现有的工具对结构化数据的支持，结构化数据很少需要在存储过程中做特殊处理。常用的结构化数据系统包括企业计划系统、医院信息系统、财务系统、医疗 HIS 数据库、教育一卡通系统、政府行政审批系统等。

表 1.2　结构化数据

工号	姓名	性别	年龄	岗位	…
301553	侯震	男	35	数据工程师	…
301554	何耀华	男	43	项目经理	…
…	…	…	…	…	…

2. 半结构化数据

半结构化数据就是介于结构化数据和非结构化的数据之间的数据，例如邮件、HTML 文档、报表和具有定义模式的 XML 数据文件等。图 1.3 为 XML 文档，它的数据是有结构的，但是不便于模式化。半结构化数据没有模式的限定，数据可自由地流入系统和更新，更便于客观地描述事物。它在使用时，模式才起作用。如果想要获取数据，需要构建相应的模式对数据进行检索。常用的半结构化数据来源于电子转换数据文件、扩展表、RSS 源以及传感器数据等。半结构化数据通常需要特殊的预处理和存储技术。

```
<note>
  <to>George</to>
  <from>John</from>
  <heading>Reminder</heading>
  <body>Reminder</body>
</note>
```

图 1.3　XML 文档

3. 非结构化数据

非结构化数据是指非纯文本类数据，没有标准格式，无法直接解析出相应的数值。此类数据不易收集和管理，且难以直接查询和分析。生活中常用的非结构化数据包括 Web 网页、即时消息（如微博、微信中的消息）、富文本文件、富媒体文件、实时多媒体数据（如各种视频、音频和图像文件）等。

1.1.4　数据分析流程

大数据技术是新兴技术，它能够高速捕获、分析、处理大容量、多种类型的数据，并从中获取相应价值的技术和架构。大数据的处理流程如图 1.4 所示，包括数据采集、数据预处理、数据存储、数据分析和挖掘、应用 5 个环节。

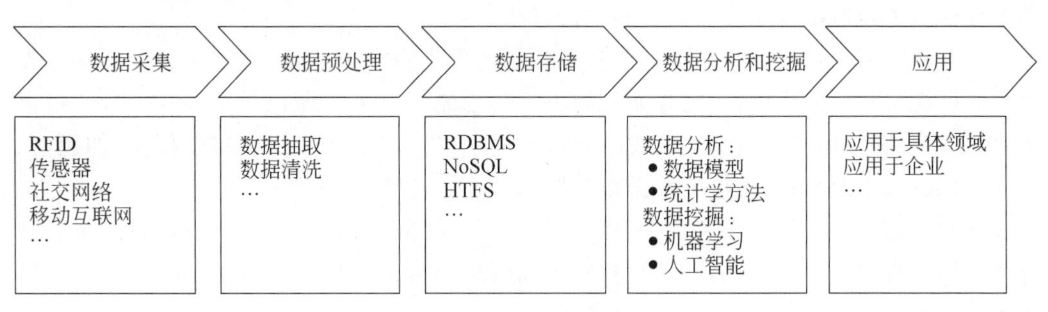

图 1.4　大数据的处理流程

数据采集又称数据获取，是大数据生命周期中的第一个环节，常指通过 RFID、传感器、社交网络、移动互联网等方式获得各种类型的数据。

数据预处理是指在进行数据分析之前对数据进行的预先处理。现实世界中存在的数据是零散且不完整的，同时存在部分脏数据。为提高数据质量，需要对其进行预处理。常用的数据预处理方法包括数据清理、数据集成、数据变换、数据归约等。

海量数量及其结构的复杂性和多样性对一体化统一数据存储提出了新的挑战，同时数据读写、检索查询性能以及经济成本的约束更使得大数据存储成为技术密集型的支撑性基础技术。没有合适的大数据存储方式，将无法很好地存储和管理海量的大数据。

数据分析和挖掘是体现大数据价值的核心环节。在数据智能分析阶段，经典的机器学习方法是最常用的数据智能分析方法，近年发展迅猛的深度学习算法在某些领域也取得了惊人的效果。此外，数据的可视化分析是数据智能分析的重要补充，它可以更加形象、直观地将数据智能分析的结果展现出来。

大数据已广泛应用于社会生活的诸多领域。例如，在金融行业中，大数据在高频交易、社交情绪分析和信贷风险分析等金融创新领域发挥重大作用；在互联网行业中，大数据可以为用户更准确地进行商品推荐和有针对性的广告投放；在物流行业中，利用大数据优化物流网络，可以极大地提高物流效率，降低物流成本；在城市管理中，可以利用大数据实现智能交通、环境监测等。

1.2 大数据采集和预处理

1.2.1 大数据采集设备

大数据采集通常指基于RFID、传感器、社交网络以及移动互联网等获得多种类型的海量数据。

常见的科研大数据采集有高能物理学数据采集、天体物理学数据采集、基因组学数据采集等。在高能物理学中，基于大型强子对撞机(Large Hadron Collider，LHC)每秒可产生1GB的数据。在天体物理学中，采用射电望远镜，每秒采集的数据量大于12TB。在基因组学中，采用高通量测序仪对生物体组织测序会产生海量的基因组数据。

遍布网络的各种节点、终端等都是网络大数据采集设备，这些设备采集的数据通过网络汇集到服务器端数据库和数据中心进行存储。

工业物联网大数据采集设备主要基于智能装备本身或传感器，常用于工业现场生产过程的可视化和持续优化，实现智能化的决策与控制。相关数据包括设备(如机床、机器人)数据、产品(如原材料、在制品、成品)数据、过程(如工艺、质量等)数据、环境(如温度、湿度等)数据、作业数据(现场工人操作数据，如单次操作时间)等。

农业大数据通常依靠无人机、传感器、物联网、遥感等设备和技术手段进行采集。农业数据的采集通常使用无线传感器，利用无线网络作为信息传输的载体，并形成自组网，传输采集到的土壤温湿度和光照等数据。

医疗大数据主要来自医院信息系统、电子病历系统、影像采集与传输系统、实验室检查信息系统、病理系统、医疗器械等信息化系统和设备记录的疾病、体征数据。通过对医疗大数据的分析和加工，可以挖掘出疾病诊断、治疗、公共卫生防治等方面的重要价值。

生态大数据采集是指运用互联网、云计算、物联网等技术收集整理区域内水土气、植动微等生态本底数据，并结合生态管理实践，建立指标分析模型，输出区域生态大数据和产业生态大数据，为生态发展决策提供重要价值信息。

金融大数据可大致分为以下3类：客户信息、交易信息和资产信息。金融大数据的采集需要有丰富的数据源、统一的数据接口、数据字段关联以及实时的数据监控信息。

教育大数据是指整个教育活动过程中产生的数据集合。教育大数据采集具有场景多样、数据结构异质等特点。教师利用这些数据有助于全方位了解教学以及学生的学习状况,促进精准教学;学生则可以利用相关数据进行个人学习诊断,提高学习效率。

交通大数据包括车辆大数据、高速大数据、运政大数据、ETC大数据等。利用交通大数据能够优化交通控制与管理,避免交通拥堵。

1.2.2 大数据采集方法

科学实验大多经过精心设计,相关实验数据采集方法都依赖于具体的科研设备和预置的工作模式。

网络大数据的采集成本相对较低,通常由网络爬虫程序实现。网络数据采集过程主要由6个环节构成:网站页面分析、链接抽取、链接过滤、内容抽取、URL队列遍历和数据存储。

工业物联网大数据主要通过现场总线、工业以太网、工业光纤网络等工业通信网络实现对工厂内设备的接入进行采集。

农业管理人员可以通过无人机、遥感技术对农田进行准确的定位,利用无人机的高清数码相机、摄像头、热像仪以及各种传感器等专业的成像设备获得超低空高分辨率遥感图像。

医疗和教育大数据一般直接从医院或教育行业的信息系统数据库中抽取。

交通大数据目前常用自动采集技术,包括感应线圈、视频监控、微波检测、地磁棒以及全球定位系统等方法。将感应线圈埋设在路口停车白线前端。当红灯亮起时,系统同时将进行闯红灯与超速照相工作。视频监控是基于视频图像分析和计算机视觉技术对路面运动目标物体进行检测分析的视频处理技术。它能实时分析输入的交通图像,通过判断图像中划定的一个或者多个检测区域内的运动目标物体获得所需的交通数据。微波检测主要利用多普勒效应原理,通过发射低能量的连续频率调制微波信号,处理回波信号,可以检测出多达8个车道的车流量、道路占有率、平均车速等交通流参数。地磁棒也叫地磁车辆检测器,把一个具有高导磁率的磁芯和线圈装在一个保护套内,在其中填满非导电的防水材料,形成一根磁棒,在路面上垂直开一个孔,把磁棒埋入。当车辆驶过这个线圈时,通过线圈的磁通量发生变化,进而记录车流量信息。

1.2.3 大数据预处理技术

数据预处理是数据分析和挖掘的基础,是对接收到的数据进行数据清洗、数据集成、数据归约、数据转换等处理并最终加载到数据仓库的过程。

- 数据清洗主要包括数据的默认值处理、噪声数据处理、数据不一致处理。
- 数据集成是将多个数据源中的数据合并存储。
- 数据归约是指在尽可能保持数据原貌的前提下最大限度地精简数据量,该处理过程主要针对较大的数据集。
- 数据转换是把原始数据转换为适合数据挖掘的数据形式。

1. 数据清洗

数据缺失是指某一数据集存在部分记录的缺失、删减以及聚类等现象。在科学实验中导入分析算法的数据集应该是干净的、完备的。但在实际场景中，采集到的数据通常无法直接使用，普遍存在数据缺失、噪声等问题。常用的数据清洗方法有数据删除、数据插补、异常值处理等。

1）数据删除

如果缺失值数量较少，样本数量足够大，删除缺失数据是最方便的处理方式。例如，引入一个真实数据集，数据来源于某游戏公司的用户注册信息（仅以 10 行数据为例）。该数据集有 5 个字段，分别为 uid（用户 ID）、regit_date（注册日期）、gender（性别）、age（年龄）和 income（收入），如图 1.5 所示。这个数据集中有 5 条记录存在缺失观测值，行号分别是 2、4、5、7 和 9。

（1）按列删除是把含有缺失值的整列数据删除。这将会导致字段的减少，而样本数量不变。在用户注册信息数据集中，按照列删除的方式删除 age 字段，删除后的数据集如图 1.6 所示。

	uid	regit_date	gender	age	income
0	81200457	2016-10-30	M	23.0	6500.0
1	81201135	2016-11-08	M	27.0	10300.0
2	80043782	2016-10-13	F	NaN	13500.0
3	84639281	2017-04-17	M	26.0	6000.0
4	73499801	2016-03-21	NaN	NaN	4500.0
5	72399510	2016-01-18	M	19.0	NaN
6	63881943	2015-10-07	M	21.0	10000.0
7	35442690	2015-04-10	F	NaN	5800.0
8	77638351	2016-07-12	M	25.0	18000.0
9	85200189	2017-05-18	M	22.0	NaN

图 1.5　有缺失值的数据集

	uid	regit_date	gender	income
0	81200457	2016-10-30	M	6500.0
1	81201135	2016-11-08	M	10300.0
2	80043782	2016-10-13	F	13500.0
3	84639281	2017-04-17	M	6000.0
4	73499801	2016-03-21	NaN	4500.0
5	72399510	2016-01-18	M	NaN
6	63881943	2015-10-07	M	10000.0
7	35442690	2015-04-10	F	5800.0
8	77638351	2016-07-12	M	18000.0
9	85200189	2017-05-18	M	NaN

图 1.6　按列删除后的数据集

（2）按行删除是把所有含缺失值的记录删除。它可以保留所有字段，但样本数量会相应减少。按行删除后的数据集如图 1.7 所示。

	uid	regit_date	gender	age	income
0	81200457	2016-10-30	M	23.0	6500.0
1	81201135	2016-11-08	M	27.0	10300.0
3	84639281	2017-04-17	M	26.0	6000.0
6	63881943	2015-10-07	M	21.0	10000.0
8	77638351	2016-07-12	M	25.0	18000.0

图 1.7　按行删除后的数据集

2）数据插补

尽管含有缺失值的数据没有携带完整的信息，但简单的删除会导致已有信息的丢失。

因此，保留现有的数据，并对缺失值进行填充，成为合适的选择。通常用描述性统计量（如均值、众数等）对缺失值进行填充。针对用户注册数据的各缺失值使用不同的替换方法，即缺失的性别使用众数替换，缺失的年龄使用均值替换，缺失的收入使用中位数替换。图1.8为填充缺失值后的数据集。

另外，还可以向前插值和向后插值。向前插值就是用缺失值的前一个数值进行填充，向后插值则正相反。向前插值和向后插值的示例如图1.9和图1.10所示。

	uid	regit_date	gender	age	income
0	81200457	2016-10-30	M	23.000000	6500.0
1	81201135	2016-11-08	M	27.000000	10300.0
2	80043782	2016-10-13	F	23.285714	13500.0
3	84639281	2017-04-17	M	26.000000	6000.0
4	73499801	2016-03-21	M	23.285714	4500.0
5	72399510	2016-01-18	M	19.000000	8250.0
6	63881943	2015-10-07	M	21.000000	10000.0
7	35442690	2015-04-10	F	23.285714	5800.0
8	77638351	2016-07-12	M	25.000000	18000.0
9	85200189	2017-05-18	M	22.000000	8250.0

图1.8 填充缺失值后的数据集

	uid	regit_date	gender	age	income
0	81200457	2016-10-30	M	23.0	6500.0
1	81201135	2016-11-08	M	27.0	10300.0
2	80043782	2016-10-13	F	27.0	13500.0
3	84639281	2017-04-17	M	26.0	6000.0
4	73499801	2016-03-21	M	26.0	4500.0
5	72399510	2016-01-18	M	19.0	4500.0
6	63881943	2015-10-07	M	21.0	10000.0
7	35442690	2015-04-10	F	21.0	5800.0
8	77638351	2016-07-12	M	25.0	18000.0
9	85200189	2017-05-18	M	22.0	18000.0

图1.9 向前插值示例

3）异常值处理

异常值也称为离群点，这样的数据点在数据集中表现出不合理的特性。如果忽视异常值，在某些建模场景下（如在线性回归模型中或 k 均值聚类过程中等）就会导致错误的结论。

识别异常值可以借助于图形法（如箱线图、正态分布图）和建模法（如线性回归、聚类算法、k 近邻算法）。

箱线图技术实际上就是利用数据的分位数识别其中的异常值。箱线图属于典型的统计图形，在学术界和工业界都得到了广泛的应用。箱线图的形状特征如图1.11所示。其中，下四分位数指的是数据的25%分位点对应的值（Q_1）；中位数即为数据的50%分位点

	uid	regit_date	gender	age	income
0	81200457	2016-10-30	M	23.0	6500.0
1	81201135	2016-11-08	M	27.0	10300.0
2	80043782	2016-10-13	F	26.0	13500.0
3	84639281	2017-04-17	M	26.0	6000.0
4	73499801	2016-03-21	M	19.0	4500.0
5	72399510	2016-01-18	M	19.0	10000.0
6	63881943	2015-10-07	M	21.0	10000.0
7	35442690	2015-04-10	F	25.0	5800.0
8	77638351	2016-07-12	M	25.0	18000.0
9	85200189	2017-05-18	M	22.0	NaN

图1.10 向后插值示例

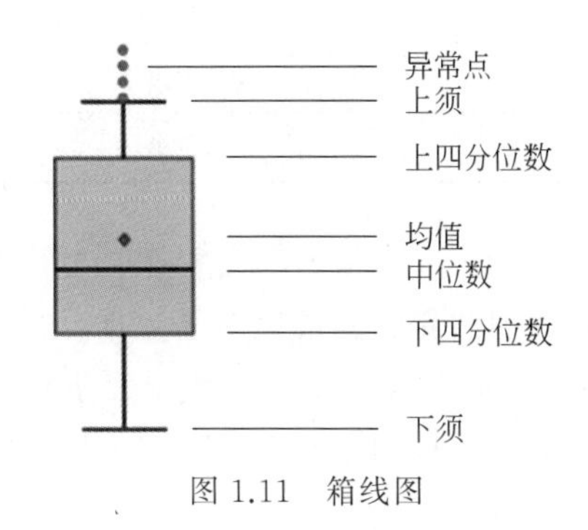

图1.11 箱线图

对应的值(Q_2);上四分位数则为数据的75%分位点对应的值(Q_3);上须的计算公式为$Q_3+1.5(Q_3-Q_1)$;下须的计算公式为$Q_1-1.5(Q_3-Q_1)$,Q_3-Q_1表示四分位差。采用箱线图识别异常值的判断标准是:当变量的数据值大于箱线图的上须或者小于箱线图的下须时,即认为这样的数据为异常值。箱线图法异常值和极端异常值判断标准如表1.3所示。

表1.3 箱线图法异常值和极端异常值判断标准

判断标准	结论
$X>Q_3+1.5(Q_3-Q_1)$或者$X<Q_1-1.5(Q_3-Q_1)$	异常值
$X>Q_3+3(Q_3-Q_1)$或者$X<Q_1-3(Q_3-Q_1)$	极端异常值

标准正态分布的概率密度图(简称正态分布图)如图1.12所示。根据标准正态分布的定义可知,数据点落在偏离均值正负2倍标准差内的概率为95.4%,数据点落在偏离均值正负3倍标准差内的概率为99.6%。即数据点落在偏离均值正负2倍标准差之外的概率不足5%,属于小概率事件,可认为这样的数据为异常值;数据点落在偏离均值正负3倍标准差之外的概率更小,可认为这样的数据为极端异常值。正态分布图法异常值和极端异常值判断标准如表1.4所示。

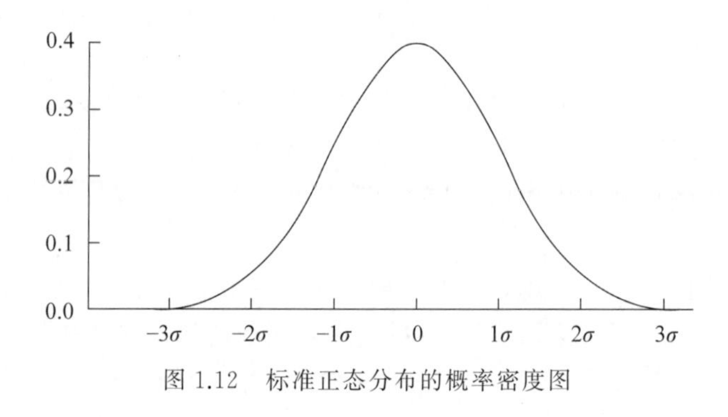

图1.12 标准正态分布的概率密度图

表1.4 正态分布图法异常值和极端异常值判断标准

判断标准	结论
$X>\bar{x}+2\sigma$或者$X<\overline{X}-2\sigma$	异常值
$X>\bar{x}+3\sigma$或者$X<\overline{X}-3\sigma$	极端异常值

如果确定异常值的存在对数据分析的影响是负面的,则可直接删除异常值。为对比保留异常值和删除异常值对于数据分析算法的影响,可拟合两条直线解释数据集字段之间的关系,如图1.13所示。线1表示包含异常值的拟合情况,线2表示剔除异常值之后的拟合情况。从图1.13中可以看出,线2的解释能力更强,更能反映样本数据包含的信息。

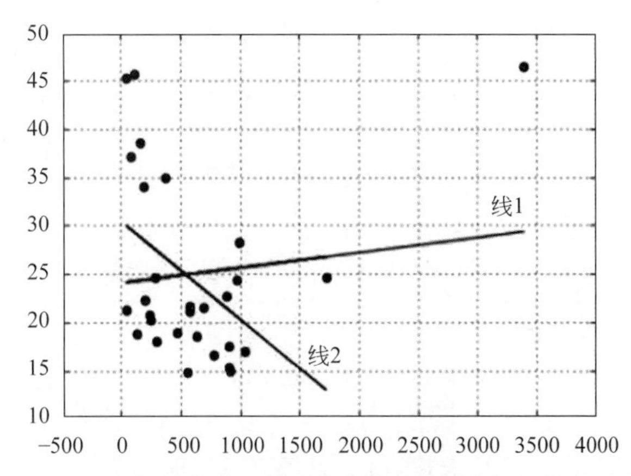

图 1.13 保留异常值和删除异常值对数据分析的影响对比

对于以年为单位的太阳黑子数据集(时间范围为 1700—1988 年),采用正态分布图法和箱线图法识别和处理异常值的示例如下:

In[1]:

```
#数据读入
sunspots=pd.read_table(r'sunspots.csv', sep=',')
#异常值检测之正态分布图法
xbar=sunspots.counts.mean()
xstd=sunspots.counts.std()
print('正态分布图法异常值上限检测: ',any(sunspots.counts> xbar+2*
xstd))
print('正态分布图法异常值下限检测: ',any(sunspots.counts< xbar-2*
xstd))
#异常值检测之箱线图法
Q1=sunspots.counts.quantile(q=0.25)
Q3=sunspots.counts.quantile(q=0.75)
IQR=Q3-Q1
print('箱线图法异常值上限检测: ',any(sunspots.counts> Q3+1.5*IQR))
print('箱线图法异常值下限检测: ',any(sunspots.counts< Q1-1.5*IQR))
```

Out[1]:

```
正态分布图法异常值上限检测: True
正态分布图法异常值下限检测: False
箱线图法异常值上限检测: True
箱线图法异常值下限检测: False
```

运行结果表明无论是正态分布图法还是箱线图法,都发现太阳黑子数据集中存在异常值,而且异常值都超过上限临界值。

绘制太阳黑子数量的直方图和核密度曲线的示例代码和输出结果如下:

In[2]:

```
import matplotlib.pyplot as plt
plt.style.use('ggplot')
sunspots.counts.plot(kind='hist', bins=30, density=True,
stacked=True)
sunspots.counts.plot(kind='kde')
plt.show()
```

Out[2]:

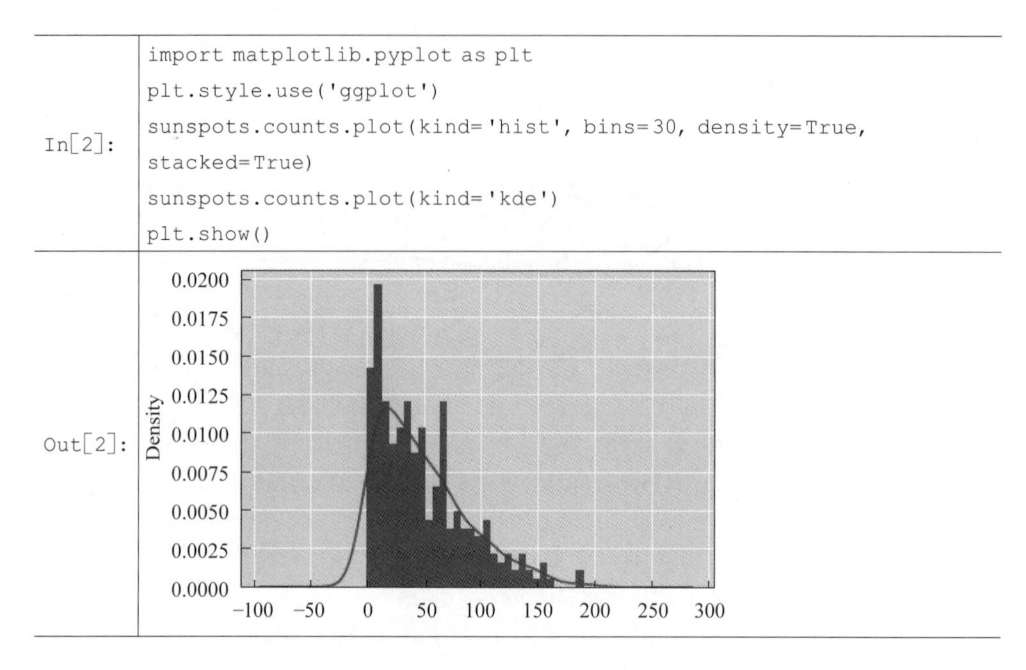

该过程用于检验数据是否近似服从正态分布。运行结果表明，无论是直方图还是核密度曲线呈现的数据分布形状都是右偏的。基于这个分析结果，此处选择箱线图法判定太阳黑子数据集中的异常值，然后替换异常值，即使用低于判别上限的最大值或高于判别下限的最小值替换异常值，代码和输出结果如下：

In[3]:

```
#箱线图中的异常值判别上限
UL=Q3+1.5*IQR
print('判别异常值的上限临界值：',UL)
#从数据中找出低于判别上限的最大值
replace_value=sunspots.counts[sunspots.counts<UL].max()
print('用以替换异常值的数据：',replace_value)
#替换超过判别上限的异常值
sunspots.counts[sunspots.counts>UL]=replace_value
```

Out[3]:

```
判别异常值的上限临界值：148.85000000000002
用以替换异常值的数据：141.7
```

如果使用箱线图法判别异常值，则认定太阳黑子数量在一年内超过 148.85 时即为异常值，这些异常使用 141.7 替换。异常值处理前后太阳黑子数据集的统计描述汇总于表 1.5 中。

2. 数据集成

数据集成是把不同来源、格式、性质的数据在逻辑上或物理上有机地集中，通过一致的、精确的、可用的表示法对不同数据进行整合，从而提供全面的数据共享，并经过数据分析和挖掘产生有价值的信息。

表 1.5 异常值处理前后太阳黑子数据集的统计描述对比

统计指标	替换前	替换后	统计指标	替换前	替换后
count	289	289	25%	15.6	15.6
mean	48.61	48.07	50%	39	39
std	39.47	37.92	75%	68.9	68.9
min	0	0	max	190.2	141.7

根据集成方式的不同，数据集成可分为传统数据集成和跨界数据集成。传统数据集成利用模式映射、数据匹配、实体识别等技术，通过统一模式访问多个数据集中的数据。跨界数据集成是对不同领域相关联的数据进行集成，基于不同领域产生的多个数据集中隐含的关联性融合数据，协同发现新知识。跨界数据集成的困难在于不同领域的数据通常具有不同的模态，例如不同的分布规律、不同的规模以及不同的数据密度等。

传统数据集成和跨界数据集成的比较如图 1.14 和图 1.15 所示。在图 1.14 中，某个对象共有 3 个不同的互联网公司记录了该对象的信息。传统数据集成方法常常通过设定一致的数据模式进行模式匹配和冗余检测，使 3 个数据集得以集成在一个数据仓库中。

在图 1.15 中，某个潜在对象隐式连接了 3 个不同域中的数据集，这种情况下无法简单地通过模式匹配和实体识别完成数据集成任务，只能从每个数据集中抽取部分知识，然后通过知识融合实现数据集成。

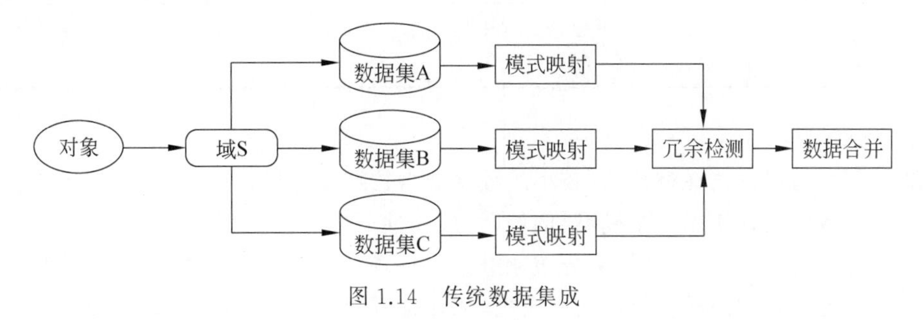

图 1.14 传统数据集成

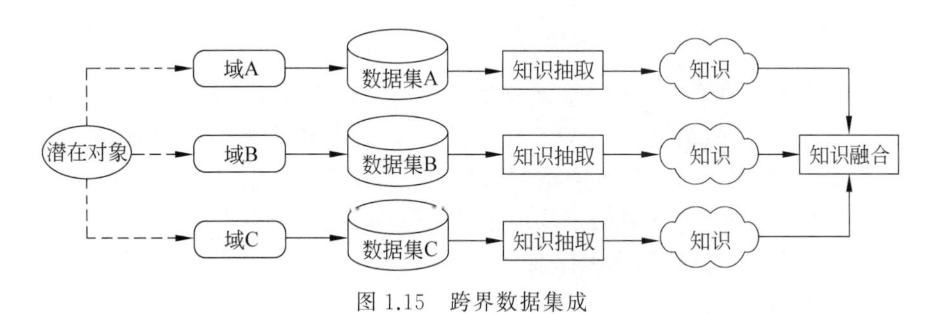

图 1.15 跨界数据集成

3. 数据归约

在冗余度较高的数据集上进行复杂的大数据分析和挖掘需要很长的时间。为提高数据分析和挖掘的效率,可事先用数据归约方法产生更小但保持原数据完整性的新数据集。数据归约的意义有3个:一是降低无效、错误数据对建模的影响,提高建模的准确性;二是使用少量且具代表性的数据将大幅缩减数据挖掘所需的时间;三是降低存储数据的成本。数据归约通常分为属性归约和数值归约。

1)属性归约

属性归约是通过合并属性或删除不相关的属性降低数据维数,从而提高数据挖掘的效率,降低计算成本。属性归约的目标是寻找出最小的属性子集并确保新数据子集的概率分布尽可能地接近原数据集的概率分布。属性归约的常用方法如表1.6所示。

表1.6 属性归约的常用方法

属性归约方法	方法描述
合并属性	将一些旧属性合并为新属性
逐步向前选择	从一个空属性集开始,每次从原来的属性集中选择一个当前最优的属性添加到当前属性子集中,直到无法选择出最优属性或满足一定阈值约束为止
逐步向后删除	从一个全属性集开始,每次从当前属性子集中选择一个当前最差的属性并将其从当前属性子集中消去,直到无法选择出最差属性或满足一定阈值约束为止
决策树归纳	利用决策树归纳方法对初始数据进行分类归纳学习,获得一个初始决策树,所有没有出现在这个决策树上的属性均可认为是无关属性,因此将这些属性从初始属性集中删除,就可以获得一个较优的属性子集
主成分分析	用较少的变量解释原始数据中的大部分变量,即将许多相关性很高的变量转化成彼此相互独立或不相关的变量

2)数值归约

数值归约指通过选择替代的、较小的数据减少数据量,包括有参数方法和无参数方法两类。有参数方法是使用一个模型[例如回归(线性回归和多元回归)模型和对数线性模型(近似离散属性集中的多维概率分布)]进行数据评估,只需要存放参数,而不需要存放实际数据。无参数方法需要存放实际数据,例如直方图、聚类、采样、参数回归。

4. 数据转换

数据集的字段取值通常有两种:连续型和离散型。连续型字段的取值为实数,通常用浮点数表示,例如商品销量、气温以及经济增长率等;而离散型字段则通常用概念或者符号表达数据包含的意义,例如人的婚姻状况可用“未婚”“已婚”“离异”“丧偶”等表示。然而现实世界是复杂的,数据集的字段取值常常既包含连续型特征又包含离散型特征。常见的数据转换方法包括离散化和标准化。

1)数据离散化

数据离散化是将连续型字段的取值范围划分为若干区间,然后用区间代替落在该区间的特征取值。区间之间的分割点称为切分点。

数据离散化有等距离散化和等频离散化两种方法。

(1) 等距离散化。

采用等距离散化方法时，根据连续型字段的取值范围，将其均匀地划分为 k 个宽度近似相等的区间，然后将字段的取值划入对应的区间，完成离散化。设 x 为离散化的字段，通过对 x 值的排序，可以得到特征取值的最值 $x_{\max}$ 和 $x_{\min}$，区间宽度可表示为 $(x_{\max}-x_{\min})/k$。

根据求得的区间宽度以及取值集合的最值可找到 $k-1$ 个切分点，从而完成数据的离散化。例如，数组[1,7,12,12,22,30,34,38,46]需分成3组，宽度为(46－1)/3＝5，分组后的区间为[1,16]，(16,31]和(31,46]，第一个是全闭区间。分组后的结果为[1,7,12,12]、[22,30]和[34,38,46]，即数组的取值范围被分为3个等宽的区间，编码分别为0、1、2，如表1.7所示。

表1.7　取值区间的编码

取值区间	编码	值的个数
[1,16]	0	4
(16,31]	1	2
(31,46]	2	3

(2) 等频离散化。

等频离散化不要求区间的宽度尽量一致，而是使离散化后每个区间内的数据量尽量均衡。

依照字段取值的总量 n，将其划分为 k 个区间，每个区间包含的数据个数约为 n/k，每个区间所含数据的取值范围即离散化后的新区间。例如，数组[1,7,12,12,22,30,34,38,46]需要分成3组，即每组元素的个数为9/3＝3，分组后的结果为[1,7,12]、[12,22,30]和[34,38,46]。

对波士顿房价数据集进行数据离散化的示例代码和输出结果如下：

In[4]:

```
from sklearn import datasets
import pandas as pd
boston=datasets.load_boston()
boston_df=pd.DataFrame(boston.data, columns=boston.feature_names)
boston_df.head(10)
```

Out[4]:

	CRIM	ZN	INDUS	CHAS	NOX	RM	AGE	DIS	RAD	TAX	PTRATIO	B	LSTAT
0	0.00632	18.0	2.31	0.0	0.538	6.575	65.2	4.0900	1.0	296.0	15.3	396.90	4.98
1	0.02731	0.0	7.07	0.0	0.469	6.421	78.9	4.9671	2.0	242.0	17.8	396.90	9.14
2	0.02729	0.0	7.07	0.0	0.469	7.185	61.1	4.9671	2.0	242.0	17.8	392.83	4.03
3	0.03237	0.0	2.18	0.0	0.458	6.998	45.8	6.0622	3.0	222.0	18.7	394.63	2.94
4	0.06905	0.0	2.18	0.0	0.458	7.147	54.2	6.0622	3.0	222.0	18.7	396.90	5.33

针对波士顿房价数据集的AGE特征进行等距离散化的代码和输出结果如下：

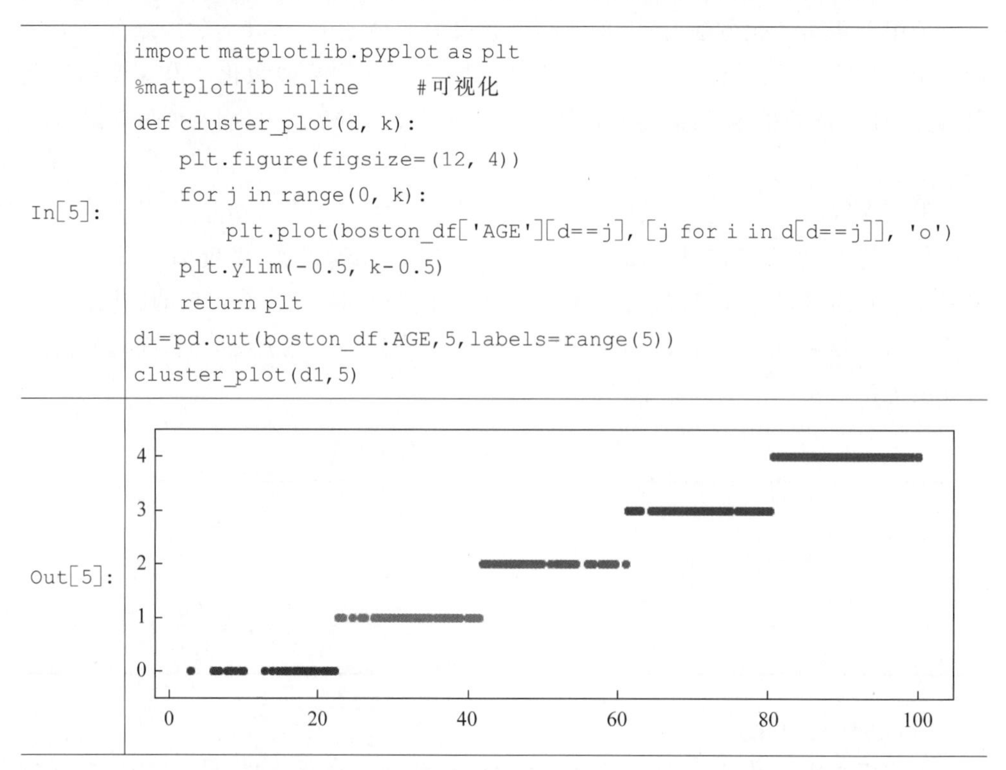

In[5]:

```
import matplotlib.pyplot as plt
%matplotlib inline      #可视化
def cluster_plot(d, k):
    plt.figure(figsize=(12, 4))
    for j in range(0, k):
        plt.plot(boston_df['AGE'][d==j], [j for i in d[d==j]], 'o')
    plt.ylim(-0.5, k-0.5)
    return plt
d1=pd.cut(boston_df.AGE,5,labels=range(5))
cluster_plot(d1,5)
```

Out[5]:

针对波士顿房价数据集的AGE特征进行等频离散化的代码和输出结果如下：

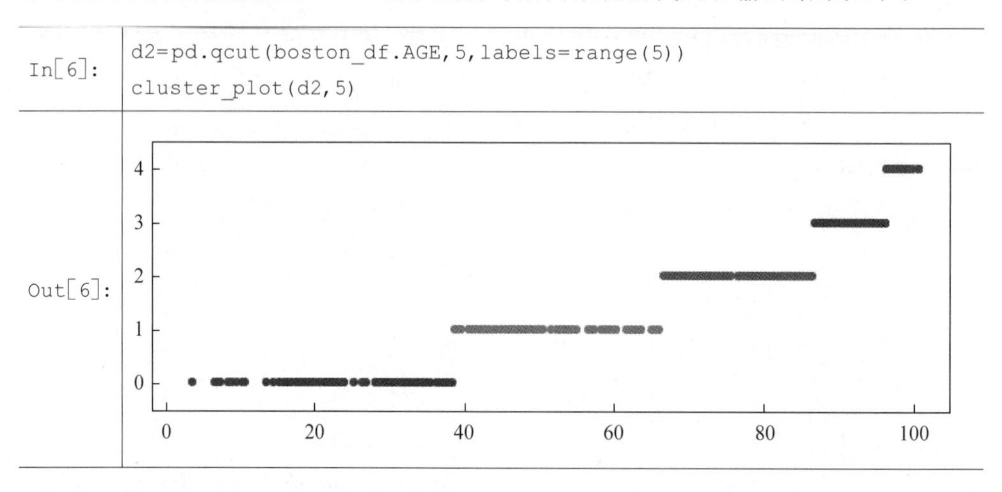

In[6]:

```
d2=pd.qcut(boston_df.AGE,5,labels=range(5))
cluster_plot(d2,5)
```

Out[6]:

2）数据标准化

数据分析算法对输入的数据形式是有特定要求的。例如，分类树算法要求数据字段的类型是离散的；回归类算法要求数据集近似服从正态分布；聚类算法则要求数据集字段无量纲化，否则观测记录之间的相似度将会受到量纲大的字段的影响。数据去量纲化要求数据集在数据清洗阶段进行标准化。常用的标准化方法有Z-score标准化、Min-Max标准化、逻辑斯谛标准化和小数定标标准化等方法。

假设有某个一维随机变量 x 和一个容量为 n 的数据样本 S。基于这种假设，介绍以下几种常用的数据标准化方法。

（1）Z-score 标准化

Z-score 标准化是将 x 减去总体均值 μ，然后除以标准差 σ 的过程。标准化后的变量 $\hat{x}$ 服从标准正态分布 $\hat{x} \sim N(0,1)$，其中，

$$\hat{x} = \frac{x-\mu}{\sigma}, \quad \mu = \bar{x} = \frac{1}{n}\sum_{i=1}^{n} x_i$$

根据正态分布的特性，用样本 S 的均值 $\bar{x}$ 估计总体均值 μ，从上面的数学表达式可以看出，Z-score 给出的是 x 相对于均值 μ 的距离，而这个距离的度量用 σ 表示。

（2）Min-Max 标准化

Min-Max 标准化是把 x 线性映射到某一区间中，以达到标准化的目的。也就是说，对 x 的取值区间 $[x_{\min}, x_{\max}]$ 作线性变换，得到指定的新区间 $[x'_{\min}, x'_{\max}]$。

$$x' = \frac{x'_{\max} - x'_{\min}}{x_{\max} - x_{\min}}(x - x_{\min}) + x'_{\min}$$

其中，$x_{\max}$ 和 $x_{\min}$ 分别为 x 的最大值和最小值。在实际应用场景中，通常需要把数据映射到 $[0,1]$ 或者 $[-1,1]$ 区间。

Min-Max 标准化常用于基于距离的分析算法，可用来消除量纲对算法本身的影响。Min-Max 标准化在数据转换的过程中使用了数据集的最值。当数据集的观测记录发生变动时，需要对数据集重新进行 Min-Max 标准化。如果数据集中存在异常值，则可能导致数据集的最值严重偏离实际的情形，即 Min-Max 标准化对异常值较为敏感。

（3）逻辑斯谛标准化

逻辑斯谛标准化是借助逻辑斯谛函数对 x 进行非线性映射，经过变换后的 x 取值区间为 $[0,1]$。逻辑斯谛函数的数学表达式如下：

$$f(x) = \frac{1}{1+\mathrm{e}^{-x}}$$

逻辑斯谛曲线呈 S 形，如图 1.16 所示。

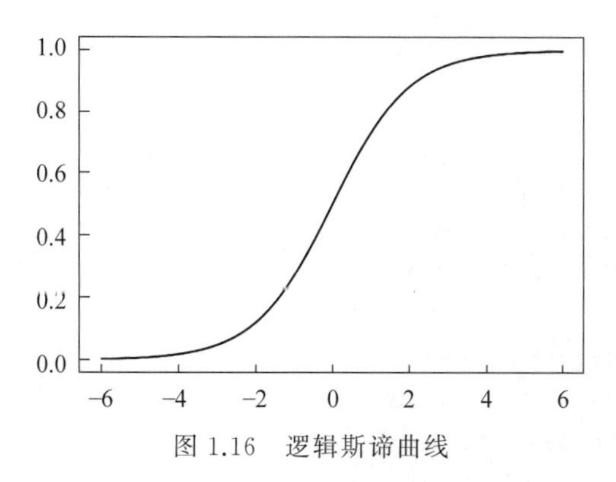

图 1.16 逻辑斯谛曲线

逻辑斯谛标准化方法假定数据取值集中分布在 0 点左右。如果数据集的取值均匀分散，或者远离 0 点，则逻辑斯谛标准化后的数据将会集中在 0、1 两个点附近，这将改变数

据集的原始分布特征。

（4）小数定标标准化

小数定标(decimal scaling)标准化方法通过移动特征取值的小数点位置进行标准化，使标准化后特征取值的绝对值总小于1。

假设数据中特征 f 的取值集合为$\{f_1, f_2, \cdots, f_n\}$，$f_i$ 经过小数定标标准化后的取值 f'_i 为

$$f'_i = \frac{f_i}{10^j}$$

其中，j 是满足 $\max\{f'_1, f'_2, \cdots, f'_n\} < 1$ 的最小整数。例如，某特征的取值范围为[-3075,2187]，特征取值绝对值的最大值为3075，则 j 取值为4。

每种标准化方法都会因数据集对象不同而产生不同的效果。在数据分析处理中，应以实际数据的情况为依据。需要指出的是，标准化处理会改变原始特征的取值，因此在实际操作中应保存使用的标准化参数，以便对后续数据进行统一的标准化处理。

Z-score标准化方法只需记录特征的均值和标准差，无须计算最小值和最大值，适用于最大值或者最小值未知并且样本分布比较离散的情况。Min-Max标准化对数据做线性变换，保留了原始数据间的关系。但当数据最大值、最小值发生变化时，需对每个样本重新计算。该方法适用于需要保留原始数据间的关系且最值固定的情形。逻辑斯谛标准化方法通过单一映射函数对数据进行标准化，简单易用，但它对于分布离散并且远离0点的数据处理效果不佳。该方法适用于数据分布比较集中并且均匀分布在0点两侧的情形。小数定标标准化方法简单实用，易于还原标准化后的数据。但当原始数据的最大绝对值发生变化时，需要对每个样本重新计算。该方法适用于数据分布比较离散，尤其是分布在多个数量级上的情形。

以对波士顿房价数据集进行数据标准化为例，首先选取索引为4(NOX：一氧化氮浓度)、5(RM：平均每居民房数)、6(AGE：在1940年之前建成的所有者占用单位的比例)的特征作为数据标准化对象，示例代码和输出结果如下：

In[7]:
```
boston=datasets.load_boston()
boston_df=pd.DataFrame(boston.data[:,4:7])
boston_df.columns=boston.feature_names[4:7]
boston_df.head(10)
```

Out[7]:

	NOX	RM	AGE
0	0.314815	0.577505	0.641607
1	0.172840	0.547998	0.782698
2	0.172840	0.694386	0.599382
3	0.150206	0.658555	0.441813
4	0.150206	0.687105	0.528321
5	0.150206	0.549722	0.574665
6	0.286008	0.469630	0.656025
7	0.286008	0.500287	0.959835
8	0.286008	0.396628	1.000000
9	0.286008	0.468097	0.854789

In[8]:
```
#使用 Z-score 标准化
((boston_df-boston_df.mean())/boston_df.std()).head(10)
```

Out[8]:

	NOX	RM	AGE
0	-0.144075	0.413263	-0.119895
1	-0.739530	0.194082	0.366803
2	-0.739530	1.281446	-0.265549
3	-0.834458	1.015298	-0.809088
4	-0.834458	1.227362	-0.510674
5	-0.834458	0.206892	-0.350810
6	-0.264892	-0.388027	-0.070159
7	-0.264892	-0.160307	0.977841
8	-0.264892	-0.930285	1.116390
9	-0.264892	-0.399413	0.615481

In[9]:
```
#使用 Min-Max 标准化
((boston_df-boston_df.min())/(boston_df.max()-boston_df.min())).
head(10)
```

Out[9]:

	NOX	RM	AGE
0	0.538	6.575	65.2
1	0.469	6.421	78.9
2	0.469	7.185	61.1
3	0.458	6.998	45.8
4	0.458	7.147	54.2
5	0.458	6.430	58.7
6	0.524	6.012	66.6
7	0.524	6.172	96.1
8	0.524	5.631	100.0
9	0.524	6.004	85.9

In[10]:
```
#使用逻辑斯谛标准化
def sigmoid(x):
    return 1/(1+np.exp(-x))
boston_df.apply(sigmoid).head(10)
```

Out[10]:

	NOX	RM	AGE
0	0.631347	0.998607	1.0
1	0.615147	0.998376	1.0
2	0.615147	0.999243	1.0
3	0.612540	0.999087	1.0
4	0.612540	0.999213	1.0
5	0.612540	0.998390	1.0
6	0.628083	0.997557	1.0
7	0.628083	0.997917	1.0
8	0.628083	0.996428	1.0
9	0.628083	0.997537	1.0

In[11]:

```
#使用小数定标标准化
import numpy as np
(boston_df/10**np.ceil(np.log10(boston_df.abs().max()))).head(10)
```

Out[11]:

	NOX	RM	AGE
0	0.538	0.6575	0.652
1	0.469	0.6421	0.789
2	0.469	0.7185	0.611
3	0.458	0.6998	0.458
4	0.458	0.7147	0.542
5	0.458	0.6430	0.587
6	0.524	0.6012	0.666
7	0.524	0.6172	0.961
8	0.524	0.5631	1.000
9	0.524	0.6004	0.859

1.3 大数据的存储

1.3.1 数据存储设备

Alexander Bain 在 1846 年发明了穿孔纸带，纸带上每一行代表一个字符，如图 1.17 所示。

图 1.17　穿孔纸带

1946 年，RCA 公司开始对计数电子管开展研究，如图 1.18 所示。一个计数电子管长 10in(1in=2.54cm)，能够保存 4096b 的数据。1950 年，IBM 公司最早把盘式磁带用在数据存储上，如图 1.19 所示，一卷盘式磁带可以代替 1 万张穿孔纸带。

1963 年，飞利浦公司发明了盒式录音磁带，某些计算机使用它存储数据。一盘 90min 的录音磁带每面可以存储 700KB～1MB 数据。图 1.20 为一个 12in 的磁鼓，它在 IBM 650 系列计算机中作为主存储器，每个磁鼓可以保存 1 万个字符。第一张软盘于 1969 年问世。图 1.21 是存储容量为 80KB 的 8in 软盘。后期出现了光盘，如图 1.22 所

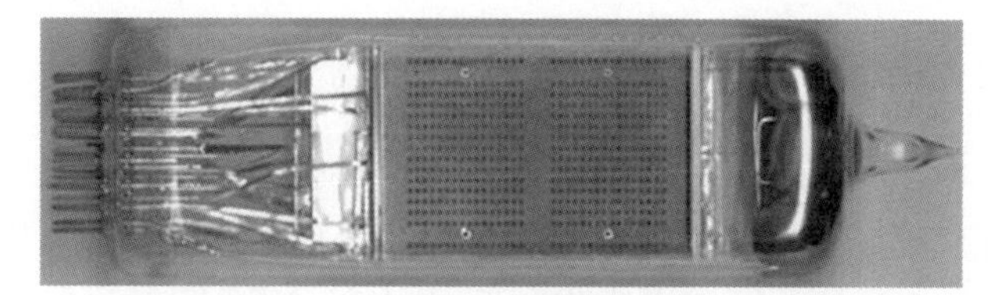

图 1.18 计数电子管

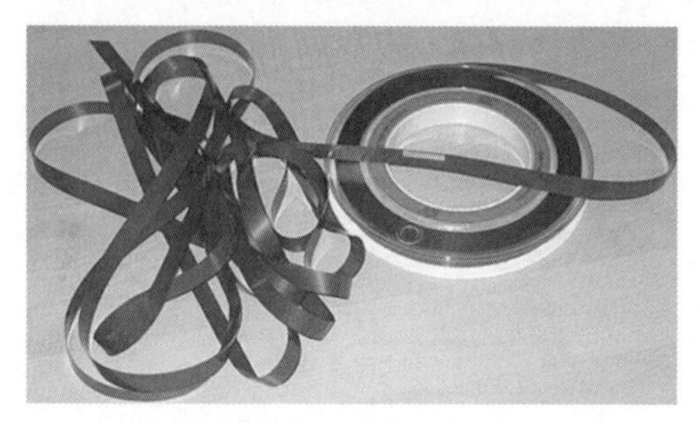

图 1.19 盘式磁带

示。常见的光盘有 CD、DVD 和 HVD 等。

图 1.20 磁鼓

图 1.21 软磁盘

1956 年 9 月 13 日,IBM 公司发布了 305 RAMAC 硬盘机。它可以存储 4.4MB 数据,这些数据保存在 50 个 24in 的硬磁盘上,如图 1.23 所示。1987 年,Patterson、Gibson 和 Katz 首先提出磁盘阵列的想法,如图 1.24 所示。磁盘阵列将多个容量较小、相对廉价的硬盘驱动器进行组合,其性能超过一个昂贵的大硬盘。

图 1.22 光盘

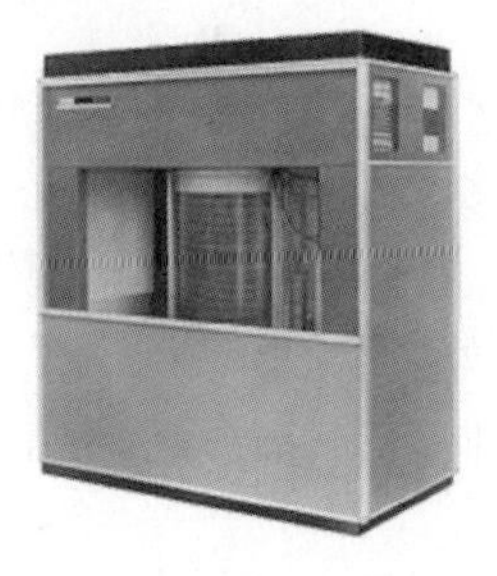

图 1.23 硬盘机

图 1.24 磁盘阵列

1.3.2 传统大数据存储

服务器内置存储空间往往不足以满足大数据存储的需要，因此，在内置存储之外需要采用外置存储的方式扩展存储空间。服务器外置存储根据连接方式可以分为直连式存储(Direct-Attached Storage,DAS)和网络化存储(Fabric-Attached Storage,FAS)。网络化存储又分为存储区域网络(Storage Area Network,SAN)和网络接入存储(Network-Attached Storage,NAS)。大数据存储结构如图 1.25 所示。

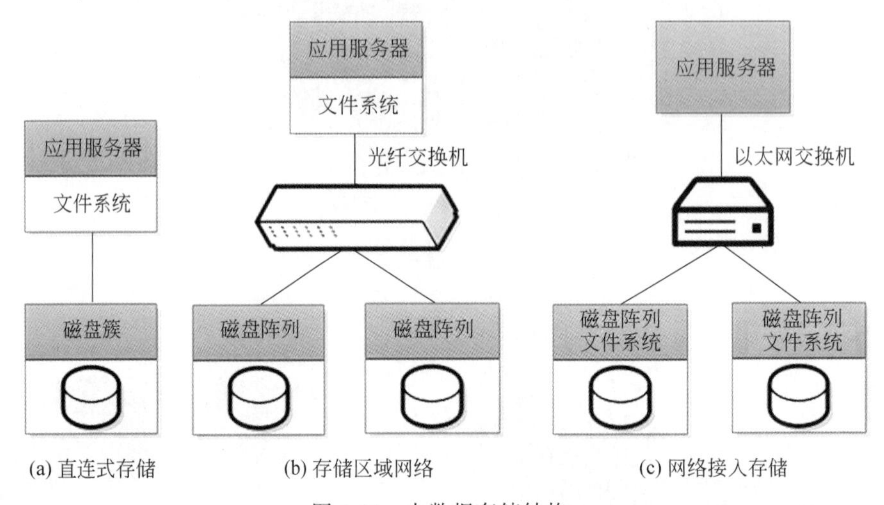

图 1.25 大数据存储结构

1. 直连式存储

直连式存储通过光纤信道(Fibre Channel,FC)与数据处理服务器直连，是最早出现的直接扩展数据存储模式。直连式存储的典型做法是通过一个具有大容量数据存储能力的设备(磁盘阵列)与数据处理服务器通过数据接口(SCSI、FC)直接相连。虽然直连式存储简单易用，但可扩展性差，成本高，资源利用率低，管理、备份、恢复和扩容过程复杂，这些缺点都制约了直连式存储架构在大数据应用场景下的使用。

2. 存储区域网络

存储区域网络通常是将用于大数据存储的存储设备(如磁盘阵列、光盘机等)通过高速交换网络连接在数据处理服务器上，数据处理服务器上的操作系统可以像访问本地磁盘数据一样对这些数据进行高速访问。存储区域网络实现了对存储设备的高度整合，大幅度提高了存储设备的空间利用率，此外，存储区域网络采用高速的传输介质，将存储系统网络化，实现了真正的高速共享和存储。存储区域网络独立于应用服务器网络系统之外，拥有几乎无限的存储能力。

3. 网络接入存储

网络接入存储设备和数据处理服务器通过高速交换机相连。网络接入存储能够方便地拓展网络设备,摆脱了服务器和异构化架构的限制。但网络接入存储受局域网带宽限制,影响了其存储性能。更不便的是,网络接入存储只能以文件方式访问,无法适应数据块访问方式,不能像普通文件系统一样直接访问物理数据块。

1.3.3 数据中心与云存储

1. 数据中心概述

数据中心(Data Center,DC)又称为仓库级计算(Warehouse-Scale Computing,WSC),由大规模的软件基础设施、数据存储资源和硬件平台组成。在传统的计算机系统中,一个应用程序只运行于一台计算机上。而对于数据中心,应用程序被视为一个网络服务,它可能由几个甚至更多的独立程序组成。传统数据中心与现代数据中心的对比如表1.8所示。

表1.8 传统数据中心与现代数据中心的对比

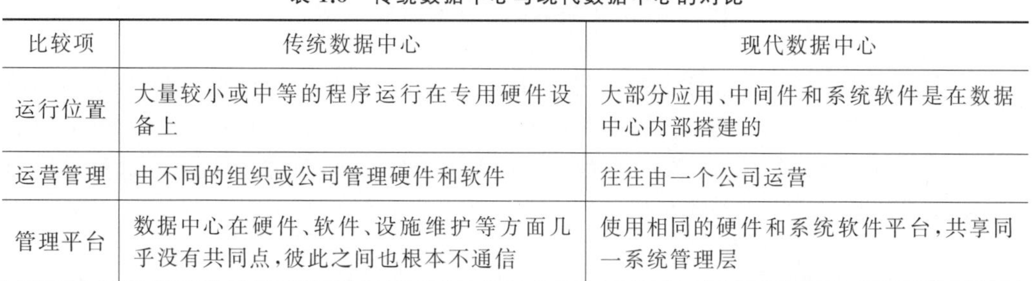

比较项	传统数据中心	现代数据中心
运行位置	大量较小或中等的程序运行在专用硬件设备上	大部分应用、中间件和系统软件是在数据中心内部搭建的
运营管理	由不同的组织或公司管理硬件和软件	往往由一个公司运营
管理平台	数据中心在硬件、软件、设施维护等方面几乎没有共同点,彼此之间也根本不通信	使用相同的硬件和系统软件平台,共享同一系统管理层

数据中心不是把一些服务器简单地堆积在一起,而是由许多服务器作为统一的计算单元运行程序。互联网服务经常需要多个数据中心,以实现对服务能力的备份,或者实现降低延迟、提高吞吐量的目的。

2. 数据中心的演进

数据中心的演进分为4个阶段。

(1) 大型机时代(1945—1971年)。计算机的主要器件由电子管、晶体管组成,它们体积庞大,耗电量高,成本昂贵,多用于国防军事、科学研究等领域。

(2) 小型机时代(1971—1995年)。技术的改进、性能的提升、成本的大幅下降使得小型机发展迅猛,中小型数据机房呈现爆炸式增长。

(3) 互联网时代(1995—2005年)。为了满足数据增长的需求,互联网数据中心(Internet Data Center,IDC)应运而生,可提供主机托管、资源出租、系统维护、流量分析、负载均衡、入侵检测等服务。

(4) 云时代(2005年至今)。机架式服务器、刀片式服务器成为硬件先行者,以虚拟化、海量数据存储作为技术保障,分布式、模块化数据中心正逐渐接管市场。

3. 数据中心的体系结构

云计算数据中心典型的体系结构如图1.26所示。

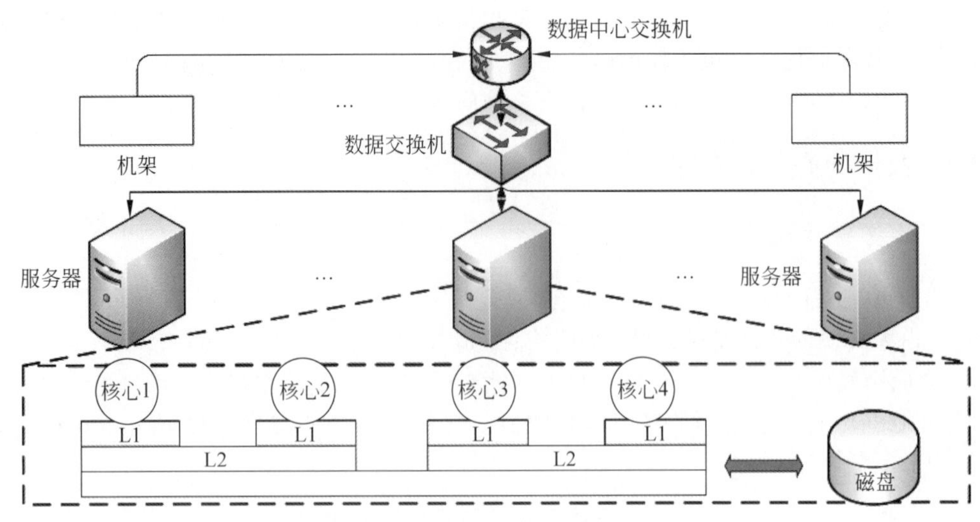

图 1.26　云计算数据中心典型的体系结构

数据中心的原子单位往往由低端服务器组成，以机架将它们挂载在一起，机架之间通过本地以太网交换机进行通信。这些机架交换机可支持数据传输速率为 1～10Gb/s 的网络连接，上行连接到一个或多个集群级或数据中心级的以太网交换机上。这种二层的交换域可以覆盖超过一万个服务器。

4. 云存储概述

云存储是指通过虚拟化、分布式、集群应用、网格、负载均衡等技术，将网络中大量的存储设备通过软件集合高效协同工作，共同对外提供低成本、高扩展性的数据存储服务。

云存储包括以下特点：

(1) 高可扩展性。云存储系统可支持海量数据处理，资源可实现按需扩展。

(2) 低成本。具有较低的建设成本和运维成本。

(3) 无接入限制。云存储在服务域内存储资源可随处接入、随时访问。

(4) 易管理。少量管理员可以处理上千个节点和 PB 级存储，更高效地支撑大量上层应用对存储资源的快速部署需求。

5. 云存储架构

云存储架构如图 1.27 所示。

云存储架构自下而上分为以下 4 层：

(1) 存储层。存储设备数量庞大且分布在不同地域，彼此通过广域网、互联网或光纤通道网络连接在一起。在存储设备之上是统一存储设备管理系统，实现存储设备的逻辑虚拟化管理、多链路冗余管理以及硬件设备的状态监控和故障维护。

(2) 基础管理层。通过集群、分布式文件系统和网格计算等技术，实现云存储设备之间的协同工作，使多个存储设备可以对外提供同一种服务，并提供更优的数据访问性能。数据加密技术保证云存储中的数据不会被未授权的用户访问。数据备份和容灾技术可以

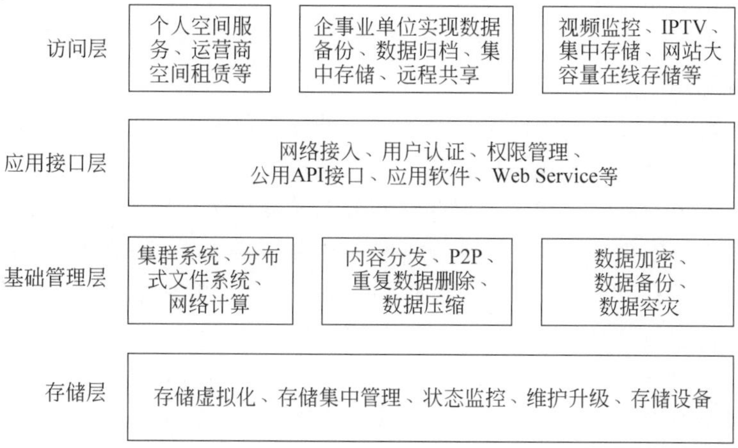

访问层：个人空间服务、运营商空间租赁等；企事业单位实现数据备份、数据归档、集中存储、远程共享；视频监控、IPTV、集中存储、网站大容量在线存储等

应用接口层：网络接入、用户认证、权限管理、公用API接口、应用软件、Web Service等

基础管理层：集群系统、分布式文件系统、网络计算；内容分发、P2P、重复数据删除、数据压缩；数据加密、数据备份、数据容灾

存储层：存储虚拟化、存储集中管理、状态监控、维护升级、存储设备

图 1.27 云存储架构

保证云存储中的数据不会丢失，保证云存储自身的安全和稳定。

(3) 应用接口层。不同的云存储运营商根据业务类型开发不同的服务接口，提供不同的服务，例如视频监控、视频点播应用平台、网络硬盘、远程数据备份应用等。

(4) 访问层。授权用户可以通过标准的公用应用接口登录云存储系统，享受云存储服务。

传统存储与云存储的对比如表 1.9 所示。

表 1.9 传统存储与云存储的对比

比较项	传统存储	云存储
架构	针对具体领域的具体应用采用特定的组件，包括服务器、磁盘阵列、控制器、系统接口等，以满足单一需求	不只是一种架构方式，更是一种服务。底层主要采用分布式架构和虚拟化技术，更易扩展，可靠性更高
服务模式	用户根据服务提供商限定的模式购买或租赁整套硬件和软件，还需要支付软件版权费和硬件维护等相关费用	用户按需付费并使用存储服务；服务提供商可以迅速提供交付和响应
容量	针对特定需求定制，不易扩展，当容量到达 PB 级时成本高昂	支持 PB 级及以上随意扩展
数据管理	数据管理员或服务提供商可见数据。存在安全风险，无法灵活配置存储和保护策略	采取 EC(Erasure Code，可擦除代码)、SSL(Secure Socket Layer，安全套接层)、分片存储、证书等策略保证安全。用户可灵活配置

6. 云存储关键技术

云存储关键技术主要有以下 5 个：

(1) 存储虚拟化技术。通过存储虚拟化方法，把不同厂商、不同型号、不同通信技术、不同类型的存储设备互联起来，将系统中各种异构的存储设备映射为统一的存储资源池。

存储虚拟化技术能够对存储资源进行统一分配管理,同时可以屏蔽存储实体间的物理位置以及异构特性,实现资源对用户的透明性,降低构建、管理和维护资源的成本,提升云存储系统的资源利用率。

(2) 分布式存储技术。分布式存储是将分散的存储资源构成一个虚拟的存储设备,数据可被离散地存储在各个存储设备上。目前比较流行的分布式存储技术为分布式块存储、分布式文件系统存储、分布式对象存储和分布式表存储。

(3) 数据备份技术。数据备份是将数据本身或者其中的一部分在某一时间的状态以特定的格式进行保存,以备在原数据出现错误、被误删除、恶意加密等各种原因不可用时快速、准确地对数据进行恢复的技术。数据备份是容灾的基础,是为防止突发事故而采取的一种数据保护措施。

(4) 存储加密技术。存储加密是指当数据从前端服务器输出或在写进存储设备之前为数据加密,以保证存放在存储设备上的数据只有授权用户才能读取。目前云存储中常用的存储加密技术有全盘加密、虚拟磁盘加密、卷加密和文件/目录加密等。

(5) 负载均衡技术。在传统的负载均衡中,处于网络边缘的设备将来自不同地址的请求均匀、最优化地发送到各个承载设备上。而在云存储中,除了在网络边缘实现 DNS 动态均匀解析的负载均衡设备外,还有系统内部的负载均衡机制,即在节点资源之间实现负载均衡。由于每个节点只需响应和执行分配给它的请求,节点的负载均衡能够更好地实现系统的动态扩展,即,若系统收到的请求均匀分配给每个节点后超出节点的处理能力,只需扩充节点的数目就可以减少系统所有节点的压力。

1.3.4 大数据存储

大数据具有规模大、类型多样、新增速度快等特点,依靠传统的数据存储和处理工具很难实现高效的数据处理。因此,要考虑大数据应用的具体特征,分层次对大数据进行存储。常用的大数据存储技术有分布式文件系统和 NoSQL 数据库。

1. 分布式文件系统

分布式文件系统(Distributed File System,DFS)是指通过计算机网络实现在多台计算机上进行分布式存储的文件系统。DFS 基于客户-服务器模式,主要考虑可扩展性、可靠性、性能优化、易用性及高效元数据管理等关键特性。在当前的大数据领域中,Hadoop 的 HDFS(Hadoop Distributed File System,Hadoop 分布式文件系统)适合运行在通用硬件上,它采用冗余数据存储技术,可以增强数据可靠性,加快数据传输速度。

1) HDFS 的结构

HDFS 采用主从架构。一个 HDFS 集群是由一个 NameNode 和一定数目的 DataNodes 组成。NameNode 是集群的管理服务器,它管理文件系统的命名空间,维护文件系统树及其中的所有文件和目录信息。这些信息存储于命名空间镜像文件和编辑日志文件中,并被永久保存在本地磁盘上。NameNode 也记录着每个文件中各个数据块所在的 DataNode 信息,但是它并不会永久保存数据块的位置信息,因为这些信息会在集群启动时根据 DataNode 信息重建。DataNode 是文件系统的工作节点,它们根据客户端或者

NameNode 的调度存储和检索数据，并且定期向 NameNode 发送它们存储的数据块列表信息，并在 NameNode 的统一调度下进行数据块的创建、删除和复制。图 1.28 为 HDFS 的结构。

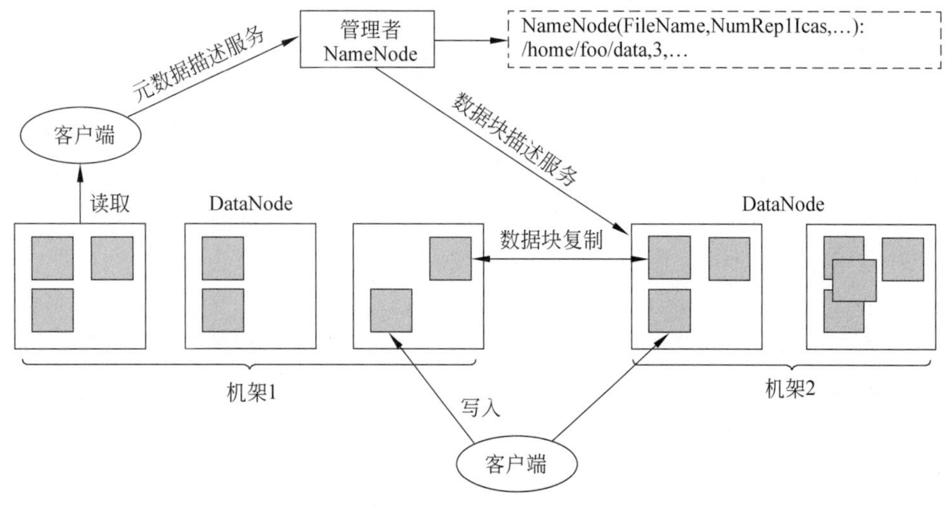

图 1.28 HDFS 的结构

2）HDFS 存储原理

HDFS 采用多副本进行冗余存储，HDFS 默认的副本系数是 3。如图 1.29 所示，数据块 A 被分别存放到 DataNode1、DataNode2 和 DataNode4 上。多副本方式可显著加快数据传输速度。当多个客户端同时访问同一个文件时，客户端可以分别从不同的数据副本中读取数据。此外，多副本方式还易于检查数据错误，保证数据可靠性。

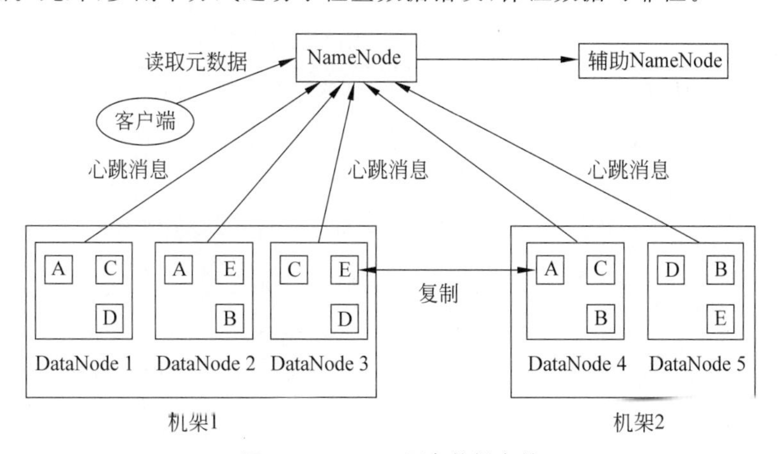

图 1.29 HDFS 冗余数据存储

HDFS 具有以下优势：

(1) 支持海量数据存储。可以支持 TB 和 PB 级数据的存储。

(2) 兼容廉价设备。HDFS 可在廉价商用硬件集群上运行。遇到节点故障时，HDFS 能够继续运行且用户察觉不到明显中断。

(3) 硬件故障检测和快速自动恢复。集群环境中的硬件故障是常有问题。HDFS中的DataNode出现故障时,数据可从其他节点找到,同时NameNode可以通过心跳机制检测DataNode是否存活。

(4) 简单一致性。外部用户无须了解HDFS底层细节。HDFS程序对文件操作需要的是“一次写、多次读”的操作模式。文件一旦创建、写入、关闭之后就不需要修改。这个假定简化了数据一致性问题,是实现高吞吐量数据访问的前提。

(5) 负载均衡。当HDFS负载不均衡时,可对各节点上数据的存储分布进行调整,从而让数据均匀地分布在各个DataNode上,均衡I/O性能,防止数据倾斜。数据均衡过程的核心是数据均衡算法,该算法不断迭代数据均衡逻辑,直至集群内的数据均衡为止。

(6) 高容错性。HDFS采用冗余数据存储,自动保存多个副本,副本丢失后可自动恢复。

HDFS存在无法实现低时延数据访问、不适合大量的小文件存储及不支持多用户写入和任意修改文件等问题。

2. NoSQL数据库

NoSQL是not only SQL的缩写,意为“不仅仅是SQL”,泛指非关系数据库。NoSQL数据库无固定的表结构,一般也没有连接操作,不用严格遵守事务的原子性、一致性、隔离性和持久性原则。因此,与关系数据库相比,NoSQL数据库具有弹性可扩展、数据模型敏捷、紧密融合云计算和支持海量数据存储等特点。但NoSQL数据库也存在数据完整性实现难、应用不广泛、成熟度不高、风险较大、难以体现业务实际情况等问题。目前,NoSQL数据库的类型很多,包括键值数据库、列数据库、文档数据库和图数据库等。表1.10给出了NoSQL数据库的分类比较。

表1.10 NoSQL数据库的分类比较

类 别	典型代表	典型应用场景	数据模型	优 势	不足
键值数据库	Tokyo Cabinet Tyrant BigTable Dynamo Redis Voldemort	内容缓存,主要用于处理大量数据的高速访问,也用于部分日志系统等	键-值对	查找速度快	数据无结构化,通常只被当作字符串或二进制数据
列数据库	Cassandra HBase GreenPlum Riak	分布式文件系统	以列簇存储数据	查找速度快,可扩展性强,更容易进行分布式扩展	功能有局限
文档数据库	CouchDB MongoDB SequoiaDB	Web应用	键-值对,值为结构化数据	数据结构要求不严格,表结构可变,不需要预先定义表结构	查询性能不强,且缺乏统一的查询语法

续表

类　别	典型代表	典型应用场景	数据模型	优　　势	不足
图数据库	Neo4J GraphDB InfoGrid Infinite Graph HypergraphDB	社交网络、推荐系统等，用于构建关系图谱	图形	可利用图结构相关算法，如最短路径寻址、N 度关系查找等	需要对整个图做计算，且结构不适用于分布式集群方案

关系数据库和 NoSQL 数据库的比较如表 1.11 所示。

表 1.11　关系数据库和 NoSQL 数据库的比较

属　性	关系数据库	NoSQL 数据库	说　　明
数据库原理	完全支持	部分支持	关系数据库有数学模型支持，NoSQL 数据库则没有
数据规模	大	超大	关系数据库的性能会随着数据规模的增大而降低，NoSQL 数据库可以通过添加更多的设备支持更大的规模
数据库模式	固定	灵活	使用关系数据库需要定义数据库模式，NoSQL 数据库则不用
查询效率	高	简单查询非常高效，复杂查询效率有所下降	关系数据库可以通过索引快速地响应记录查询和范围查询；NoSQL 数据库没有索引，虽然 NoSQL 数据库可以使用 MapReduce 加快查询速度，但是仍然不如关系数据库
一致性	强	弱	关系数据库采用 ACID 模型，NoSQL 数据库采用 BASE 模型
扩展性	一般	好	关系数据库扩展困难，NoSQL 扩展简单
可用性	好	很好	随着数据规模的增大，关系数据库为了保证严格的一致性，只能提供相对较弱的可用性；NoSQL 数据库随时都能提供较高的可用性
标准化	是	否	关系数据库已经标准化(SQL)，NoSQL 数据库还没有行业标准
可维护性	复杂	复杂	关系数据库需要专业的 DBA 维护；NoSQL 数据库虽然没有关系数据库复杂，也难以维护
技术支持	好	一般	关系数据库有很好的技术支持，NoSQL 数据库在技术支持方面不如关系数据库

关系数据库在面对大数据时，存储设备能承受的数据量是有上限的，当数据规模达到一定量级之后，数据检索速度就会急剧下降。MongoDB、HBase 由于摆脱了表的存储模式，所以对大数据的响应比关系数据库快得多。MongoDB 和 HBase 都天然地支持分布式存储，即将数据分散到不同的节点上进行存储，从而降低了单个节点的存取压力，使得大数据的存储和处理问题都能较好地解决。

3. MongoDB

MongoDB是面向文档的NoSQL数据库，它的特点介于关系数据库和非关系数据库之间，是非关系数据库中功能最丰富且最类似于关系数据库的产品。MongoDB没有严格的数据格式，它支持的数据结构非常松散，因此不仅可以存储较复杂的数据类型，还支持分片模式、复制模式、自动故障处理、自动故障转移、自动扩容、全内容索引等功能。MongoDB支持的查询语言功能非常强大，可实现关系数据库单表查询的绝大部分功能，而且支持对数据建立索引。

1）MongoDB的逻辑结构

MongoDB的逻辑结构如图1.30所示，主要由文档（document）、集合（collection）、数据库（database）3部分组成。MongoDB的文档相当于关系数据库中的一行记录。多个文档组成一个集合，相当于关系数据库中的表。多个集合组织在一起就是数据库。一个MongoDB实例支持多个数据库。

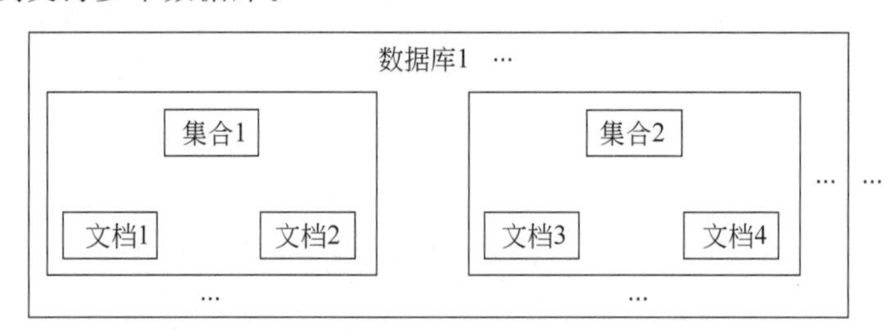

图1.30 MongoDB的逻辑结构

MongoDB与关系数据库MySQL在逻辑结构上的对应关系如表1.12所示。

表1.12 MongoDB与MySQL在逻辑结构上的对应关系

MongoDB	MySQL
数据库	数据库
集合	表
文档	行

2）MongoDB的优势和不足

MongoDB采用文档结构的存储方式，能够方便、快捷地获取数据。MongoDB内置GridFS和Sharding，支持大容量的存储，分片简单。在存储海量数据时性能优越。但MongoDB不支持事务操作，没有像MySQL那样成熟的维护工具，无法进行关联表查询，不适用于关系较多的数据，复杂聚合操作通常采用MapReduce创建，速度较慢。

4. HBase

HBase是Hadoop生态体系下一种面向半结构化数据的分布式NoSQL数据库，通常被描述为一种稀疏的、分布式的、持久化的多维有序映射。其特点是可基于行键、列键或时间戳建立索引，能够支持动态的、灵活的数据模型，不限制存储数据的类型，不局限于SQL，也不强调数据之间的关系。

1）HBase的分布式模式

HBase将表切分成小的数据单位——分区（region），分配到多台服务器。托管分区的服务器称为RegionServer，它本质上是HDFS客户端。每个RegionServer托管多个分区，多个 RegionServer 构成 HBase 集群，如图 1.31 所示。一般情况下，RgionServer 和 HDFS 的 DataNode 配置在同一物理服务器中。

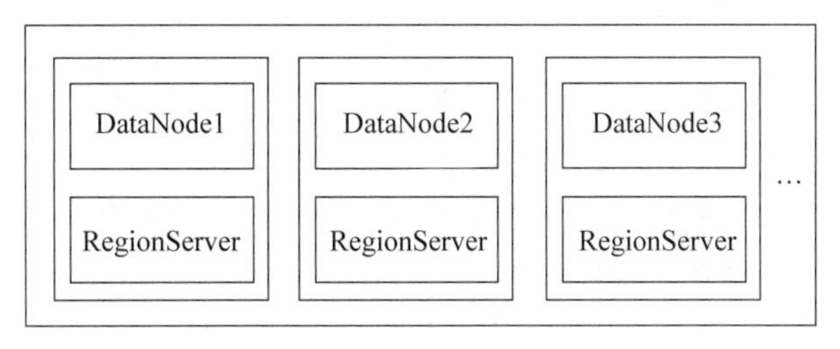

图 1.31　HBase 集群

2）HBase 的特点和优势

HBase 数据库具有数据模型简单、元数据和应用数据分离以及弱一致性的特点。其优势在于能够避免不必要的复杂性，提高了吞吐量，扩展能力较强，同时避免了昂贵的对象-关系映射。

1.3.5　数据仓库

1991 年，W.H.Inmon 在《建立数据仓库》一书中首次提出了数据仓库的定义："一个面向主题的、集成的、稳定的、随时间变化的数据的集合，用于支持管理决策过程"，从而开启了数据仓库大规模应用的序幕。W.H.Inmon 认为，构建数据仓库应采用自上而下方式，以第三范式进行模型设计。数据仓库最核心的功能是系统地组织、理解和使用数据，以支持战略决策。

1. 数据仓库的体系结构

数据仓库从多个信息源中获取数据，经过整理加工后进行存储，通过数据仓库访问工具提供统一、协调和集成的信息环境，支持企业全局决策过程和对企业经营管理的深入综合分析。完整的数据仓库分为 4 层，其体系结构如图 1.32 所示。

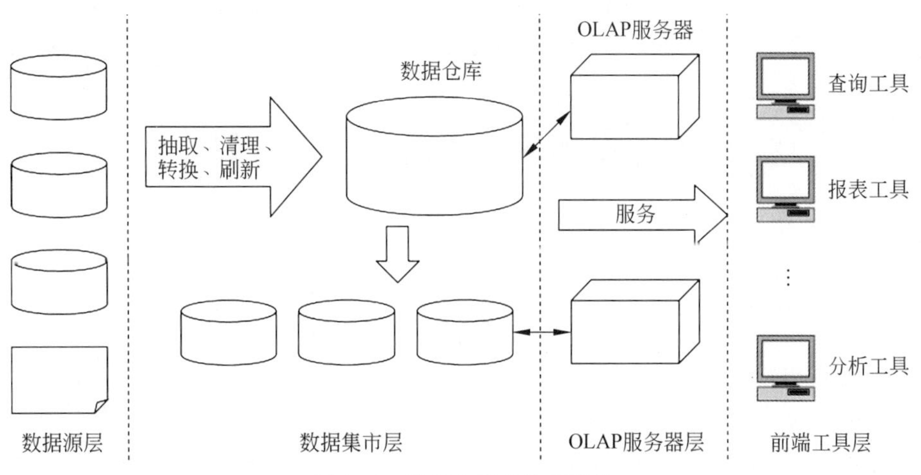

图 1.32　数据仓库的体系结构

2. 数据仓库的特点

数据仓库有以下特点：

(1) 数据仓库是面向主题的。数据仓库面向企业的主题，如客户、产品，而不是面向数据处理过程。

(2) 数据仓库是集成的。数据在从面向应用的操作环境提取到数据仓库的过程中都要经过集成化。其集成性表现为多种形式，如一致的数据属性、一致的编码结构等。

(3) 数据仓库的数据是稳定的(以读为主)。由于数据仓库只有两种基本操作——装载数据和访问数据，因此数据是稳定的，其修改和重组由管理员定期在后台实现，这样数据仓库可在物理层上做很多优化工作。

(4) 数据仓库是随时间变化的。在数据仓库中，数据记录总含有一个时间属性，因此数据仓库记录了数据随时间变化的历史。

3. 数据仓库的意义

在物理实现上，数据仓库与传统意义上的数据库并无本质的区别，主要是以关系表的形式实现的，通常将数据仓库视为一个数据库应用系统。数据库与数据仓库的对比如表 1.13 所示。

表 1.13 数据库与数据仓库的对比

对 比 项	数 据 库	数 据 仓 库
数据内容	当前值	历史的、存档的、归纳的、计算的数据
数据目标	面向业务操作程序，重复处理	面向主题域、管理决策分析应用
数据特性	动态变化，按字段更新	静态，不能直接更新，只能定时添加
数据结构	高度结构化，复杂，适合操作计算	简单，适合分析
使用频率	高	中到低
数据访问量	每个事务只访问少量记录	有的事务可能要访问大量记录
对响应时间的要求	以秒为单位	以秒、分甚至小时为单位

1.4 云计算与大数据并行计算

1.4.1 云计算与云计算平台

1. 云计算概述

云计算(cloud computing)是一种分布在大规模数据中心、能动态提供各种服务资源以满足科研、电子商务等领域需求的计算平台。云计算是分布式计算、并行计算和网格计算的发展，是虚拟化、效用计算(utility computing)、基础设施即服务(Infrastructure as a Service，IaaS)、平台即服务(Platform as a Service，PaaS)和软件即服务(Software as a

Service，SaaS）等概念混合演进并跃升的结果。云计算具有超大规模、高可靠性、高扩展性、虚拟化、按需服务等特点。

1）云计算的体系结构

云计算的体系结构分为核心服务层、服务管理层和用户访问接口层，如图1.33所示。核心服务层将硬件基础设施、软件运行环境、应用程序抽象成服务，这些服务具有高可靠性、高可用性、可伸缩等特点。服务管理层为核心服务提供支持，确保核心服务的可靠性、可用性与安全性。用户访问接口层用于实现端到云的访问。

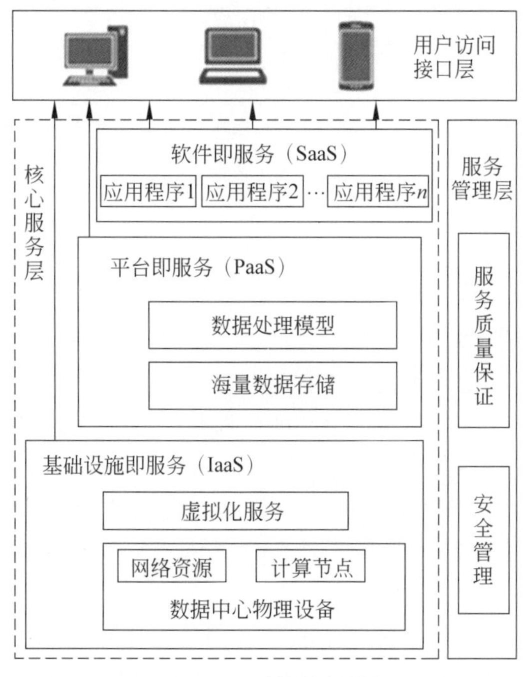

图1.33 云计算体系结构

2）云计算的核心服务

云计算平台有3种服务模型：IaaS、PaaS和SaaS，如图1.34所示。云计算服务商如表1.14所示。IaaS指用户通过Internet可以从完善的云计算基础设施获得服务。PaaS指将软件研发的平台作为一种服务，以SaaS的模式提交给用户。SaaS是一种通过Internet提供软件的模式，用户只需向云计算服务商租用基于Web的软件。

表1.14 云计算服务商

服务商类别	服务内容	服务商代表
IaaS服务商	将硬件及与硬件相关的软件作为服务交付，包括计算资源、存储、CDN、负载均衡、安全等服务	AWS、Microsoft Azure、阿里云、腾讯云、中国电信
PaaS服务商	提供可伸缩的应用程序环境，能够灵活地开发任何类型的应用，受限于平台可用的框架	AWS、Google、Microsoft Azure、阿里云、腾讯云
SaaS服务商	提供通用型应用软件服务，如客户关系管理、协作软件服务、人力资源管理服务等	Google、Salesforce、Microsoft Azure、金蝶、用友

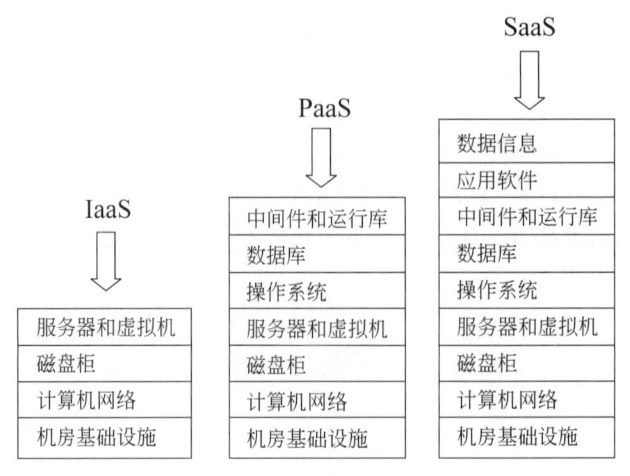

图 1.34 云计算核心服务

2. 云计算平台

1）云计算平台的起源

2003—2004 年，Google 公司发表了有关分布式计算框架 MapReduce、分布式文件系统 GFS(Google File System)和基于 GFS 的数据存储系统 BigTable 的 3 篇学术论文，提出了一套全新的分布式计算理论，开启了云计算时代。MapReduce、GFS 和 BigTable 组成了 Google 公司的分布式计算模型。

2）主流分布式云计算平台

目前有两大主流分布式云计算平台。

(1) Google 公司的云计算平台。Google 公司的云计算技术实际上是针对 Google 公司特定的网络应用程序定制的。针对内部网络数据规模超大的特点，Google 公司提出了一整套基于分布式并行集群方式的基础架构，利用软件处理集群中经常发生的节点失效问题。Google 公司使用的云计算基础设施架构如图 1.35 所示，包括 GFS、MapReduce 编程模式、分布式的锁机制 Chubby 以及大规模分布式数据库 BigTable。

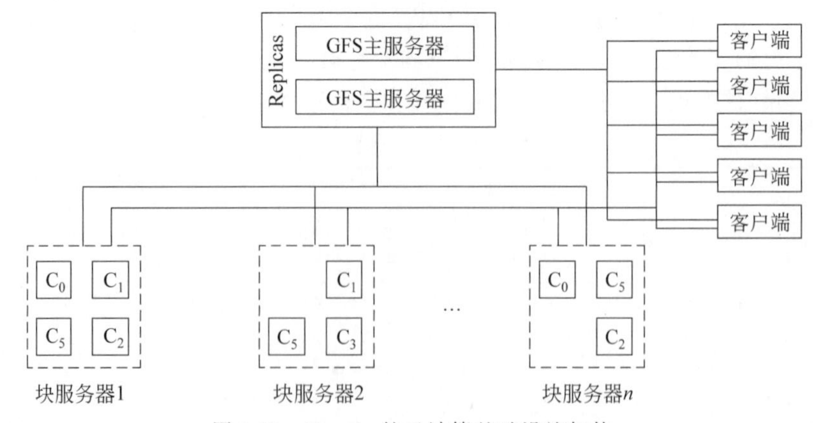

图 1.35 Google 的云计算基础设施架构

(2) 亚马逊公司的弹性计算云平台。Amazon Web Services(AWS)是亚马逊公司的云计算服务平台,如图 1.36 所示。AWS 为全世界范围内的客户提供云服务方案,包括亚马逊弹性计算云(Amazon EC2)、亚马逊简单存储服务(Amazon S3)、亚马逊简单队列服务(Amazon SQS)以及 Amazon CloudFront 等。

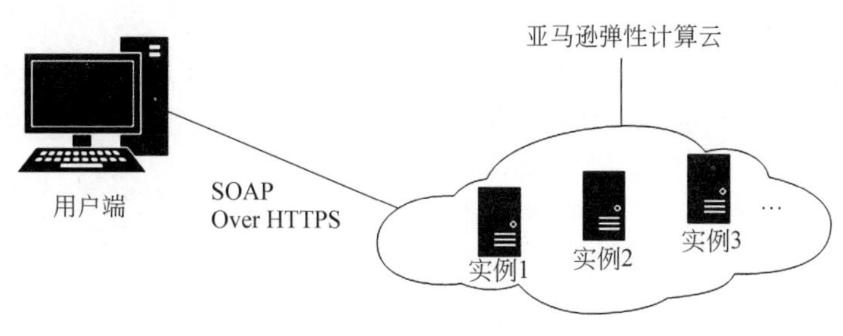

图 1.36　AWS 的架构

1.4.2　MapReduce 计算模型

1. MapReduce 编程模型

MapReduce 编程模型采用分治(divide and conquer)的思想。其优点是充分利用闲置资源,多任务并行,从而快速得到最终结果。

2. MapReduce 并行计算

MapReduce 框架常用于传统的机器学习算法并行化,以适应大数据处理的需求。例如,k-means 并行计算使用并行策略计算数据集中的所有数据点的类别归属,加快了聚类速度,如图 1.37 所示,该算法要不断从 HDFS 上读取数据集并进行 MapReduce 迭代操作,但这两种操作均较为耗时。

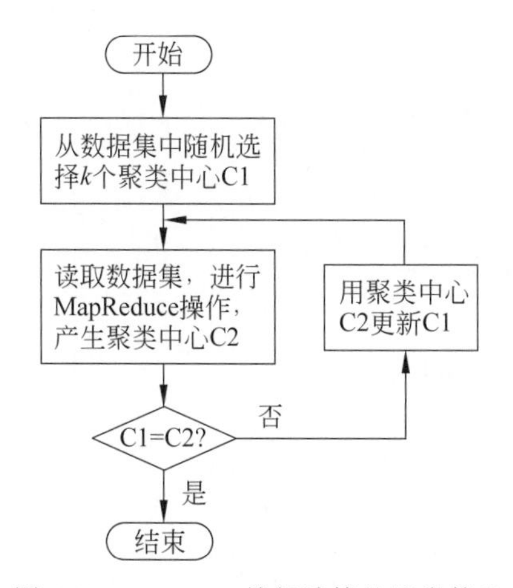

图 1.37　k-means 并行计算的聚类算法

1.4.3 Hadoop

Hadoop由Apache软件基金会(Apache Software Foundation)于2005年作为Lucene的子项目Nutch的一部分正式引入,其核心是MapReduce和HDFS。Hadoop具有可扩展、经济、高效和可靠等优势,适用于海量数据分析。

Hadoop平台的文件系统HDFS是一个数据存储集群,如图1.38所示,主要用于文件的跨主机存储和管理,可提供高吞吐量的数据访问,非常适合大规模数据集。

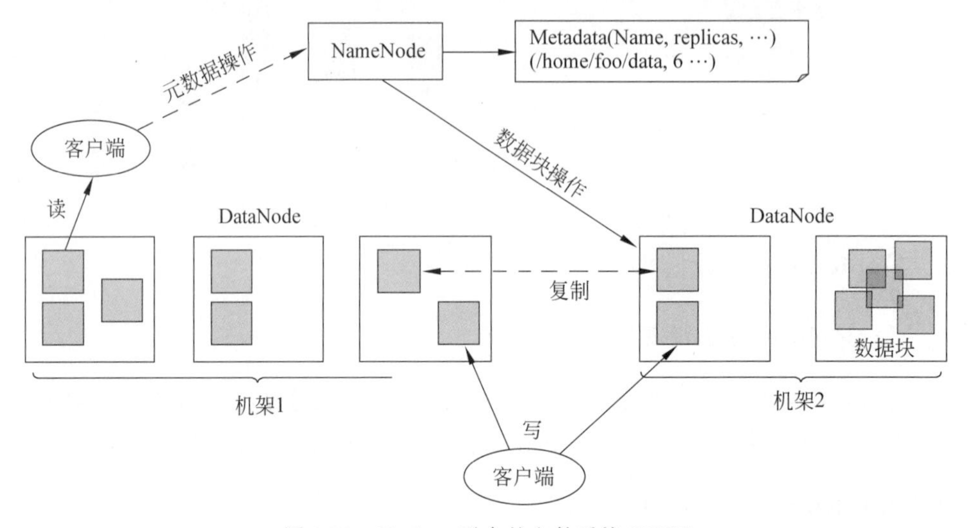

图1.38 Hadoop平台的文件系统HDFS

Hadoop平台的MapReduce框架由主节点和从节点组成。主节点负责分发作业的所有子任务,这些子任务分布在不同的从节点上,主节点监控子任务的执行。从节点仅负责执行由主节点指派的任务。Hadoop可充分利用集群的优势进行高速计算和存储,其工作流程如图1.39所示。

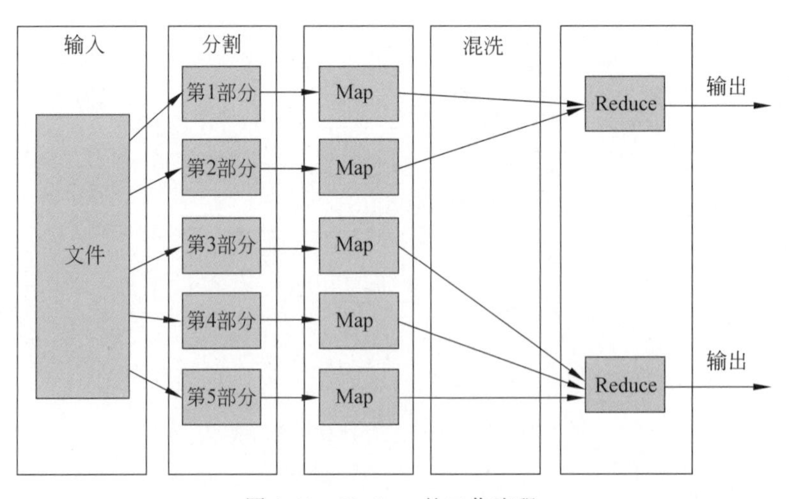

图1.39 Hadoop的工作流程

HDFS 与 HBase 的对比如表 1.15 所示。

表 1.15　HDFS 与 HBase 的对比

HDFS	HBase
适合存储大容量文件	HBase 是建立在 HDFS 之上的数据库
不支持快速查找单个记录	支持快速查找单个记录
高延迟批量处理	提供了数十亿条记录,可以低延迟访问单个记录
顺序访问数据	提供随机接入并为其存储创建索引,可对 HDFS 文件中的数据进行快速查询

1.4.4　Spark

1. Spark 概述

2009 年,Spark 诞生于加州大学伯克利分校 AMP 实验室。Spark 同 Hadoop 一样,也是一个开源的分布式云计算平台,有文件系统、数据库、数据处理系统和机器学习库。

2. Spark 的架构

Spark 有广义和狭义之分。广义的 Spark 指 Spark 生态系统。狭义的 Spark 指数据处理层的计算框架,其核心是引入了 RDD(Resilient Distributed Dataset,弹性分布式数据集)的基于内存的 MapReduce,底层依赖于 HDFS 和 YARN/Mesos,上层有 Spark Streaming、GraphX、MLBase、Shark 等组件。

3. Spark 的核心思想与编程模型

针对 MapReduce 在迭代计算过程中由于反复读写磁盘而导致的高延迟问题,Spark 在 MapReduce 的基本原理的基础上做了大量的优化,并实现了内存计算模式。Spark 支持数据在内存中进行计算,其基本工作原理如图 1.40 所示。其编程模型可分为驱动程序和执行器两部分,如图 1.41 所示。

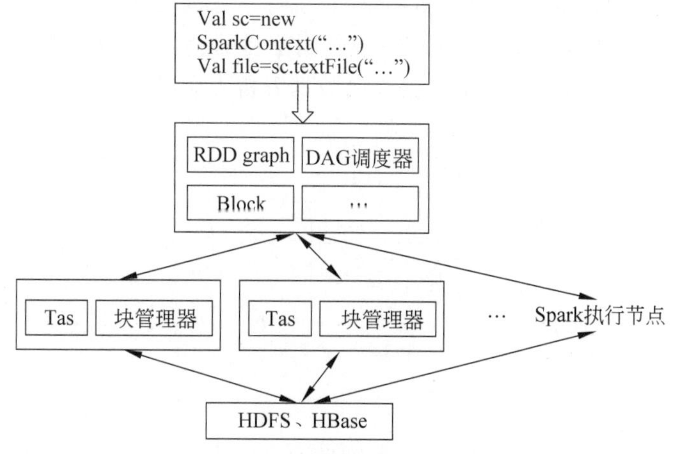

图 1.40　Spark 的基本工作原理图

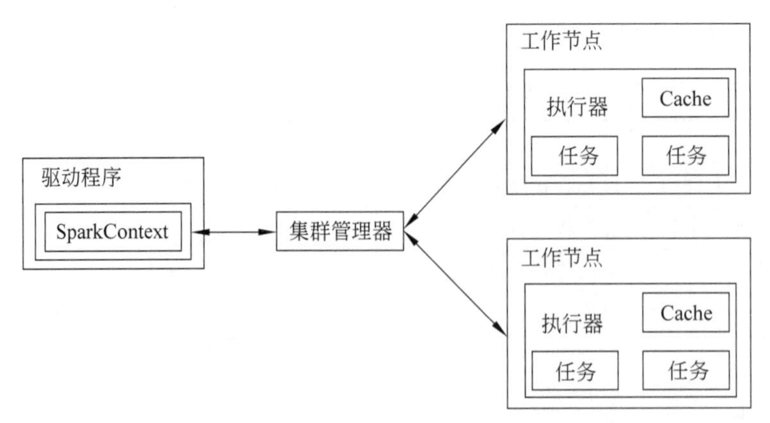

图 1.41 Spark 编程模型

驱动程序主要对 SparkContext(Spark 上下文)进行配置、初始化等操作,以便构建 Spark 应用程序的运行环境。执行器用于实现对 3 种数据的处理:原生数据、RDD 和共享变量。原生数据包含原生的输入数据和输出数据。RDD 是一种自定义的可并行数据容器,可以存放任意类型的数据。它的创建主要通过两个途径实现:一个是从内存创建;另一个是从文件创建。RDD 提供了 4 种算子,分别为输入算子、转换算子、缓存算子和动作算子。共享变量是各个节点都可以都共享的变量。Spark 提供了两种共享变量:广播变量和累加器。广播变量是广义的全局变量,累加器是一种可高效并行化并且支持加法操作的变量。执行器运行完毕后,需要将 SparkContext 关闭。

1.5 大数据分析

1.5.1 大数据分析概念

数据分析是大数据价值链中最终的和最重要的阶段,其目的是集中、提取和改进隐藏在一系列混乱数据中的有用数据,挖掘数据的潜在价值,以提供相应的建议或支持决策。常用的数据分析方法包括人工智能、机器学习、统计学方法等。

广义的数据分析流程如图 1.42 所示,包括明确目的、数据收集、数据处理、数据分析、数据展现和编制分析报告 6 个环节。狭义的数据分析方法是指使用适当的统计方法处理

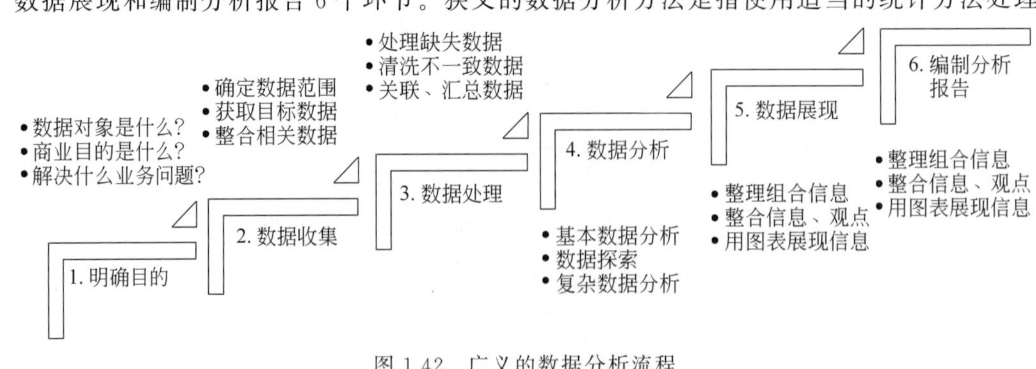

图 1.42 广义的数据分析流程

和分析原始数据的过程。

1.5.2 大数据分析方法

对于具有不同应用需求的大数据，需要考虑不同的分析架构。

1. 实时性要求

大数据分析可以根据实时性要求分为实时分析和离线分析。

(1) 实时分析一般用于金融、移动网络、物联网和互联网 B2C 等产品。往往要求系统在数秒内返回上亿行数据的分析结果，才能达到不影响用户体验的目的。例如，在打车软件中，要求立即完成订单匹配。实时分析的架构主要包括两部分：一是使用传统关系数据库的并行处理集群；二是基于存储器的计算平台。

(2) 离线分析通常用于对响应时间没有较高要求的应用，例如机器学习、统计分析和推荐算法。离线分析一般通过数据采集工具将日志大数据导入专用平台进行分析，例如进行用户画像、日志分析、供需预测等。常用的离线分析架构包括 HDFS(用于数据存储)和 MapReduce(作为计算框架)两部分。此外，Hive 通常也用于离线分析，其架构如图 1.43 所示。

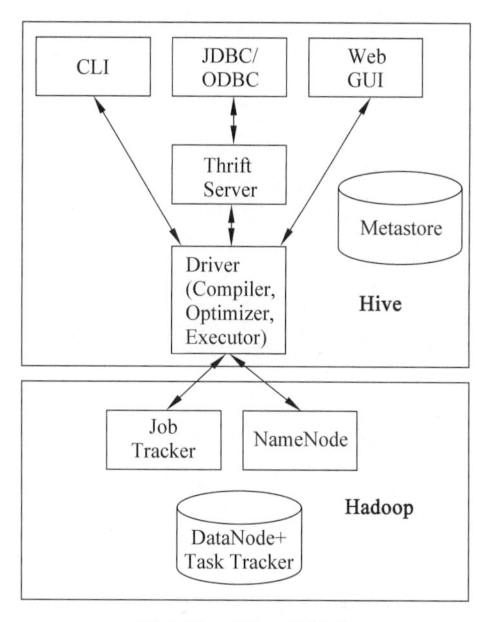

图 1.43 Hive 的架构

2. 分析层次

大数据分析按照分析层次的不同可分为内存数据分析、商业智能(Business Intelligence，BI)数据分析和海量数据分析。

(1) 内存数据分析。适用于总数据量不超过集群内存容量的情况。MongoDB 是有代表性的内存数据分析架构，其优点包括弱一致性（最终一致）、采用文档结构的存储方式、支持大容量存储、负载均衡、第三方支持丰富、性能优越等。

（2）商业智能数据分析。商业智能可以被描述为“一组用于获取原始数据并将其转换为用于业务分析目的，有意义且有用的信息的技术和工具”。

商业智能的基本架构包括数据层、业务层和应用层。数据层就是ETL（Extract-Transform-Load，抽取-转换-加载）过程；业务层主要是联机分析处理（Online Analytical Processing，OLAP）和数据挖掘的过程；应用层主要包括数据展示、结果分析和性能分析等过程。

（3）海量数据分析。当数据量完全超过商业智能数据分析和传统关系数据库的能力时，就要使用到海量数据分析。目前，海量数据分析多采用Hadoop的HDFS进行数据存储，并使用MapReduce进行数据分析，如图1.44所示。该架构由4部分组成，分别为数据采集模块、数据冗余模块、维度定义模块、并行分析模块。

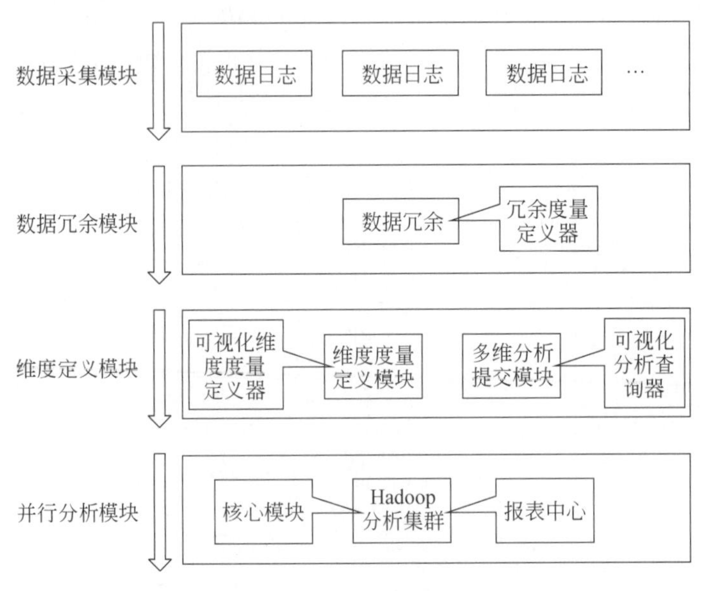

图1.44　海量数据分析架构

3. 复杂度

不同类型的数据和应用需求导致分析算法的时间复杂度和空间复杂度存在极大的差异。对于适合并行处理的应用，可设计分布式算法，用并行处理模式进行数据分析。此外，数据分析算法的复杂度和架构紧密相关，易并行（embarrassingly parallel）问题通常可分解成独立的部分运行，或者很简单地就能改造为分布式算法并行处理，如大规模脸部识别、图形渲染等。

4. 时序数据

时序数据（即时间序列数据）通常指按时间顺序记录的数据。工业企业为监测设备、生产线以及整个系统的运行状态，通常在关键点配置传感器，采集各种数据。这些数据是周期性或准周期性产生的，可视为典型的时序数据。

从工具维度看，时序数据处理工具与传统时序数据库的差异很大。后者局限于车间级而非企业级的可编程逻辑控制器。企业级的时序数据处理基于数据架构和数据模型。数据架构决定需要采集哪些时序数据，如何处理时序数据以及将其用于哪些业务场景，一般用于时序数据采集的规划与设计开发。时序数据分析流程如图 1.45 所示。

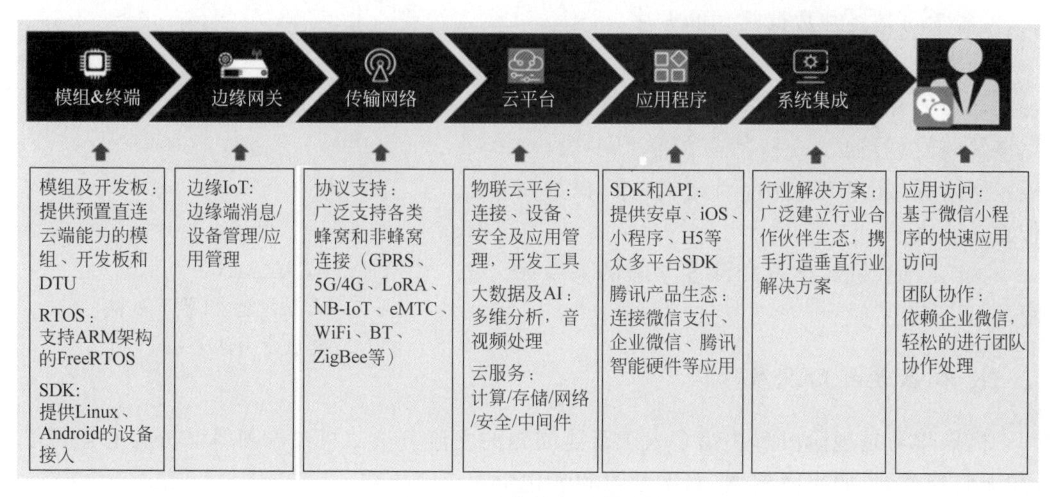

图 1.45 时序数据分析流程

目前时序数据分析存在数据量特别巨大的问题，实时存储、分析、快速查询以及可视化展示的难度很大。因此，时序数据分析工具需要具备较高的分布式计算能力、实时处理能力、高可靠性、实时流式计算能力、实时数据和历史数据综合处理能力、数据持续稳定写入能力、多维数据分析能力等。图 1.46 展示了时序数据在整个分析过程中的流向。在图 1.46 中，时序数据总体上自下而上流动。常用的时序数据分析工具包括 InfluxDB、Graphite、OpenTSDB 和 TDengine 等。

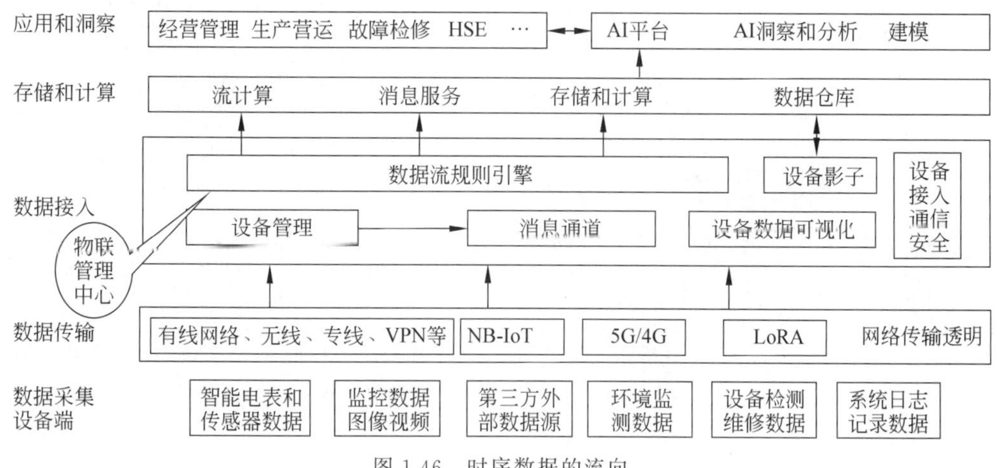

图 1.46 时序数据的流向

1.5.3 机器学习与特征选择

人工智能的概念最早出现于1956年。后来人工智能的研究领域不断扩大，目前包括专家系统、机器学习、进化计算、模糊逻辑、计算机视觉、自然语言处理、推荐系统等。

机器学习是人工智能的一个重要分支，其特点是需要从样本数据中学习知识和规律，然后将其用于实际的推断和决策。从本质上说，机器学习是一种数据驱动的方法。

深度学习原本并非一种独立的学习方法，它同样需要用数据训练深度神经网络。近几年该领域发展迅猛，一些特有的学习手段(如残差网络等)相继被提出，因此常将其视为一种独立的方法。

人工智能、机器学习和深度学习的关系如图1.47所示。

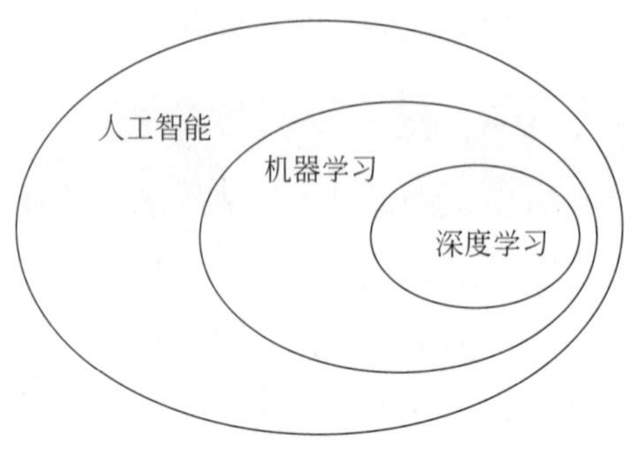

图1.47 人工智能、机器学习和深度学习的关系

1. 机器学习的发展

机器学习是现阶段解决诸多人工智能问题的主流方法。机器学习算法分为有监督学习、无监督学习、概率图模型、深度学习和强化学习5个方向。

1) 有监督学习

有监督学习利用训练样本通过学习得到一个模型，然后用这个模型进行推理。例如，要识别各种水果的图像，需要用人工标注(即用人工方式标好每个图像所属的类别，如苹果、梨、香蕉)的样本进行训练，得到一个模型，然后用训练得到的模型对未知类型的水果进行判断或预测。仅预测类别的问题称为分类问题；若需要预测一个数据型结果，则称为回归问题，例如根据某人的学历、工作年限、所在城市和行业等特征预测其收入的问题。有监督学习算法是机器学习算法中最庞大的家族，其发展历程如图1.48所示。

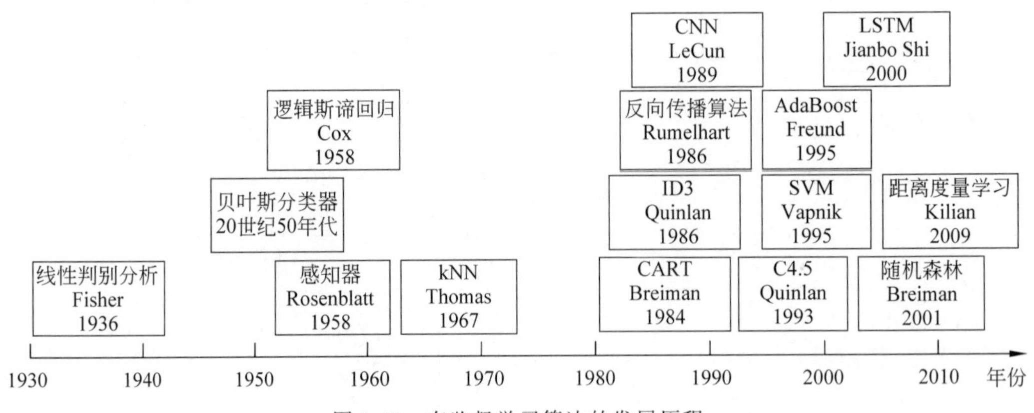

图1.48 有监督学习算法的发展历程

2）无监督学习

无监督学习没有训练过程，算法直接对样本数据进行分析，得到某些知识，其典型代表是聚类算法。还有一类典型算法是数据降维，它能够将高维向量变换到低维空间中，同时可以保持数据的内在信息和结构。无监督学习算法的发展一直较为缓慢，至今仍未取得重大突破，其发展历程如图1.49所示。

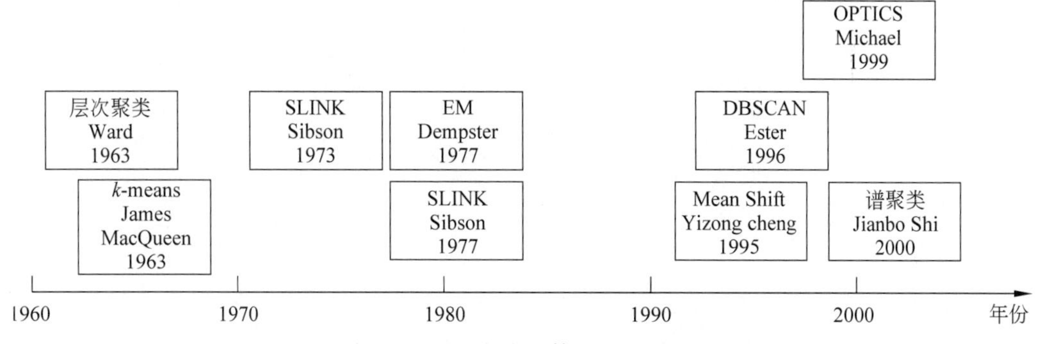

图1.49　无监督学习算法的发展历程

3）概率图模型

概率图模型是机器学习算法中的一个独特分支，它是图与概率论的完美结合。在概率图模型中，节点表示随机变量，边表示概率。概率图模型算法的发展历程如图1.50所示。

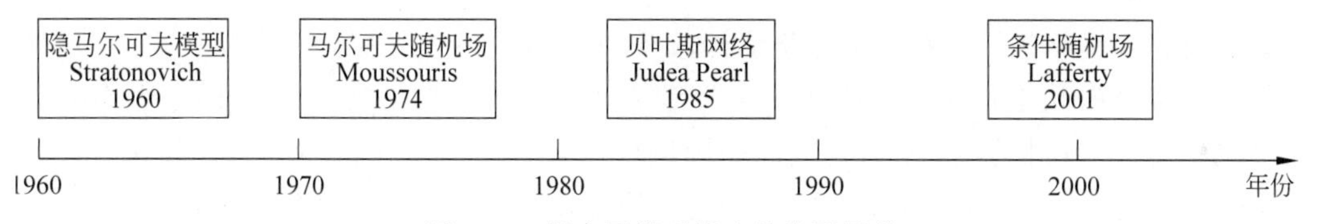

图1.50　概率图模型算法的发展历程

4）深度学习

真正意义上的人工神经网络诞生于20世纪80年代，反向传播、卷积神经网络、长短期记忆网络等早就被提出了，但人工神经网络在过去很长一段时间内并没有得到大规模的成功应用。2012年，AlexNet的成功使得卷积神经网络被广泛应用于机器视觉的各类问题。循环神经网络则被用于语音识别、自然语言处理等序列预测问题。生成对抗网络能够生成逼真的图像，成为深度学习领域的研究热点。深度学习算法的发展历程如图1.51所示。

5）强化学习

强化学习也称为再励学习、评价学习或增强学习，是机器学习的范式和方法论之一。强化学习算法需要根据当前状态确定下一步的执行动作，然后进入下一个状态并重复上一状态的操作。围棋游戏就是典型的强化学习问题。强化学习的发展历程如图1.52所示。

神经网络与强化学习的结合，即深度强化学习的出现，为强化学习带来了真正的机

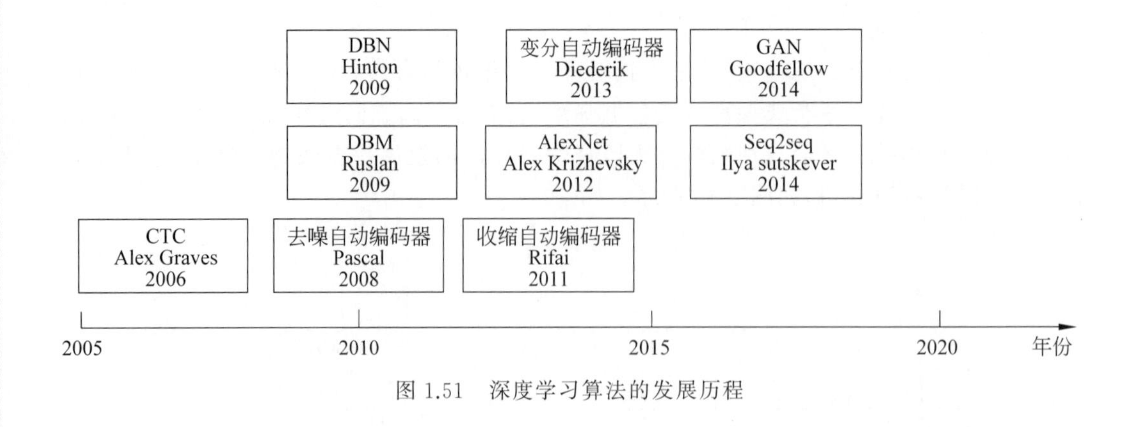

图 1.51　深度学习算法的发展历程

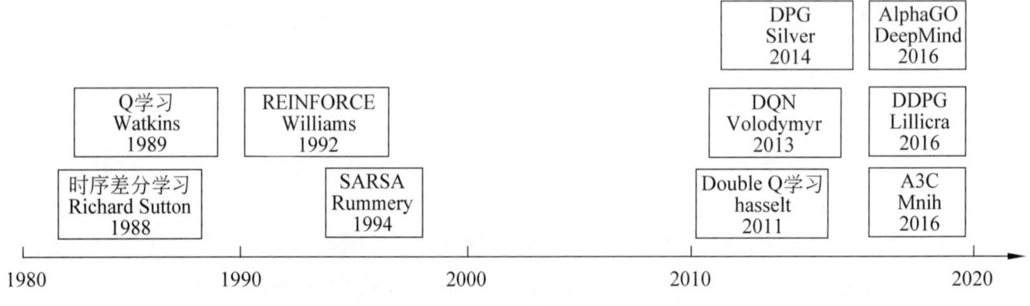

图 1.52　强化学习算法的发展历程

会。深度神经网络被用于拟合动作价值函数，即 Q 函数，或者直接拟合策略函数，这使其能够处理复杂的状态和环境，在围棋、游戏、机器人控制等问题上得到了真正应用。例如，神经网络可以直接根据游戏画面、当前的围棋棋局等预测需要执行的动作。其典型代表是 DQN(Deep Q-Learning，深度 Q 学习)这类用深度神经网络拟合动作价值函数的算法。

2. 机器学习与数据挖掘

数据挖掘的主要目的是从海量数据中找出有用的知识。数据挖掘可视为机器学习和数据库的交叉技术，它主要利用数据库技术管理海量数据，利用机器学习技术对海量数据进行分析。数据挖掘技术大多来自机器学习领域。但传统的机器学习并不把海量数据作为处理对象；相反，多数机器学习算法和技术都是为处理中小规模数据而设计的，若直接把这些技术用于海量数据，其效果可能很差。

3. 特征选择

大规模数据集的特点主要体现在样本(或实例)数量庞大和样本特征(或属性)维数比较高两个方面。

数据集的特征是数据分析处理的基本单元。大数据的高维特征导致算法中参数估计的准确率下降，进而直接影响算法学习的性能和效率。特征选择主要有两个功能：

(1) 减少特征数量，即降维，以增强模型泛化能力，减少过拟合现象。

(2) 增强对特征和特征值的理解。

1.5.4 机器学习算法

本节介绍回归算法、分类算法和聚类算法。

1. 回归算法

回归模型表示从输入变量到输出变量之间的映射的函数,回归算法用于预测输入变量和输出变量之间的关系。常见的回归算法包括线性回归、逻辑回归、多项式回归、逐步回归、岭回归、套索回归等。

(1) 线性回归通常是学习预测模型时的首选方法之一。线性回归的自变量既可以是连续的也可以是离散的,因变量是连续的,回归线是线性的。如图1.53和图1.54所示,房价和房间面积有一定的关系,可根据房价和房间面积的数据对房价进行线性回归分析。

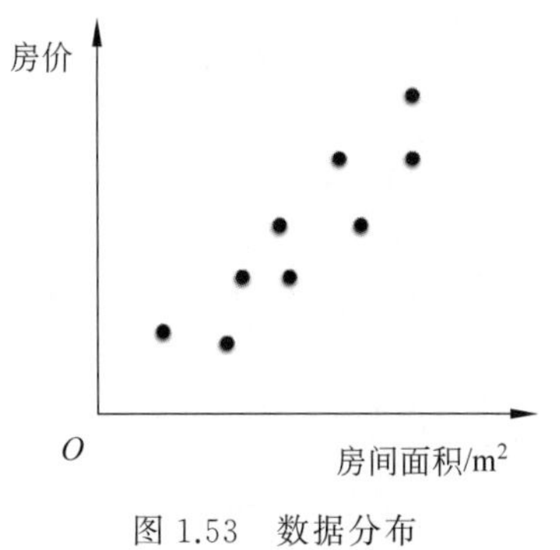

图1.53 数据分布

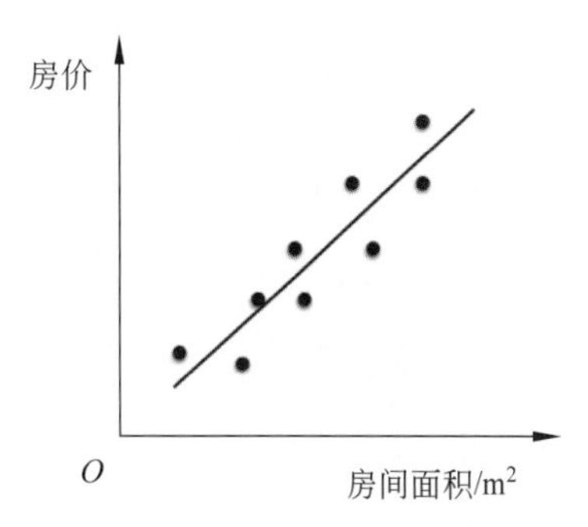

图1.54 线性回归

(2) 逻辑回归用来判断某个事件为"真"或"假"的概率。逻辑回归广泛应用于分类问题。包含多个因变量的逻辑回归称为多元逻辑回归。

(3) 对于一个回归方程,若自变量的指数大于1,那么它就属于多项式回归方程,其最佳拟合线是曲线。在实践中,这种最佳拟合曲线较容易导致过拟合。

(4) 逐步回归用于处理包含多个自变量的回归问题。逐步回归通过观察统计的指标(如 R-square、t-stats 和 AIC 等)识别重要的变量,通过添加/删除基于指定标准的协变量来拟合模型。这种建模方法可使用最少的预测变量数最大化预测能力,也常用来处理高维数据集。

(5) 岭回归是一种用于存在多重共线性(自变量高度相关)数据的方法。在多重共线性的情况下,尽管最小二乘法对每个变量都很公平,但它们的差异很大,使得观测值发生偏移并远离真实值。岭回归在回归估计增加一个偏差度,来降低标准误差。

(6) 套索回归与岭回归类似,可理解为在线性回归的基础上加入一个L1正则项,该方法能降低偏差并提高线性回归模型的精度。

2. 分类算法

常用的分类算法有 k 近邻、决策树、朴素贝叶斯、逻辑回归、支持向量机和随机森林等。

(1) k 近邻算法简称 KNN(k-Nearest Neighbor),由 Thomas 等人在 1967 年提出。KNN 算法要确定一个样本的类别,首先计算它与所有训练样本的距离,然后找出和该样本最接近的 k 个样本,统计这些样本的类别并进行投票,票数最多的那个类即为分类结果。KNN 算法尽管简单,却非常有效,如果能够定义合适的距离度量,该算法可以取得较为理想的性能,目前已被成功应用于文本分类、图像分类等模式识别问题。应用 KNN 算法的关键是构造出合适的特征向量以及确定合适的距离函数。

(2) 决策树是一种常用的监督学习分类方法,它采用树结构,如图 1.55 所示。每个非叶子节点表示一个特征属性上的测试,每个分支代表这个特征属性在某个值域上的输出,而每个叶子节点存放一个类别。使用决策树进行决策的过程如下:从根节点开始,测试待分类项中相应的特征属性,并按照其值选择输出分支,直到到达叶子节点,将叶子节点存放的类别作为决策结果。

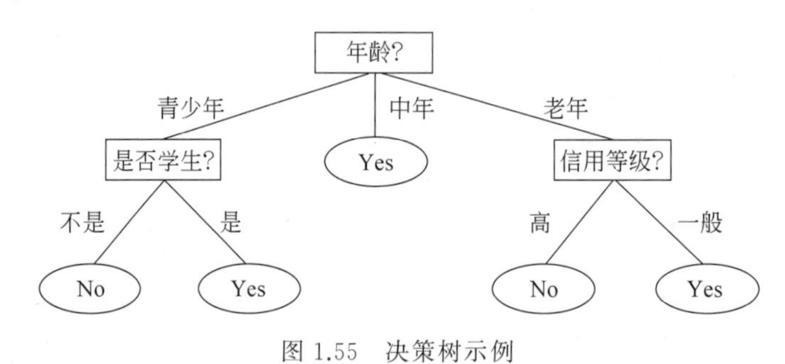

图 1.55 决策树示例

(3) 朴素贝叶斯算法是一种典型的统计学习方法,它是基于贝叶斯定理和特征条件独立性假设的分类方法。特征条件独立性是指在给定样本类别的前提下,任一特征的取值与其他特征都不相关。该算法在文本分类、垃圾邮件过滤、情感分析等文本分析问题中获得了广泛应用。

(4) 逻辑回归算法是应用最广泛的分类算法之一。风险控制是金融领域最核心的问题,逻辑回归是风险评估中最经典、最常用的模型。此外,逻辑回归在互联网广告点击预测中也得到了广泛应用。

(5) 支持向量机算法由 Vapnik 等人在 1995 年提出,该算法具有泛化性能好、适合小样本等优点,在其后的 20 多年里该算法成为最具影响力的机器学习算法之一。在深度学习技术出现之前,使用高斯核的支持向量机算法在很多问题上取得了很好的效果,被广泛应用于解决各种实际问题,如文本识别、文本分类、人脸识别等。支持向量机算法使用最大分类间隔确定最优的划分超平面,获得了良好的泛化能力。

(6) 随机森林算法是一种具有代表性的自助投票(bagging)算法,在许多实际问题中得到了广泛应用,例如市场营销、股票市场分析、金融欺诈检测、基因组数据分析和疾病风险预测等。随机森林算法使用随机的方式从数据中抽取样本和特征,训练多棵不同的决策树,形成森林。因此,在随机森林算法中,“随机”是其核心,“森林”意在说明它通过组合多棵决策树构建模型。

3. 聚类算法

聚类问题是机器学习中无监督学习的典型代表，在数据分析、模式识别的很多实际问题中得到了广泛应用。典型的聚类算法有 k-means 算法、层次聚类算法、期望最大化算法(Expectation-Maximum，EM)、DBSCAN 算法、OPTICS 算法、均值漂移算法、谱聚类算法等。

(1) k-means 算法认为，两个对象的距离越近，其相似度就越大。该算法认为，簇是由距离靠近的对象组成的，因此把得到紧凑且独立的簇作为最终目标。

(2) 现实生活中的某些类型划分问题具有层次结构特性。例如，水果分为苹果、杏、梨等，苹果又可以细分成黄元帅、红富士、蛇果等很多品种。层次聚类使用类似方法反复将样本合并，形成一种有层次的表示。

(3) EM 算法是一种迭代法，其目标是求解似然函数或后验概率的极值。该算法用于聚类问题时要同时估计出每个样本所属的簇以及每个簇的概率分布参数。如果样本数据服从它所属的簇的概率分布，则可通过估计每个簇的概率分布以及每个样本所属的簇完成聚类。EM 算法在每次迭代时交替解决上述两个问题，直至收敛到局部最优解。

(4) DBSCAN 算法是一种基于密度的算法，其核心思想是根据样本点某一邻域内的邻居数定义样本空间的密度。利用该算法能够辨识空间中形状不规则的簇且不需事先指定簇的数量。DBSCAN 算法将簇定义为样本点密集的区域，从一个种子样本开始，持续向密集的区域生长，直至到达边界。

(5) OPTICS 算法是对 DBSCAN 算法的改进，对参数更不敏感。OPTICS 算法不直接生成簇，而是对样本进行排序，从而得到各种邻域半径和密度阈值的聚类结果。与 DBSCAN 算法不同的是，OPTICS 算法在扩展一个簇的时候，总是从最密集的样本开始处理，按照这种顺序对每个样本进行排序，得到最终的排序结果。

(6) 均值漂移(mean shift)算法是一种基于核密度估计寻找概率密度函数极值点的算法。该算法在聚类分析、图像分割、视觉目标跟踪等问题中有广泛应用。均值漂移算法也是一种迭代算法，在用于聚类任务时，该算法从一个初始点开始，按照某种规则移动到下一点，直到到达极值点，通过寻找概率密度函数的极大值点(即样本分布最密集的位置)得到完成的簇。

(7) 谱聚类算法是基于图的算法的典型代表。基于图的算法把样本数据看作图的顶点，根据数据点之间的距离构造边，形成带权重的图，通过图的切割实现聚类，即，将图切分成多个子图，这些子图就是对应的簇。谱聚类算法首先构造样本集的邻接图，得到图的拉普拉斯矩阵，然后对矩阵进行特征值分解，通过对特征向量进行处理来构造簇。

1.5.5 深度学习算法

1. 深度学习概述

近几年，无论在学术界还是工业界，深度学习在多个领域都取得了里程碑式的进展。例如，在大型图像数据集 ImageNet 上进行物体识别的残差网络(ResNet)已经超过了人类的平均识别水平。Google公司旗下人工智能公司DeepMind开发的基于深度学习模型的围棋对弈系统AlphaGo以4∶1战胜韩国围棋名将李世石,以3∶1战胜中国围棋名将柯洁。Google公司机器翻译系统的核心算法也越来越依赖深度学习技术。

深度学习的一个重要特点是能够从层次化网络的建立过程中学习到数据的复杂特征或表示。例如,要完成从图像中识别人和动物的任务,原始的输入数据为图像的像素阵列,将一组像素映射到图像类别的函数非常复杂,如果不对此函数的构建过程进行一些假定和限制,直接学习这个映射几乎是不可能的。如果通过高阶多项式逼近函数,由于输入数据维度过高,特征之间的组合会呈指数级增长。而深度学习通过多个简单非线性映射的复合逐渐逼近最终的复杂函数。神经网络首先在输入层接收观察数据,然后通过多个隐含层不断地提取越来越抽象的特征。

深度学习的另一个重要特点是依赖于大规模的训练数据。完成复杂任务往往需要复杂的网络结构,这意味着有大量的网络参数(几十万个、几百万个甚至上亿个)需要通过训练数据学习得到。如果没有足够多的训练样本,则很容易出现过拟合;在有足够的训练样本时,深度学习系统也需要强大的计算资源进行训练。目前通常借助GPU加速计算过程。典型的深度学习网络包括卷积神经网络、循环神经网络和长短期记忆网络等。

2. 前馈神经网络

感知机是对生物神经细胞的简单数学模拟,是最简单的人工神经网络,只有一个神经元,可视为线性分类器的一个经典学习算法,如图1.56所示。感知机的函数表达式如下:

$$y=(f)=\text{sign}(w\cdot x+b)\quad \text{sign}(x)=\begin{cases}+1, & x\geqslant 0\\ -1, & x<0\end{cases}$$

前馈神经网络是人工神经网络的一种,也被称为多层感知机。它采用单向多层结构,其中每一层包含若干神经元,每个神经元只与前一层的神经元相连,只接收前一层神经元的输出,并输出给下一层神经元,各层间没有反馈。这是目前应用最广泛、发展最迅速的人工神经网络之一。前馈神经网络包含3层:第一层为输入层,最后一层为输出层,中间各层称为隐含层,如图1.57所示。

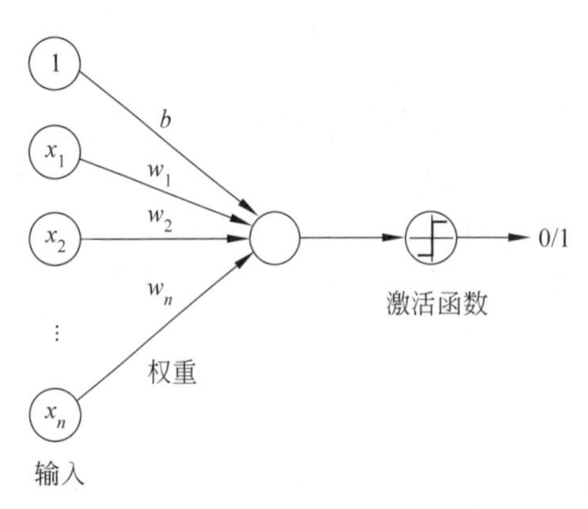

图1.56　感知机

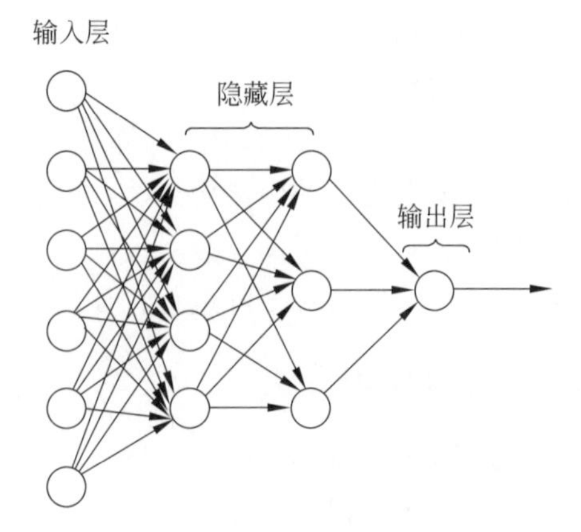

图1.57　前馈神经网络

3. 卷积神经网络

卷积神经网络是一种前馈神经网络。它是受到生物学启发而产生的，涉及感受野、神经元激活等机制，具有平移、缩放和扭曲不变性，在计算机视觉比赛中达到了超过人类的水平。在传统的神经网络中，输入通常是一个特征向量，需要人工设计特征，然后将这些特征的值组成特征向量。事实上，人工找到的特征并不好用，特征过多时需要降维，特征过少时容易过拟合。针对这种问题，工业界提出了卷积神经网络的概念。卷积神经网络的层级结构如图 1.58 所示。

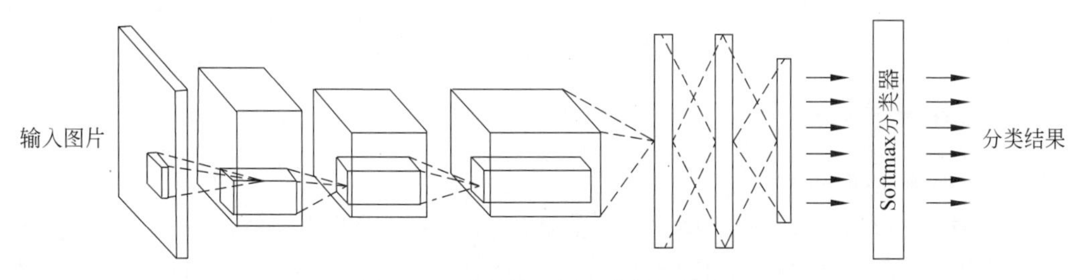

图 1.58 卷积神经网络的层级结构

卷积神经网络共有 4 层：输入层、卷积层、池化层和全连接层。

(1) 输入层与传统神经网络/机器学习一样，模型需要对输入的数据进行预处理操作，常用预处理方法包括去均值、归一化和 PCA/SVD 降维等。

(2) 卷积层。人脑在识别图像时，首先对图像中的每一个特征进行局部识别，如图 1.59 所示。

R
G
B
F1
F2
F3
F4
卷积层
输入层X 卷积Cour1

图 1.59 卷积层示意图

输入图像为彩图(R、G、B 通道)，经过 4 个卷积核执行卷积运算，每个卷积核都有自己的偏移值。每个卷积核先单独对 R、G、B 通道进行计算，然后再累加各自计算的 R、G、B 通道的值，将对应位置处的值合并。

(3) 池化层也称为欠采样或下采样。主要用于特征降维，压缩数据和参数的数量，减小过拟合，同时提高模型的容错性。池化方法主要有最大池化和平均池化。通过池化层，如图 1.60 所示的池化过程使得原本 4×4 的特征图压缩成了 2×2 的特征图，从而降低了特征维度。

(4) 全连接层又称输出层。在全连接层之前，如果神经元数目过大，有可能出现过拟合。通常采用 dropout 操作或正则化解决过拟合问题。另外，还可以进行局部归一化、数据增强、交叉验证、提前终止训练等操作，以增强鲁棒性。

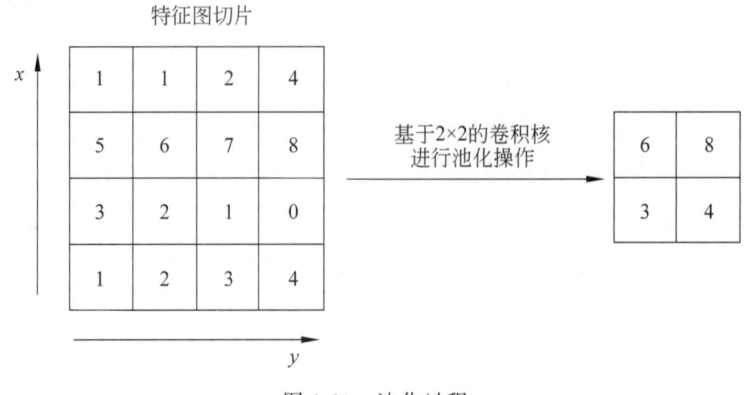

图 1.60　池化过程

4. 循环神经网络

1）循环神经网络简介

循环神经网络是一种随着时间推移重复发生的结构。循环神经网络在自然语言处理、语音、图像等多个领域均有广泛的应用。循环神经网络和其他神经网络最大的不同在于它能够实现某种记忆功能，是进行序列数据分析的最佳选择。如同人类能够凭借自己的记忆更好地认识世界一样，循环神经网络也实现了类似于人脑的记忆机制，对处理过的信息留存一定的记忆。

2）循环神经网络原理

典型的循环神经网络包含一个输入 x，一个输出 h 和一个神经网络单元 A。与普通神经网络不同的是，神经网络单元 A 不仅与输入和输出存在联系，其自身也存在回路，这使其上一个时刻的网络状态信息将同时作为下一个时刻的输入。

循环神经网络以时间序列展开结构，如图 1.61 所示。当前时刻为 t，那么 t 时刻的输入需要参考 $t-1$ 时刻的结果，输入序列越长，需参考的时间越多，导致网络越深。当序列较长时，序列后部的梯度很难反向传播到前面的序列，从而产生了梯度消失问题，因此 RNN 无法有效处理长期依赖问题。

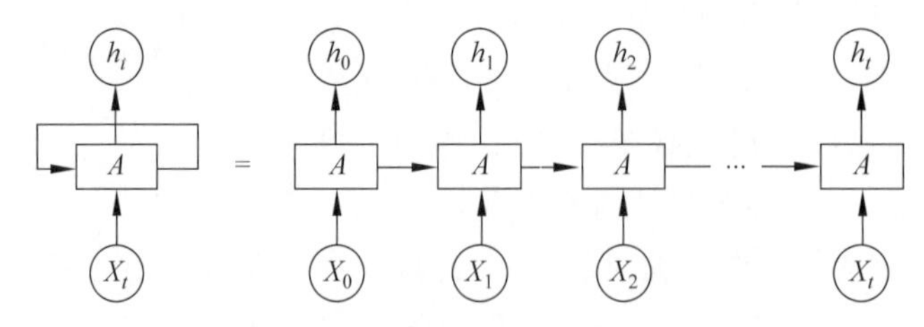

图 1.61　循环神经网络的展开结构

针对循环神经网络的梯度消失和梯度爆炸问题，长短期记忆模型被提出，它是一种特殊的循环神经网络，通过在输入与反馈之间创造了一个滞留效应，有效避免了梯度弥散现象。长短期记忆模型利用输入门、输出门和遗忘门控制传输状态，记住需要长时间记忆的信息，忘记不重要的信息，替代了循环神经网络单纯的叠加记忆方式。长短期记忆模型的内部结构如图 1.62 所示，长短期记忆模型在较长的序列中有更好的表现。

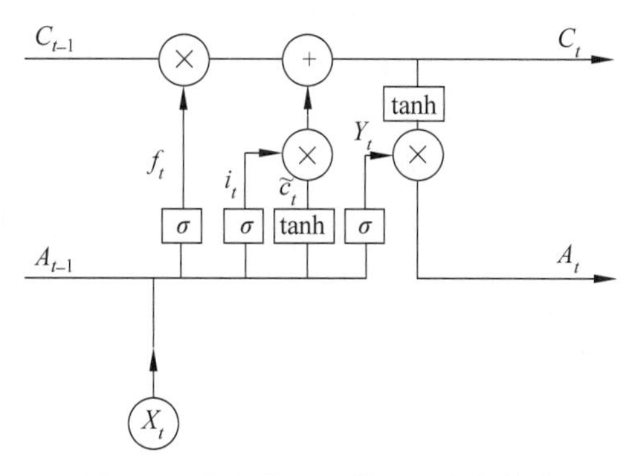

图 1.62 长短期记忆模型的内部结构

1.6 大数据可视化

1.6.1 数据可视化概述

数据可视化过程主要包括数据预处理、绘制、显示和交互，其研究侧重于通过可视化图形呈现数据中隐含的信息和规律。

目前数据可视化已经成为分析复杂问题的有力工具。大数据可视分析是指在大数据自动分析挖掘的同时，利用支持信息可视化的用户界面以及支持分析过程的人机交互方式与技术，有效融合计算机的计算能力和人的认知能力，以获得对于大规模复杂数据集的洞察力。

可视化技术应用标准包含 4 个方面：①直观化，将数据直观、形象地呈现出来；②关联化，突出地呈现出数据之间的关联性；③艺术性，使数据的呈现更具有艺术性，更加符合审美规则；④交互性，实现用户与数据的交互，方便用户控制数据。

1.6.2 数据可视化技术

1. 基于图形的可视化方法

基于图形的可视化方法将数据各个维度之间的关系在空间坐标系中以直观的方式表现出来，便于数据特征的发现和信息传递。

数据可视化常用的图形有以下 9 种：

(1) 树状图。常用于表示层级、上下级、包含与被包含关系，如图 1.63 所示。树状图常把分类总单位摆在顶部，然后根据需要从总单位中分出几个分支，而这些分支还可作为独立的单位继续向下分类。

(2) 桑基图。常应用于需要关注物质、能量、信息转化量的场景，如能源、材料成分、金融等领域的数据可视化分析，如图 1.64 所示。

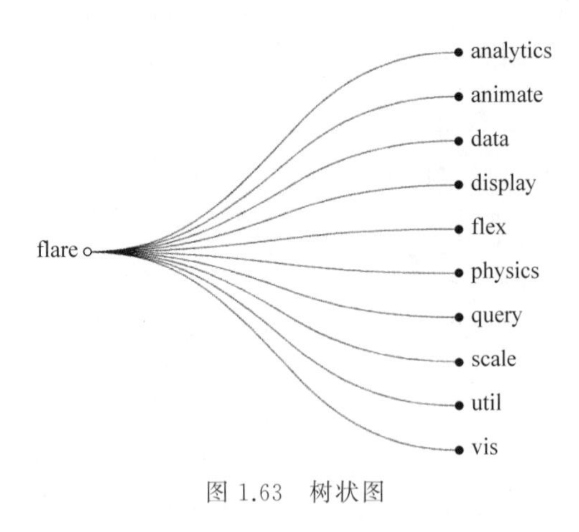

图 1.63　树状图

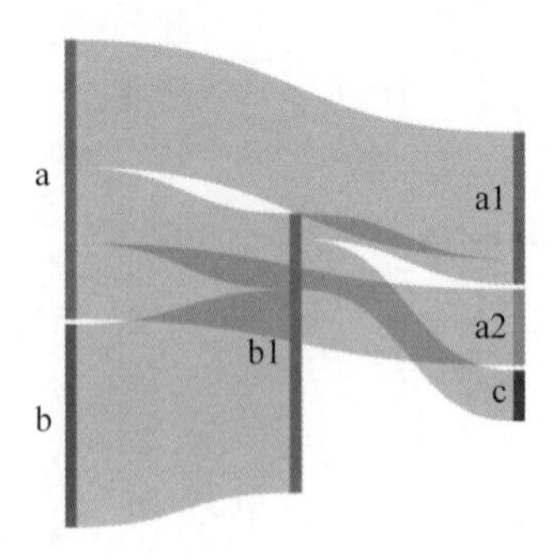

图 1.64　桑基图

(3) 弦图。常用于表示数据间的关系和流量,如图 1.65 所示。外围圆弧表示数据节点,弧长表示数据量大小,节点间的弧带(称为弦)表示两者之间的关联关系。弦图非常适合于分析复杂数据的关联关系。

(4) 散点图。是最常用的多维可视化方法,如图 1.66 所示。二维散点图将多个维度中的两个维度属性值集合映射至两条轴,通过图形标记的不同视觉元素反映其他维度属性值,如通过不同颜色和形状代表连续或离散的属性值。散点图适合对有限数目的较为重要的维度进行可视化,不适合需要对所有维度同时进行展示的情况。

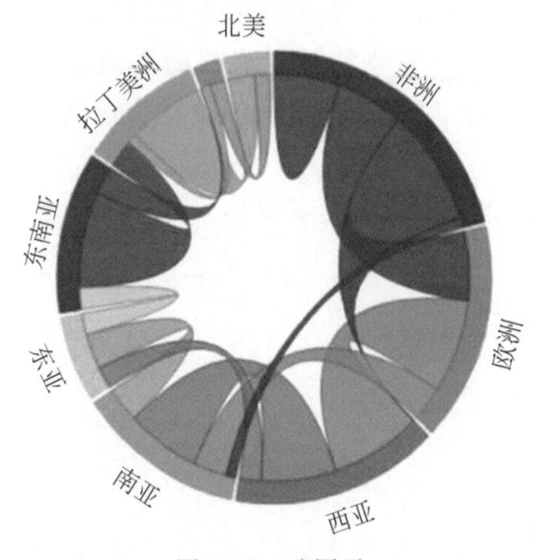

图 1.65　弦图示

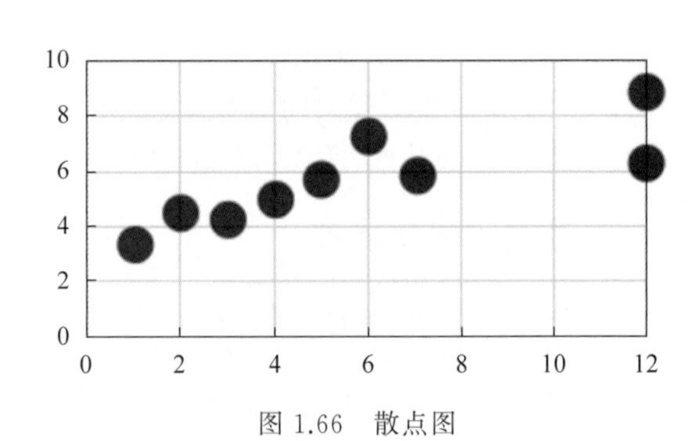

图 1.66　散点图

(5) 折线图。常用于显示数据在连续时间间隔或者时间跨度上的变化,能够较好地反映事物随时间或有序类别而变化的趋势,如图 1.67 所示。在折线图中,一般水平轴(X 轴)表示时间的推移,并且间隔相同;而垂直轴(Y 轴)表示不同时刻的数据值。

(6) 条形图和柱形图。用直条的长度表示数量或比例,并按时间、类别等一定顺序排列起来,主要用于表示数量、频数、频率等,如图 1.68 所示。

(7) 分布图。常用于表示数据的分布规律,以及一个变量与另一个变量之间如何相

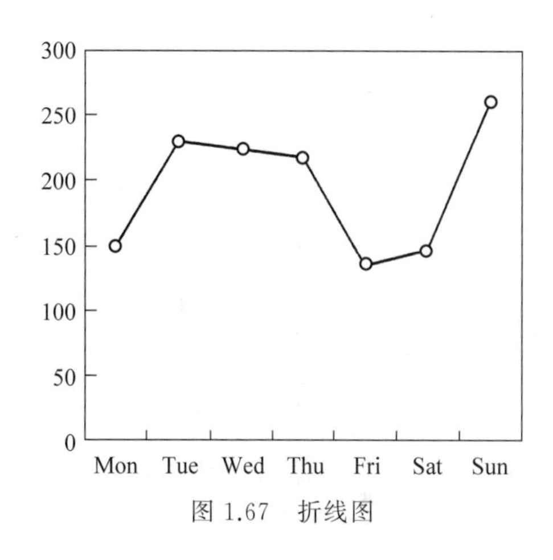

图 1.67 折线图

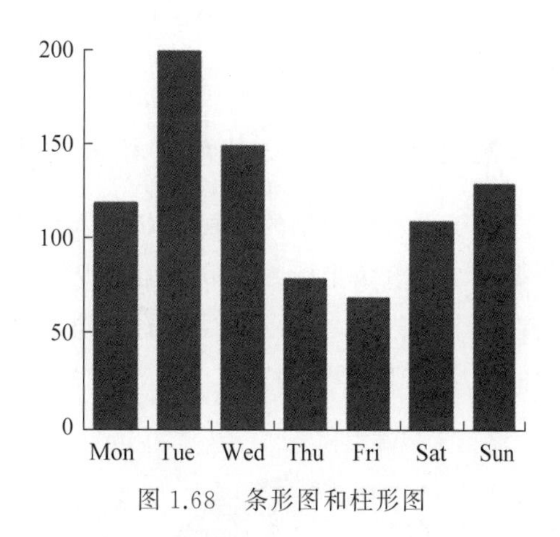

图 1.68 条形图和柱形图

互关联,例如,可通过分布图检验样本是否服从正态分布。图 1.69 所示为一次抽样调查的男性身高数据,通过该图能够直观地观察调查对象的身高属性是否符合正态分布。

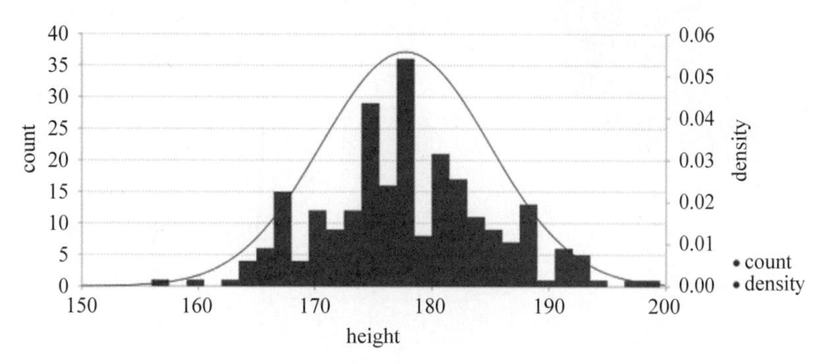

图 1.69 分布图

(8) 箱型图。也称为箱线图或箱须图,如图 1.70 所示。它是利用数据的最小值、第一四分位数、中位数、第三四分位数和最大值这 5 个统计量描述数据的一种方法,箱型图可以粗略地看出数据是否具有对称性、分布的分散程度等信息。

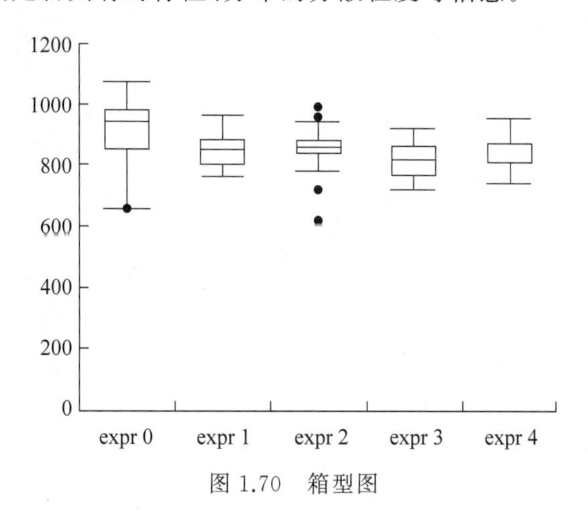

图 1.70 箱型图

(9) 饼图。以二维或者三维的形式表示各部分数据相对于数据总量的大小,如图 1.71 所示。

2. 基于平行坐标轴的可视化方法

基于平行坐标轴的可视化方法称为平行坐标法,它可以实现高维数据的降维,将高维数据在二维直角坐标系中以更加直观的形式展示,便于挖掘数据表达的信息。平行坐标法在多个平行轴之间以直线或曲线映射表示多维信息。从图 1.72 可以看出每一个数据项的分布规律和聚类特征。

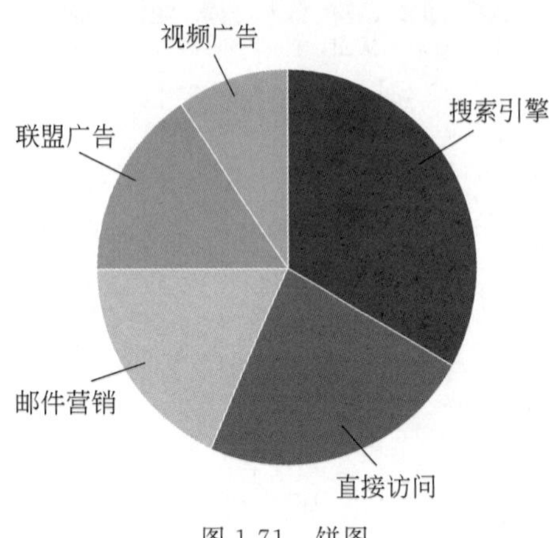

图 1.71　饼图

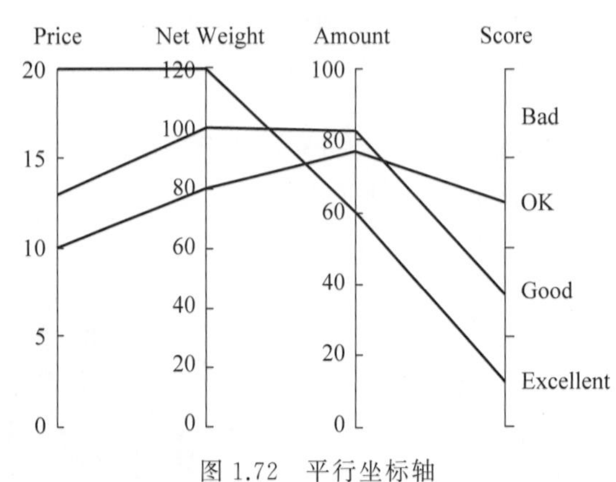

图 1.72　平行坐标轴

1.6.3　数据可视化工具

数据可视化工具必须具有实时、易于操作、展现方式多样等特性。数据可视化工具必须满足大数据时代数据量的爆炸式增长需求,能够对数据信息进行实时更新。同时数据可视化工具还需要满足快速开发、易于操作的特性,能适应互联网时代信息多变的特性。常见的可视化工具有 R 语言、D3、Python、Excel、Tableau 和 ECharts 等。

R 语言是由新西兰奥克兰大学的 Ross Ihaka 和 Rober Gentleman 合作开发的一个用于统计学计算和绘图的语言。R 语言只需几行代码便可完成图形绘制。图 1.73 为 R 语言绘制的散点图。

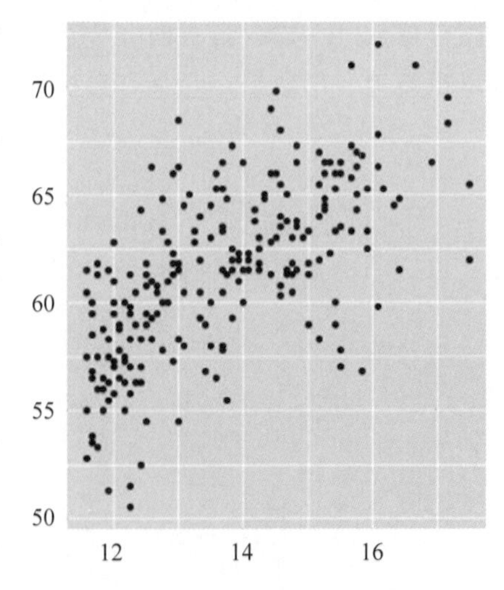

图 1.73　R 语言绘制的散点图

D3(Data Driven Documents,数据驱动的文档)是一个基于 Web 标准的 JavaScript 可视化库。它可以借助 SVG、Canvas 以及 HTML 将数据生动地展现出来。D3 将可视化交互技术和数据驱动 DOM(Document Object Model,文档对象模型)技术相结合,借助现代浏览器的强大功能自由地对数据进行可视化操作,是当今最流行的可视化库之一,如图 1.74 所示。

Python 是一款通用的编程语言,其原本并不是针对图形展示功能而设计的,但如今已被广泛应用于数据处理和可视化。图 1.75 为 Python 绘制的网络图。

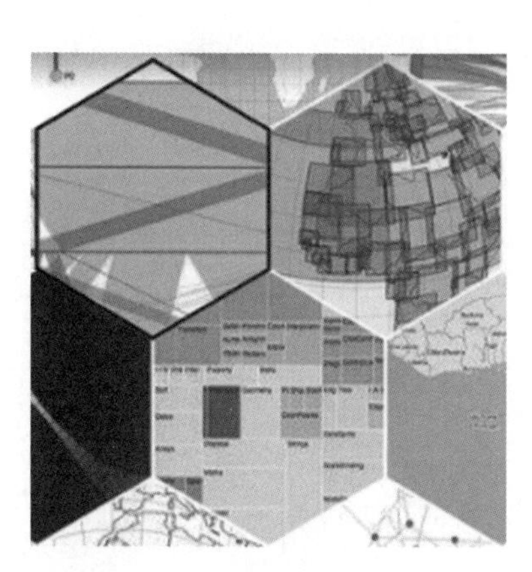

图 1.74 D3 可视化示例

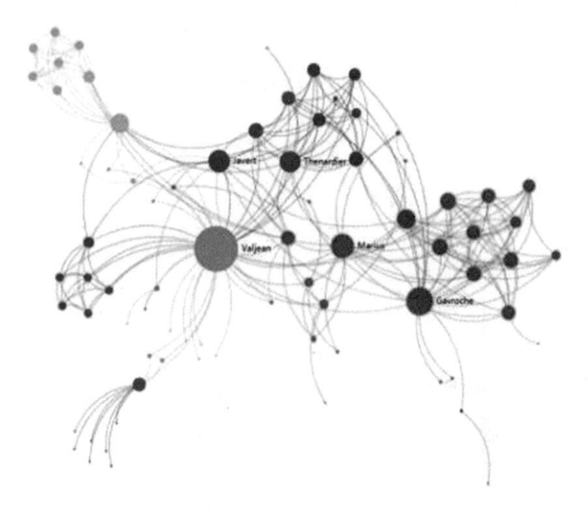

图 1.75 Python 绘制的网络

Excel 是微软公司开发的一款电子表格软件。Excel 具有直观的界面、出色的计算和图表绘制工具。Excel 作为一个入门级数据可视化工具,是快速分析数据的理想工具,图 1.76 为 Excel 图表。

月份	2018年	2018年	2018年	2018年
1月	6%	6%		
2月	46%	46%		
3月	45%	45%		
4月	27%	27%	27%	
5月	22%		22%	
6月	46%		46%	
7月	71%		71%	
8月	92%		92%	92%
9月	9%			9%
10月	26%			26%
11月	12%			12%
12月	65%			65%

100%
80%
60%
40%
20%
0%
1月 2月 3月 4月 5月 6月 7月 8月 9月 10月 11月 12月

图 1.76 Excel 图表

Tableau 将数据运算与美观的图表完美地结合在一起,利用该软件可将大量数据拖放到数字“画布”上,其图表绘制效果如图 1.77 所示。

ECharts 是一款基于 JavaScript 的数据可视化图表库,可提供直观、生动、可交互、可个性化定制的数据可视化图表。ECharts 最初由百度团队开源,并于 2018 年初捐赠给 Apache 软件基金会,成为 ASF 孵化级项目。

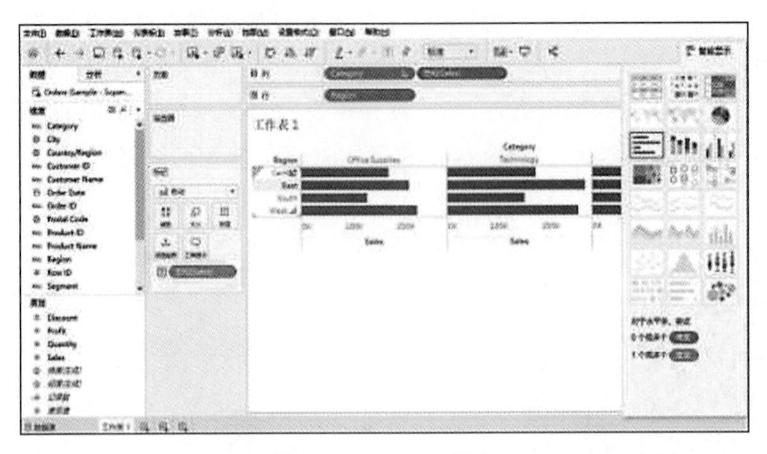

图 1.77　Tableau 图表

1.6.4　数据可视化案例

本节给出了 3 个数据可视化案例。

1. 波士顿地铁数据可视化案例

波士顿地铁数据是美国波士顿地铁系统 2014 年 2 月的开源数据。图 1.78 为各条线路的列车位置信息。图 1.79 为所有地铁列车在 2014 年 2 月 3 日的运行情况，用不同颜色的线条分别代表各条地铁线路，每个线条代表一趟列车。图 1.80 使用热力图展示 2 月 3—9 日地铁站点各时段的平均进站和出站人数。

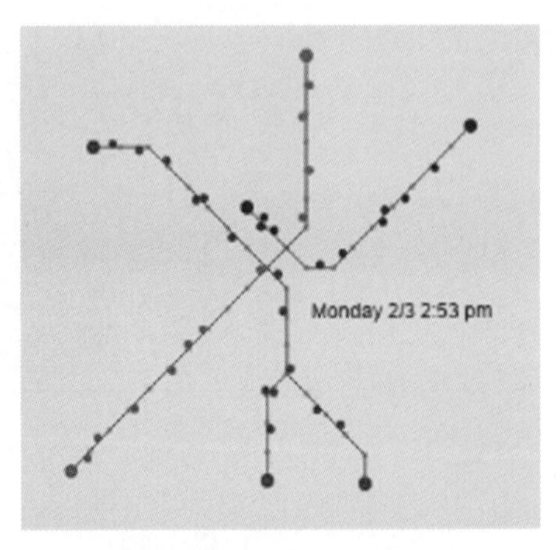

图 1.78　各条线路的列车位置信息

2. 实时风场可视化案例

图 1.81 为一个交互式实时风场可视化结果，数据每小时更新一次，用户可以通过双击图形放大到更精细的分辨率，看到非常美妙的风场。

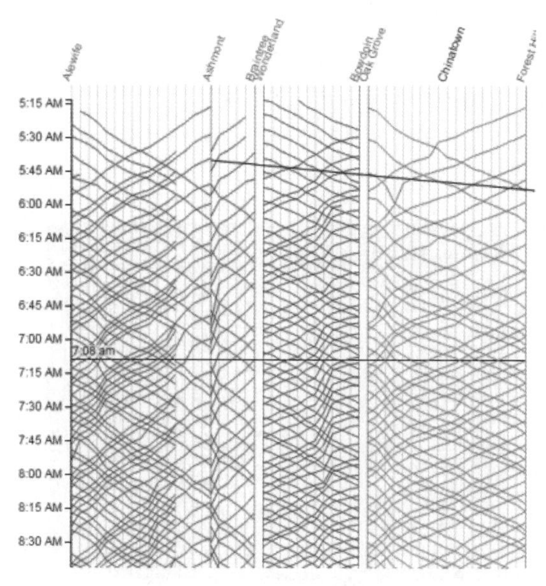

图 1.79 地铁运行情况

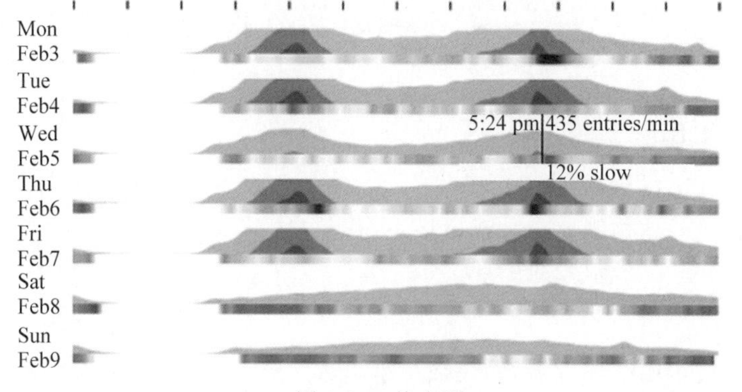

图 1.80 热力图

图 1.81 实时风场可视化结果

3. 社交关系可视化案例

如图 1.82 所示，My Map 程序根据 60 000 封电子邮件存档数据用不同颜色深度的线条呈现了地址簿中用户之间的关系。My Map 是名副其实的自画像、个人关系及社交的可视化工具。

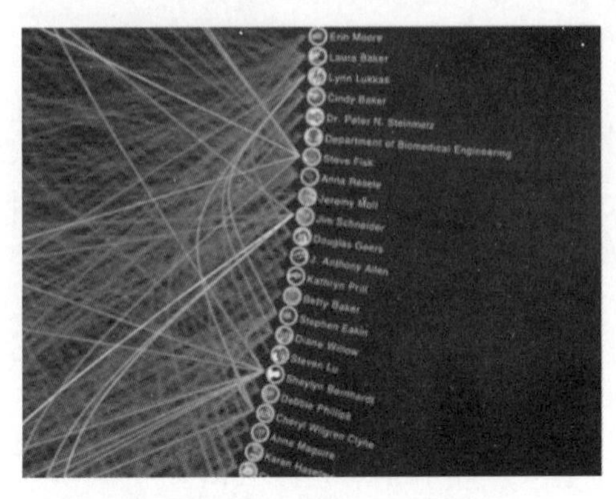

图 1.82　社交关系可视化结果

1.7　大数据应用及挑战

1.7.1　大数据应用

目前大数据技术已经应用于多个领域，如社交网络、交通、医疗、金融、教育、互联网、农业、物联网等，为各领域和各行业的发展做出了不可替代的贡献。

1. 大数据在社交网络中的应用

随着互联网技术的高速发展，网民数量呈指数上升，社交网络进入了强调用户参与和体验的时代。在社交网络中的用户可以随时随地在网络上分享信息，由此产生了海量的用户数据。例如，微信每分钟有 39 万多人登录，新浪微博每分钟发出/转发 6 万多篇微博，Facebook 用户每天分享数据信息超过 40 亿次。在大数据的浪潮中，基于社交网络大数据的应用将为企业带来更多的收益，为社会创造更大的价值。

2. 大数据在交通领域的应用

在交通领域，大数据一直被视作缓解交通压力的利器。应用大数据有助于了解人的出行规律，使人们更加便捷地出行和生活，提高城市的宜居性，为政府精准管理提供决策支持。例如，打车软件可以让车辆迅速响应并准确地来到用户身边，掌上公交可以实现查询即时公交信息、规划换乘路线等。利用大数据技术可以更好地发挥数据在交通中的核心作用，使交通运输更安全、便捷、高效和环保。智能交通大数据平台主要包括城市交通信息数据系统、城市交通综合监测/预警系统和城市交通碳排放实时监测系统等。

3. 大数据在医疗领域的应用

大数据技术在医疗领域的技术层面、业务层面都有十分重要的应用价值。

在技术层面，大数据技术可以应用于非结构化数据的分析和挖掘、大量实时监测数据分析等，为医疗卫生管理系统、综合信息平台等的建设提供技术支持。例如，Seton Healthcare 系统为医疗服务机构提供了人工智能和互联网医疗解决方案。

在业务层面，大数据技术可向医生提供临床辅助决策和科研支持，向管理者提供管理辅助决策、行业监管、绩效考核支持，向居民提供健康监测支持，向药品研发机构提供统计学分析、就诊行为分析支持。

4. 大数据在金融行业的应用

金融行业对大数据技术需求更高，大数据技术的应用可使金融业务决策具有更好的可控性，从而降低企业风险。例如，银行通过大数据技术对客户进行画像，通过画像可以了解客户的购买能力和购买习惯，从而帮助银行评判客户的信贷能力。证券行业可以通过数据挖掘和分析找到高频交易客户、资产较多的客户和理财客户。借助数据分析的结果，证券公司可以根据客户的特点进行精准营销，推荐有针对性的服务。

5. 大数据在教育行业的应用

基于大数据的精确诊断、个性化学习分析和智能决策支持等，可以有效提升教育品质，对促进教育公平、提高教育质量、优化教育治理都具有重要作用。教育大数据已成为实现教育现代化必不可少的重要支撑，运用教育大数据能够对学习者的所有信息进行系统整理和分析，从而对教育环境设计、教育试验场景配置等提供支持。

6. 大数据在互联网行业的应用

大数据覆盖了电商从采购、库存、销售、配送到售后的整个流程，完整的大数据链条将产生巨大的商业价值，能够实现智能决策、自动化实时分析等。例如，京东商城通过大数据平台建立了用户画像，基于对用户的数据分析可为用户呈现更适合自己的产品。大数据还可为自动补货、仓间调配、拣货路径、库存控制等多种问题提供决策支持，以此实现更为合理、有效的布局和规划。

7. 大数据在农业领域的应用

随着各种智能传感终端在农业领域的应用，农业数据来源更加广泛、新颖和迅速，类型也更加多样，再加上农业数据本身就具有体量大、结构复杂、模态多变、实时性强和关联度高等特征，利用大数据技术进行农业相关应用研究，可以帮助从业者进行有效的农业环境监测、防治病虫害、估产等，有利于减少污染和增加收益。

8. 大数据在物联网领域的应用

物联网大数据的应用能够使企业和组织快速感知和快速决策。例如，在物联网环境下收集和分析智能电表数据，在很大程度上可以帮助电网公司预测用户用电量，为电量调配决策提供科学依据，从而有效提高电网的可靠性、安全性和实时控制能力。

1.7.2 大数据带来的挑战

大数据在以下 4 方面给人们带来了挑战。

1. 数据隐私和安全面临的挑战

网络和信息化生活也使得犯罪分子更容易获取他人信息，近期频繁发生的因数据泄露而导致的安全事件使得数据隐私逐渐成为社会公众关注的焦点。大数据时代需要直面数据被滥用、被误用和被窃取等安全威胁。

实现大数据安全与隐私保护，比应对云计算中的数据安全问题更为棘手。在云计算中，云服务提供商可以控制数据的存储与运行环境，而在大数据的背景下，Facebook、淘宝、腾讯等商家既是数据的生产者，又是数据的存储者、管理者和使用者，因此，单纯通过技术手段限制商家对用户信息的使用、实现用户隐私保护较为困难。

2. 数据存储面临的挑战

在互联网出现之前，数据主要通过人机会话方式产生，以结构化数据为主，通常采用关系数据库进行数据存储和管理，那时的数据增长缓慢，系统比较孤立。大数据时代的数据来源发生了质的变化。目前，数据主要通过移动智能设备、服务器和各种应用软件等产生。与此同时，传统行业的数据也日益增多，这些数据以非结构化、半结构化为主。此外，机器设备和仪器等产生的数据正以指数级增长，如基因数据、用户行为数据、遥感数据、图片数据、视频数据、气象观测数据、地震监测数据、医疗数据等。

海量数据带来的最直接的挑战是对数据存储技术的挑战。除常规的高扩展性、高可用性、并行处理能力、低延迟、自动分层存储等要求外，各种结构化、半结构化以及非结构化的数据使传统的存储模式无法满足需求，必须对存储技术进行全面创新。

3. 数据分析面临的挑战

在大数据分析中，系统资源的消耗无疑将对系统运行速度造成很大的影响。因此，在大数据分析过程中应对数据流程给予足够的重视，要基于大数据对重点内容进行深层次的分析，筛选并保留有意义的数据，摒弃无用数据，保证数据的优化程度。在大数据时代，不仅需要对数据之间的因果关系进行分析，还要对相关的周边数据进行分析，从而得到更有价值的信息。

4. 数据共享面临的挑战

目前大数据已被视为提高竞争力的有力武器，其原因是大数据能够运用数据挖掘技术，实现海量数据的综合分析处理，帮助企业更好地理解和满足客户需求，更好地应用在业务运营智能监控、精细化企业运营、客户生命周期管理、精细化营销、经营分析和战略分析等方面。企业实现大数据的前提是信息资源共享，但目前企业中普遍存在的现象是各类系统林立，不同的信息标准将企业困在一个个信息孤岛上，无法对海量数据进行综合利用，由此成为企业实现大数据应用的桎梏。因此，解决信息孤岛问题、实现数据共享成为企业实现大数据首先要解决的问题。

在数据开放共享过程中，必须高度重视数据安全，特别是涉及个人隐私、商业秘密、公共安全和国家安全的数据。数据立法与安全保障是数据开放共享的首要前提。目前，我国大数据法治建设还没有充分展开，用于规范、界定数据主权的相关法律还有待进一步完善。

思考题

1. 大数据的来源有几种？不同来源的数据各有什么特点？
2. 大数据有哪些结构类型？每种结构类型的数据有什么特点？请举例说明。
3. 云存储不同于传统存储之处体现在哪些方面？
4. 云计算的核心服务有哪些？其功能是什么？
5. Hadoop 的主要功能模块及对应的功能是什么？
6. 机器学习分为几类？每一类的特点是什么？
7. 深度学习主要解决什么样的问题？请举例说明。
8. 数据可视化在数据分析中的地位怎样？请举例说明。
9. 大数据发展中面临什么挑战？请简要说明。
10. 大数据应用到人们生活中的方方面面，请列举生活中大数据应用的例子。

第2章 Python基础

本章学习目标

- 熟悉 Python 编程环境(Anaconda)的搭建流程。
- 掌握 Python 的变量和命名规则。
- 掌握 Python 的基本数据类型。
- 掌握列表、元组和字典及其用法。
- 掌握 Python 的选择和循环结构。
- 掌握函数的定义和使用方法。
- 掌握模块的导入方法。
- 掌握常用的文件操作。

本章主要内容如图 2.1 所示。

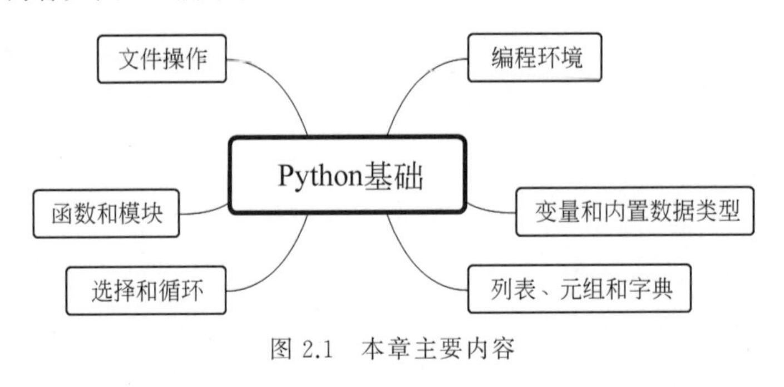

图 2.1 本章主要内容

2.1 Python 编程环境

2.1.1 Anaconda 概述

Python 是一种跨平台且兼具解释性、编译性、互动性和面向对象特性的程序设计语言。其历史可追溯到 20 世纪 80 年代末,最初用于编写自动化脚本(shell)。由于编程语言的激烈竞争以及特定领域需求的不断增加,Python 越来越多地被用于大型项目的开发。

Python 的集成开发环境有很多,如 PyCharm、Spyder、VSCode 等。如果涉及科学计算和数据处理类任务，则 Anaconda 是一种较为理想的选择。

Anaconda 是一个基于 Python 的数据处理和科学计算平台集成环境，它内置了许多常用的第三方库，提供了包管理和环境管理的功能，并同时支持 Linux、macOS、Windows 系统，可以很方便地解决多版本并存、编程环境切换以及各种第三方包的安装问题。

在进行数据处理与分析时，必须用到 Python 解释器、程序所需的包库、包管理工具、集成开发环境等。对此，Anaconda 提供了一站式服务，如自动安装 Python 解释器、集成常用第三方库、自带包管理工具 conda、支持环境管理、自带集成开发工具 Spyder。

2.1.2 Anaconda 的安装

Anaconda 的官网地址为 https://www.anaconda.com/，进入个人版产品页面，单击 Download 按钮即可进入如图 2.2 所示的 Anaconda 下载页面。下载后按照提示即可完成安装过程。

图 2.2 Anaconda 下载页面

当官网下载速度较慢时，可考虑从国内的镜像源下载。例如，清华大学的镜像网址为 https://mirrors.tuna.tsinghua.edu.cn/anaconda/archive/。

安装完成后打开 Anaconda Prompt，在命令行提示符后输入 conda --version 命令检查安装是否成功。若出现 conda 版本号提示，即表示安装成功。

2.1.3 Anaconda 的包管理

conda 和 pip 都能实现第三方包的安装，但两者对于依赖性的检查有所不同。pip 不一定会展示所需的依赖包，安装第三方包时或许会忽略依赖项直接进行安装，最后仅在结果中提示错误；而 conda 会列出并自动安装所需的所有依赖包。

1. 安装包

以安装 SciPy 为例，使用 conda install scipy 命令即可安装该包，conda 会从远程库搜索 SciPy 的相关信息和依赖项并下载到本地，因为 SciPy 依赖 NumPy 和 MKL，若在安装 SciPy 时未能在本地检测到 NumPy 和 MKL，则 conda 会自动安装 NumPy 和 MKL。

若希望创建一个名为 py36 的工作环境，指定 Python 版本是 3.6，conda 会自动寻找 Python 3.6.x 的最新版本，命令如下：

```
conda create --name py36 python=3.6
```

2. 更新包

更新某个包的时候可以使用 conda update <package_name>命令实现。conda 会将 Anaconda、conda、Python 等都视作包，同样可以使用上述命令进行更新管理。参考代码如下：

```
conda update conda
conda update anaconda
```

使用 all 参数，可实现全部已安装包的更新：

```
conda update --all
```

但一般并不推荐使用该命令。

3. 查看已安装的包

可以使用如下命令查看所有已安装的包：

```
conda list
```

使用参数 n 可指定工作环境。例如，查看工作环境 py36 的已安装包的命令如下：

```
conda list -n py36
```

当需要查看指定包的信息时，conda 可使用如下命令(以 NumPy 为例)：

```
conda search numpy
```

4. 删除包

当需要删除某个包的时候可以使用如下两个命令之一实现(以 Pandas 为例)：

```
conda remove pandas
```

或

```
conda uninstall pandas
```

2.1.4 运行 Python 代码或程序

1. Jupyter Notebook 概述

Anaconda 安装完成后，在菜单中选择 Jupyter Notebook 即可启动该应用，如图 2.3 所示。

Jupyter Notebook 是一个 Web 应用，它允许用户将说明文本、数学方程、代码和可视化内容组合到易于共享的文档中，特别适合数据处理、分析和可视化操作。其基础架构如图 2.4 所示。

Anaconda3 (64-bit)
Anaconda Navigator
Anaconda Prompt
Jupyter Notebook
Reset Spyder Settings
Spyder

图 2.3　从菜单启动 Jupyter Notebook

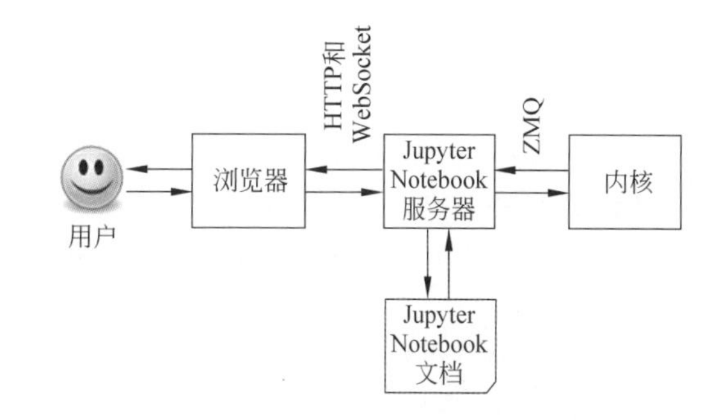

图 2.4　Jupyter Notebook 基础架构

启动过程中会出现一个命令行界面，这就是 Jupyter Notebook 的服务器窗口，如图 2.5 所示。该窗口在 Jupyter Notebook 工作过程中是不能关闭的。服务器默认的运行地址是 http://localhost:8888。服务器启动后会在浏览器中打开一个工作窗口，如图 2.6 所示。

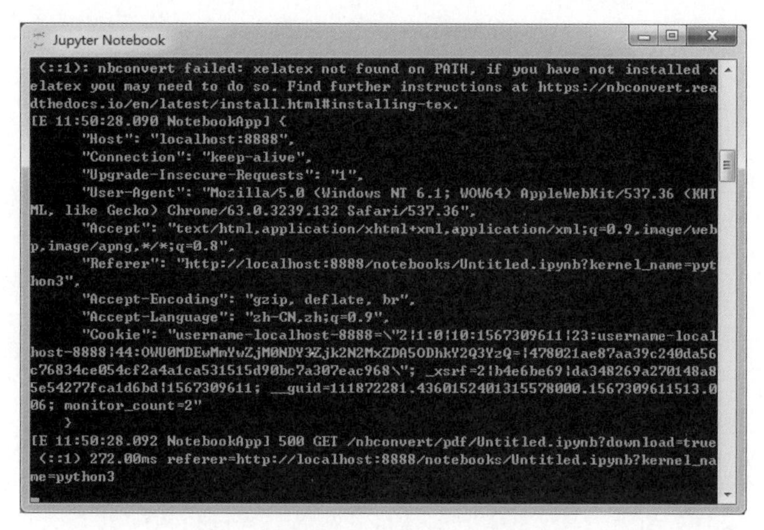

图 2.5　Jupyter Notebook 服务器窗口

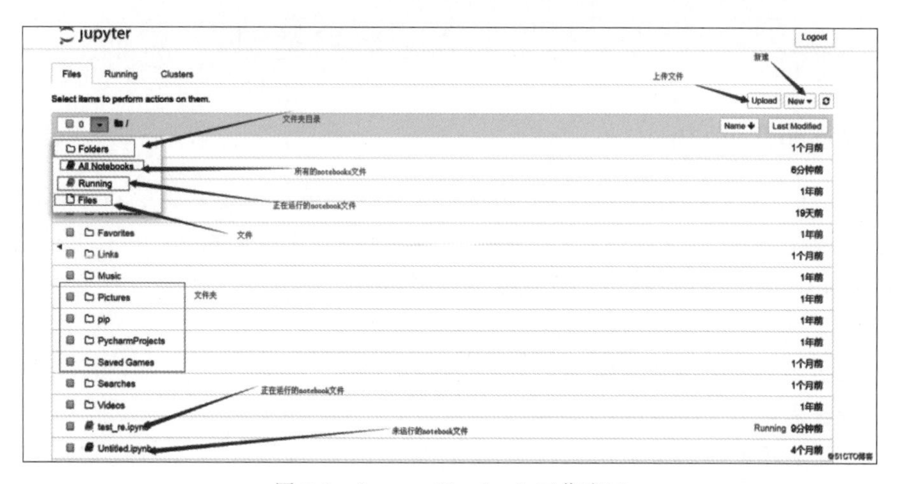

图 2.6　Jupyter Notebook 工作窗口

2. 在 Jupyter Notebook 中运行第一个程序

Jupyter Notebook 启动后,在菜单栏选择 File→New 命令创建新的 Notebook、文本文件、文件夹或终端等。以创建基于 Python 3 的 ipynb 文件为例,选择 File→New 命令,再选择 Python 3 即可进入编辑界面,如图 2.7 所示。

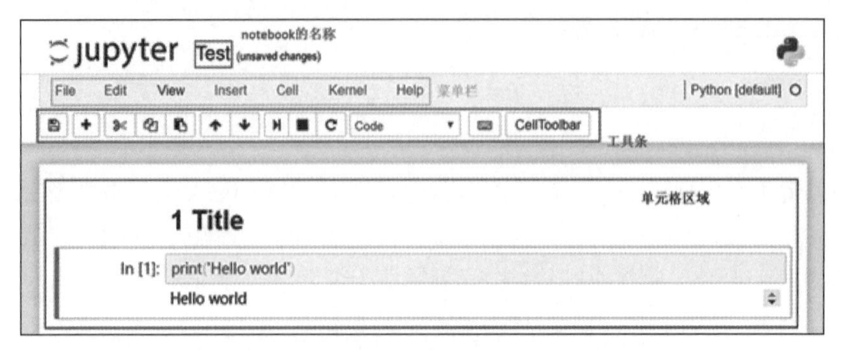

图 2.7　Jupyter Notebook 编辑界面

在单元格区域中输入代码,示例代码和输出结果如下:

In[1]:	print("hello world!!")　　　#print()是用于输出的函数 #用双引号括起来的"hello world!!"是一个字符串 i,j=5,10　　　　　　　　#i 和 j 是两个变量 print("i+j=",i+j)
Out[1]:	hello world!! i+j=15

“In[1]:”表示其后的内容是在 Jupyter Notebook 编辑界面中输入的 Python 代码,“Out[1]:”表示其后的内容是“In[1]:”对应的代码执行后的输出结果。

2.2　变量和内置数据类型

2.2.1　变量和变量赋值

在 Python 中,变量的值可以是数字,也可以是任意数据类型。变量名的命名规则和 C/C++ 、Java 等编程语言类似,同样需要先声明后使用,否则会抛出“NameError: name 'xxx' is not defined”错误。基本的变量命名规则如下:

(1) 变量名首字母不可为数字。

(2) 变量名只能由英文字母、数字或下画线(_)组成。

(3) 变量名区分大小写。

(4) 变量名不能是关键字,如 del、return、def、or 等。

与 C/C++ 、Java 不同的是,Python 不需要声明数据类型,变量类型取决于赋予它的值的类型，并且变量类型可根据其值的类型而变化。示例代码和输出结果如下：

In[1]:	a="python" type(a)	#创建变量 a 并赋初值为字符串"python" #内置函数 type()用于获取参数 a 的类型
Out[1]:	str	#此时 a 为 str(字符串)类型
In[2]:	a=200 type(a)	#a 被赋初值为 200
Out[2]:	int	#此时 a 变为 int(整型)类型
In[3]:	a=[1,2,3] type(a)	#a 被赋初值为列表[1,2,3]
Out[3]:	list	#此时 a 又变为 list(列表)类型

上述示例表明，随着对变量赋值类型的变化，变量的类型也随之改变。虽然不需要在使用之前显式地声明变量类型，但 Python 仍属于强类型编程语言，Python 解释器会根据赋值或运算自动推断变量类型。Python 采用基于值的内存管理方式，如果为不同变量赋予相同值，这个值在内存中只有一份，多个变量指向同一个内存地址。当一个变量不再使用时，可以使用 del 命令将其删除。Python 具有自动内存管理功能，对于没有任何变量指向的值，Python 会自动将其删除。Python 会跟踪管理用户创建所有的数据，并自动删除不再有变量指向的数据。示例代码和输出结果如下：

In[4]:	a=123 b=a print(id(a)) print(id(b))	 #输出变量的内存地址
Out[4]:	8791482352272 8791482352272 #a 和 b 具有相同的内存地址	
In[5]:	a=a+100 print(a) print(b)	#a 的值发生变化
Out[5]:	223 123	 #b 的值并未改变
In[6]:	print(id(a)) print(id(b))	
Out[6]:	8791482355472 8791482352272	#a 的地址已改变，指向新的内存地址 #b 的地址并未改变，仍指向原地址

Python 变量的赋值过程就是变量初始化的过程，只有初始化完成，才会真正为变量分配内存空间。常用的变量赋值操作语法格式如下：

变量名=值

Python也支持多变量赋值操作,语法格式如下:

变量名1[,变量名2,…,变量名 *n*]=值1[,值2,…,值 *n*]

对于多变量赋值的情况,变量名和值必须一一对应。实际应用中经常使用这种方式进行变量传值。示例代码如下:

In[7]:	n=150	#变量n被赋值为150
In[8]:	c='d'	#变量c被赋值为字符'd'
In[9]:	x,y,z=10,20,30	#变量x、y和z分别被赋值为10、20、30

2.2.2 内置数据类型

Python的内置数据类型包括可变数据类型和不可变数据类型两大类。其中,不可变数据类型包括常见的整型(int)、浮点型(float)、复数型(complex)、布尔型(bool)、元组(tuple)和字符串(str),可变数据类型主要包括列表(list)和字典(dict)。此外,集合(set)还可分为可变集合和不变集合两种。

(1) 整型数据不带小数点,可用十进制、十六进制、八进制或二进制表示,例如,十六进制数0xA0F、八进制数0o37、二进制数0b101010等。

(2) 浮点型数据由整数与小数两部分组成,也可用科学记数法表示,如3.14e−10。

(3) 布尔型数据只有两种可能的取值:真(True)和假(False)。

(4) 复数型数据包括实部和虚部,如3+4j。

(5) 字符串是指用单引号(')、双引号(")或三引号(''')括起来的若干字符的序列,如"I love China"等。

Python可用内置的type()函数获取数据的类型信息。

数据类型示例代码和输出结果如下:

In[10]:	a=100 b=0xAB　　　　#变量b以0x开头表明b是十六进制数 print(a) print(b) print(type(b))　　#注意,和type(b)的输出结果略有不同
Out[10]:	100 171 <class 'int'>
In[11]:	c=3+4j　　　　#c是一个复数 f=3.14　　　　#f是一个浮点数 print(b+f) print(f+c)
Out[11]:	174.14 (6.140000000000001+4j)

2.2.3 运算符

Python 中常见的运算符如表 2.1 所示。

表 2.1 Python 中常见的运算符

<table>
<tr><th colspan="2">运 算 符</th><th>功 能 说 明</th></tr>
<tr><td rowspan="7">算术运算符</td><td>+</td><td>算术加法,列表、元组、字符串合并与连接,正号</td></tr>
<tr><td>-</td><td>算术减法,集合差集,相反数</td></tr>
<tr><td>*</td><td>算术乘法,序列重复</td></tr>
<tr><td>/</td><td>真除法</td></tr>
<tr><td>//</td><td>整除。但是如果操作数中有实数,结果为实数形式的整数</td></tr>
<tr><td>%</td><td>取模,字符串格式化</td></tr>
<tr><td>**</td><td>幂运算</td></tr>
<tr><td>比较运算符</td><td><,<=,>,>=,
==,!=</td><td>值大小比较,集合的包含关系比较</td></tr>
<tr><td rowspan="3">逻辑运算符</td><td>or</td><td>逻辑或</td></tr>
<tr><td>and</td><td>逻辑与</td></tr>
<tr><td>not</td><td>逻辑非</td></tr>
<tr><td rowspan="2">成员运算符</td><td>in,not in</td><td>成员资格,非成员资格</td></tr>
<tr><td>is</td><td>对象同一性测试,即测试是否为同一个对象或内存地址是否相同</td></tr>
<tr><td rowspan="3">位运算符</td><td>|,^,&,<<,>>,~</td><td>位或,位异或,位与,左移位,右移位,位求反</td></tr>
<tr><td>&,|,^</td><td>集合交集,集合并集,集合对称差集</td></tr>
<tr><td>@</td><td>矩阵相乘</td></tr>
</table>

运算符示例代码和输出结果如下：

```
In[12]:   10+60          #加法运算
Out[12]:  70
In[13]:   53 // 6        #整除运算
Out[13]:  8
In[14]:   53% 6          #取模运算
Out[14]:  5
In[15]:   100>100.0      #比较运算
Out[15]:  False
In[16]:   True or False  #逻辑运算
Out[16]:  True
In[17]:   16<<2          #左移位运算,相当于乘以 4
Out[17]:  64
```

2.2.4 注释和编码规范

好的注释、统一的编码规范使得代码具有良好的可读性，便于团队合作开发。Python有3种注释代码的方法：

(1) 以#开头的单行注释，Python解释器会忽略#之后的所有内容。

(2) 以一对三个单引号(''')括起来的多行注释。

(3) 以一对三个双引号(""")括起来的多行注释。

Python的编码规范称为PEP 8规范，主要包括以下内容：

(1) 每个缩进使用4个空格。Python 3不允许混合使用空格和制表符进行缩进。

(2) 每行最多79个字符。

(3) 使用两个空白行分隔顶层函数和类定义。

(4) 类内函数定义用一个空行分隔。

(5) 编码使用UTF-8。

(6) 多库导入要分开依次进行，导入代码要放在模块注释和文档字符串之后，在模块全局变量和常量之前。

(7) 导入顺序应该是：先导入标准库，再导入第三方库，最后导入本地库。

(8) 从模块中导入类时，要使用 from module_name import xxX 语句。导入代码要尽量避免使用通配符*。

2.3 列表、元组和字典

2.3.1 列表

列表是最重要、最常用的Python内置数据结构之一。列表的所有元素放在一对中括号内，相邻元素之间使用逗号隔开。当列表增加或删除元素时，列表对象自动进行内存的扩展或收缩，从而保证元素地址空间相邻。Python列表的内存自动管理功能大幅度减少了程序员的负担，但插入和删除非尾部元素时会涉及列表中大量元素的移动，效率较低。

列表中元素的数据类型可以不相同，可以包含整型、实型、字符串等基本类型，也可以是列表、元组、字典等其他类型的对象。以下都是合法的列表对象：

```
[5, 3, 6, 19, 20]
['hello Python', 'China', 'sunny']
['world', [10, 13], 3.5, 7]
[['film01', 2020, 1], ['film02', 2020, 6]]
[{3}, {4: 7}, (5, 6, 7)]
```

1. 创建和删除

列表的创建方式有以下两种：

(1) 使用等号(=)直接将一个列表赋值给变量,例如:

In[1]:	alist=['a','b','c','d']
In[2]:	blist=[]　　　#创建一个空列表

(2) 使用 list()函数将元组、字典、字符串、range 对象等其他可迭代对象的数据转换为列表。需注意的是,将字典转换为列表时,默认是将字典的键转换为列表,而不是把字典的元素转换为列表。如果想把字典的元素转换为列表,需要使用字典对象的 items()方法明确说明(字典部分将在 2.3.3 节中介绍)。例如:

In[3]:	alist=list((1,2,3,4,5))　　　#将元组转换为列表 print(alist)
Out[3]:	[1, 2, 3, 4, 5]
In[4]:	list(range(2,11,2))　　　#将 range 对象转换为列表
Out[4]:	[2, 4, 6, 8, 10]
In[5]:	list('hello python')　　　#将字符串转换为列表
Out[5]:	['h', 'e', 'l', 'l', 'o', ' ', 'p', 'y', 't', 'h', 'o', 'n']
In[6]:	list({1,2,3})　　　#将集合转换为列表
Out[6]:	[1, 2, 3]
In[7]:	list({'a':1,'b':2,'c':3})　　　#将字典的键转换为列表
Out[7]:	['a', 'b', 'c']
In[8]:	list({'a':1,'b':2,'c':3}.items())　　　#将字典的键-值对转换为列表
Out[8]:	[('a', 1), ('b', 2), ('c', 3)]

创建列表之后,列表中的每一个元素都有对应的索引,第一个元素的索引为 0,后续依次递增。也可以从右(最后一个元素)开始往左定位元素,即用负数索引获取元素,−1 是最后一个元素的索引,−2 表示倒数第二个元素,依此类推。例如:

In[9]:	alist=[1,3,4,2,6,7,5,10] alist[0]
Out[9]:	1
In[10]:	alist[-1]
Out[10]:	10
In[11]:	alist[-2]
Out[11]:	5

使用 del 命令可以删除列表中的某个或某些元素。当不再使用列表时,可使用 del 命令将其删除,删除后该列表已不存在,若试图继续访问该列表会发生错误。例如:

In[12]:	alist=[1,3,4,2,6,7,5,10] del alist[1]　　　　　　　　#删除列表中指定位置的元素 alist
Out[12]:	[1, 4, 2, 6, 7, 5, 10]　　　　#已删除原来索引为1的元素
In[13]:	del alist　　　　　　　　　　#删除列表对象本身
Out[13]:	alist　　　　　　　　　　　　#列表对象被删除后无法再访问,抛出异常
In[14]:	alist[-2]
Out[14]:	--------------------------------------- NameError　Traceback (most recent calllast) <ipython-input-29-56a8d75443b3>in<module> ---->1 alist NameError: name 'alist' is not defined

2. 常用方法

方法是面向对象编程技术中的概念,常被视为与对象联系密切的函数。列表常用的方法如表2.2所示。

表2.2　列表常用的方法

方　法	功　能
alist.append(x)	将元素x添加至列表alist尾部
alist.extend(L)	将列表L中的所有元素添加至列表alist尾部
alist.insert(index,x)	在列表(alist)指定位置(index)处添加元素x,从该位置起的所有原来的元素后移一个位置
alist.remove(x)	在列表alist中删除首次出现的指定元素x,该元素之后的所有元素前移一个位置
alist.pop([index])	删除并返回列表alist中索引为index(默认为−1)的元素
alist.clear()	删除列表alist中的所有元素,但保留列表对象
alist.index(x)	返回列表alist中第一个值为x的元素的索引。若不存在值为x的元素,则抛出异常
alist.count(x)	返回指定元素x在列表alist中的出现次数
alist.reverse()	将列表alist中的所有元素逆序排列
alist.sort(key=None, reverse=False)	对列表alist中的元素进行排序。key用来指定排序依据,reverse决定升序(False)还是降序(True)
alist.copy()	返回列表alist的副本

1) append()、insert()、extend()

append()、insert()、extend()这3个方法都可向列表对象添加元素。其中,append()

用于向列表尾部追加元素，insert()用于向列表任意指定位置插入元素，extend()用于将另一个列表中的所有元素追加至当前列表的尾部。例如：

In[15]:	alist=[1,2,3] alist.append(4) alist
Out[15]:	[1, 2, 3, 4]
In[16]:	alist.insert(1,5)　　　　　#在索引为1的位置插入元素5 alist
Out[16]:	[1, 5, 2, 3, 4]
In[17]:	alist.extend([6,7,8]) alist
Out[17]:	[1, 5, 2, 3, 4, 6, 7, 8]

2）pop()、remove()、clear()

pop()、remove()、clear()这3个方法用于删除列表中的元素，其中，pop()用于删除并返回指定位置(默认为最后一个)的元素，remove()用于删除列表中第一个与指定值相等的元素，clear()用于清空列表。例如：

In[18]:	alist=[1,2,3,4,5,6] alist.pop()
Out[18]:	6
In[19]:	alist.pop(0)　　　　　#删除并返回指定位置的元素
Out[19]:	1
In[20]:	alist.remove(4) alist
Out[20]:	[2,3,5]
In[21]:	alist.clear()　　　　　#清空列表 alist
Out[21]:	[]

3）count()、index()

count()方法用于返回列表中指定元素出现的次数，index()方法用于返回指定元素在列表中首次出现的位置，如果该元素不在列表中则抛出异常。例如：

In[22]:	alist=[1,2,3,2,2,4,5,3] alist.count(2)
Out[22]:	3

In[23]:	alist.count(8)
Out[23]:	0
In[24]:	alist.index(2)
Out[24]:	1
In[25]:	alist.index(8)
Out[25]:	NameError　Traceback (most recent call last) <ipython-input-2-d20a08911b19>in<module> ---->1 a.index(80) NameError: name 'a' is not defined

4) sort()、reverse()

sort()方法用于按照指定的规则对所有元素进行排序,默认规则是直接比较元素的大小。reverse()方法用于将列表中所有元素逆序排列。例如:

In[26]:	alist=[2,4,3,7,1,6] alist.sort() alist
Out[26]:	[1, 2, 3, 4, 6, 7]
In[27]:	blist=[9,7,8,1,5,2] blist.reverse() blist
Out[27]:	[2, 5, 1, 8, 7, 9]

3. 常用函数

Python 内置了一些对列表进行操作的函数,可以进行列表比较、元素统计等操作,这些函数也可以对其他类型的序列进行操作。列表常用的内置函数如表 2.3 所示。

表 2.3　列表常用的内置函数

函　数	功　能
max()	返回列表中的最大值
min()	返回列表中的最小值
len()	计算列表的长度,即元素个数
reversed()	将列表中的所有元素按逆序排列,返回一个迭代器
sorted()	将列表中的所有元素排序,并返回新的有序列表
enumerate()	遍历列表中的元素及其索引
zip()	将多个列表中的元素进行配对,返回一个可迭代的 zip 对象

常用函数的示例如下：

In[28]:	alist=[1,2,3] blist=[4,5,6] clist=[0,1,5] len(alist)
Out[28]:	3
In[29]:	max(blist)
Out[29]:	6

4. 切片操作

切片是Python列表的重要操作之一。切片操作使用以冒号(:)分隔的3个数字来完成：第一个数字表示切片的开始位置(默认为0)；第二个数字表示切片的截止位置(但不包括该位置)，默认为列表长度；第三个数字表示切片的步长，默认为1，负值表示逆序切片，当步长省略时可以同时省略最后一个冒号。

使用切片可以返回列表原有元素的一个子集。与使用索引访问列表元素的方法不同，切片操作不会因为索引越界而抛出异常，而是在列表尾部截断或者返回一个空列表。例如：

In[30]:	alist=[1,2,3,4,5,6,7,8] alist[::]
Out[30]:	[1, 2, 3, 4, 5, 6, 7, 8]
In[31]:	alist[::-1]
Out[31]:	[8, 7, 6, 5, 4, 3, 2, 1]
In[32]:	alist[::2]
Out[32]:	[2, 4, 6, 8]
In[33]:	alist[3:6]
Out[33]:	[4, 5, 6]
In[34]:	alist[0:50]
Out[34]:	[1, 2, 3, 4, 5, 6, 7, 8]
In[35]:	alist[50:]
Out[35]:	[]

切片操作可以原地修改列表内容，对列表执行增加、删除、修改以及替换元素的操作。例如：

In[36]:	alist=[1,2,3] alist[1]=9 alist
Out[36]:	[1, 9, 3]
In[37]:	blist=[1,3,5,7] blist[1:2]=[2,3,4] blist
Out[37]:	[1, 2, 3, 4, 5, 7]

5. 列表推导式

列表推导式使用简洁的方式快速生成满足特定需求的列表,可读性好。Python 的内部实现对列表推导式做了大量优化,可保证较快的运行速度。其语法形式为

```
[表达式 for 变量 in 序列或迭代对象]
```

列表推导式在逻辑上相当于一个循环结构,只是形式更加简洁。例如:

In[38]:	[x * x for x in range(10)]　　　　#第一种方法
Out[38]:	[0, 1, 4, 9, 16, 25, 36, 49, 64, 81]
In[39]:	alist=[] for x in range(10): alist.append(x * x) alist　　　　#第二种方法
Out[39]:	[0, 1, 4, 9, 16, 25, 36, 49, 64, 81]
In[40]:	list(map(lambda x:x * x, range(10)))　　　　#第三种方法
Out[40]:	[0, 1, 4, 9, 16, 25, 36, 49, 64, 81]

使用列表推导式可以实现嵌套列表的平铺。例如:

In[41]:	v=[[1,2,3],[4,5,6],[7,8,9]] [n for e in v for n in e]
Out[41]:	[1, 2, 3, 4, 5, 6, 7, 8, 9]

在列表推导式中可使用 if 子句进行筛选,只在结果列表中保留符合条件的元素。例如:

In[42]:	alist=[-1,-2,4,6,-9,0,12,3] [i for i in alist if i>0]
Out[42]:	[4, 6, 12, 3]

在列表推导式中可以使用多个循环实现多个序列元素的任意组合,并且可以结合条件语句过滤特定元素。例如:

In[43]:	[(x,y) for x in [1,2,3] for y in [3,1,4] if x! =y]
Out[43]:	[(1, 3), (1, 4), (2, 3), (2, 1), (2, 4), (3, 1), (3, 4)]

使用列表推导式可以实现矩阵转置。例如:

In[44]:	matrix=[[1,2,3,4],[5,6,7,8],[9,10,11,12]] [[row[i] for row in matrix] for i in range(4)]
Out[44]:	[[1, 5, 9], [2, 6, 10], [3, 7, 11], [4, 8, 12]]

也可以使用内置函数zip()和list()实现矩阵转置。例如:

In[45]:	list(map(list,zip(* matrix)))
Out[45]:	[[1, 5, 9], [2, 6, 10], [3, 7, 11], [4, 8, 12]]

6. 合并和重复

列表可用+和 * 运算符进行操作。+可把几个列表合并成一个新的列表,新列表中的元素就是参与合并的所有列表中的元素。 * 可重复列表中的元素。例如:

In[46]:	alist=[1,2,3] blist=[4,5,6] alist+blist
Out[46]:	[1, 2, 3, 4, 5, 6]
In[47]:	clist=list('hello') alist+clist
Out[47]:	[1, 2, 3, 'h', 'e', 'l', 'l', 'o']
In[48]:	alist * 2
Out[48]:	[1, 2, 3, 1, 2, 3]

使用成员运算符 in 可检查元素是否在列表中,即判断元素是否为列表的成员。例如:

In[49]:	'hello' in ['word','python','hello','hi']
Out[49]:	True
In[50]:	alist=['apple','egg','milk','fish'] 'egg' in alist
Out[50]:	True

In[51]:	'dog' in alist
Out[51]:	False

7. 遍历

在使用列表时,经常需要遍历列表的所有元素,对每个元素执行相同的操作。此时可使用 for 循环实现列表的遍历。for 循环的具体使用方法见 2.4.2 节。示例如下:

In[52]:	cities=['北京','上海','天津'] for city in cities: print(city)
Out[52]:	北京 上海 天津

8. range()

range()函数可方便地生成数字序列,使用非常广泛。其语法结构为

```
range(start,stop[,step])
```

其中,start 表示 for 循环变量开始的值,stop 表示循环变量终止的值(不包含),step 表示步长(默认为 1)。例如:

In[53]:	for i in range(10,14): print(i)
Out[53]:	10 11 12 13
In[54]:	for i in range(0,8,2): print(i)
Out[54]:	0 2 4 6
In[55]:	for i in range(5,-1,-2): print(i)
Out[55]:	5 3 1

若要创建列表，可使用函数 list()将 range()的结果直接转换为列表。例如：

In[56]:	alist=list(range(1,6)) print(alist)
Out[56]:	[1, 2, 3, 4, 5]
In[57]:	digits=list(range(2,11,2)) print(digits)
Out[57]:	[2, 4, 6, 8, 10]

2.3.2 元组

类似于列表但元素不可修改的数据结构称为元组(tuple)。元组一旦被创建，其值就无法被修改。元组的元素放在括号内，元素之间以逗号分隔。元组的定义方法如下：

元组名=(元素 1,元素 2,…,元素 n)

1. 创建元组

可以用以下两种方法创建元组。

(1) 直接用赋值的方法将一个元组赋值给某个变量。如果元组只有一个元素，需要在元素后面追加逗号以消除歧义。例如：

In[58]:	atuple=('Python','Django','tensor','pip','list','torch') atuple
Out[58]:	('Python', 'Django', 'tensor', 'pip', 'list', 'torch')
In[59]:	btuple=('Python',) #元组只有一个元素
Out[59]:	('Python',)
In[60]:	list(map(lambda x:x * x, range(10)))
Out[60]:	[0, 1, 4, 9, 16, 25, 36, 49, 64, 81]

(2) 利用 tuple()函数创建元组。例如：

In[61]:	atuple=tuple() atuple
Out[61]:	()
In[62]:	btuple=tuple(['Python','Django','tensor','pip','list','torch']) btuple
Out[62]:	('Python', 'Django', 'tensor', 'pip', 'list', 'torch')

2. 常用操作

类似于列表，可以用索引获取元组中的元素，可以对元组执行切片操作，用 del 语句删除元组，用 len()函数获取元组的元素个数、用 max()和 min()函数返回元组的最大值和最小值，用＋运算符将几个元组拼接成新的元组，用 * 运算符实现元组元素的多次重复。例如：

In[63]:	atuple=('Python','Django','tensor','pip','list','torch') atuple[2]　　　　　　　　#获取元组中的元素
Out[63]:	'tensor'
In[64]:	atuple[2:5]　　　　　　　　#切片操作
Out[64]:	('tensor', 'pip', 'list')
In[65]:	atuple[-5:-2]
Out[65]:	('Django', 'tensor', 'pip')　　#切片操作
In[66]:	len(atuple)
Out[66]:	6
In[67]:	min(atuple)
Out[67]:	'Django'
In[68]:	btuple=("China","German","Japan") newtuple=atuple+btuple　　　　#用+运算符实现元组拼接 newtuple
Out[68]:	('Python', 'Django', 'tensor', 'pip', 'list', 'torch', 'China', 'German', 'Japan')
In[69]:	newtuple=btuple * 2　　　　　　#用 * 运算符实现元素复制 newtuple
Out[69]:	('China', 'German', 'Japan', 'China', 'German', 'Japan')

对元组的遍历操作也较为简单。例如：

In[70]:	for i in atuple: print(i)
Out[50]:	Python Django tensor pip list torch

3. 生成器推导式

生成器推导式与列表推导式非常接近，只是生成器推导式使用圆括号而不是方括号。生成器推导式输出结果不是列表，也不是元组，而是一个生成器对象，可根据需要将其转换为列表或元组，也可以使用生成器对象的__next__()方法或者内置函数 next()对元素进行遍历，或者直接将其作为迭代器对象使用。但是不管用哪种方法访问生成器对象，当所有元素访问结束以后，若需再次访问其中的元素，必须重新创建该生成器对象。

In[71]:	g=((i+2)**2 for i in range(10))　　　#创建生成器对象 g
Out[71]:	<generator object<genexpr>at 0x0000000004E3AC00>
In[72]:	tuple(g)　　　#将生成器对象转换成元组
Out[72]:	(4, 9, 16, 25, 36, 49, 64, 81, 100, 121)
In[73]:	list(g)　　　#生成器对象已遍历结束，没有元素了
Out[73]:	[]
In[74]:	g=((i+2)**2 for i in range(10)) g.__next__()　　　#使用生成器对象的__next__()方法获取元素
Out[74]:	4
In[75]:	g.__next__()
Out[75]:	9
In[76]:	next(g)　　　#使用内置函数 next()获取生成器对象中的元素
Out[76]:	16
In[77]:	g=((i+2)**2 for i in range(10)) for item in g:　　　#使用 for 循环直接遍历生成器对象中的元素 　　print(item,end=' ')
Out[77]:	4 9 16 25 36 49 64 81 100 121

2.3.3 字典

字典是列表的推广，是包含若干元素的无序可变序列，其每个元素都包含键和值，表示一种映射或对应关系，可实现极快的查找速度，是大数据分析中常用的数据结构。

字典使用一对花括号将元素括起来，用冒号将每个元素的键和值分隔，不同元素之间用逗号分隔。字典中的键可以是 Python 中任意不可变的数据，如整数、实数、复数、字符串、元组等，但不能使用列表、集合、字典或其他可变类型。字典中的键不允许重复，而值是可以重复的。

1. 创建字典

创建字典常用的方法有两种：使用赋值运算和 dict()函数。

使用赋值运算符＝将一个字典赋值给一个变量即可创建一个字典变量。例如：

In[78]:	d={'name':'Tom','gender':'Male','age':'18','weight':'70'} d
Out[78]:	{'name': 'Tom', 'gender': 'Male', 'age': '18', 'weight': '70'}

可以使用内置函数 dict()通过已有数据创建字典。例如：

In[79]:	keys=['a','b','c','d'] values=[1,2,3,4] d=dict(zip(keys,values)) d
Out[79]:	{'a': 1, 'b': 2, 'c': 3, 'd': 4}
In[80]:	x=dict() x
Out[80]:	{}

还可以使用内置函数 dict()根据给定的键和值创建字典。例如：

In[81]:	d=dict(name='Tom',age=20) d
Out[81]:	{'name': 'Tom', 'age': 20}
In[82]:	d=dict([["a",1],["b",2],["c",3]]) d
Out[82]:	{'a': 1, 'b': 2, 'c': 3}

2. 常用操作

1）访问字典对象的数据

字典中的元素都是一种映射关系或对应关系，根据键即可访问对应的值。如果字典中不存在这个键，会抛出异常。例如：

In[83]:	d={'name':'Tom','age':18,'score':[90,96],'gender':'Male'} d['age']
Out[83]:	18
In[84]:	d['major']
Out[84]:	KeyError Traceback (most recent call last) <ipython-input-31-7f4f716ab079>in<module>() ---->1 d['major'] KeyError: 'major'

通过字典对象提供的 get()方法返回指定键对应的值，并且该方法允许指定该键不存在时返回特定的值。例如：

In[85]:	d={'name':'Tom','age':'18','score':'[90,96]','gender':'Male'} d.get('name')
Out[85]:	'Tom'
In[86]:	d.get('major','null')
Out[86]:	'null'
In[87]:	d
Out[87]:	{'name': 'Tom', 'age': '18', 'score': '[90,96]', 'gender': 'Male'}

2）使用键实现增删等操作

使用字典的键可以修改字典的值。如果该键存在，则可修改其对应的值；如果字典中不存在该键，则会将该键和值添加到字典中。在字典对象中，可使用 del 语句删除指定元素的值；可使用 in 或 not in 判断该字典是否包含指定的键，若存在则返回 True，否则返回 False。例如：

In[88]:	dic={'Python': 1, 'Django': 2, 'tensor': 3, 'pip': 4, 'dict': 5} dic
Out[88]:	{'Python': 1, 'Django': 2, 'tensor': 3, 'pip': 4, 'dict': 5}
In[89]:	dic['Django']=200 dic
Out[89]:	{'Python': 1, 'Django': 200, 'tensor': 3, 'pip': 4, 'dict': 5}
In[90]:	dic['newDict']=201 dic
Out[90]:	{'Python': 1, 'Django': 200, 'tensor': 3, 'pip': 4, 'dict': 5, 'newDict': 201}
In[91]:	del dic['Django'] dic
Out[91]:	{'Python': 1, 'tensor': 3, 'pip': 4, 'dict': 5, 'newDict': 201}
In[92]:	'Django' in dic
Out[92]:	False

Python 中还为字典对象提供了一些常用的方法，如表 2.4 所示。

表 2.4　字典对象的常用方法

方　法	说　　明
clear	清除字典中所有的项，无返回值
copy()	返回一个具有相同键-值对的新字典
fromkeys()	使用给定的键建立新的字典，每个键都对应一个默认的值
get()	返回指定键的值。如果访问一个不存在的键，则返回默认值
items()	将字典所有的元素以列表方式返回
keys()	将字典中所有的键以列表形式返回
pop()	获取对应给定键的值，然后将这个键-值对从字典中移除
popitem()	类似于 list.pop()方法，弹出随机的元素
setdefault()	类似于 get()方法，但如果键不存在于字典中，会添加键并将值设为默认值
update()	利用一个字典元素更新另一个字典
values()	将字典中所有的值以列表形式返回

使用 Python 提供的方法对字典进行操作的示例如下：

In[93]:	`adict={'gender':'Male','age':'20'}`
	`adict.clear()                #清除字典中所有的元素`
	`adict`

Out[93]:	`{}`

In[94]:	`adict={'gender':'Male','age':'20'}`
	`newdict=adict.copy()         #返回一个具有相同键-值对的新字典`
	`newdict`

Out[94]:	`{'gender': 'Male', 'age': '20'}`
In[95]:	`seq=('k1','k2')` `newdict.fromkeys(seq,1)  #使用给定的键建立新的字典`
Out[95]:	`{'k1': 1, 'k2': 1}`
In[96]:	`newdict.get('gender')       #返回指定键的值`
Out[96]:	`'Male'`
In[97]:	`newdict.get('name','key not found!')` `#name 键不存在，返回默认值'key not found!'`
Out[97]:	`'key not found!'`
In[98]:	`newdict.items()             #将字典中所有的元素以列表形式返回`
Out[98]:	`dict_items([('gender', 'Male'), ('age', '20')])`
In[99]:	`newdict.keys()              #将字典中的键以列表形式返回`

Out[99]:	dict_keys(['gender', 'age'])
In[100]:	newdict.pop('gender') #获取对应给定键的值,然后将这个键-值对从字典中移除
Out[100]:	'Male'
In[101]:	newdict
Out[101]:	{'age': '20'}
In[102]:	newdict.popitem()　　　　#类似于 list.pop()方法,弹出随机的元素
Out[102]:	('age', '20')
In[103]:	newdict
Out[103]:	{}
In[104]:	newdict.setdefault('height',None) #类似于 get()方法,若键不存在于字典中,会添加键并将值设为默认值 newdict
Out[104]:	{'height': None}
In[105]:	bdict={'weight':56,'major':'math'} newdict.update(bdict)　　#利用一个字典中的元素更新另一个字典 newdict
Out[105]:	{'height': None, 'weight': 56, 'major': 'math'}
In[106]:	newdict.values()　　　　#将字典中所有的值以列表形式返回
Out[106]:	dict_values([None, 56, 'math'])

3. 遍历

字典的遍历包括3种,分别是遍历键、遍历值、遍历元素,均可使用 for 循环实现。本节主要介绍函数 keys()、values()和 items(),分别获得字典的键、值和元素示例如下:

In[107]:	adict={'Python': '1', 'Django': '2', 'tensor': '3', 'pip': '4', 'dict': '5'} for key in adict.keys():　　　　#keys()函数获取字典的键 　　print(key+":"+adict [key])
Out[107]:	Python:1 Django:2 tensor:3 pip:4 dict:5
In[108]:	for value in adict.values():　　#values()函数获取字典的值 　　print(value)

Out[108]:	1 2 3 4 5

In[109]:	for (key, value) in adict.items(): #items()函数获取字典的元素
	    print(key+":"+value)

Out[109]:	Python:1 Django:2 tensor:3 pip:4 dict:5
In[110]:	for kv in adict.items(): print(kv)
Out[110]:	('Python', '1') ('Django', '2') ('tensor', '3') ('pip', '4') ('dict', '5')

2.4 选择和循环

2.4.1 选择结构

1. if 语句

if 语句的单分支选择结构是最简单的一种形式，其语法如下，其中表达式后面的冒号是不可缺少的。

```
if 条件表达式:
    代码块
```

条件表达式值为 True 表示条件满足，代码块将被执行；否则该代码块将不被执行，继续执行 if 语句后面的代码（如果有）。if 语句的执行流程如图 2.8 所示。

图 2.8 if 语句的执行流程

例如，输入一个整数。若该数大于 6，则输出一行说明字符串；否则直接退出程序。代码和输出结果如下：

In[1]:	a=input("请输入一个整数:")
Out[1]:	请输入一个整数: 10 #在此处输入 10

In[2]:	a=int(a)　　　#将上一步输入的字符串强制转换为整型再赋值给 a if a>6:　　　#若 a>6,输出一行字符串 　　print(a,"大于 6")
Out[2]:	10 大于 6

2. if-else 语句

if-else 语句由 5 部分组成：关键字 if、条件表达式、表达式结果为 True 时要执行的代码块 1、关键字 else(后面必须加冒号)和表达式结果为 False 时要执行的代码块 2,其基本格式为

```
if 条件表达式:
    代码块 1
else:
    代码块 2
```

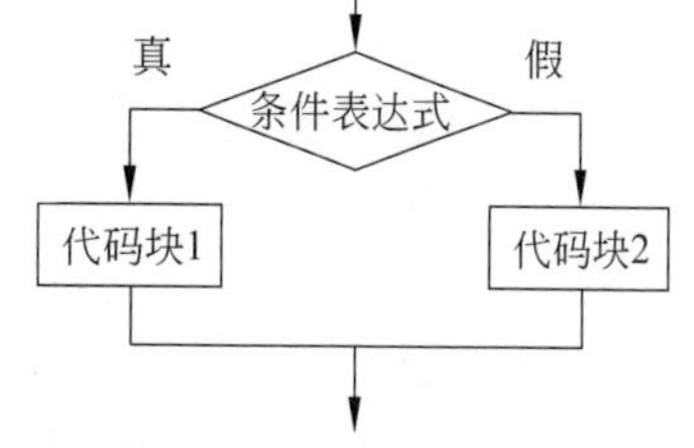

图 2.9　if-else 语句的执行流程

if-else 语句的执行流程如图 2.9 所示。

例如,输入一个整数。若该数大于 6,则输出一行说明字符串;否则输出另一行说明字符串。代码和输出结果如下:

In[3]:	a=input("请输入一个整数:")
Out[3]:	请输入一个整数:5

In[4]:	a=int(a)
	if a>6:
	　　print(a,"大于 6")
	else:
	　　print(a,"小于或等于 6")

Out[4]:	5 小于或等于 6

Python 提供了一个三元运算符,可以实现与上面的 if-else 语句相似的效果。其语法为

```
值 1  if  条件表达式  else  值 2
```

当条件表达式的值为 True 时,以值 1 作为三元运算的结果;否则以值 2 作为三元运算的结果。例如:

In[5]:	a=5 print(6) if a>3 else print(5)
Out[5]:	6
In[6]:	b=6 if a>13 else 9
Out[6]:	9

3. if-elif-else 语句

若需要在多组动作中选择一组执行，就要用到多分支选择结构 if-elif-else 语句。该语句可利用一系列条件表达式进行测试，并在某个表达式值为 True 的情况下执行相应的代码块，并跳过其他代码块。其基本格式为

```
if 条件表达式 1:
    代码块 1
elif 条件表达式 2:
    代码块 2
    …
elif 条件表达式 n:
    代码块 n
else:
    代码块 n+ 1
```

最后一个 elif 子句后的 else 子句无须进行条件判断，它处理的是和前面所有条件均不匹配的情况，所以 else 子句必须放在最后。其执行流程如图 2.10 所示。

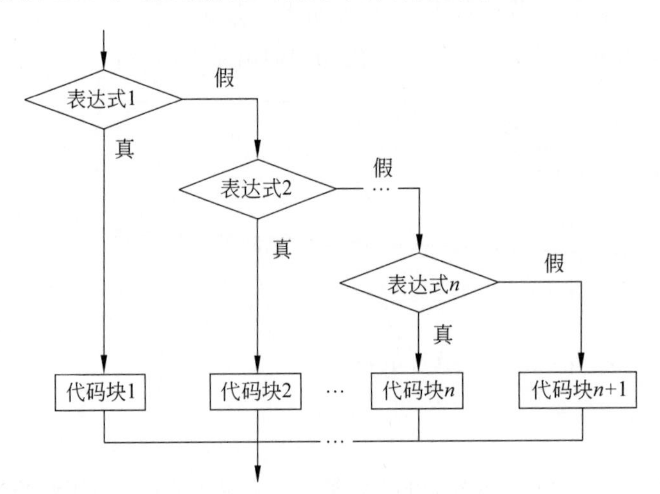

图 2.10　if-elif-else 语句的执行流程

例如，输入一个整数。当该数大于 6、等于 6、小于 6 时，分别输出一行说明字符串。代码及输出结果如下：

In[7]:	`a=input("请输入一个整数:")`
Out[7]:	请输入一个整数:6

In[8]:	`a=int(a)`
	`if a>6:`
	`    print("大于 6")`
	`elif a==6:`

	print("等于 6") else: print("小于 6")
Out[8]:	等于 6

4. 条件嵌套

条件嵌套是指一个条件判断嵌套在另一个条件判断内，例如：

In[9]:	x=3 y=1

In[10]:	if x==y:
	    print('x 等于 y')
	else:
	    if x<y:
	        print('x 小于 y')
	    else:
	        print('x 大于 y')

Out[10]:	x 大于 y

2.4.2 for 循环

1. 基本用法

for 循环可用于对任何有序序列对象进行循环或对迭代器进行迭代，是一种典型的有限循环。for 循环的语法格式如下：

```
for 变量 in 序列或集合:
    代码块
```

序列既可以是列表，也可以是字符串。计算 100 以内自然数之和的循环示例如下：

In[11]:	s=0 for i in range(1,101): s+=i print(s)
Out[11]:	5050
In[12]:	s1='AB' for i in s1: print(i)
Out[12]:	A B

2. 循环嵌套

与单层 for 循环相比,for 循环嵌套在实际应用中更为常见。其基本格式如下:

```
for 迭代值 in 序列:
    for 迭代值 in 序列:
        代码块
```

Python 中循环嵌套的执行流程与 C 语言一致,从外循环进入内循环后,直到内循环执行完毕,回到外循环计算迭代值,再进入内循环执行,重复以上步骤,直到内外循环均结束。例如:

In[13]:
```
strseq='py'
numseq='123'
for s in strseq:
    for n in numseq:
        print(str+num)
```

Out[13]:
```
p1
p2
p3
y1
y2
y3
```

In[14]:
```
alist=[['Python','Django','tensor','pip'],['1','2','3','4']]
for i in range(len(alist )):
    for j in range(len(alist [0])):
        print(alist [i][j])
```

Out[14]:
```
Python
Django
tensor
pip
1
2
3
4
```

2.4.3 while 循环

1. 基本用法

for 循环必须确定循环次数才能执行,而 while 循环可以对任何对象进行循环,是条

件控制的循环，只要满足循环条件，循环体语句就会一直执行。其基本格式为

```
while 条件表达式:
    代码块
```

只要条件表达式的值不是 False 或循环没有被 break 语句终止，则代码块将一直重复执行。

例如，计算 100 以内的自然数之和的 while 循环及输出结果如下：

In[15]:	x=1
	s=0
	while x<=100:
	    s+=x
	  x+=1
	print(s)

Out[15]:	5050

如果 while 循环体中有 else 语句体，则 else 中的语句会在循环正常执行完(不是通过 break 语句终止循环)的情况下执行。例如：

In[16]:	count=0
	while count<5:
	    print(count,"is less than 5")
	    count+=1
	else:
	    print(count,"is not less than 5,stop!")

Out[16]:	0 is less than 5 1 is less than 5 2 is less than 5 3 is less than 5 4 is less than 5 5 is not less than 5,stop!

2. break 和 continue 语句

break 和 continue 语句在 while 循环和 for 循环中都可以使用。

一旦 break 语句被执行，将使得 break 语句所属层次的循环提前结束。continue 语句的作用是提前结束本次循环，并忽略 continue 之后的所有语句，直接回到循环的顶端，提前进入下一次循环。break 语句示例如下：

In[17]:	i=0
	alist=['Python','Django','tensor','pip','list','torch']
	while i<6:
	    if 'tensor'==alist[i]:
	        print('index of tensor=',i)
	        break
	    i=i+1

Out[17]:	index of tensor=2

continue 语句示例如下：

In[18]:	i=0
	alist=['Python','Django','tensor','pip','tensor','list','torch']
	while i<7:
	    if 'tensor' ! =alist [i]:
	        i+=1
	        continue
	    print(alist[i],i)
	    i+=1

Out[18]:	tensor 2 tensor 4

3. for 和 while 的嵌套

for 和 while 可以根据需求嵌套使用。例如，使用 for 和 while 的嵌套结构输出由星号组成的正方形，示例代码和输出结果如下：

In[19]:	i=0
	while i<5:
	    for j in range(0,5):
	        print('*', end=" ")
	    print()
	    i=i+1

Out[19]:	* * * * * * * * * * * * * * * * * * * *

2.5 函数和模块

2.5.1 函数的定义和使用

函数是完成一个特定工作的独立的程序模块。使用函数可以实现代码复用，达到一处编写、多处运行的目的。若需要修改函数的功能,则只修改函数定义代码即可,便于统一维护。此外,函数体现了模块化程序设计思想,使多人合作开发一个系统成为可能。

Python 提供了许多内置函数,如创建文件对象的 open()、获取元素数目的 len()等均属此类。此外,Python 支持用户创建函数以满足特定的需求,这种函数被称为自定义函数,即由用户根据实际需要编写的函数。以下将自定义简称为函数。

1. 函数的定义

函数由函数首部和函数体构成,定义格式如下:

```
def 函数名(参数 1,参数 2,…,参数 n):          #函数首部
    '''文档字符串'''
    …
    return [表达式]
```

(1) 函数定义的第一行是函数首部,以 def 开头,后接函数名、圆括号和冒号。def 语句创建一个函数对象并将其自动赋值给其后的函数名。函数首部和函数体一起构成完整的函数。

(2) 函数名的命名要符合 Python 语言标识符的命名规则,不能以数字开头,不能与关键字重名。

(3) 圆括号中的参数列表给出函数所有参数的名称,称为形式参数,简称形参。可以传入 0 个或多个形参,形参必须放在圆括号内,多个形参间用逗号分隔。

(4) 冒号之后表示函数体的开始。函数体是一个缩进的代码块,它是每次调用函数时 Python 执行的语句。

(5) 函数体通常包括 3 部分。第一部分是用三引号括起来的文档字符串,用于函数注释,可以选择性地使用,用户可以使用__doc__()方法查看该注释。第二部分是函数主要功能代码语句,是必须给出的。第三部分是 return 语句,其后可以跟 0 个或多个值。如果 return 语句返回多个值,就将计算得到的多个结果回传给主程序,即返回值成为函数调用的结果;如果 return 语句不带返回值,就直接将程序控制权交还主程序,并返回默认值 None;如果没有 return 语句,函数也会自动返回 None。

(6) 函数必须先创建后调用。在创建函数之后,需要对其进行调用,函数才能工作。通过函数名(参数 1,参数 2,…,参数 n)的格式调用函数,括号中可以包含 0 个或多个参数,这些参数称为实际参数,简称实参,实参是调用函数时传递给函数的信息,实参通过赋值传递给形参。

函数定义示例如下:

In[1]:	def fruit_name(name): #函数首部
	'''输出一个水果的名字''' #函数注释,是函数体的开始
	    print("水果的名字是"+name+".")

2. 函数调用

对于某个函数，调用该函数的程序称为主程序，该函数称为被调函数。若主程序的执行过程中需要调用一个函数，则主程序暂停执行，转去执行被调函数；当被调函数执行完毕后，将返回主程序，从原来暂停的位置继续执行。函数调用示例如下：

In[2]:	fruit_name('apple')　　　　　　　　#函数调用
Out[2]:	水果的名字是 apple.

3. 参数传递

Python 中不同的参数类型对应不同的传递方式，常见的参数类型有常规参数、默认值参数、可变长度参数和关键字参数。

1）常规参数

常规参数是指在参数列表中给出参数名称的参数。对于常规参数，实参值通过位置和关键字参数的方法匹配形参。若通过位置匹配，则按从左到右的顺序依次将实参的值传递给形参，要求二者之间一一对应且数量一致。若通过关键字匹配参数，则需要以"关键字名＝值"的形式提供实参，此时允许函数调用时的实参顺序与形参不一致。例如：

In[3]:	def fruit_name(name,price): 　　print("水果的名字是"+name+',价格是'+price+"元/千克.")
In[4]:	fruit_name('apple ','10')
Out[4]:	水果的名字是 apple,价格是 10 元/千克

上例中，fruit_name()定义了两个形参，即 name 和 price，属于常规参数。函数调用时需要传递两个实参，实参按从左到右的顺序匹配形参，即，name 匹配'apple'，price 匹配'10'。

因为在该函数定义语句中包括两个形参，所以在调用时必须传入两个实参，否则 Python 会提示错误。例如：

In[5]:	fruit_name('apple ')
Out[5]:	TypeError: fruit_name() missing 1 required positional argument: 'price'

通过关键字匹配参数的示例如下：

In[6]:	def fruit_name(name,price): 　　print("水果的名字是"+name+',价格是'+price+"元/千克.") fruit_name(price='10',name='apple')
Out[6]:	水果的名字是 apple,价格是 10 元/千克.

以下代码中实参通过关键字名称匹配 price 和 name 的值。

2）默认值参数

通过“关键字名＝值”的形式为形参中的某些参数指定默认值。调用函数时，实参可通过关键字和位置给默认参数传递值。注意，默认值参数必须位于常规参数之后，否则 Python 会报错，且默认参数一定要指向不变对象。

In[7]:	`def fruit_name(name,price='10'):`
	`    print("水果的名字是"+name+',价格是'+price+"元/千克.")`
	`fruit_name(name='apple',price='2')`

Out[7]:	水果的名字是 apple,价格是 2 元/千克.

In[8]:	`def fruit_name(name,price='10'):`
	`    print("水果的名字是"+name+',价格是'+price+"元/千克.")`
	`fruit_name(name='apple')`

Out[8]:	水果的名字是 apple,价格是 10 元/千克.
In[9]:	`def fruit_name(name='apple',price):` `    print("水果的名字是"+name+',价格是'+price+"元/千克.")`
Out[9]:	SyntaxError: non-default argument follows default argument

3）可变长度参数

可变长度参数是指函数调用时形参可以接收任意多个实参，可以是一个，也可以是多个，在这些可变个数的形参之前可以有任意多个常规参数。可变长度参数的标识是其形参名称前的 * 或**。 * 是指形参接收任意多个基于位置的实参，将没有匹配的值收集到一个元组中；**是指形参接收任意多个基于关键字的实参，将没有匹配的值收集到一个字典中。例如：

In[10]:	`def f(k, * arg):`
	`    print(k,arg)`
	`f(1,2,3)`

Out[10]:	1 (2, 3)
In[11]:	`f("Python ",2,3,4,5,6,7,8)`
Out[11]:	Python (2, 3, 4, 5, 6, 7, 8)

上例中，通过位置匹配将第一个实参的值 1 传递给 k，* arg 把其他参数收集到一个元组中。

In[12]:	`def f(k,**keyarg):`
	`    print(k,keyarg)`
	`f(k=1,m=2,n=3)`

Out[12]:	1 {'m': 2, 'n': 3}

上例中，通过关键字匹配将第一个实参的值 1 传递给 k，**keyarg 把其他参数收集到一个字典中。

4）关键字参数

关键字参数必须按照关键字传入值。在调用中，实参必须通过关键字为形参传递值。在函数定义时关键字参数一般出现在 * arg 之后，并且要给出参数名。例如：

In[13]:	`def f(k, *m,n):        #n 是关键字参数`
	`    print(k,m,n)`
	`f(1,2,3,n=4)`

Out[13]:	`1 (2, 3) 4`

上例中，k 按名称或位置传入，m 收集其余所有基于位置的参数，而 n 出现在 * m 后面，是关键字参数，必须通过关键字传递值，否则 Python 会报错。例如：

In[14]:	`def f(k, *m,n):`
	`    print(k,m,n)`
	`f(1,2,3,4)`

Out[14]:	`f() missing 1 required keyword-only argument: 'n'`

在函数首部，如果以上参数均出现了，必须按常规参数、默认值参数、可变长度元组参数（前加 *）、关键字参数和可变长度字典参数（前加**）的顺序出现。如果不按此顺序，Python 在匹配时会因二义性而产生语法错误。

4. 变量作用域

变量作用域决定了程序的哪一部分可以访问哪个特定的变量。根据变量作用域的不同可将变量分为局部变量和全局变量。Python 共有 4 层作用域，分别是局部作用域（Local，L）、闭包函数外的函数作用域（Enclosing，E）、全局作用域（Global，G）和内置作用域（Built-in，B），当在函数中使用未限定的变量名时，Python 会按照 L、E、G、B 的顺序查找变量名，并在找到变量名的第一个位置处停下来，即，首先是局部作用域，其次是闭包函数外的函数作用域，再次是全局作用域，最后是内置作用域。如果在这个过程中没有找到变量，则 Python 会给出错误警告。

1）局部变量

在函数内部定义的变量只在函数内部起作用，即使它与函数外部的变量拥有相同的名字，它们之间也不会有任何影响。所有局部变量的作用域是定义它们的函数内部，从它们被定义处开始，直到函数结束处为止。函数调用结束时，其局部变量被自动删除。

下例的代码中定义了函数 f()，在函数 f()内部定义了局部变量 k。因为在函数内部定义的变量只能在函数内部使用，不能在函数外部访问该变量名，所以在函数外 print(k) 语句会出现错误。简单地说，就是函数内部代码可以访问外部变量，而函数外部代码无法访问内部变量。

In[15]:

```
def f():
k=3
    print(k)
f()
print(k)
```

Out[15]:

```
3
NameError: name 'k' is not defined
```

2）全局变量

全局变量是指在所有函数的外部定义的变量，它的作用域是整个程序。全局变量可以直接在函数内部使用，但如果要在函数内部改变全局变量值，必须用 global 关键字声明变量。例如：

In[16]:

```
total=0
def f(a,b):
    total=a+b
    print(total)
    return total
f(20,25)
print(total)
```

Out[16]:

```
45
0
```

上例中，尽管两个变量都被命名为 total，但通过作用域可以把二者区别开来。total=0 这条语句位于函数 f()之外，因此它属于全局变量；而 total=a+b 这条语句位于函数 f()内部，这表明该变量 total 属于函数 f()内部的局部变量，只在函数 f()内部可见，函数执行完之后被自动删除。定义在函数之外的全局变量 total 不受影响。

下例的代码在函数 f()内使用 global 语句将 total 变量声明为全局变量，因此在函数 f()内部改变其值时，定义在函数外部的全局变量 total 的值也发生变化。

In[17]:

```
total=0
def f(a,b):
    global total
    total=a+b
    print(total)
    return total
f(20,25)
print(total)
```

Out[17]:

```
45
45
```

当多个函数嵌套时，变量的作用域可能是其上一层函数，而不是全局。如果要在内层函数内部访问上一层函数中的变量，可以在内层函数内部使用 nonlocal 语句声明变量作用域。

下例中，函数 f()内的语句 total=a+b 创建了局部变量 total，在函数 f()内嵌套定义了函数 add_inner()。在函数 add_inner()内部要修改在外层函数 f()中定义的变量 total，则需通过 nonlocal 语句声明，这样内层函数才可以对外层函数中的变量进行读写，nonlocal 使得对该语句列出的变量名的查找从外层函数 f()的作用域开始，而不是从当前函数 add_inner()的局部作用域开始。在 nonlocal 语句中列出的变量名必须在上一层函数中被定义过，否则 Python 会报错。

In[18]:

```
total=0
def f(a,b):
    total=a+b
    def add_inner(c=1,d=2):
        nonlocal total
        total=c+d
        print("1st total is ",total)
        add_inner()
        print("2nd total is ",total)
        return total
f(20,25)
print(total)
```

Out[18]:

```
1st total is 3
2nd total is 3
0
```

若从上例的代码中去掉 nonlocal total 的声明，则语句 total=c+d 将会再次创建局部变量 total 且只在内层函数 add_inner()内部起作用。函数 add_inner()调用完成后，局部变量 total 消失。代码和输出结果如下：

In[19]:

```
total=0
def f(a,b):
    total=a+b
    def add_inner(c=1,d=2):
        total=c+d
        print("1st total is ",total)
        add_inner()
        print("2nd total is ",total)
        return total
f(20,25)
print(total)
```

Out[19]:

```
1st total is 3
2nd total is 45
0
```

5. 匿名函数

除使用 def 自定义函数外，Python 还提供了一种称为 lambda 表达式的匿名函数。其一般形式如下：

```
lambda [参数 1 [,参数 2,…,参数 n]]: 表达式
```

lambda 后有一个或多个参数，接着是冒号，最后跟一个表达式。lambda 函数能接收任何数量的参数，但只能返回一个表达式的值，不能同时包含命令或多个表达式。调用 lambad 函数时不占用栈内存，从而可以提高运行效率。例如：

In[20]:	`lamadd=lambda a,b : a+b` `print(lamadd(20,25))`
Out[20]:	45

上例通过 lambda 表达式创建了一个匿名函数对象并赋值给变量名 lamadd，然后通过变量名 lamadd 调用匿名函数。lamadd (20,25)按位置将 20 匹配给形参 a，将 25 匹配给形参 b，然后代入表达式 a+b，函数返回值就是该表达式的值。

匿名函数可以出现在 def 语句不能出现的地方。例如，要对两个数进行运算，如果希望声明的函数支持所有的运算，以下代码中可以将匿名函数作为函数参数传递。

In[21]:

```
def f(a,b,operation):
    print(operation(a,b))
f(20,25,lambda x,y:x+y)
```

Out[21]:

```
45
```

6. 函数式编程工具

map()、filter()、reduce()和 zip()函数属于 Python 中的高阶函数。高阶函数可以接收函数作为参数的传入值，是函数式编程的体现。这 4 个函数都对一个序列对象应用另一个函数，并存储结果。

1) map()函数

map()函数的一般形式如下：

```
map(函数,一个或多个序列)
```

map()函数将一个函数按顺序映射到序列或者迭代器对象的每个元素上，并返回一个可迭代的 map 对象。如果要转换为列表，可使用 list()函数。例如：

In[22]:

```
def f (k):
    return k+10
list(map(f,range(5)))
```

Out[22]:

```
[10, 11, 12, 13, 14]
```

2）filter()函数

filter()函数的一般形式如下：

```
filter(函数,一个或多个序列)
```

filter()函数将一个函数按顺序映射到序列或者迭代器对象的每个元素上，过滤不符合条件的元素，返回一个可迭代的 filter 对象。例如：

In[23]:	list(filter(lambda x:x% 2==0,range(5)))
Out[23]:	[0, 2, 4]

3）reduce()函数

reduce()函数的一般形式如下：

```
reduce(函数,一个或多个序列)
```

reduce()函数将一个函数按顺序映射到序列或者迭代器对象的每个元素上，每次函数计算的结果继续和序列的下一个元素继续做运算，最后返回最终的计算结果。reduce()函数不是 Python 3.x 的内置函数，而是位于 functools 模块中，使用的时候需要先导入该模块。例如：

In[24]:	from functools import reduce reduce((lambda x,y:x+y),[1,2,10,20])
Out[24]:	33

上例中首先按位置将 1 匹配给 x，将 2 匹配给 y，然后计算 x+y=3，将 3 作为匿名函数的返回值继续匹配给 x，将列表中的下一个元素 10 匹配给 y，然后计算 x+y=13，以此类推，最后得到所有元素的和 33。

4）zip()函数

zip()函数的一般形式如下：

```
zip(一个或多个序列)
```

zip()函数将多个可迭代对象中的元素压缩成一个元组并返回一个可迭代的 zip 对象，其每个元素都是由多个可迭代对象同一位置上的元素构成的元组，zip 对象的长度由多个可迭代对象中最短对象的长度决定。事实上，zip()的功效就相当于“拉锁”。例如

In[25]:	x=[1,2] y=[3,4] z=[5,6,7] print(list(zip(x,y))) print(list(zip(x,z)))
Out[25]:	[(1, 3), (2, 4)] [(1, 5), (2, 6)]

2.5.2 模块导入

Python 模块(module)是一个以.py 为扩展名的 Python 文件,是最高级别的程序组织单元。为提高代码复用性和可读性,常把相关代码编写到一个模块中,模块文件包含可执行的代码和定义好的函数或者变量,然后可以在另一个文件中导入这个模块,import 语句会搜索、编译和执行模块文件代码。模块文件导入之后,以“模块名.变量”或者“模块名.函数”的方式使用导入模块的函数和变量,从而达到代码复用的目的。

导入模块的方法一般有直接导入模块、导入模块中的所有函数、导入模块中的特定函数和导入模块时使用 as 指定别名 4 种方式。

(1) 直接导入模块,如 import cake。

(2) 导入模块中的所有函数(不推荐),如 from cake import * 。

(3) 导入模块中的特定函数,如 from math import sqrt。

(4) 导入模块时使用 as 指定别名,如 import numpy as np。

2.6 文件操作

2.6.1 文件操作基础

1. 打开文件

Python 操作文件的第一步是创建相应的文件对象,为此 Python 定义了内置函数 open(),利用 open()创建文件对象后,即可用来对文件进行读写操作。

open()共有 4 个参数:第一个参数必选,表示待读写的文件名,默认工作路径为当前文件夹;第二个参数是处理模式,默认为 r,也可指定为 w 或 a 等,分别表示以只读、只写和追加模式打开文件;第三个参数用于设置寄存区缓存,可取 0、1、大于 1 的整数和负值,负值表示寄存区的缓存大小为系统默认值,该参数通常不需要修改;第四个参数是设置编码方式,默认为 GBK 编码。

若希望指定采用 UTF-8 编码以只读模式打开当前文件夹下的文件 1.txt,代码如下:

```
In[26]:  file=open("1.txt",encoding="utf-8")
```

2. 读写文件

Python 提供了 read()、readline()和 readlines()实现对文件数据的读取操作。文件写操作主要使用 write()和 writelines()实现。

1) read()

read()可逐字节或字符读取文件中的数据。例如:

```
In[27]:  file=open("exam.txt",encoding="utf-8")      #指定编码格式为 UTF-8
         print(file.read())                          #输出读取的数据
         file.close()                                #关闭文件
```

2）readline()

readline()可读取文件中的整行内容且包含最后的换行符“\n”。下例中调用 readline()读取文件的一行内容时会读取最后的换行符“\n”，因为 print()输出内容时默认也会换行，所以输出结果中会多出一个空行。

In[28]:
```
file=open("exam.txt",encoding="utf-8")
byt=file.readline()                  #读取一行数据
print(byt)
file.close()                         #关闭文件
```

3）readlines()

readlines()可一次性读取文件中的多行内容。返回的行数由参数 size 指定；若 size 未指定，则返回全部行，这时结果与 read()类似，只不过 readlines()返回的是一个字符串列表，其中每个元素为文件中的一行内容。例如：

In[29]:
```
file=open("exam.txt",'rb')      #以只读模式和二进制格式打开一个文件
byt=file.readlines()
print(byt)
```

4）write()

write()可向文件中写入指定字符串。在使用 write()向文件中写数据时，要求创建文件对象时的 open()是以 r+、w、w+、a 或 a+的模式打开，否则会报错。

下例调用 open()以 w(只写)模式打开文件，每次执行写操作均会覆盖原有数据。

In[30]:
```
file=open("exam.txt", 'w')      #以覆盖的方式写文件
file.write("写入一行新数据")
file.close()
```

下例调用 open()以 a(追加)模式打开文件时，写操作会将新写入的内容添加到原内容之后。

In[31]:
```
file=open("exam.txt", 'a')      #以追加的方式写文件
file.write("写入一行新数据")
file.close()
```

5）writelines()

writelines()用于向文件中写入字符串列表。例如，使用 writelines()将 src.txt 文件中的数据复制到 dst.txt 中，代码如下：

In[32]:
```
src=open("a.txt", 'r')
dst=open("copyofa.txt", 'w+')
dst.writelines(src.readlines())
dst.close()
src.close()
```

程序执行结束后在同级目录下会生成一个 dst.txt 文件，且内容和 src.txt 完全一样。

close()表示关闭文件。因为在读取文件时是把文件读取到内存中的，如果没有关闭该文件，它就会一直占用系统资源，导致系统处理变慢，而且可能导致其他意外错误。但是，如果在打开文件或文件操作过程中抛出了异常，就无法正常关闭文件。针对此类问题，Python 引入 with…as 语句，实现自动分配并释放资源。当使用 with…as 操作已打开的文件对象时，无论处理期间是否抛出异常，都能保证处理结束后正常关闭该文件。其基本格式为

```
with 表达式 [as 变量名]:
    代码块
```

该语句首先执行表达式，并将表达式的返回值赋予 as 后面的变量名。如果给出变量名，返回值会被忽略。然后开始执行代码块。示例代码如下：

In[33]:	`with open('src.txt', 'a') as file:` `    file.write("\nPython 教程")`

上述代码中使用 with… as 语句打开文件 src.txt，即便最终没有显式地调用 close()关闭文件，该文件在操作结束后也能够被正常关闭。

3. 删除文件

删除和修改权限是一个系统级操作，主要作用于文件本身。系统级操作可以使用 Python 的 os、sys 模块中的指定函数实现。例如，删除文件可用 os 中的 remove()实现。

In[34]:	`import os` `os.remove("dst.txt")`

2.6.2 CSV 文件操作

CSV 的全称是 Comma-Separated Values，表示以逗号分隔字段值。其实，字段间的分隔符也可以是其他字符或字符串，最常见的是逗号或制表符。CSV 文件以纯文本的形式存储，由任意数目的记录组成，记录就是文件中的行，记录间以某种分隔符分隔。每条记录由字段组成，字段就是文件中的列。因为 CSV 文件格式简单，开放性较强，所以其应用非常广泛。

打开 CSV 文件时，需要首先导入标准库的 CSV 模块，然后调用 open()打开 CSV 文件，最后利用 CSV 模块的相关函数实现文件的读取。

1. csv.reader()

在下例中，首先调用 open()打开 test.csv 文件并创建文件对象 fileobj；然后使用 csv.reader()实现对 test.csv 文件的读取，返回一个可迭代 reader 对象 readerobj；最后调用 list()以列表方式查看对象。

In[35]:	`import csv`
	`with open('test.csv', encoding="utf-8") as fileobj:`
	`    readerobj=csv.reader(fileobj)`
	`    print(readerobj)`
	`    print(list(readerobj))`

也可利用for循环实现对可迭代reader对象的遍历，代码如下：

In[36]:	`import csv`
	`with open('uk_rain.csv', encoding="utf-8") as fileobj:`
	`    readerobj=csv.reader(fileobj)`
	`    print(readerobj)`
	`    print(list(readerobj))`

2. csv.DictReader()

在下例中，首先调用open()打开test.csv文件并创建文件对象fileobj；然后调用csv.DictReader()函数读取test.csv文件，返回一个DictReader对象readerobj；再调用readerobj.fieldnames输出列标题；最后结合DictReader对象利用循环遍历test.csv文件。

In[37]:	`import csv`
	`with open(''test.csv', encoding="utf-8") as fileobj:`
	`    readerobj=csv.DictReader(fileobj)`
	`    print (readerobj.fieldnames)`
	`    for i in readerobj:`
	`        print (i)`

3. 将列表数据写入CSV文件

在下例中，首先导入标准库的CSV模块，其次准备好要写入CSV文件的列表数据，最后调用open()以w模式打开CSV文件。

In[38]:	`import csv`
	`data=[["id","name","gender"],["1","zhangsan","female"],["2",`
	`      "lisi","male"]]`
	`    with open('student.csv', 'w', newline='') as fileobj:`
	`        writerobj=csv.writer(fileobj)`
	`        for i in data:`
	`            writerobj .writerow(i)`

若写入时对象文件不存在，则会自动创建该文件。

4. 将字典数据写入 CSV 文件

将字典数据写入 CSV 文件时，首先导入 CSV 模块并生成元素为字典的源数据列表；然后调用 open()创建文件对象 fileobj，调用 csv.DictWriter()写入字典格式的数据，传入参数为文件对象，fileobj 和字段名称 fields，调用 writerheader()方法写入表头；最后利用 for 循环调用 writerrow()方法逐行写入数据，也可以调用 writer.writerows(data)一次性写入多行数据。例如：

In[39]:
```
import csv
fields=['id', 'name','age']
data=[{'id':'1','name':'wangwu','age':'23'},
      {'id':'2','name':'zhaoliu','age':'45'}, ]
with open('client.csv', 'w', newline='') as fileobj:
    writerobj=csv.DictWriter(fileobj, fields)
    writerobj .writeheader()
    for i in data:
        writerobj .writerow(i)
```

2.6.3 JSON 文件操作

JSON 是一种轻量级数据交换格式，采用完全独立于语言的文本格式，易于阅读和解析，文件内容类似于字典的键-值对。在 Python 中操作 JSON 文件时同样需要先导入标准库中的 json 模块，然后调用 open()打开相应的 JSON 文件。

1. 打开 JSON 文件

json.load()读取 JSON 文件，返回从 JSON 格式的字符转换而来的字典 jsondata，最后输出字典。示例代码如下：

In[40]:
```
import json
with open('info.json','r',encoding='utf8')as fileobj:
    jsondata=json.load(fileobj)
    print('文件中的 JSON 数据:',jsondata)
    print('文件中数据的类型:', type(jsondata))
```

2. 写入 JOSN 文件

json.dump()可将字典格式的数据转换为 JSON 字符串格式的数据，写入 JOSN 文件。例如：

In[41]:
```
import json
adict={'name': 'zhangsan', 'age': 25, 'gender': 'female'}
with open('info.json','a',encoding='utf-8') as fileobj:
        jsondata=json.dump(adict,fileobj,ensure_ascii=False)
#如果 ensure_ascii 为 False,则返回值可以包含非 ASCII 码字符
```

3. JSON 格式转换

json.loads()可将 JSON 字符串转换为 Python 字典格式的数据。示例代码如下：

In[42]:
```
import json
#将 JSON 字符串转换成字典格式的数据
astr='{"name": "zhangsan", "age": 25, "gender": "female"}'
print('转换后的数据：',json.loads(astr))
print('转换后的数据类型：',type(json.loads(astr)))
```

json.dumps()可将字典格式的数据转换为 JSON 字符串。示例代码如下：

In[43]:
```
import json
#将字典格式的数据转换成 JSON 字符串
adict={"name": "zhangsan", "age": 25, "gender": "female"}
print('转换之后的数据：',json.dumps(adict,ensure_ascii=False))
```

Pandas数据处理和分析

本章学习目标

- 掌握 Pandas 的安装、导入和基本的数据结构。
- 掌握 Series 的创建、属性、数据提取、选择和修改方法。
- 掌握 DataFrame 的创建、属性、数据提取、选择和修改方法。
- 掌握 Pandas 对文件读写的一般方法。
- 掌握对缺失值、重复值和异常值的数据清洗方法。
- 掌握索引操作和数据操作的基本方法。
- 掌握合并、分组和变形操作的基本方法。

本章主要内容如图 3.1 所示。

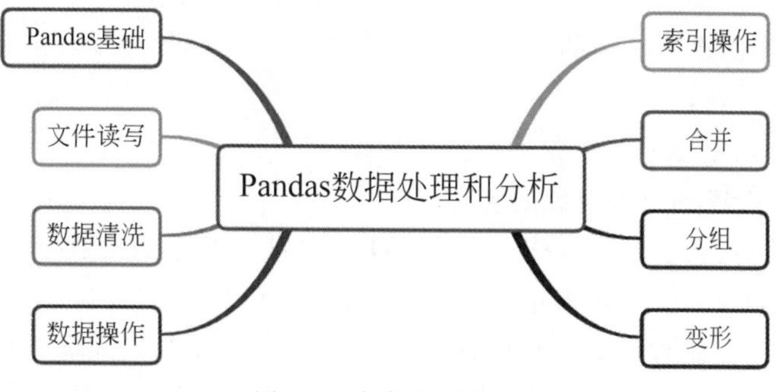

图 3.1　本章主要内容

3.1　Pandas 基础

3.1.1　Pandas 简介

Pandas 是构建于 Python 语言之上的一个快速、强大、灵活且易于使用的开源数据分析和操作工具集。它的使用基础是 NumPy，主要用于数据挖掘和数据分析。

Pandas 最早由 AQR 资金管理公司于 2008 年 4 月开发，并于 2009 年底开源。其初衷是为了便于进行金融数据分析，Pandas 的名称源于 panel data（面板数据，是经济学中关于多维数据集的术语)和 data analysis(数据分析)。目前,Pandas 的最新版本是 2021 年 4 月 12 日发布的 1.2.4,本书所有函数原型、应用示例及结果都基于该版本。

本书推荐在 Anaconda 集成环境中学习 Pandas。一般情况下,Anaconda 在安装后已经将常用的库安装完毕,如 NumPy、Pandas、Matplotlib 等。若发现 Anaconda 自带的 Pandas 版本过低,可在 Anaconda 提示符后输入 conda install pandas=1.24 命令更新至 1.2.4 版本。

若未使用 Anaconda 编程环境且仅安装了 Python,则需首先检查 Python 版本,确认是否正确安装了 pip,然后下载与 Python 版本相符的 Pandas 安装包并进行安装。

Pandas 在使用之前需使用 import pandas as pd 的方法导入。

Pandas 有 3 种数据结构:Series、DataFrame 和 Panel。

(1) Series:一维数据结构,由一组数据及与之相关的数据标签组成。

(2) DataFrame:二维数据结构,包含一组或多组有序的列,每列的数据类型可以不同。DataFrame 既有行索引也有列索引,可视为 Series 的容器。

(3) Panel:三维数据结构,可视为 DataFrame 的容器。

本书仅介绍 Series 和 DataFrame。

3.1.2 Series

1. 创建 Series

创建 Series 的方法是 pandas.Series(),其参数说明如下:

- data:用于创建 Series 的数据源,可以是 Python 字典、多维数组和标量值。
- index:索引列表。
- dtype:待创建 Series 对象的数据类型。
- name:待创建 Series 对象的名称。

Series 具有隐式索引和显式索引。隐式索引是从 0 开始的整数,也称为位置索引;而显式索引需要通过 index 参数指定,一般称之为标签索引。

Series 可通过多种方法创建,如通过标量、Python 可迭代对象、Python 字典对象、ndarray 对象创建等(ndarray 是 NumPy 的典型数据结构,具体信息可参考 NumPy 文档),还可直接从文件中读取数据创建 Series。

(1) 使用标量创建 Series 的示例如下:

In[1]:	`import numpy as np              #导入 NumPy` `import pandas as pd             #导入 Pandas`
In[2]:	`s=pd.Series(9,index=["a","b","c"])     #根据标量 9 创建 Series` `s`

Out[2]:	`a    9`
	`b    9`
	`c    9`
	`dtype: int64`

(2) 使用可迭代对象创建 Series,如列表或元组等。例如:

In[3]:	s=pd.Series([21,39,42,56])　　　　#默认索引为 0,1,2,… s
Out[3]:	0　21 1　39 2　42 3　56 dtype: int64
In[4]:	s=pd.Series(range(4)) s
Out[4]:	0　0 1　1 2　2 3　3 dtype: int32

(3) 使用字典创建 Series,其中字典的键就是索引。例如:

In[5]:	s=pd.Series({"a":0,"b":1,"c":2,"d":3}) s
Out[5]:	a　0 b　1 c　2 d　3 dtype: int64

(4) 使用 ndarray 对象创建 Series。例如:

In[6]:	s=pd.Series(np.random.randn(5),index=["a","b","c","d"]) #np.random.randn(5)表示随机生成符合正态分布的 5 个随机数 s
Out[6]:	a　-2.093363 b　0.735281 c　0.762980 d　1.652227 dtype: float64

2. Series 的属性

Series 的常用属性包括 index、array/values、hasnans、empty、dtype、shape、ndim、size、nbytes、name、T 等。

1) index

index 返回 Series 的索引。默认情况下 index 属性返回显式索引(标签索引),若未指定显式索引则返回隐式索引(位置索引)。对于显式索引,可使用形如 s.loc[]的方法访问数据;对于隐式索引,可使用形如 s.iloc[]的方法访问数据。例如:

In[7]:	s1=pd.Series(np.random.randint(10,100,4),index=["a","b","c","d"]) #np.random.randint(10,100,4)表示随机生成 4 个 10~100 的整数 s1
Out[7]:	a 73 b 74 c 98 d 14 dtype: int32

如果要获取 s1 的索引,则应使用 s1.index:

In[8]:	s1.index
Out[8]:	Index(['a', 'b', 'c', 'd'], dtype='object')

如果要修改 s1 的索引,则应采用以下形式:

In[9]:	s1.index=list("ABCD") s1
Out[9]:	A 73 B 74 C 98 D 14 dtype: int32

创建 Series 并查看其索引:

In[10]:	s2=pd.Series(range(5)) s2
Out[10]:	0 0 1 1 2 2 3 3 4 4 dtype: int32
In[11]:	s2.index
Out[11]:	RangeIndex(start=0, stop=5, step=1)

2）array

array 和 values 属性均能返回数组形式的数据，但 Pandas 推荐使用 array。示例如下：

In[12]:	s1.array
Out[12]:	<PandasArray> [73, 74, 98, 14] Length: 4, dtype: int32
In[13]:	s1.values
Out[13]:	array([73, 74, 98, 14])

3）hasnans

hasnans 属性用于判断 Series 中是否有缺失值。例如：

In[14]:	s1.hasnans
Out[14]:	False

4）empty

empty 属性用于判断 Series 是否为空。例如：

In[15]:	s1.empty
Out[15]:	False

dtype、shape、ndim、size、nbytes、name、T 等属性与 NumPy 中的 ndarray 的属性类似，分别表示 Series 对象的数据类型、形状、维数、数据元素个数、在内存中占据的字节数、名称、转置等。

3. 基本操作

1）提取和修改数据

从 Series 中提取和修改数据的操作类似于列表和 ndarray。例如：

In[16]:	s1["B"]　　　　#利用显式索引提取数据，相当于 s1.loc["b"]
Out[16]:	74
In[17]:	s1["B"]=3.14　　　　#利用显式索引修改数据，注意，s1 的数据元素均为 int32 s1
Out[17]:	A　　73 B　　 3 C　　98 D　　14 dtype: int32

In[18]:	s1[1]=26　　　　　　#相当于 s1.iloc[1] s1[1]
Out[18]:	26
In[19]:	s1[[0,2]]　　　　　　#利用隐式索引提取多个数据
Out[19]:	A　73 C　98 dtype: int32
In[20]:	s1[[0,2]]=(24,58) s1
Out[20]:	A　24 B　26 C　58 D　14 dtype: int32
In[21]:	s1[:3]　　　　　　　#利用隐式索引切片
Out[21]:	A　24 B　26 C　58 dtype: int32
In[22]:	s1[:2]=(12,64)　　　#修改数据 s1
Out[22]:	A　12 B　64 C　58 D　14 dtype: int32

2）添加数据

可直接使用新的索引或 append()添加数据。例如：

In[23]:	s1["F"]=31　　　　　#使用新的索引添加一行数据 s1
Out[23]:	A　12 B　64 C　58 D　14 F　31 dtype: int64
In[24]:	s2

Out[24]:	0 0 1 1 2 2 3 3 4 4 dtype: int32
In[25]:	s3=s1.append(s2[[0,2]]) #使用 append()追加数据,s1本身不变 s3
Out[25]:	A 12 B 64 C 58 D 14 F 31 0 0 2 2 dtype: int64

3）删除数据

使用 del()可原地删除索引和相应的数据。drop()默认返回删除索引和元素后的新 Series 对象。drop()使用参数 inplace=True 可原地删除数据，使用参数 labels=[]可一次性删除多个索引及数据。例如：

In[26]:	del s3[0] s3
Out[26]:	A 12 B 64 C 58 D 14 F 31 2 2 dtype: int64
In[27]:	s3.drop(labels=2)
Out[27]:	A 12 B 64 C 58 D 14 F 31 dtype: int64
In[28]:	s3 #s3并未改变

Out[28]:	A 12 B 64 C 58 D 14 F 31 2 2 dtype: int64
In[29]:	s3.drop(labels=2,inplace=True) s3
Out[29]:	A 12 B 64 C 58 D 14 F 31 dtype: int64

4）删除 Series

使用 del 语句删除 Series。例如：

In[30]:	del s3 s3
Out[30]:	NameError: name 's3' is not defined

3.1.3 DataFrame

1. 创建 DataFrame

创建 DataFrame 的方法是 pandas.DataFrame()，其参数说明如下：

- data：用于创建 DataFrame 的数据源，可以是 Python 字典、多维数组和标量值。
- index：行索引列表。
- columns：列索引列表。
- dtype：待创建的 DataFrame 中数据元素的数据类型。

DataFrame 同样具有隐式索引和显式索引。行方向的显式索引通过 index 参数指定，列方向的显式索引通过 columns 参数指定。

DataFrame 可通过多种方法创建，如通过 Python 字典、Series、二维数组等创建。也可以直接从文件提取数据创建 DataFrame。

（1）通过 Python 字典创建 DataFrame。例如：

In[31]:	import numpy as np import pandas as pd

In[32]:
```
data={ "张怡然":{"数学":90, "英语":89, "语文":78},
       "乔欣":{"数学":82, "英语":95, "语文":86},
       "李华轩":{"数学":85, "英语":94,"语文":65}}
df=pd.DataFrame(data)
df
```

Out[32]:

	张怡然	乔欣	李华轩
数学	90	82	85
英语	89	95	94
语文	78	86	65

（2）通过 Series 创建 DataFrame。例如：

In[33]:
```
s1=pd.Series({"数学":90, "英语":89,"语文":78})
s1
```

Out[33]:
```
数学    90
英语    89
语文    78
dtype: int64
```

In[34]:
```
s2=pd.Series({"数学":82, "英语":95,"语文":86})
s2
```

Out[34]:
```
数学    90
英语    89
语文    78
dtype: int64
```

In[35]:
```
s3=pd.Series({"数学":85, "英语":94,"语文":65})
s3
```

Out[35]:
```
数学    85
英语    94
语文    65
dtype: int64
```

In[36]:
```
df=pd.DataFrame({"张怡然":s1,"乔欣":s2,"李华轩":s3})
#通过 Series 创建 DataFrame
df
```

Out[36]:

	张怡然	乔欣	李华轩
数学	90	82	85
英语	89	95	94
语文	78	86	65

(3) 通过二维数组创建 DataFrame。例如:

In[37]:	df=pd.DataFrame(range(12).reshape(3,4)) #未显式指定行、列索引 df
Out[37]:	0 1 2 3 0 0 1 2 3 1 4 5 6 7 2 7 9 10 11
In[38]:	ind=["上午","下午"] col=["星期一","星期二","星期三","星期四","星期五"] df=pd.DataFrame(np.arange(10).reshape(2,5),index=ind,columns= col) df
Out[38]:	星期一 星期二 星期三 星期四 星期五 上午 0 1 2 3 4 下午 5 6 7 8 9
In[39]:	np.random.seed(100) ind=["数学","物理","化学"] col=["张怡然","乔欣","李华轩","云小萌"] df= pd.DataFrame (np. random. randint (60, 100, (3, 4)), index = ind, columns=col) #随机生成 12 个 10~100 的整数,组成 3 行 4 列的二维数组 df
Out[39]:	张怡然 乔欣 李华轩 云小萌 数学 68 84 63 99 物理 83 75 70 90 化学 94 62 94 74

2. DataFrame 的属性

DataFrame 主要有 index、columns、dtypes、values、axes、ndim、size、shape、empty 等属性。其中,dtypes、values、ndim、size、shape、empty 等属性的用法和 Series 类似;index 属性表示 DataFrame 的行索引列表,columns 属性表示 DataFrame 的列索引列表,axes 属性表示 DataFrame 行、列两个索引的列表。

In[40]:	df
Out[40]:	张怡然 乔欣 李华轩 云小萌 数学 68 84 63 99 物理 83 75 70 90 化学 94 62 94 74
In[41]:	df.dtypes

Out[41]:	张怡然　　int32 乔欣　　int32 李华轩　　int32 云小萌　　int32 dtype: object
In[42]:	df.values
Out[42]:	array([[68, 84, 63, 99], 　　[83, 75, 70, 90], 　　[94, 62, 94, 74]])
In[43]:	df.T
Out[43]:	数学　物理　化学 张怡然　68　83　94 乔欣　84　75　62 李华轩　63　70　94 云小萌　99　90　74
In[44]:	df.index
Out[44]:	Index(['数学', '物理', '化学'], dtype='object')
In[45]:	df.columns
Out[45]:	Index(['张怡然', '乔欣', '李华轩', '云小萌'], dtype='object')
In[46]:	df.axes
Out[46]:	[Index(['数学', '物理', '化学'], dtype='object'), Index(['张怡然', '乔欣', '李华轩', '云小萌'], dtype='object')]

3. 基本操作

类似于 Series,DataFrame 在行和列的方向上也存在显式索引(标签索引)和隐式索引(位置索引),提取和修改数据的操作基本都可以通过上述两种索引实现。

1) 提取和修改列数据

示例如下:

In[47]:	df
Out[47]:	张怡然　乔欣　李华轩　云小萌 数学　68　84　63　99 物理　83　75　70　90 化学　94　62　94　74
In[48]:	df["张怡然"] #等价于隐式索引 df.iloc[:,0]和显式索引 df.loc[:,"张怡然"]

Out[48]:	数学　68 物理　83 化学　94 Name:张怡然, dtype: int32
In[49]:	df.loc[:,"张怡然"]=[99,99,99]　#等价于 df["张怡然"]=[99,99,99] df
Out[49]:	张怡然　乔欣　李华轩　云小萌 数学　99　84　63　99 物理　99　75　70　90 化学　99　62　94　74
In[50]:	df.loc[:,["张怡然","李华轩"]]　#同时提取和修改多列数据的方法同上
Out[50]:	张怡然　李华轩 数学　99　63 物理　99　70 化学　99　94
In[51]:	df.iloc[:,1:3]=[[60,70],[60,70],[60,70]]　#3行2列数据 df
Out[51]:	张怡然　乔欣　李华轩　云小萌 数学　99　60　70　99 物理　99　60　70　90 化学　99　60　70　74

2）提取和修改行数据

示例如下：

In[52]:	import numpy as np import pandas as pd
In[53]:	np.random.seed(100)　　#在创建随机数之前确定种子值 ind=["数学","物理","化学"] col=["张怡然","乔欣","李华轩","云小萌"] df= pd. DataFrame (np. random. randint (60, 100, (3, 4)), index = ind, columns=col)　#随机生成12个60~100的整数,组成3行4列的二维数组。 df
Out[53]:	张怡然　乔欣　李华轩　云小萌 数学　68　84　63　99 物理　83　75　70　90 化学　94　62　94　74
In[54]:	df.loc["数学"]

Out[54]:	张怡然 68 乔欣 84 李华轩 63 云小萌 99 Name:数学, dtype: int32
In[55]:	df.loc[["数学","化学"]]
Out[55]:	张怡然 乔欣 李华轩 云小萌 数学 68 84 63 99 化学 94 62 94 74
In[56]:	df.loc[["数学","化学"]]=[[100,100,100,100],[60,60,60,60]] #2行4列数 df
Out[56]:	张怡然 乔欣 李华轩 云小萌 数学 100 100 100 100 物理 83 75 70 90 化学 60 60 60 60
In[57]:	df.iloc[2]
Out[57]:	张怡然 60 乔欣 60 李华轩 60 云小萌 60 Name:化学, dtype: int32
In[58]:	df.iloc[:2]
Out[58]:	张怡然 乔欣 李华轩 云小萌 数学 100 100 100 100 物理 99 75 70 90
In[59]:	df.iloc[2]=[99,99,99,99] df
Out[59]:	张怡然 乔欣 李华轩 云小萌 数学 100 100 100 100 物理 83 75 70 90 化学 99 99 99 99
In[60]:	df.head(2) #提取前两行数据
Out[60]:	张怡然 乔欣 李华轩 云小萌 数学 100 100 100 100 物理 83 75 70 90
In[61]:	df.tail(2) #提取后两行数据
Out[61]:	张怡然 乔欣 李华轩 云小萌 物理 83 75 70 90 化学 99 99 99 99

3）增加行列数据

增加一行数据，可使用如下方法：

In[62]:
```
import numpy as np
import pandas as pd
np.random.seed(100)
ind=["数学","物理","化学"]
col=["张怡然","乔欣","李华轩","云小萌"]
df=pd.DataFrame(np.random.randint(60,100,(3,4)),index=ind,
columns=col)
df
```

Out[62]:

	张怡然	乔欣	李华轩	云小萌
数学	68	84	63	99
物理	83	75	70	90
化学	94	62	94	74

In[63]:
```
df.loc["英语"]=np.random.randint(60,100,4)
#等价于 df.loc["英语",:]=np.random.randint(60,100,4)
df
```

Out[63]:

	张怡然	乔欣	李华轩	云小萌
数学	68	84	63	99
物理	83	75	70	90
化学	94	62	94	74
英语	94	84	75	96

增加一列数据可采用两种方法。一种方法是直接使用列索引和数据。例如：

In[64]:
```
np.random.seed(100)
df["张菲"]=np.random.randint(60,100,4)
#等价于 df[:,"张晓菲"]=np.random.randint(60,100,4)
df
```

Out[64]:

	张怡然	乔欣	李华轩	云小萌	张菲
数学	100	100	100	100	68
物理	83	75	70	90	84
化学	99	99	99	99	63
英语	68	84	63	99	99

另一种方法是利用 insert()在 Dataframe 的指定列中插入数据。其参数说明如下：

- loc：表示第几列。若在第一列插入数据，则 loc=0。
- column：表示待插入的列索引，如 column='newcol'。
- value：表示要插入的数据，数字、array、Series 等均可。
- allow_duplicates：表示是否允许列名重复，True 表示允许与已存在的列名重复。

示例如下：

In[65]:	df.insert(2,"郝建",np.random.randint(60,100,4)) df

Out[65]:

	张怡然	乔欣	郝建	李华轩	云小萌	张菲
数学	100	100	83	100	100	68
物理	83	75	75	70	90	84
化学	99	99	70	99	99	63
英语	68	84	90	63	99	99

4）删除行列数据

del 命令可用来原地删除列数据。

df.drop()可用来删除行和列。其参数说明如下：

- labels：表示待删除的行或列标签列表。
- axis：为 0 时表示删除行，为 1 时表示删除列。
- inplace：用于指示是否原地删除。

示例如下：

In[66]:

```
import numpy as np
import pandas as pd
```

In[67]:

```
np.random.seed(100)
ind=["数学","物理","化学"]
col=["张怡然","乔欣","李华轩","云小萌"]
df= pd. DataFrame (np. random. randint (60, 100, (3, 4)), index = ind,
columns=col)
df
```

Out[67]:

	张怡然	乔欣	李华轩	云小萌
数学	68	84	63	99
物理	83	75	70	90
化学	94	62	94	74

In[68]:

```
del df["李华轩"]
df
```

Out[68]:

	张怡然	乔欣	云小萌
数学	68	84	99
物理	83	75	90
化学	94	62	74

In[69]:

```
df.drop(labels="物理",axis=0,inplace=False)
```

Out[69]:

	张怡然	乔欣	云小萌
数学	68	84	99
化学	94	62	74

In[70]:

```
df            #并未改变
```

Out[70]:	张怡然 乔欣 云小萌 数学 68 84 99 物理 83 75 90 化学 94 62 74
In[71]:	df.drop(labels="云小萌",axis=1,inplace=True) df
Out[71]:	张怡然 乔欣 数学 68 84 物理 83 75 化学 94 62
In[72]:	df.drop(df.columns[0],axis=1) #等价于 df.drop(columns="张怡然",axis=1)
Out[72]:	乔欣 数学 84 物理 75 化学 62
In[73]:	df.drop(index="数学",axis=0) #等价于 df.drop(df.index[0],axis=0)
Out[73]:	张怡然 乔欣 物理 83 75 化学 94 62

3.2 文件读写

Pandas 通过一系列读写函数对文件进行读写操作。读文件操作通过 pandas.read_excel()、pandas.read_csv()等函数读取相应的文件内容并返回 Pandas 对象，写文件操作通过 DataFrame.to_excel()、DataFrame.to_csv()等函数将数据写入相应类型的文件中。表 3.1 列举了 Pandas 支持的主要文件读写函数。

表 3.1 Pandas 支持的主要文件读写函数

文件格式类型	数据描述	读文件的函数	写文件的函数
文本文件	CSV	read_csv()	to_csv()
文本文件	JSON	read_json()	to_json()
文本文件	HTML	read_html()	to_html()
文本文件	本地剪贴板	read_clipboard()	to_clipboard()
二进制文件	Excel	read_excel()	to_excel()

续表

文件格式类型	数据描述	读文件的函数	写文件的函数
二进制文件	HDF5	read_hdf()	to_hdf()
二进制文件	Feather	read_feather()	to_feather()
二进制文件	Parquet	read_parquet()	to_parquet()
二进制文件	Msgpack	read_msgpack()	to_msgpack()
二进制文件	Stata	read_stata()	to_stata()
二进制文件	SAS	read_sas()	
二进制文件	Python Pickle	read_pickle()	to_pickle()
SQL 文件	SQL	read_sql()	to_sql()
SQL 文件	Google Big Query	read_gbq()	to_gbq()

本书介绍最常用的 CSV、Excel 文件的读写方法，包括 pandas.read_csv()、panda.read_excel()、pandas.DataFrame.to_csv()和 pandas.DataFrame.to_excel()等。

3.2.1 读写 CSV 文件

1. 读 CSV 文件

pandas.read_csv()的常用参数如下：

- filepath_or_buffer：可以是文件路径或 URL，也可以是实现 read 方法的任意对象。
- sep：读取 CSV 文件时指定的分隔符，默认为逗号。CSV 文件的分隔符和读取 CSV 文件时指定的分隔符必须一致。
- delim_whitespace：默认为 False；设置为 True 时，表示分隔符为空白字符，可以是空格、制表符(\t)等。例如，CSV 文件中的分隔符是制表符。
- header：设置导入 DataFrame 的列名称，默认为"infer"。
- index_col：读取文件时指定某个列为索引。
- usecols：如果列有很多，但不要全部数据，而只要指定的列时，可以使用这个参数。
- skiprows：表示跳过数据开头的行数。
- encoding：指定字符集类型，通常指定为'utf-8'。

直接在 pandas.read_csv()的参数中指定源文件，即可读出全部数据。示例代码如下：

```
In[1]:  import pandas as pd
        df=pd.read_csv("bikes.csv")
        df.head()       #head()默认显示前 5 行数据
```

Out[1]:	Date;Berri;Brebeuf;Sainte;Maisonneuve;Maisonneuve;Parc;… 0 01/01/2012;35;0;38;51;26;10;16; 1 02/01/2012;83;1;68;153;53;6;43; 2 03/01/2012;135;2;104;248;89;3;58; 3 04/01/2012;144;1;116;318;111;8;61; 4 05/01/2012;197;2;124;330;97;13;95;

可以看出,上例中CSV文件的每一个字段都是用分号分隔的,应该在读取文件时指定分隔符为";",代码和输出结果如下:

In[2]:	df=pd.read_csv("bikes.csv",sep=";") df.head()
Out[2]:	Date Berri Brebeuf Sainte Maisonneuve … 0 01/01/2012 35 0 38 51 … 1 02/01/2012 83 1 68 153 … 2 03/01/2012 135 2 104 248 … 3 04/01/2012 144 1 116 318 … 4 05/01/2012 197 2 124 330 …

上例的结果中包含了数据分析并不需要的列。若只需要读取Date、Berri、Sainte 3列数据,则应使用usecols参数指定列名:

In[3]:	df=pd.read_csv("bikes.csv",sep=";",usecols=["Date","Berri", "Sainte"]) df.head()
Out[3]:	Date Berri Sainte 0 01/01/2012 35 38 1 02/01/2012 83 68 2 03/01/2012 135 104 3 04/01/2012 144 116 4 05/01/2012 197 124

若希望指定第一列Date作为索引列,则应使用index_col参数:

In[4]:	df=pd.read_csv("bikes.csv",sep=";",usecols=["Date","Berri", "Sainte"],index_col="Date") df.head()
Out[4]:	Berri Sainte Date 01/01/2012 35 38 02/01/2012 83 68 03/01/2012 135 104 04/01/2012 144 116 05/01/2012 197 124

2. 写入 CSV 文件

Series 和 DataFrame 都有对应的 to_csv()函数，分别为 pandas.Series.to_csv()和 pandas.DataFrame.to_csv()，部分常用参数如下：

- path_or_buf：字符串形式的文件路径或文件对象。
- sep：输出文件的字段分隔符。默认为逗号。
- columns：可选择某些列写入文件。
- index：布尔值，默认为 True，表示写入行(索引)名称。
- encoding：表示在输出文件中使用的编码，通常指定为'utf-8'。

示例代码如下：

In[5]:	df.to_csv("dataset/newbikes.csv")

3.2.2 读写 Excel 文件

1. 读取 Excel 文件

pandas.read_excel()的常用参数如下：

- io：字符串型文件类对象，为 Excel 文件或 xlrd 工作簿。该字符串也可以是一个 URL，例如本地文件可写成 file://localhost/path/to/workbook.xlsx。
- sheet_name：指定读取的工作表。默认为 0，表示读取第一个工作表的数据。还可以直接指定工作表的名称。
- header：指定某行作为 DataFrame 的列标签。如果传递的是一个整数列表，则这些行被组合成一个多层索引。
- index_col：指定某列作为 DataFrame 的行标签。如果传递的是一个列表，则这些列被组合成一个多层索引。
- usecols：None 表示解析所有列；如果为整数，则表示要解析的列号。
- skiprows：指定开始时跳过的行数。
- skip_footer：指定从文件尾部开始跳过的行数。

示例如下：

In[6]:
```
import pandas as pd
df=pd.read_excel("data.xlsx")
df.head()
```

Out[6]:
```
   月份  销售额
0   1    537
1   2    1425
2   3    1819
3   4    3546
4   5    3941
```

若要读取 data.xlsx 中的第 4 个工作表,则应使用 sheet_name 参数。例如:

In[7]:

```
df=pd.read_excel("data.xlsx",sheet_name=3)  #从 0 开始计数
df.head()
```

Out[7]:

```
   城市   指标
0  北京   94
1  上海   96
2  广州   91
3  深圳   95
4  南京   88
```

若希望将"城市"列的数据作为列索引,则应使用 index_col 参数:

In[8]:

```
df=pd.read_excel("data.xlsx",sheet_name=3,index_col="城市")
df.head()
```

Out[8]:

```
      指标
城市
北京   94
上海   96
广州   91
深圳   95
南京   88
```

2. 写入 Excel 文件

pandas.DataFrame.to_excel()函数原型较长,具体参数参考相关 API 文档。示例代码如下:

In[9]:

```
df.to_excel("dataset/newbikes.xls")
```

3.3 数据清洗

数据清洗一般包括缺失值、重复值和异常值的处理。

3.3.1 缺失值处理

在 Padans 中,空值和缺失值是不同的。空值是" ";DataFrame 的缺失值一般表示为 NaN 或者 NaT(缺失时间),Series 的缺失值可表示为 NaN 或 None。若要生成缺失值可用 np.nan 或 pd.Na。涉及缺失值的函数有 4 个:df.dropna()、df.fillna()、df.isnull()和 df.isna()。

1. 缺失值判断

pandas.DataFrame.isna()和 pandas.DataFrame.isnull()都可以用来查找和判断缺失值。例如：

In[10]:
```
import pandas as pd
import numpy as np
df=pd.DataFrame({"姓名": ['张怡然', '乔欣', '李华轩'],
                 "爱好": [np.nan, '遥控车', '象棋'],
                 "生日": [pd.NaT, pd.Timestamp("1990-04-23"),pd.
                 NaT]})
df
```

Out[10]:
```
   姓名    爱好    生日
0  张怡然  NaN     NaT
1  乔欣    遥控车  1990-04-23
2  李华轩  象棋    NaT
```

In[11]:
```
df.isnull()    #等价于 df.isna()
```

Out[11]:
```
   姓名   爱好   生日
0  False  True   True
1  False  False  False
2  False  False  True
```

In[12]:
```
pd.isna==pd.isnull
```

Out[12]:
```
True
```

2. 缺失值删除

dropna()用于删除含有缺失值的行或列。该函数的参数说明如下：

- axis：默认为0，表示按列进行缺失值处理；为1表示按行处理。
- how："all"表示一行或列中的元素全部缺失时才删除这一行或列，"any"表示一行或列中只要有元素缺失就删除这一行或列。
- thresh：一行或一列中至少出现了 thresh 个缺失值时才删除。
- subset：将指定子集中含有缺失值的行或列删除，不在子集中的含有缺失值的行或列不会被删除(由 axis 决定是行还是列)。
- inplace：指定是否原地删除缺失值。

默认情况下，将含有缺失值的行和列都删除，返回不含缺失值的行和列，但 DataFrame 本身并不会改变。示例代码如下：

In[13]:
```
df.dropna()
```

Out[13]:
```
   姓名  爱好    生日
1  乔欣  遥控车  1990-04-23
```

In[14]:	df
Out[14]:	姓名　　爱好　　生日 0　张怡然　NaN　　NaT 1　乔欣　　遥控车　1990-04-23 2　李华轩　象棋　　NaT
In[15]:	df.dropna(axis=1)　　　#删除缺失值所在的列
Out[15]:	姓名 0　张怡然 1　乔欣 2　李华轩
In[16]:	df.dropna(axis=0)　　　#删除缺失值所在的行
Out[16]:	姓名　爱好　　生日 1　乔欣　遥控车　1990-04-23
In[17]:	df　　　　　　　　　#df 本身并未改变
Out[17]:	姓名　　爱好　　生日 0　张怡然　NaN　　NaT 1　乔欣　　遥控车　1990-04-23 2　李华轩　象棋　　NaT

若要在一行或一列的所有值均为缺失值才删除该行或该列，即一行或一列中仅有部分缺失值时并不删除该行或该行，则应使用 how="all"。例如：

In[18]:	df.dropna(how="all")
Out[18]:	姓名　　爱好　　生日 0　张怡然　NaN　　NaT 1　乔欣　　遥控车　1990-04-23 2　李华轩　象棋　　NaT

若要在缺失值达到一定数量时才删除，可用 thresh 参数指定阈值，例如：

In[19]:	df.dropna(thresh=2)
Out[19]:	姓名　　爱好　　生日 1　乔欣　　遥控车　1990-04-23 2　李华轩　象棋　　NaT

若只处理指定行或列中的缺失值，可用 subset 参数。例如：

In[20]:	df.dropna(subset=["生日"]) #只处理"生日"列里的缺失值
Out[20]:	姓名　爱好　　生日 1　乔欣　遥控车　1990-04-23

3. 缺失值填充

对缺失值进行填充是常用的数据预处理手段之一，在机器学习中应用非常广泛。Pandas 提供了 fillna()以实现缺失值填充操作。对其参数说明如下：

- value：用于填充缺失值的数据。
- axis：指定从行开始(axis=1)或从列开始(axis=0)。
- method：填充缺失值所用的方法，默认值为 None，可选方法有"pad"、"ffill"、"backfill"、"bfil"。
- limit：确定填充的个数。如果 limit=2，则只填充两个缺失值。
- inplace：指定是否原地替换，默认为 False，True 表示原地替换。

method 参数的可选方法说明如下：

(1) pad/ffill 表示用缺失值前面的值进行填充。如果 axis =1，用左侧的值替换缺失值；如果 axis=0，用上面的值替换缺失值。

(2) backfill/bfill 表示用缺失值后面的值代替缺失值。

(3) None 表示 method 不起作用，用指定的 value 值进行填充。

下面给出缺失值填充示例。首先创建 DataFrame：

In[21]:
```
df=pd.DataFrame([[np.nan, 2, np.nan, 0],
    [3, 4, np.nan, 1],
    [np.nan, np.nan, np.nan, 5],
    [np.nan, 3, np.nan, 4]],columns=list('ABCD'))
    df
```

Out[21]:
```
   A    B    C    D
0  NaN  2.0  NaN  0
1  3.0  4.0  NaN  1
2  NaN  NaN  NaN  5
3  NaN  3.0  NaN  4
```

用固定的值填充缺失值，例如用 0 填充(自动变为 0.0)：

In[22]:
```
df.fillna(value=0)
```

Out[22]:
```
   A    B    C    D
0  0.0  2.0  0.0  0
1  3.0  4.0  0.0  1
2  0.0  0.0  0.0  5
3  0.0  3.0  0.0  4
```

用各列的均值填充各列的缺失值：

In[23]:
```
df.fillna(value=df.mean())
```

Out[23]:	`   A    B    C    D`
	`0  3.0  2.0  NaN  0`
	`1  3.0  4.0  NaN  1`
	`2  3.0  3.0  NaN  5`
	`3  3.0  3.0  NaN  4`

针对不同的列用不同的值填充：

In[24]:	`trans={"A":9,"B":8,"C":7,"D":6}` `df.fillna(value=trans)`

Out[24]:	`   A    B    C    D`
	`0  9.0  2.0  7.0  0`
	`1  3.0  4.0  7.0  1`
	`2  9.0  8.0  7.0  5`
	`3  9.0  3.0  7.0  4`

In[25]:	`df.fillna(method="ffill",axis=0)        #按列填充`

Out[25]:	`   A    B    C    D`
	`0  NaN  2.0  NaN  0`
	`1  3.0  4.0  NaN  1`
	`2  3.0  4.0  NaN  5`
	`3  3.0  3.0  NaN  4`

In[26]:	`df.fillna(method="ffill",axis=1)        #按行填充`

Out[26]:	`   A    B    C    D`
	`0  NaN  2.0  2.0  0.0`
	`1  3.0  4.0  4.0  1.0`
	`2  NaN  NaN  NaN  5.0`
	`3  NaN  3.0  3.0  4.0`

用缺失值前面的值对缺失值进行填充：

In[27]:	`df`

Out[27]:	`   A    B    C    D`
	`0  NaN  2.0  NaN  0`
	`1  3.0  4.0  NaN  1`
	`2  NaN  NaN  NaN  5`
	`3  NaN  3.0  NaN  4`

In[28]:	`trans={"A":9,"B":8,"C":7,"D":6}` `df.fillna(value=trans,limit=1)        #对填充次数做限制`

Out[28]:	`   A    B    C    D`
	`0  9.0  2.0  7.0  0`
	`1  3.0  4.0  NaN  1`
	`2  NaN  8.0  NaN  5`
	`3  NaN  3.0  NaN  4`

In[29]:

```
trans={"A":9,"B":8,"C":7,"D":6}
df.fillna(value=trans,limit=2)
```

Out[29]:

```
    A    B    C    D
0   9.0  2.0  7.0  0
1   3.0  4.0  7.0  1
2   9.0  8.0  NaN  5
3   NaN  3.0  NaN  4
```

Pandas 还可以用 Series 对 DataFrame 的某列做整体填充：

In[30]:

```
s=pd.Series(np.random.randint(5,10,4))
s
```

Out[30]:

```
0    8
1    6
2    5
3    8
dtype: int32
```

In[31]:

```
df["C"].fillna(value=s,inplace=True)
df
```

Out[31]:

```
    A    B    C    D
0   NaN  2.0  8.0  0
1   3.0  4.0  6.0  1
2   NaN  NaN  5.0  5
3   NaN  3.0  8.0  4
```

3.3.2 重复值处理

在数据处理中常会遇到重复值。一般而言，只要两条数据中所有列的值完全相等，就判定它们为重复值。Pandas 提供了重复值判断函数 duplicated()和重复值删除函数 drop_duplicates()。

1. 重复值判断

duplicated()查询是否有重复的数据，返回一个由布尔值组成的 Series 对象。其参数说明如下：

- subset：用于识别重复的列标签或列标签序列，默认识别所有的列标签。
- keep：表示删除重复项并保留第一次出现的项，取值可以为"first"、"last"、"False"。其中，默认值"first"表示从前向后查找，除了第一次出现外，其余相同的项被标记为重复；"last"表示从后向前查找，除了最后一次出现外，其余相同的项被标记为重复；"False"表示所有相同的项都标记为重复。

示例代码如下：

In[32]:	import numpy as np import pandas as pd df=pd.DataFrame(np.random.randint(1,3,(3,3)),columns= list("ABC"),index=np.random.choice([1,2],3)) #从[1,2]中随机选择 3 个值 df
Out[32]:	A B C 1 1 2 2 2 2 2 2 1 1 2 2
In[33]:	df.duplicated() #根据所有的列数据判断重复数据
Out[33]:	1 False 2 False 1 True dtype: bool
In[34]:	df.duplicated(subset="B") #根据指定的列数据判断重复数据
Out[34]:	1 False 2 True 1 True dtype: bool
In[35]:	df.duplicated(subset="B",keep="last")
Out[35]:	1 True 2 True 1 False dtype: bool

2. 重复值删除

删除重复数据的函数为 drop_duplicates()。其参数说明如下：

- keep：与 duplicates()相同。
- inplace：表示是否在原数据上操作。True 表示原地删除重复数据，False 表示返回删除重复值后的数据副本。

In[36]:	df.drop_duplicates() #默认情况下保留第一个重复数据
Out[36]:	A B C 1 1 2 2 2 2 2 2
In[37]:	df.drop_duplicates(keep="last") #保留最后一个重复数据
Out[37]:	A B C 2 2 2 2 1 1 2 2

In[38]:	`df.drop_duplicates(keep=False)` #删除所有的重复数据
Out[38]:	A B C 2 2 2 2
In[39]:	`df.drop_duplicates(keep="last",inplace=True)` #原地删除重复数据 `df`
Out[39]:	A B C 2 2 2 2 1 1 2 2

3.3.3 异常值处理

异常值是指超出正常值有效范围的数据，一般是由人为记录错误或设备故障等原因造成的。异常值会对模型的创建和预测产生不利的影响。

1. 异常值判断

在数据处理实践中，对于近似服从正态分布的数据样本，数据分布规律性较强，应优先选择标准差法；否则应优先选择箱线图法，因为分位数并不受极端值的影响。

标准差法是以样本均值和样本标准差为基准，将距离均值达标准差 2 倍以上的样本判定为异常。详见表 1.4。

箱线图法以上四分位 Q_1、下四分位 Q_3 和标准差作为参考，详见表 1.3。

2. 异常值处理

异常值的处理一般有删除法和替换法两种。对于极少量的异常值可采用删除法处理，采用类似缺失值的删除方法即可。替换法可考虑采用低于判别上下限的最大值或最小值、均值或中位数进行替换。

下面给出示例。首先创建 DataFrame：

In[40]:
```
import numpy as np
import pandas as pd
df=pd.DataFrame(np.random.randn(1000,4))
#随机生成 1000×4 的服从标准正态分布的数据集
df.head()
```

Out[40]:

	0	1	2	3
0	-1.184474	-0.465925	-1.589533	-1.352205
1	0.086826	-0.110788	-0.181371	-0.414530
2	-0.442520	-0.703259	1.157261	-0.134905
3	-1.377968	-1.680000	0.840544	0.344797
4	-0.783280	0.588921	-0.843440	-0.810240

使用 df.describe()对随机数据集进行统计汇总：

In[41]:	df.describe()
Out[41]:	``` 0 1 2 3 count 1000.000000 1000.000000 1000.000000 1000.000000 mean 0.043460 0.009870 0.010715 -0.000819 std 0.973110 0.989638 1.046082 0.974973 min -3.359472 -3.102220 -3.154642 -3.773715 25% -0.573689 -0.697820 -0.634120 -0.641035 50% 0.021821 0.016716 0.019734 -0.006723 75% 0.694141 0.716986 0.670889 0.646651 max 3.461994 2.908438 3.248675 3.015678 ```

从df.describe()的结果可以看出,随机数据集的最小值出现了小于−3的数据,最大值出现了大于3的数据,这些都被视为异常值。

In[42]:	df[df<-3].count() #小于-3的异常值数量
Out[42]:	0 1 1 1 2 2 3 3 dtype: int64
In[43]:	df[df>3].count() #大于3的异常值数量
Out[43]:	0 2 1 0 2 1 3 1 dtype: int64

这些异常值都在哪?都是哪些数据?可通过如下代码查看:

In[44]:	df[df<-3].dropna(how="all")
Out[44]:	0 1 2 3 102 NaN NaN NaN -3.399647 164 NaN NaN -3.154642 NaN 476 NaN NaN NaN -3.527304 574 NaN -3.10222 NaN NaN 707 -3.359472 NaN NaN NaN 842 NaN NaN -3.038277 NaN 937 NaN NaN NaN -3.773715
In[45]:	df[df>3].dropna(how="all")

Out[45]:		0	1	2	3
	368	3.145568	NaN	NaN	NaN
	589	3.461994	NaN	NaN	NaN
	630	NaN	NaN	3.248675	NaN
	771	NaN	NaN	NaN	3.015678

根据异常值的判断标准，在[－3，3]区间之外的数据都属于异常值，可考虑用－3替换所有小于－3的数据，用3替换所有大于3的数据。

替换完毕后查看统计汇总的数据，可以看出最值和一些统计数据都已被修改：

In[46]:
```
df[df<-3]=-3
df[df>3]=3
df.describe()
```

Out[46]:		0	1	2	3
	count	1000.000000	1000.000000	1000.000000	1000.000000
	mean	0.043212	0.009973	0.010659	0.000866
	std	0.969945	0.989321	1.044772	0.969136
	min	-3.000000	-3.000000	-3.000000	-3.000000
	25%	-0.573689	-0.697820	-0.634120	-0.641035
	50%	0.021821	0.016716	0.019734	-0.006723
	75%	0.694141	0.716986	0.670889	0.646651
	max	3.000000	2.908438	3.000000	3.000000

3.4 数据操作

数据操作部分的主要内容有常规的算术运算、关系运算和逻辑运算以及统计和排序操作等。

3.4.1 常规运算

1. 算术运算

类似于NumPy，Pandas的两种基本数据结构Series和DataFrame均能够像ndarray那样直接和另一个形状相同的数组直接进行加、减、乘、除、整除和取余等操作，形状不同的DataFrame之间同样可以通过广播机制进行相应运算。示例代码如下：

In[1]:
```
import numpy as np
import pandas as pd
df=pd.read_excel("data.xlsx",sheet_name=2,index_col="月份")
df
```

Out[1]:	计划销售额 实际销售额 月份 1 381 537 2 1534 1425 ⋮ ⋮ ⋮ 10 3386 3049 11 2369 2273 12 1147 1223

利用 df 的前 6 行数据构造 df1，利用 df 的后 6 行数据构造 df2，代码如下：

In[2]:	df1=df[:6] df1
Out[2]:	计划销售额 实际销售额 月份 1 381 537 2 1534 1425 ⋮ ⋮ ⋮ 6 4130 4243 7 4459 4411
In[3]:	df2=df[6:] df2.index-=6 #将 df1 的行索引置为 1,2,3,… df2
Out[3]:	计划销售额 实际销售额 月份 1 4459 4411 2 4794 4762 3 3771 3842 4 3386 3049 5 2369 2273 6 1147 1223

df1 和 df2 的形状完全一致，它们可以通过+、−、*、/、//、%和 ** 等算术运算符合直接进行加、减、乘、除、整除、取余和幂运算。示例如下：

In[4]:	df1+df2
Out[4]:	计划销售额 实际销售额 月份 1 4840 4948 2 6328 6187 3 5542 5661 4 7065 6595 5 6211 6214 6 5277 5466

In[5]:	df1 * 10

```
Out[5]:
     计划销售额   实际销售额
月份
1    3810     5370
2    15340    14250
3    17710    18190
4    36790    35460
5    38420    39410
6    41300    42430
```

Pandas 还提供了算术运算函数,如表 3.2 所示。df1 + df2 可用 df1.add(df2)实现,df1 + 100 与 df1.add(100)的结果完全一致。类似地,df1 % df2 与 df1.mod(df2)、df2 // 10与 df2.floordiv(10)、df1 * 10 与 df1.multiply(10)的操作结果等价。

表 3.2 算术运算函数

函　　数	说　　明	函　　数	说　　明
pandas.DataFrame.add()	加法	pandas.DataFrame.floordiv()	整除法
pandas.DataFrame.sub()	减法	pandas.DataFrame.mod()	模(取余)运算
pandas.DataFrame.mul()	乘法	pandas.DataFrame.pow()	幂运算
pandas.DataFrame.div()	小数除法		

2. 关系运算

相同形状的 DataFrame 之间以及 DataFrame 和数值型数据之间可进行关系运算。此类操作同样也可用相应的函数来实现,如表 3.3 所示。

表 3.3 关系运算函数

函　　数	说　　明
pandas.DataFrame.lt()	小于,类似于 numpy.adnumpy.ndarray.lt()
pandas.DataFrame.gt()	大于,类似于 numpy.ndarray.gt()
pandas.DataFrame.le()	小于或等于,类似于 numpy.ndarray.le()
pandas.DataFrame.ge()	大于或等于,类似于 numpy.ndarray.ge()
pandas.DataFrame.ne()	不等于,类似于 numpy.ndarray.ne()
pandas.DataFrame.eq()	等于,类似于 numpy.ndarray.eq()

相应的示例代码如下:

In[6]:	df1>df2　　　#等价于 df1.gt(df2)

Out[6]:	计划销售额 实际销售额 月份 1 False False 2 False False 3 False False 4 True True 5 True True 6 True True
In[7]:	df1[df1["实际销售额"].gt(3000)] #等价 df1[df1["实际销售额"]>3000]
Out[7]:	计划销售额 实际销售额 月份 4 3679 3546 5 3842 3941 6 4130 4243

3. 逻辑运算

Pandas 提供了逻辑与(&)、逻辑或(|)、逻辑异或(^)和逻辑非(~)4 种运算符，其运算规则类似于 NumPy。

例如，筛选计划销售额超过 2000 且已完成预定销售任务的具体信息，代码和输出结果如下：

In[8]:	cond=(df["计划销售额"]>2000) & (df["计划销售额"]<=df["实际销售额"]) df[cond]
Out[8]:	计划销售额 实际销售额 月份 5 3842 3941 6 4130 4243 9 3771 3842

筛选实际销售额不到 1000 或未完成计划销售额的具体信息，代码和输出结果如下：

In[9]:	cond=(df["实际销售额"]<1000) | (df["计划销售额"]>df["实际销售额"]) df[cond]
Out[9]:	计划销售额 实际销售额 月份 1 381 537 2 1534 1425 4 3679 3546 7 4459 4411 8 4794 4762 10 3386 3049 11 2369 2273

Ppandas 提供了 query()以实现更为简洁的逻辑操作。例如，上例可用如下代码实现：

In[10]:
```
df.query("实际销售额<1000 | 计划销售额>实际销售额")
```

Out[10]:
```
     计划销售额    实际销售额
月份
1       381       537
2       1534      1425
⋮       ⋮         ⋮
10      3386      3049
11      2369      2273
```

Pandas 提供了 isin()以实现对指定值的筛选操作。例如：

In[11]:
```
#实际销售额是 1425、2273、2904 的月份
cond=df["实际销售额"].isin([1425,2273,2904])
df[cond]
```

Out[11]:
```
     计划销售额    实际销售额
月份
2       1534      1425
11      2369      2273
```

3.4.2 统计

Pandas 提供了丰富的计数、求最值、标准统计函数等与统计相关的函数，如表 3.4 所示。

表 3.4 统计函数

函 数	说 明
abs()	求绝对值
all()	类似于 numpy.ndarray.all()
any()	类似于 numpy.ndarray.any()
corr()	求 DataFrame 内不同列数据的相关性
corrwith()	求 DataFrame 之间的相关性
count()	求非空元素个数
cov()	求协方差
cummin(),cummax()	求累计最大值和累计最小值
cumprod()	求累计积
cumsum()	求累计和

续表

函　数	说　　明
describe()	针对 Series 或 DataFrame 各列计算汇总统计
diff()	一阶差分
kurt()	求峰度(四阶矩)
mad()	求平均绝对离差
max(),min()	求最大值和最小值
mean()	求平均数
median()	求算术中位数
mode()	求众数
pct_change()	求百分数变化
prod()	求连乘积
quantile()	求分位数
rank()	返回数字的排序
round()	四舍五入
skew()	求样本值的偏度(三阶矩)
sum()	求和
std()	求标准差
var()	求方差
idxmin(),idxmax()	求最小值和最大值的索引值

如果在统计数据中有缺失值,可根据实际情况用参数 skipna 选择是否跳过对缺失值的统计和计算。

常用的统计函数示例如下:

In[12]:
```
import numpy as np
import pandas as pd
df=pd.read_excel("dataset/phone.xlsx",index_col="月份")
df
```

Out[12]:
```
     华为手机    三星手机    苹果手机    小米手机
月份
1    1456        728         1092        364
2    2536        1268        1902        634
⋮    ⋮           ⋮           ⋮           ⋮
12   1834        917         1376        459
```

In[13]:
```
df.min()    #默认 axis=0 表示按行的方向计算每列数据的最值
```

Out[13]:	华为手机　1456 三星手机　728 苹果手机　1092 小米手机　364 dtype: int64
In[14]:	df.max(axis=1)　　#按列的方向计算每行数据的最值
Out[14]:	月份 1　1456 2　2536 ⋮　⋮ 12　1834 dtype: int64
In[15]:	df["华为手机"].min()　#若希望只获取某一列的最小值,则在指定列的名称
Out[15]:	1456
In[16]:	df.sum()　　#默认 axis=0
Out[16]:	华为手机　30564 三星手机　15282 苹果手机　22926 小米手机　7644 dtype: int64
In[17]:	df["所有品牌合计"]=df.sum(axis=1) #添加一列数据作为每行的合计 df
Out[17]:	(see table below)

	华为手机	三星手机	苹果手机	小米手机	所有品牌合计
月份					
1	1456	728	1092	364	14560.0
2	2536	1268	1902	634	25360.0
⋮	⋮	⋮	⋮	⋮	
12	1834	917	1376	459	18344.0

In[18]:	#添加一行"年度合计"统计每个品牌的销量 df.loc["年度合计"]=df.sum() df　#若希望以整型显示,则可用 df.astype("int64")
Out[18]:	(see table below)

	华为手机	三星手机	苹果手机	小米手机	所有品牌合计
月份					
1	1456.0	728.0	1092.0	364.0	14560.0
2	2536.0	1268.0	1902.0	634.0	25360.0
⋮	⋮	⋮	⋮	⋮	
12	1834.0	917.0	1376.0	459.0	18344.0
年度合计	30564.0	15282.0	22926.0	7644.0	305664.0

In[19]:	df.drop(labels="所有品牌合计",axis=1,inplace=True) df.drop(labels="年度合计",axis=0,inplace=True) #删除最后一行和最后一列 df.describe() #一次性列出常规的统计数据

Out[19]:

	华为手机	三星手机	苹果手机	小米手机
count	12.000000	12.000000	12.000000	12.000000
mean	2547.000000	1273.500000	1910.500000	637.000000
std	613.840074	306.920037	460.373465	153.453576
min	1456.000000	728.000000	1092.000000	364.000000
25%	2194.000000	1097.000000	1646.000000	549.000000
50%	2476.000000	1238.000000	1857.000000	619.000000
75%	3042.500000	1521.250000	2282.000000	760.750000
max	3490.000000	1745.000000	2618.000000	873.00000

3.4.3 排序

Pandas 提供了 sort_values()对数值进行排序。其参数说明如下：

- by：指示根据哪个或哪些列进行排序。
- ascending：值为 True 表示升序，值为 False 表示降序。
- inplace：值为 True 表示原地排序，值为 False 表示返回一个新的 DataFrame。
- na_position：指定把缺失值放在最前面(值为'first')，还是放在最后面(值为'last')。

示例代码如下：

In[20]:

```
import numpy as np
import pandas as pd
s1=pd.Series(np.random.randint(1,6,6))      #随机生成 6 个 1~6 的整数
s2=pd.Series(np.random.randint(1,6,6))
s3=pd.Series(np.random.randint(1,6,6))
df=pd.DataFrame({"A":s1,"B":s2,"C":s3})
df
```

Out[20]:

	A	B	C
0	5	5	1
1	1	1	1
2	5	3	5
3	3	5	4
4	5	1	3
5	5	4	4

按 A 列排序，默认为升序：

In[21]:

```
df.sort_values(by="A")
```

Out[21]:	<pre> A B C 1 1 1 1 3 3 5 4 0 5 5 1 2 5 3 5 4 5 1 3 5 5 4 4</pre>

按 A 列升序 B 列降序排序：

In[22]:	`df.sort_values(by=["A","B"],ascending=[True,False])`
Out[22]:	<pre> A B C 0 1 5 2 3 2 2 5 1 3 2 3 4 3 2 2 5 4 2 5 2 5 3 4</pre>

在 A 列数据大于 2 的所有数据范围内按 B 列降序排序：

In[23]:	`df[df["A"]>2].sort_values(by="B",ascending=False)`
Out[23]:	<pre> A B C 2 5 3 4 1 3 2 3 4 3 2 2 5 4 2 5</pre>

3.5 索引操作

Pandas 提供了诸多函数对 DataFrame 的行索引 index 和列索引 columns 进行操作，如 rename()、reindex()、reindex_like()、set_index()、reset_index()、sort_index()等。

Pandas 中的索引如同地址，基于索引可获取数据在 DataFrame 或者 Series 中的具体位置。索引分为行索引 index 和列索引 columns 两种。DataFrame 的行、列索引均为数值不可变的固定数组。

3.5.1 索引重命名

Pandas 提供了 rename()以实现对行索引和列索引的重命名。其参数说明如下：

- index：指定待修改的行索引。
- columns：指定待修改的列索引。

- inplace：指定是否原地修改。

示例如下：

In[1]:
```
import numpy as np
import pandas as pd
df=pd.read_excel("dataset/data.xlsx",sheet_name=4,index_col=
"月份")
df.head()
```

Out[1]:
```
      销售员    计划销售额    实际销售额
月份
1     张菲      381          537
2     乔欣      1534         1425
3     云小萌    1771         1819
4     孟然      3679         3546
5     蒋钦      3842         3941
```

将行索引中的“1”和“2”修改为“一月”和“二月”；将列索引中的“计划销售额”修改为“计划额”，将“实际销售额”修改为“实际额”。代码和输出结果如下：

In[2]:
```
df.rename(index={"1":"一月","2":"二月"},columns={"计划销售额":"计
划额","实际销售额":"实际额"},inplace=True)
df.head()
```

Out[2]:
```
      销售员    计划额    实际额
月份
一月  张菲      381       537
二月  乔欣      1534      1425
3     云小萌    1771      1819
4     孟然      3679      3546
5     蒋钦      3842      3941
```

3.5.2 索引设置

在数据分析过程中，出于增强数据可读性或分析便利性等原因，有时需要对索引进行适当的设置。Pandas 一般采用 set_index()和 reset_index()进行索引设置。

1. set_index()

set_index()函数的参数说明如下：

- keys：指定列标签或列标签数组列表，即需要设置为索引的列或列表。
- drop：默认为 True，删除用作新索引的列。
- append：指定是否将 keys 所指示的列附加到现有索引形成多级索引，默认为 False。

● inplace：指定当前操作是否对原数据生效，默认为False。

示例如下：

In[3]:	import numpy as np import pandas as pd df=pd.read_excel("dataset/data.xlsx",sheet_name=4) df.head()
Out[3]:	月份　销售员　计划销售额　实际销售额 0　1　张菲　381　537 1　2　乔欣　1534　1425 2　3　云小萌　1771　1819 3　4　孟然　3679　3546 4　5　蒋钦　3842　3941

将“月份”作为索引列并对原数据生效：

In[4]:	df.set_index(keys="月份",inplace=True) df.head()
Out[4]:	销售员　计划销售额　实际销售额 月份 1　张菲　381　537 2　乔欣　1534　1425 3　云小萌　1771　1819 4　孟然　3679　3546 5　蒋钦　3842　3941

将“销售员”添加为次级索引，“月份”索引作为第一级索引：

In[5]:	df.set_index(keys="销售员",append=True) .head() #因为没有修改源数据,df 并未改变
Out[5]:	计划销售额　实际销售额 月份　销售员 1　张菲　381　537 2　乔欣　1534　1425 3　云小萌　1771　1819 4　孟然　3679　3546 5　蒋钦　3842　3941

2. reset_index()

reset_index()函数的参数说明如下：

● level：指定具体要还原的索引的等级，其数据类型可以是int、str、tuple或list。默认为None，表示还原所有级别的索引，level为1表示仅还原第一级索引。

- drop：指定索引列是否被丢弃。值为 False 时索引列会被还原为普通列。值为 True 时索引列将被丢弃。
- inplace：指定当前操作是否对原数据生效，True 表示对原数据生效。
- col_level：当列有多个级别时指定将索引列插入哪个级别，其数据类型可以是 int 或 str。默认值为 0，表示将索引列插入第一级。
- col_fill：当列有多个级别时指定其他级别的命名方式。

示例如下：

In[6]:
```
df.head()
```

Out[6]:
```
        销售员    计划销售额    实际销售额
月份
1       张菲      381          537
2       乔欣      1534         1425
3       云小萌    1771         1819
4       孟然      3679         3546
5       蒋钦      3842         3941
```

执行一次 reset_index()，将会把索引列转换为普通列：

In[7]:
```
df.reset_index(inplace=True)
df.head()
```

Out[7]:
```
   月份   销售员    计划销售额    实际销售额
0  1      张菲      381          537
1  2      乔欣      1534         1425
2  3      云小萌    1771         1819
3  4      孟然      3679         3546
4  5      蒋钦      3842         3941
```

再执行一次 reset_index()，将会再次把索引列转换为普通列：

In[8]:
```
df.reset_index().head()     #注意，这次没有使用 inplace 参数，df 并不改变
```

Out[8]:
```
     index    月份    销售员    计划销售额    实际销售额
0    0        1       张菲      381          537
1    1        2       乔欣      1534         1425
2    2        3       云小萌    1771         1819
3    3        4       孟然      3679         3546
4    4        5       蒋钦      3842         3941
```

重新对 df 进行索引设置：

In[9]:
```
df.set_index(keys=["销售员","月份"],inplace=True)
df.head()
```

Out[9]:	计划销售额 实际销售额 销售员 月份 张菲 1 381 537 乔欣 2 1534 1425 云小萌 3 1771 1819 孟然 4 3679 3546 蒋钦 5 3842 3941

仅将第一级索引列转换为普通列：

In[10]:	df.reset_index(level=1).head() #注意,并未改变 df
Out[10]:	月份 计划销售额 实际销售额 销售员 张菲 1 381 537 乔欣 2 1534 1425 云小萌 3 1771 1819 孟然 4 3679 3546 蒋钦 5 3842 3941

指定 drop=True 则丢弃索引列：

In[11]:	df.reset_index(level=0,drop=True).head()
Out[11]:	计划销售额 实际销售额 月份 1 381 537 2 1534 1425 3 1771 1819 4 3679 3546 5 3842 3941

3.5.3 重新索引

reindex()方法用于创建一个符合新索引的新对象。对于 Series 类型，调用 reindex()会将数据按照新的索引进行排列。如果某个索引值此前不存在，则引入缺失值。

首先创建 Series：

In[12]:	import numpy as np import pandas as pd s=pd.Series([5,7,3,9],index=['x','b','a','f']) s
Out[12]:	x 5 b 7 a 3 f 9 dtype: int64

调用 reindex()，按照已有数据和给定的索引 index 创建新的 Series：

In[13]:	news=s.reindex(index=['a','b','f','x']) news
Out[13]:	a　3 b　7 f　9 x　5 dtype: int64

调用 reindex()，按照已有数据和给定的索引 index 再创建一个新的 Series：

In[14]:	news=s.reindex(index=['a','b','c','d']) news
Out[14]:	a　3.0 b　7.0 c　NaN d　NaN dtype: float64
In[15]:	news=s.reindex(index=['a','b','c','d'],fill_value=0) #对缺失值填充固定值 0 news
Out[15]:	a　3 b　7 c　0 d　0 dtype: int64

下面给出对 DataFrame 调用 reindex()的示例。首先创建一个 DataFrame：

In[16]:	col="three two four one".split(" ") df=pd.DataFrame(np.random.randint(10,99,(3,4)),columns=col,index=[4,2,3])　　#随机生成 3 行 4 列 10~99 的整数 df
Out[16]:	three　two　four　one 4　75　87　29　45 2　49　57　23　45 3　65　93　11　87

根据 df 的数据按照给定的行、列索引创建新的 DataFrame 对象：

In[17]:	col="one two three four".split(" ") df1=df.reindex(index=range(2,5),columns=col) df1

Out[17]:		one	two	three	four
	2	45	57	49	23
	3	87	93	65	11
	4	45	87	75	29

In[18]:
```
df2=df1.reindex(index=range(2,6))
df2
```

Out[18]:		one	two	three	four
	2	45.0	57.0	49.0	23.0
	3	87.0	93.0	65.0	11.0
	4	45.0	87.0	75.0	29.0
	5	NaN	NaN	NaN	NaN

In[19]:
```
df2=df1.reindex(index=range(2,6),method="ffill")
df2
```

Out[19]:		one	two	three	four
	2	45	57	49	23
	3	87	93	65	11
	4	45	87	75	29
	5	45	87	75	29

3.5.4 索引排序

Pandas 提供了 sort_index()按行、列索引进行排序。示例如下。首先创建一个 DataFrame：

In[20]:
```
import numpy as np
import pandas as pd
col="three two four one".split(" ")
df=pd.DataFrame(np.random.randint(10,99,(3,4)),columns=col,index
=[4,2,3])
df
```

Out[20]:		three	two	four	one
	4	20	34	41	57
	2	71	35	37	31
	3	59	36	78	63

按照行索引升序排序：

In[21]:
```
df.sort_index(axis=0)   #等价于 df.sort_index(axis="index")
```

Out[21]:		three	two	four	one
	2	71	35	37	31
	3	59	36	78	63
	4	20	34	41	57

按照列索引降序排序：

In[22]:	df.sort_index(axis=1,ascending=False)				
Out[22]:		two	three	one	four
	4	34	20	57	41
	2	35	71	31	37
	3	36	59	63	78

3.6 合　　并

在 Pandas 中常用 concat()、merge() 和 join() 函数完成数据的连接与合并。其中，concat()对 Series 或 DataFrame 进行行拼接或列拼接，merge()主要基于两个 DataFrame 的共同列进行合并，join()主要基于两个 DataFrame 的索引进行合并。

3.6.1 concat()

concat()函数的参数说明如下：

- objs：指定数据对象的序列。
- axis：指定要连接的轴，默认为 0。若只有二维，则 0 和 1 分别表示按列和行连接。
- join：指定连接方式。默认为"outer"，表示并集；"inner"表示交集。
- ignore_index：指定是否忽略原索引。默认为 False，True 表示连接后的索引从 0 开始。
- keys：在构造分层索引时指定最外层索引。默认为 None。如果要设置多个级别的索引，则应该包含元组。
- levels：指定构造多级索引的特定级别，否则将从 keys 中推断。默认为 None。
- names：为列表类型，指定生成的多级索引中的级别的名称。默认为 None。
- verify_integrity：指定是否检查新的连接的轴有无重复项，默认为 False。
- copy：默认为 True；如果为 False，则不复制不必要的数据。

concat()会生成数据的完整副本，反复调用该函数会造成显著的性能损失。如果需要对多个数据集使用该操作，应使用列表封装。

示例如下：

In[1]:
```
import numpy as np
import pandas as pd
```

In[2]:
```
data1={"张怡然":{"数学":90, "英语":89, "语文":78},
         "乔欣":{"数学":82, "英语":95, "语文":86},
         "李华轩":{"数学":85, "英语":94,"语文":65}}
df1=pd.DataFrame(data1)
df1
```

Out[2]:	张怡然　乔欣　李华轩 数学　90　82　85 英语　89　95　94 语文　78　86　65
In[3]:	data2={"宁新":{"数学":95, "英语":85, "语文":75}, 　　"李华":{"数学":89, "英语":90, "语文":76}, 　　"杨波":{"数学":83, "英语":87,"语文":85}} df2=pd.DataFrame(data2) df2
Out[3]:	宁新　李华　杨波 数学　95　89　83 英语　85　90　87 语文　75　76　85
In[4]:	data3={"张怡然":{"生物":83, "历史":82, "地理":88}, 　　"乔欣":{"生物":89, "历史":75, "地理":81}, 　　"李华轩":{"生物":75, "历史":84,"地理":85}, 　　"杨波":{"生物":84, "历史":87,"地理":75}} df3=pd.DataFrame(data3) df3
Out[4]:	张怡然　乔欣　李华轩　杨波 生物　83　89　75　84 历史　82　75　84　87 地理　88　81　85　75

concat()默认为按行合并，示例如下：

In[5]:	pd.concat([df1,df2])　　#默认合并方式得不到正确的结果
Out[5]:	张怡然　乔欣　李华轩　宁新　李华　杨波 数学　90.0　82.0　85.0　NaN　NaN　NaN 英语　89.0　95.0　94.0　NaN　NaN　NaN 语文　78.0　86.0　65.0　NaN　NaN　NaN 数学　NaN　NaN　NaN　95.0　89.0　83.0 英语　NaN　NaN　NaN　85.0　90.0　87.0 语文　NaN　NaN　NaN　75.0　76.0　85.0
In[6]:	df4=pd.concat([df1,df2],axis=1)　　#这样才合理 df4
Out[6]:	张怡然　乔欣　李华轩　宁新　李华　杨波 数学　90　82　85　95　89　83 英语　89　95　94　85　90　87 语文　78　86　65　75　76　85

concat()默认的合并方式为外连接(outer)。例如：

In[7]:	pd.concat([df1,df3])

Out[7]:

	张怡然	乔欣	李华轩	杨波
数学	90	82	85	NaN
英语	89	95	94	NaN
语文	78	86	65	NaN
生物	83	89	75	84.0
历史	82	75	84	87.0
地理	88	81	85	75.0

如果采用内连接(inner)方式,其结果如下：

In[8]:	pd.concat([df1,df3],join="inner")

Out[8]:

	张怡然	乔欣	李华轩
数学	90	82	85
英语	89	95	94
语文	78	86	65
生物	83	89	75
历史	82	75	84
地理	88	81	85

In[9]:	pd.concat([df4,df3])

Out[9]:

	张怡然	乔欣	李华轩	宁新	李华	杨波
数学	90	82	85	95.0	89.0	83
英语	89	95	94	85.0	90.0	87
语文	78	86	65	75.0	76.0	85
生物	83	89	75	NaN	NaN	84
历史	82	75	84	NaN	NaN	87
地理	88	81	85	NaN	NaN	75

3.6.2 merge()

merge()提供了一种类似于SQL的内存链接操作,它的性能比其他开源语言的数据操作更为高效。该函数可将两个Pandas对象横向合并,遇到重复的索引项时会使用笛卡儿积,默认为内连接,可选外连接、左连接(left)和右连接(right)。

所谓左连接,即以第一个Pandas对象的索引为基准,以笛卡儿积的方式进行合并;右连接的用法类似。

merge()的参数说明如下：

- left：参与合并的左侧DataFrame。
- right：参与合并的右侧DataFrame。
- how：连接方式,可选inner、outer、left、right之一,默认为inner。

- on：用于连接的列名，该列必须在左右两个 DataFrame 中都存在。
- left_on/right_on：左侧/右侧 DataFrame 中用作连接键的列。
- left_index/right_index：将左侧/右侧 DataFrame 的行索引用作其连接键。
- sort：是否根据连接键对合并后的数据进行排列，默认为 True。
- suffixes：字符串值元组，用于追加到重叠列名的末尾，默认为("_x","_y")。
- copy：默认为 True。若设置为 False，可以避免将数据复制到结果数据结构中。

merge()的示例代码如下：

In[10]:	import numpy as np import pandas as pd
In[11]:	df1=pd.DataFrame({'城市': ['北京', '上海', '广州'],'温度': [22, 27, 32],}) df2=pd.DataFrame({'城市': ['北京', '上海', '广州'],'湿度': [69, 78, 81],}) df=pd.merge(df1, df2, on='城市') #以'城市'为基准对两个 DataFrame 进行合并 df
Out[11]:	城市 温度 湿度 0 北京 21 69 1 上海 24 78
In[12]:	df1=pd.DataFrame({'城市':['北京','上海','广州','成都'],'温度': [21, 24,32,26]}) df2=pd.DataFrame({'城市': ['北京','上海', '武汉'],'湿度': [69, 78, 80],}) df=pd.merge(df1, df2, on='城市') df
Out[12]:	城市 温度 湿度 0 北京 21 69 1 上海 24 78

从上例可以看出，通过 merge()合并，结果取两个数据 df1 和 df2 的交集。可调整参数 how 的取值，实现结果取并集(outer)、左对齐(left)和右对齐(right)。

In[13]:	df=pd.merge(df1, df2, on='城市', how='outer') df
Out[13]:	城市 温度 湿度 0 北京 21.0 69.0 1 上海 24.0 78.0 2 广州 32.0 NaN 3 成都 26.0 NaN 4 武汉 NaN 80.0

In[14]:	df=pd.merge(df1, df2, on='城市', how='left') df
Out[14]:	城市 温度 湿度 0 北京 21 69.0 1 上海 24 78.0 2 广州 32 NaN 3 成都 26 NaN
In[15]:	df=pd.merge(df1, df2, on='城市', how='right') df
Out[15]:	城市 温度 湿度 0 北京 21.0 69 1 上海 24.0 78 2 武汉 NaN 80

取并集时,有时需要知道某个数据来自左侧还是右侧,可通过 indicator 参数实现。例如:

In[16]:	df=pd.merge(df1, df2, on='城市', how='outer', indicator=True) df
Out[16]:	城市 温度 湿度 _merge 0 北京 21.0 69.0 both 1 上海 24.0 78.0 both 2 广州 32.0 NaN left_only 3 成都 26.0 NaN left_only 4 武汉 NaN 80.0 right_only

上例中,被合并数据的列名没有冲突,合并非常顺利。但如果两组数据有相同的列名,则会出现下例所示的结果。

In[17]:	df1=pd.DataFrame({'城市':['北京','上海','广州','成都'], '温度':[21, 24, 32, 26], '湿度':[89, 79, 80, 69]}) df2=pd.DataFrame({'城市': ['北京', '上海','武汉'], '温度': [30, 32, 28], '湿度': [80, 60, 70],}) df=pd.merge(df1, df2, on='城市') df
Out[17]:	城市 温度_x 湿度_x 温度_y 湿度_y 0 北京 21 89 30 80 1 上海 24 79 32 60

显然,相同的列名被自动加上了下画线和 x、y 作为区分。为了更直观地观察数据,也可利用参数 suffixes 自定义这个区分的标志。

In[18]:	df=pd.merge(df1, df2, on='城市', suffixes=['_left', '_right']) df
Out[18]:	城市 温度_left 湿度_left 温度_right 湿度_right 0 北京 21 89 30 80 1 上海 24 79 32 60

3.6.3 join()

join()是 DataFrame 内置的一种快速合并方法。其参数说明如下：

- other：DataFrame，或者带有名字的 Series，或者 DataFrame 的列表。如果传递的是 Series，那么其 name 属性应当是一个集合，并且该集合将会作为结果 DataFrame 的列名。
- on：列名，或者列名的列表/元组，或者类似形状的数组。
- how：连接方式，可选 left、right、outer、inner，默认为左连接。
- lsuffix/rsuffix：字符串类型，用于标识左侧/右侧 DataFrame 中重复列的后缀。
- sort：布尔类型，默认为 False。在连接键上按照字典顺序对结果排序。如果为 False，连接键的顺序取决于连接类型(关键字)。

join()函数的作用是将多个 Pandas 对象横向拼接，遇到重复的索引项时会使用笛卡儿积。默认为左连接，可选右连接、内连接、处连接。

示例如下：

In[19]:
```
import numpy as np
import pandas as pd
left=pd.DataFrame({'A': ['A0', 'A1', 'A2'],'B': ['B0', 'B1', 'B2']},
index=['K0', 'K1', 'K2'])
right=pd.DataFrame({'C': ['C0', 'C2', 'C3'],'D': ['D0', 'D2', 'D3']},
index=['K0', 'K2', 'K3'])
left
```

Out[19]:
```
     A    B
K0   A0   B0
K1   A1   B1
K2   A2   B2
```

In[20]:
```
right
```

Out[20]:
```
     C    D
K0   C0   D0
K2   C2   D2
K3   C3   D3
```

In[21]:
```
left.join(right)          #默认为左连接
```

Out[21]:		A	B	C	D
	K0	A0	B0	C0	D0
	K1	A1	B1	NaN	NaN
	K2	A2	B2	C2	D2

3.7 分　组

Pandas 的分组通常是一个 SAC(split-apply-combine)过程。split 指基于某些规则将数据拆成若干组，apply 是指对拆分后的每组数据独立使用相应的函数进行处理，combine 指将每组数据的处理结果进行组合以供后续使用。

3.7.1 groupby()

groupby()能通过一定的规则将数据集划分成若干个小的区域。

示例如下：

In[1]:
```
import numpy as np
import pandas as pd
```

In[2]:
```
df=pd.read_excel('dataset/score.xlsx',index_col="序号")
df.head()
```

Out[2]:

	姓名	性别	学校	历史	地理	…	生物
序号							
1	磊七	女	师大附中	67	70	…	78
2	音图	女	实验中学	79	77	…	86
3	佳美	男	师大附中	93	74	…	85
4	巴彦	女	七中	76	66	…	58
5	开元	男	实验中学	86	94	…	78

根据“学校”列返回分组对象：

In[3]:
```
grouped_sc=df.groupby('学校')
grouped_sc
```

Out[3]:
```
<pandas.core.groupby.generic.DataFrameGroupBy object at…>
```

查看分组后的信息(分组数量、分组内容和容量等)：

In[4]:
```
grouped_sc.ngroups          #查看分组数量
```

Out[4]:
```
4
```

In[5]:
```
grouped_sc.size()           #查看每个分组的内容和容量
```

Out[5]:
```
学校
七中        17
二中        8
实验中学    26
师大附中    8
dtype: int64
```

还可以多个列进行分组，例如：

In[6]:
```
grouped_mulcol=df.groupby(['学校','性别'])
```

In[7]:
```
for name,group in grouped_sc:
    print(name)
    display(group.head(1))      #因篇幅限制，仅显示每组的第一个成员
```

Out[7]:
```
七中
        姓名    性别    学校    历史    地理    …    生物
序号
4       巴彦    男      七中    76      66      …    58
…
二中
        姓名    性别    学校    历史    地理    …    生物
序号
10      宜仁    女      二中    86      85      …    84
…
实验中学
        姓名    性别    学校    历史    地理    …    生物
序号
2       音图    男      实验中学79      77      …    86
…
师大附中
        姓名    性别    学校    历史    地理    …    生物
序号
1       磊七    男      师大附中67      70      …    78
…
```

若要具体查看某一组的详细信息，可使用 get_group()对分组进行遍历：

In[8]:
```
grouped_sc.get_group("二中")      #查看学校为"二中"的分组信息
```

Out[8]:
```
      姓名    性别    学校    历史    地理    …    生物
序号
10    宜仁    女      二中    86      85      …    84
17    贺寒    男      二中    82      58      …    83
…
40    赵苗    女      二中    79      50      …    5
```

列出七中所有语文成绩大于90的女生的信息：

In[9]:	```grouped_sc.get_group("七中").query("性别=='女' & 语文>90")```
	 ```#与下面3个查询等价```
	 ```#grouped_mulcol.get_group(("七中","女")).query("语文>90")```
	 ```#grouped_sc.get_group("七中")[lambda x : (x["性别"]=="女") & (x["语文"]>90)]```
	 ```#grouped_mulcol.get_group(("七中","女"))[lambda x :x["语文"]>90]```

Out[9]:	姓名 性别 学校 历史 地理 … 生物 序号 45 刘佳 女 七中 93 94 … 83

查看二中男生的语文、数学和英语成绩：

In[10]:	```grouped_mulcol.get_group(("二中","男"))[["语文","数学","英语"]]```
Out[10]:	姓名 语文 数学 英语 序号 17 贺寒 92 60 75 24 星岩 88 63 81 32 珠峰 71 91 59

统计师大附中学生英语成绩在各个分数段中的人数：

In[11]:	```bins=[0,60,70,80,90,100] #划分分数段区间```
	 ```cuts=pd.cut(df["英语"],bins=bins)```
	 ```df.groupby(cuts)['英语'].count()```

Out[11]:	英语 (0, 60] 11 (60, 70] 15 (70, 80] 11 (80, 90] 15 (90, 100] 7 Name:英语, dtype: int64

还可查看分组对象可使用的函数：

In[12]:	```print([attr for attr in dir(grouped_sc) if not attr.startswith('_')])```
Out[12]:	['agg', 'aggregate', 'all', 'any', 'apply', 'backfill', 'bfill', 'boxplot', 'corr', 'corrwith', 'count', 'cov', 'cumcount', 'cummax', 'cummin', 'cumprod', 'cumsum', …]

3.7.2 聚合操作

聚合就是将数据转换成一个标量，mean、sum、size、count、std、var、sem、first、last、nth、min、max 都是聚合操作。在实际使用过程中，创建分组对象后，一般会使用 aggregate()或者 agg()等函数对分组数据进行聚合操作。例如，查看二中所有学生各门课程成绩的均值：

In[13]:
```
grouped_sc.get_group("二中").agg("mean")
```

Out[13]:
```
历史    88.250
地理    80.750
语文    81.375
数学    69.125
英语    76.250
物理    79.125
化学    83.625
生物    71.875
dtype: float64
```

查看二中所有学生语文、数学成绩的均值和标准差：

In[14]:
```
grouped_sc.get_group("二中")[["语文","数学"]].agg(["mean","std"])
```

Out[14]:
```
      语文        数学
mean  81.37500    69.125000
std   16.84329    14.652523
```

查看实验中学所有学生物理成绩的均值和标准差、数学成绩的最高分和均值、英语成绩的最低分和标准差：

In[15]:
```
grouped_sc.get_group("实验中学").agg({"物理":["mean","std"],
                                    "数学":["max","mean"],
                                    "英语":["min","std"]})
```

Out[15]:
```
      物理         数学         英语
mean  75.269231    73.384615    NaN
std   14.445920    NaN          12.570784
max   NaN          99.000000    NaN
min   NaN          NaN          54.000000
```

使用自定义函数查看所有学校化学成绩的最高分与最低分的差：

In[16]:
```
grouped_sc["化学"].agg(lambda x:x.max()-x.min())
```

Out[16]:

```
学校
七中        45
二中        45
实验中学    45
师大附中    33
Name:化学, dtype: int64
```

3.7.3 过滤与变换

过滤操作的核心是 filter()函数，主要用来筛选某些组，因此传入的参数应当是布尔标量。如果某组中的元素不满足 filter()函数指定的筛选条件，则排除该组，返回满足条件的分组的副本。例如，筛选物理平均成绩在 76 以上的学生组：

In[17]:

```
grouped_sc["物理"].describe()  #首先查看物理成绩的统计汇总数据
```

Out[17]:

	count	…	min	25%	50%	75%	max
学校							
七中	17.0	…	53.0	56.00	84.0	92.00	99.0
二中	8.0	…	50.0	57.25	90.5	95.25	98.0
实验中学	26.0	…	52.0	61.75	75.5	86.75	98.0
师大附中	8.0	…	55.0	60.00	64.5	82.25	91.0

In[18]:

```
grouped_sc.filter(lambda x:x["物理"].mean()>76).head()
```

Out[18]:

	姓名	性别	学校	历史	地理	…	生物
序号							
10	宜仁	女	二中	86	85	…	84
17	贺寒	男	二中	82	95	…	83
19	何雪	女	二中	99	94	…	50
24	星岩	男	二中	85	75	…	60
31	雨婷	女	二中	99	78	…	96

变换操作与聚合操作的不同在于：聚合是对分组后的每组执行计算并直接返回结果；变换则是对每个数据元素执行计算，而且同一组内的样本会有相同的值，组内计算完后会按照原索引的顺序返回，返回值必须与分组大小一致或者能够扩展到分组的大小。

变换操作使用 transform()函数，它只能对每一列进行计算，所以 transform()需要指定要操作的列，如求列的最大值、最小值、均值、标准差以及方差等操作。transform()返回的对象的 shape 是(len(df),1)。transform()若与 groupby()联合使用，需要对结果去重。例如：

In[19]:

```
grouped_sc.transform(lambda x:x-x.min()).head()
```

Out[19]:		历史	地理	语文	数学	英语	物理	化学	生物
	序号								
	1	2	0	30	0	0	0	32	24
	2	16	9	38	10	20	25	20	36
	3	28	4	22	14	43	27	24	31
	4	2	0	24	32	34	35	22	6
	5	23	26	39	12	10	20	26	28

若返回的是标量，则组内的所有元素会被广播为这个值：

```
In[20]: grouped_sc[["语文","数学","英语"]].transform(lambda x;x.min()).
head()
```

Out[20]:		语文	数学	英语
	序号			
	1	51	56	50
	2	55	51	54
	3	51	56	50
	4	51	51	53
	5	55	51	54

利用变换方法进行组内标准化：

```
In[21]: grouped_sc[["物理","化学","生物"]].transform(lambda x:(x-x.
mean())/x.std()).head()
```

Out[21]:		物理	化学	生物
	序号			
	1	-1.121600	1.244812	0.219651
	2	0.119810	0.023178	0.825237
	3	0.897280	0.597105	0.711669
	4	0.678873	0.028490	-0.877323
	5	-0.226308	0.424936	0.210007

3.7.4 apply()

在几乎所有的分组函数中，apply()的应用最为灵活、广泛，被认为是Pandas中自由度最高的函数。其示例代码如下：

```
In[22]: grouped_sc[["历史","地理","生物"]].apply(lambda x:x.min())
```

Out[22]:		历史	地理	生物
	学校			
	七中	74	66	52
	二中	79	66	50
	实验中学	63	68	50
	师大附中	65	70	54

In[23]:
```
grouped_sc[["历史","地理","生物"]].apply(lambda x:x-x.min()).head()
```

Out[23]:

	历史	地理	生物
序号			
1	2	0	24
2	16	9	36
3	28	4	31
4	2	0	6
5	23	26	2

In[24]:
```
def stat(s):
    r=s["历史"]*0.3+s["地理"]*0.3+s["语文"]+s["数学"]+s["英语"]+
s["物理"]*0.5+s["化学"]*0.5+s["生物"]*0.5
    return r
df["折算成绩"]=df.apply(stat,axis=1)  #表示逐行处理
df.sort_values("折算成绩",ascending=False).head()
```

Out[24]:

	姓名	性别	学校	历史	…	生物	折算成绩
序号							
15	健康	男	七中	86	…	92	449.7
10	宜仁	女	二中	86	…	84	438.3
37	金南	女	二中	79	…	98	434.3
50	王晓	男	七中	80	…	83	431.6
31	雨婷	女	二中	99	…	96	430.6

3.8 变　　形

Pandas 的变形操作主要包括透视、哑变量与因子化及其他变形方法。

3.8.1 透视

1. pivot_table()

pivot_table()函数可生成透视表。该函数有 4 个最重要的参数：index、values、columns、aggfunc。每次调用 pivot_table()时必须用 index 参数指定索引，可以是单层索引，也可以是多层索引。columns 类似于 index，可以设置列层次索引，但 columns 不是必要的，仅作为一种分割数据的可选方式。values 参数可对需要的数据进行筛选。

示例如下：

In[1]:
```
import numpy as np
import pandas as pd
df=pd.read_excel('dataset/score.xlsx',index_col="序号",usecols=
["序号","学校","性别","语文","数学","英语"])
    df.head()
```

Out[1]:

	性别	学校	语文	数学	英语
序号					
1	男	师大附中	81	56	50
2	男	实验中学	93	61	74
3	女	师大附中	73	70	93
4	男	七中	75	83	87
5	男	实验中学	94	63	64

将“性别”的值“男”和“女”作为新的列名称：

In[2]:

```
pd.pivot_table(df,index="序号",columns='性别',values=["数学","语文"]).head()
```

Out[2]:

	数学		语文	
性别	女	男	女	男
序号				
1	NaN	56.0	NaN	81.0
2	NaN	61.0	NaN	93.0
3	70.0	NaN	73.0	NaN
4	NaN	83.0	NaN	75.0
5	NaN	63.0	NaN	94.0

设置多层索引：

In[3]:

```
pd.pivot_table(df,index=["序号","学校"],columns="性别",values=["数学","语文"]).head()
```

Out[3]:

		数学		语文	
	性别	女	男	女	男
序号	学校				
1	师大附中	NaN	56.0	NaN	81.0
2	实验中学	NaN	61.0	NaN	93.0
3	师大附中	70.0	NaN	73.0	NaN
4	七中	NaN	83.0	NaN	75.0
5	实验中学	NaN	63.0	NaN	94.0

使用aggfunc参数对组内进行聚合统计，可传入各类函数，默认为'mean'。例如：

In[4]:

```
pd.pivot_table(df,index=["序号","学校"],columns="性别",values="数学",aggfunc=["mean","sum"]).head()
```

Out[4]:

		mean			sum	
性别	女	男	All	女	男	All
学校						
七中	76.166667	72.000000	73.470588	457	792	1249
二中	67.800000	71.333333	69.125000	339	214	553
实验中学	72.846154	73.923077	73.384615	947	961	1908
师大附中	78.333333	68.800000	72.375000	235	344	579
All	73.259259	72.218750	72.694915	1978	2311	4289

2. crosstab()

交叉表是一种特殊的透视表,交叉表函数 crosstab()专用于计算分组频率,其参数 values 和 aggfunc 必须成对出现。示例如下:

In[5]:
```
pd.crosstab(index=df['学校'],columns=df['性别'],values=df["数学"],aggfunc="count")
```

Out[5]:
```
性别      女    男
学校
七中      6     11
二中      5     3
实验中学  13    13
师大附中  3     5
```

margins 参数的用法与 pivot_table()相同:

In[6]:
```
pd.crosstab(index=df['学校'],columns=df['性别'],values=df["数学"],aggfunc="count",margins=True)
```

Out[6]:
```
性别      女    男    All
学校
七中      6     11    17
二中      5     3     8
实验中学  13    13    26
师大附中  3     5     8
All       27    32    59
```

normalize 参数可选值为'all'、'index'、'columns':

In[7]:
```
pd.crosstab(index=df['学校'],columns=df['性别'],values=df["数学"],aggfunc="count",normalize="index",margins=True)
```

Out[7]:
```
性别      女          男
学校
七中      0.352941    0.647059
二中      0.625000    0.375000
实验中学  0.500000    0.500000
师大附中  0.375000    0.625000
All       0.457627    0.542373
```

3.8.2 哑变量与因子化

1. 哑变量

哑变量(dummy variable)多用于字符型数据的数值化编码。例如,共享单车数据集中的 season、month、weekday、holiday 等都属于哑变量。在数据处理中，一般将春夏秋冬四季对应的 season 字段的值编码为{0,1,2,3}，将节假日和非节假日对应的 holiday 字段的值编码为{1,0}等，这样就可以对这些数值型数据进行处理，这种对字符型分类数据的编码方法称为独热编码(one-hot encoding)。独热编码可使离散特征的取值扩展到欧几里得空间，进而可在回归分析、分类以及聚类等机器学习算法中用来计算特征之间的距离或相似度。

一般而言，独热编码使用 n 位状态寄存器对 N 个状态进行编码，每个状态各有其独立的寄存器位且在任意时刻只有一位有效。例如，状态码 00、01、10、11 表示的 4 季节，进行独热编码后应为 0001、0010、0100 和 1000。这样的编码首先解决了分类器处理字符型数据的分类问题，其次在一定程度上也起到了扩充特征的作用。

Pandas 提供了 get_dummies()函数，以实现对字符型分类数据进行独热编码，其示例如下：

In[8]:
```
import numpy as np
import pandas as pd
df=pd.DataFrame([["US","Spring"],["Canada","Summer"], ["China",
                "Autumn"], ["UK","Winter"],["Australia",
                "Spring"], ["Russia","Winter"],["Japan",
                "Autumn"]],columns=["country","season"])
df
```

Out[8]:
```
   country   season
0  US        Spring
1  Canada    Summer
…
6  Japan     Autumn
```

In[9]:
```
pd.get_dummies(df["season"])
```

Out[9]:
```
   Autumn   Spring   Summer   Winter
0  0        1        0        0
1  0        0        1        0
…
6  1        0        0        0
```

用指定 data 和 columns 的方法进行独热编码：

In[10]:
```
pd.get_dummies(data=df,columns=["season"])
```

指定前缀和分隔符：

In[11]:
```
pd.get_dummies(df["season"],prefix="季节",prefix_sep=":")
```

Out[11]:	 0 1 ... 5 6	季节: Autumn 0 0 0 1	季节: Spring 1 0 0 0	季节: Summer 0 1 0 0	季节: Winter 0 0 1 0

2. 因子化

因子化方法的格式如下：

```
pandas.factorize(values, sort=False, order=None, na_sentinel=-1, size_hint=None)
```

该方法主要用于自然数编码，pandas.factorize()和 pandas.get_dummies()类似，也用于实现对字符型数据的编码，最后都将每个类别映射为一个数值型数据，但 pandas.get_dummies()会生成具有多个特征的宽表，而 pandas.factorize()生成的是仅有一个特征的长表。

例如，数据集中的 season 字段有 4 种取值：Spring、Summer、Autumn 和 Winter。利用 pandas.factorize()对其进行编码，将 4 个取值分别编码为 0、1、2、3。

pandas.factorize()的 sort 参数用于指定是否排序，默认为 False；na_sentinel 参数用于标记缺失值，默认为−1。pandas.factorize()返回包含两个 ndarray 对象的元组，一个 ndarray 对象是 pandas.factorize()编码后获得的数值，另一个 ndarray 对象是与数值对应的索引。

示例如下：

In[12]:
```
import numpy as np
import pandas as pd
import string
alphabetdf=pd.DataFrame({"字母":list(string.ascii_uppercase)})
alphabetdf
```

Out[12]:

	字母
0	A
1	B
...	
25	Z

用 pandas.get_dummies()进行独热编码的代码和输出结果如下：

In[13]:
```
pd.get_dummies(alphabetdf).head()
```

Out[13]:	字母_A 字母_B … 字母_Z 0 1 0 … 0 1 0 1 … 0 2 0 0 … 0 3 0 0 … 0 4 0 0 … 0 5 rows× 26 columns

使用 pandas.factorize()将返回包含两个 ndarray 对象的元组：

In[14]:	arr,ind=pd.factorize(alphabetdf["字母"])
In[15]:	arr
Out[15]:	array([0, 1, 2, 3, 4, 5, 6, 7, 8, 9, 10, 11, 12, 13, 14, 15, 16,17, 18, 19, 20, 21, 22, 23, 24, 25], dtype=int64)
In[16]:	ind
Out[16]:	Index(['A', 'B', 'C', 'D', 'E', 'F', 'G', 'H', 'I', 'J', 'K', 'L', 'M', 'N','O', 'P', 'Q', 'R', 'S', 'T', 'U', 'V', 'W', 'X', 'Y', 'Z'],dtype='object')

将 arr 和 ind 构造成 DataFrame 对象看起来更为直观：

In[17]:	alphabet=pd.DataFrame(arr,index=ind,columns=["编码"]) alphabet.index.name="字母" alphabet
Out[17]:	编码 字母 A 0 B 1 … Y 24 Z 25

通过 season 的数据比较 pandas.get_dummies()和 pandas.factorize()的区别：

In[18]:	seasondf= pd.DataFrame ({"season":"Spring Summer Autumn Winter". split(" ")}) seasondf
Out[18]:	season 0 Spring 1 Summer 2 Autumn 3 Winter

In[19]:	pd.get_dummies(seasondf)

```
   season_Autumn  season_Spring  season_Summer  season_Winter
0  0              1              0              0
1  0              0              1              0
2  1              0              0              0
3  0              0              0              1
```
Out[19]

In[20]:
```
arr,ind=pd.factorize(seasondf["season"])
newseason=pd.DataFrame(arr,index=ind,columns=["code"])
newseason.index.name="season"
newseason
```

Out[20]:
```
          code
season
Spring    0
Summer    1
Autumn    2
Winter    3
```

3.8.3 其他变形方法

1. melt()

melt()可认为是 pivot_table()的逆操作,将 unstack 状态的数据压缩成 stacked 状态,使宽表的 DataFrame 变为长表。其参数说明如下:

- frame:指定 melt()的操作对象,一般是某个 DataFrame 对象。
- id_vars:指定哪些列作为标识符变量(identifier variable),可以是元组、列表、ndarray 及自定义的列等形式。
- value_vars:指定哪些列将被转换,可以是元组、列表、ndarray 及自定义的列等形式。

若不指定参数 var_name 和 value_name,则添加两个默认名为 variable 和 value 的新列,在新列中把指定列(若不指定就是其余所有列)的数据按照一个变量对应一个值的方式一行一行地列出来。

下面给出 melt()的示例。首先创建一个 DataFrame:

In[21]:
```
import numpy as np
import pandas as pd
```

In[22]:
```
df=pd.read_excel('dataset/score.xlsx',usecols=["序号","学校","语文","数学","英语"])
df.head()
```

Out[22]:	序号 学校 语文 数学 英语 0 1 师大附中 81 56 50 1 2 实验中学 93 61 74 2 3 师大附中 73 70 93 3 4 七中 75 83 87 4 5 实验中学 94 63 64
In[23]:	df.shape
Out[23]:	(59, 5)

将“序号”作为标识符(放在第一列),添加两个默认索引名为 variable 和 value 的新列:

In[24]:	melteddf=pd.melt(df, id_vars=["序号"]) melteddf
Out[24]:	序号 variable value 0 1 学校 师大附中 1 2 学校 实验中学 … 235 59 英语 97 236 rows×3 columns

若仅转换部分列数据,其余列数据被忽略:

In[25]:	melteddf=pd.melt(df, id_vars=["序号"],value_vars=["数学","语文"]) melteddf
Out[25]:	序号 variable value 0 1 数学 56 1 2 数学 61 … 117 59 语文 81 118 rows×3 columns

可使用 var_name 和 value_name 参数为新建的列自定义列索引名称,示例如下:

In[26]:	melteddf=pd.melt(df, id_vars=["序号"],value_vars=["数学","语文"], var_name="属性", value_name="值") melteddf
Out[26]:	序号 属性 值 0 1 数学 56 1 2 数学 61 … 117 59 语文 81 118 rows×3 columns

指定两列作为标识符变量的示例如下：

In[27]:
```
melteddf=pd.melt(df, id_vars=["序号", "学校"],value_vars=["数学",
"语文"],var_name="属性", value_name="值")
melteddf.head()
```

Out[27]:

	序号	学校	属性	值
0	1	师大附中	数学	56
1	2	实验中学	数学	61
2	3	师大附中	数学	70
3	4	七中	数学	83
4	5	实验中学	数学	63

使用 pivot()或 pivot_table()将 melt()之后的长表变成宽表，示例如下：

In[28]:
```
unmelteddf=pd.pivot(melteddf,index=["序号", "学校"], columns='属性')
unmelteddf.head()
```

Out[28]:

		值	
	属性	数学	语文
序号	学校		
1	师大附中	56	81
2	实验中学	61	93
3	师大附中	70	73
4	七中	83	75
5	实验中学	63	94

2. stack()和 unstack()

stack()常被称为堆叠操作，其操作结果是将列旋转为行，从而将宽表变成长表。unstack()是 stack()的反操作，即将行旋转为列，将长表变成宽表。

示例如下：

In[29]:
```
import numpy as np
import pandas as pd
```

In[30]:
```
df= pd. DataFrame (np. random. randint (60, 100, (3, 3)), index = pd.
MultiIndex.from_product ([["姓名"],["张三丰","乔峰","岳飞"]]),
columns=pd.MultiIndex.from_product ([["成绩"],["数学","物理","化
学"]]))
df   #pd.MultiIndex.from_product()用于设置多层行列索引
```

Out[30]:

		成绩		
		数学	物理	化学
姓名	张三丰	82	88	66
	乔峰	64	69	62
	岳飞	95	92	76

stack()的参数 level 用于指示转换时使用的索引层级、索引标签或其列表。unstack()是 stack()的逆操作函数，其参数 dropna 和 fill_value 分别用来对处理过程中的缺失值进行删除和填充操作。例如：

In[31]:
```
stackeddf1=df.stack()        #默认对最内层的列索引进行堆叠操作
#相当于 stackeddf=df.stack(level=1)
stackeddf1
```

Out[31]:
```
                      成绩
姓名    张三丰    化学    66
                  数学    82
                  物理    88
        乔峰      化学    62
                  数学    64
                  物理    69
        岳飞      化学    76
                  数学    95
                  物理    92
```

In[32]:
```
stackeddf0=df.stack(level=0)          #对第 0 层的列索引进行堆叠操作
stackeddf0
```

Out[32]:
```
                          化学    数学    物理
姓名    张三丰    成绩    66      82      88
        乔峰      成绩    62      64      69
        岳飞      成绩    76      95      92
```

在 unstack()函数中采用默认的参数，结果如下：

In[33]:
```
stackeddf1.unstack()
#默认对最内层行索引进行逆堆叠操作
```

Out[33]:
```
                      成绩
                  数学    物理    化学
姓名    张三丰    82      88      66
        乔峰      64      69      62
        岳飞      95      92      76
```

思　考　题

以下各题要求在 Jupyter Notebook 环境中完成，并保存为 pdf 文件。

1. 分别利用列表、字典创建 Series，同时指定索引。

2. 利用[]运算符提取、修改和删除 Series 中的数据。

3. 分别利用元组、字典、Series 和 range()函数创建 DataFrame，同时指定其 index 和 columns。

4. 利用[]、loc 和 iloc 提取 DataFrame 中的数据,能够读取任意一行或多行、任意一列或多列数据,能够修改和删除相应的数据。

5. 从文件中读取数据创建 DataFrame,对读取的文件的指定工作表、指定数据分别进行实验,读取时将数据中的一列指定为索引列。

6. 对创建的 DataFrame 中的数据进行条件选择、修改和删除,最后删除 DataFrame。

7. 利用 NumPy 随机构造具有部分缺失值的 DataFrame,进行缺失值判断、删除和填充操作。

8. 利用 NumPy 随机构造具有部分重复值的 DataFrame,进行重复值判断、删除操作。

9. 利用 NumPy 随机构造具有部分异常值的 DataFrame,进行异常值判断、删除和填充操作。

10. 构造数据集,对 DataFrame 的算术运算、关系运算和逻辑运算进行验证。

11. 构造数据集对,DataFrame 的统计和排序功能进行验证。

12. 根据指定的数据集进行索引设置、索引重命名、重新索引和索引排序功能的验证。

13. 根据指定的数据集进行数据合并、分组和变形功能的验证。

14. 绘制 Pandas 主要知识点的思维导图。

Matplotlib 数据可视化

本章学习目标

- 了解常用的数据可视化工具。
- 掌握 Matplotlib 的安装和导入方法。
- 掌握利用 Matplotlib 绘制折线图和常用的修饰方法。
- 掌握利用 Matplotlib 绘制条形图、散点图、雷达图和箱线图的一般方法。
- 掌握 Matplotlib 的多子图布局和样式选择方法。

本章主要内容如图 4.1 所示。

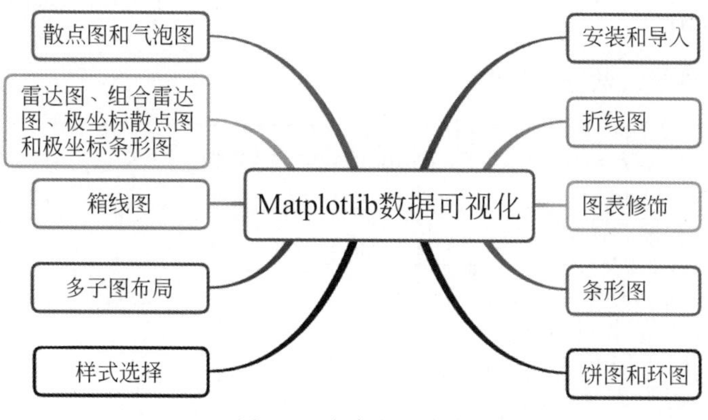

图 4.1　本章主要内容

4.1　Matplotlib 的安装和导入

在 Python 编程环境中，有多种数据可视化工具可供选择，目前主流的有 Matplotlib、Seaborn、Bokeh、Pygal、Plotly、Geoplotlib、Chartify、Altair、PyQtGraph 和 NetworkX 等，它们在易用性、交互性和绘图功能上有所侧重，在实际运用中根据需要选择恰当的工具即可。Matplotlib 之外的工具库大多是基于 Matplotlib 进行开发和封装的，因此 Matplotlib 是数据可视化的基础，熟练运用 Matplotlib 是可视化工程师的必备技能。

要利用 Matplotlib 绘图，首先需要安装 Matplotlib 包，当前最新版本是 3.3.4。在 Anaconda 环境下，其安装命令为：

```
conda install matplotlib
```

Matplotlib 包安装完成后，即可基于该包进行绘图。基本的绘图流程包括组织数据、绘制图形、图形修饰、图形显示或保存等步骤。

大多数情况下都需要组织数据，因此一般都需要导入 NumPy 包、Pandas 包和 Matplotlib 包，相关代码如下：

In[1]:
```
import numpy as np
import pandas as pd
import matplotlib.pyplot as plt
```

在绘图之前需要处理中文显示、负号显示等问题，代码如下：

In[2]:
```
plt.rcParams['font.sans-serif']=['SimHei']  #使图中能够正常显示中文
plt.rcParams['axes.unicode_minus']=False     #使图中能够正常显示负号
```

4.2 绘制折线图

4.2.1 导入数据

从 Excel 文件导入数据，示例如下：

In[1]:
```
df=pd.read_excel("dataset/data.xlsx")
df.head(3)
#仅显示前 3 行
```

Out[1]:

	月份	销售额
0	1	537
1	2	1425
2	3	1819

4.2.2 绘制图表

将 df["月份"]作为 x 轴数据，将 df["销售额"]作为 y 轴数据，绘制折线图，代码和绘制结果如下：

In[2]:
```
x=df["月份"]          #将 df["月份"]的赋予变量 x
y=df["销售额"]        #将 df["收入额"]的赋予变量 y
plt.plot(x,y)         #将变量 x 和变量 y 的值分别作为 x 坐标和 y 坐标,绘制折线图
plt.show()            #显示绘制的图表
```

Out[2]:

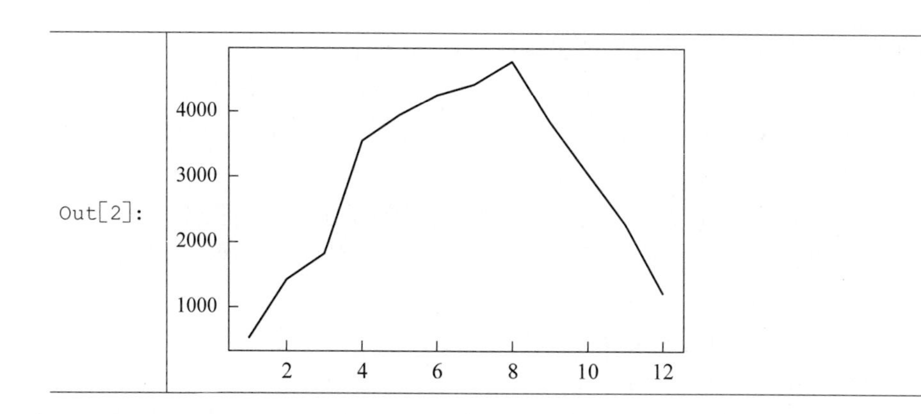

4.2.3 增加基本修饰

为折线图添加标题、图例、坐标轴标签和对应的数字注释等内容，代码和绘制结果如下：

In[3]:

```
x=df["月份"]
y=df["销售额"]
plt.plot(x,y,label="收入额",marker="o")
plt.title("逐月收入比较分析")
plt.xlabel("月份")
plt.ylabel("收入额(万元)")
plt.xticks(x)
plt.yticks(np.arange(500,5000,500))
for a,b in zip(x,y):
    plt.text(a,b,b,ha="center",va="bottom")
plt.grid()
plt.legend()
plt.savefig("salesbak.png",dpi=1200)
```

Out[3]:

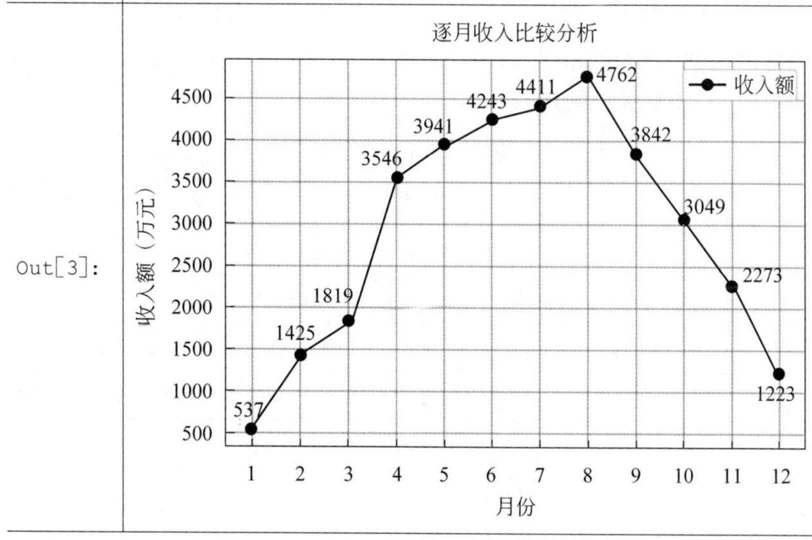

本例中添加了部分修饰，呈现出更多显示细节，可视化效果更好。

plt.plot(x,y,label="收入额",marker="o")中的参数 label 用于显示图例，该参数必须配合后面的 plt.legend()使用，否则图例不会正常显示。marker 参数表示每一个数据在图中的位置用圆点表示。

plt.title("逐月收入比较分析")用于将标题置于默认的上方居中位置。

plt.xlabel("月份")和 plt.ylabel("收入额(万元)")分别将 x 轴和 y 轴的标签设置为"月份"和"收入额(万元)"。

plt.xticks(x)将 x 轴的刻度设置为 1,2,3,…。

plt.yticks(np.arange(500,5000,500))用于设置 y 轴的刻度。

plt.grid()用于显示网格线，还可通过参数控制只显示与 x 轴或 y 轴平行的网格线。

```
for a,b in zip(x,y):
    plt.text(a,b,b,ha="center",va="bottom")
```

上述代码用于在图中显示每个月收入的具体数值。plt.text()的前两个参数 a、b 用来确定显示数值的位置，即横纵坐标；第三个参数 b 表示将显示的数值；参数 ha 和 va 分别表示显示该数值时的水平和垂直对齐方式。

plt.savefig('sales.png',dpi=1200)表示将绘制的图形保存在当前文件夹下名为 sales.png 的文件中。分辨率为 1200。若希望将图像保存为矢量图像，则可将代码修改为

```
plt.savefig('sales.svg')
```

4.3 图表修饰

4.3.1 标题

title()用于设置图表标题。其中，参数 label 用来设置要显示的标题；参数 loc 用于指定标题所在的位置，可选位置为'center'、'left'和'right'，默认为'center'；参数 pad 用于指定标题相对于图表边框的距离，以点(point)为单位。参数 fontdict 是用来设置字体属性的字典型参数，通常包括如表 4.1 所示的可选项。

表 4.1 参数 fontdict 的可选项

属性	说明	属性	说明
family	字体	style	常规('normal')或斜体('italic')
size	文字大小	weight	是否加粗('bold')
color	文字颜色	ha	水平对齐方式(可选'center'、'left'、'right')
alpha	文字透明度	va	垂直对齐方式(可选'center'、'top'、'bottom')

示例代码如下：

```
In[1]: plt.title('This is a figure!')
```

```
In[2]: newFont Style={'family': 'serif', 'style': 'italic','weight': 'normal'}
       plt.title('This is a figure!', fontdict=newFontStyle)
```

4.3.2 坐标轴标签

xlabel()和 ylabel()分别用来设置 x 轴和 y 轴的标签,参数 xlabel 和 ylabel 分别用来设置 x 轴和 y 轴标签的名称。若希望设置标签的颜色、字体、与坐标轴的间距等,可在调用该方法时指定 fontdict、labelpad 等。

4.3.3 坐标轴刻度

xticks()和 yticks()分别用来设置 x 轴和 y 轴的刻度,参数 ticks 用于指定坐标轴的刻度位置,labels 用于指定对应位置上的标签,ticks 和 labels 都应该是一个数组,且数组的长度应保持一致,即每个刻度对应一个标签。例如:

```
In[3]: plt.xticks([0, 1, 2], [一月, '二月', '三月'])
```

xlim()和 ylim()分别用来指定 x 轴和 y 轴的刻度范围,通常的用法是通过一个元组指定刻度的下限和上限,如 plt.xlim((left,right)),left 和 right 分别对应刻度的下限和上限。

tick_params()用于设置/更改刻度线、刻度标签和网格线的外观,其字典型参数 kwargs 的可选项如表 4.2 所示。

表 4.2 参数 kwargs 的可选项

属　　性	说　　明
axis	指定对哪些轴操作,默认为'both',其他可选值是'x'和'y'
reset	布尔型,True 表示在处理其他参数之前将所有参数设为默认值
which	指定对哪些刻度操作,默认为'major',其他可选值为'minor'和'both'
direction	可选"in'、'out'和'inout',分别表示将记号画在轴内、轴外和跨越轴线
length	设置刻度的长度,以点为单位
width	设置刻度的宽度,以点为单位
color	设置刻度的颜色
pad	设置刻度线和标签之间的距离,以点为单位
labelsize	设置刻度标签字体的大小,以点或字符串(例如'大')为单位
labelcolor	设置刻度标签字体的颜色
colors	设置刻度和刻度标签的颜色
bottom、top、left、right	布尔型,指定是否绘制相应的刻度

续表

属　　性	说　　明
labelbottom、labeltop、labelflet、labelright	布尔型,指定是否绘制相应的刻度标签
grid_color	设置网格线的颜色
grid_alpha	设置网格线的透明度
grid_linewidth	设置网格线的线宽
grid_linestyle	设置网格线的线型

示例代码如下：

```
In[4]:  plt.tick_params(direction='inout',colors='r',grid_color='b',
        grid_alpha=0.5)
```

4.3.4　图例

legend()用于向图表中添加图例。示例代码如下：

```
In[5]:  plt.plot(x,y,label="预计销售额")
        plt.legend()
```

legend()中最重要的参数就是loc,它用于控制图例在图表中的位置,默认为最佳位置,其可选值如表4.3所示。

表4.3　loc参数的可选值

数字型	字符串型	说明	数字型	字符串型	说明
0	'best'	最佳	6	'center left'	中间偏左
1	'upper right'	右上角	7	'center right'	等同于'right'
2	'upper left'	左上角	8	'lower center'	中间偏下
3	'lower left'	左下角	9	'upper center'	中间偏上
4	'lower right'	右下角	10	'center'	中心
5	'right'	中间偏右			

4.3.5　线条和标记

折线图中的线条和标记是在plt.plot()中用相关参数控制的,常用参数如下：

- color或c：用于设置线条颜色。
- linestyle或ls：用于设置线型。
- linewidth或lw：用于设置线宽。

- marker 或 m：用于设置标记。
- markersize 或 ms：用于设置标记大小。
- alpha 或 al：用于设置透明度。

1. 颜色

Matplotlib 中直接可用的颜色种类非常多，基本颜色有 8 种，如表 4.4 所示。还可用十六进制字符串表示颜色，例如红色表示为'#FF0000'，绿色表示为'#00FF00'，蓝色表示为'#0000FF'。

表 4.4　基本颜色

颜色	说　明	颜色	说　明
r	red，红色	y	yellow，黄色
g	green，绿色	m	magenta，洋红色
b	blue，蓝色	k	black，黑色
c	cyan，雪青色	w	white，白色

2. 线型

线型有 4 种选择：'-'或'solid'表示实线，'--'或'dashed'表示双画线，':'或'dotted'表示虚线，':.'或'dash-dot'表示点画线。

3. 线宽

linewidth 用于设置线宽，以点为单位。

4. 标记

常用标记如表 4.5 所示。

表 4.5　常用标记

标记	说　明	标记	说　明	标记	说　明
+	加号	^	上三角	s	square，正方形
o	空心圆	v	下三角	d	diamond，菱形
.	实心圆	<	左三角	p	pentagon，五角星
*	星号	>	右三角	h	hexagon，六边形
x	叉形				

5. 标记大小

markersize 用于设置标记大小，以点为单位。

6. 透明度

alpha 用于设置透明度，取值为 0～1。默认值为 1 表示不透明。

4.3.6 网格线

grid()用于在图表中设置网格线。其参数说如下：

- b：用于控制网格线的可见性，True 表示输出网格线，False 表示关闭网格线。在 b 参数未给出的情况下，调用 grid()会切换网格线的可见性。
- which：用于指定待设置/更改的网格线，可选值为'major'、'minor'和'both'，分别对应主网格线、次网格线和所有网格线。
- axis：用于指定待设置/更改的轴，可选'x'、'y'和'both'，分别对应 x 轴、y 轴和两个轴。
- kwargs：用于设置/更改网格线的颜色、线型、线宽、透明度等属性，具体可参考 Matplotlib 发行文档。例如，指定网格线为红色、实线、线宽 2 点的示例代码如下：

```
In[6]:  grid(color='r', linestyle='-', linewidth=2)
```

4.3.7 注释

Matplotlib 对图表内容的注释有两种，即无指向型注释和指向型注释，分别利用 text()和 annotate()实现。

1. 无指向型注释

text()的参数 x 和 y 用于指定注释文本的位置，参数 s 是具体的注释文本内容，字典型参数 fontdict 用于设置注释文本的文字属性。示例代码如下：

```
In[7]:  plt.text(x, y,'这是一段注释', fontsize=12,ha='center')
```

2. 指向型注释

指向型注释除注释文本之外还需要一个箭头指向注释的目标，相对于无指向型注释多了箭头的信息，如箭头所指向的位置、箭头的样式和形状等。其参考如下：

- s：表示注释文本的具体内容。
- xy：一个元组，指示被注释文本的坐标，即箭头所指的目标位置。
- xytext：一个元组，指示注释文本的坐标，即箭头末端的位置。
- xycoords：被注释的坐标点的参考点，可选值见表 4.6 前 8 项，默认为'data'。
- textcoords：注释文本坐标点的参考点，可选表 4.6 所有项，默认为 xycoords 的值。
- ha：注释点在注释文本的左边、右边或中间('left'、'right'、'center')。
- va：注释点在注释文本的上边、下边、中间或基线('top'、'bottom'、'center'、'baseline')。

- arrowprops：字典类型参数，用于指定箭头样式。

表 4.6 xycoords 和 textcoords 的可选值

取　值	描　述
'figure points'	以画布左下角为参考点，单位为点
'figure pixels'	以画布左下角为参考点，单位为像素
'figure fraction'	以画布左下角为参考点，单位为百分比
'axes points'	以绘图区左下角为参考点，单位为点
'axes pixels'	以绘图区左下角为参考点，单位为像素
'axes fraction'	以绘图区左下角为参考点，单位为百分比
'data'	使用被注释对象的坐标系，即数据的 x 轴和 y 轴(默认)
'polar'	使用(θ,r)形式的极坐标系
'offset points'	相对于被注释点的坐标 x、y 的偏移量，单位是点(仅对 textcoords 有效)
'offset pixels'	相对于被注释点的坐标 x、y 的偏移量，单位是像素(仅对 textcoords 有效)

示例代码如下：

In[8]:

```
x=df["月份"]
y=df["销售额"]
plt.plot(x,y,label="收入额",marker="o",markersize=10,alpha=0.7,
color="g")

#修饰部分
plt.title("逐月收入比较分析",fontsize=16,color="r",fontstyle=
"oblique",weight="bold",pad=10)
plt.xlabel("月份")
plt.ylabel("收入额(万元)")
plt.xticks(x)
plt.yticks(np.arange(500,6000,500))
for a,b in zip(x,y):
    plt.text(a,b,b,ha="center",va="bottom")
plt.grid(linewidth=0.5,color="#FA5639",alpha=0.4)
plt.legend(loc="upper left")

plt.annotate("这是一年中销量最好的月份",xy=(8,y[7]),
xytext=(4,1500),arrowprops=dict(arrowstyle="->",
connectionstyle="arc3"),bbox=dict(boxstyle="sawtooth", fc="w",
ec="k"))

plt.savefig("picture/折线图 3.png",dpi=1200)
```

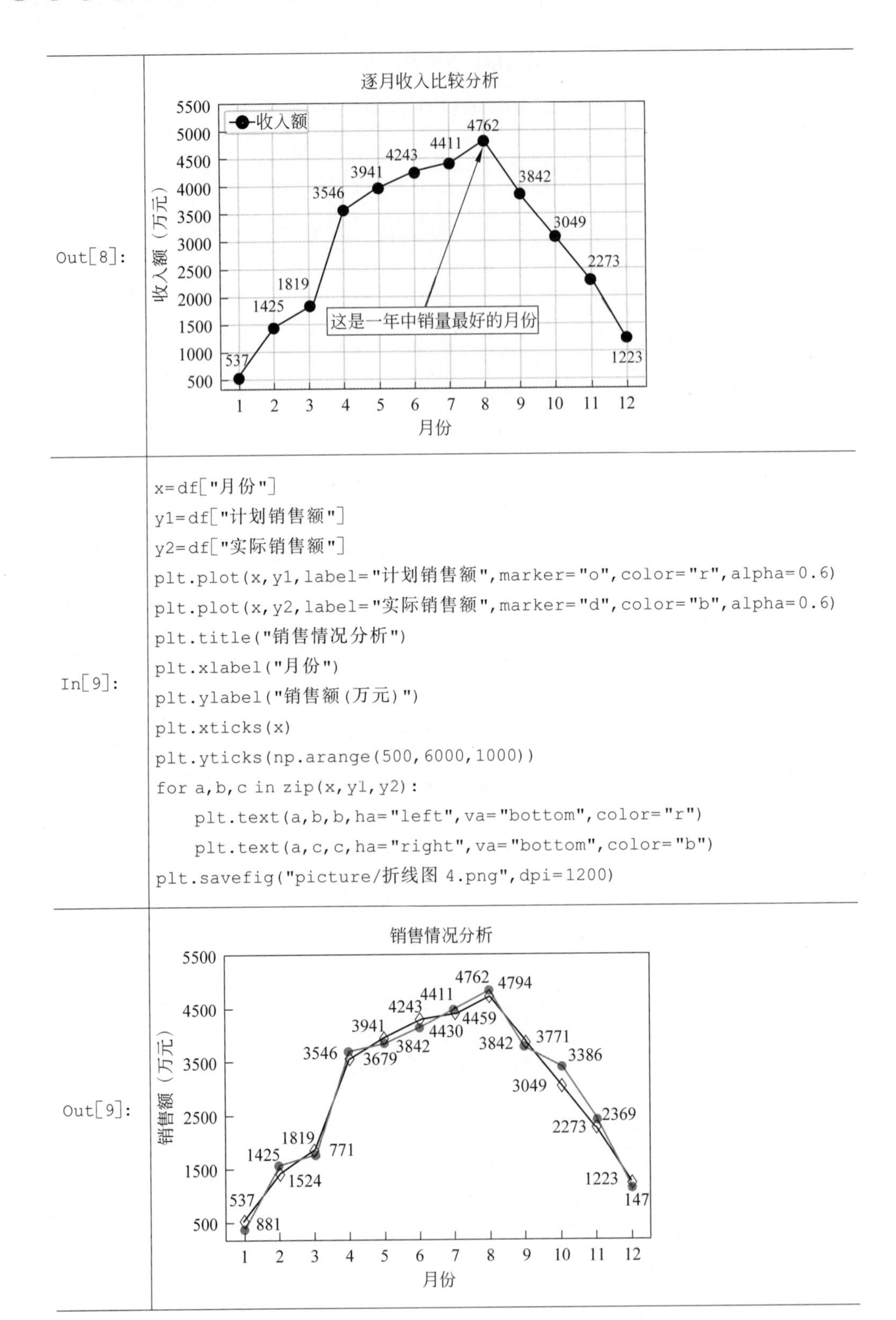

In[9]:

```
x=df["月份"]
y1=df["计划销售额"]
y2=df["实际销售额"]
plt.plot(x,y1,label="计划销售额",marker="o",color="r",alpha=0.6)
plt.plot(x,y2,label="实际销售额",marker="d",color="b",alpha=0.6)
plt.title("销售情况分析")
plt.xlabel("月份")
plt.ylabel("销售额(万元)")
plt.xticks(x)
plt.yticks(np.arange(500,6000,1000))
for a,b,c in zip(x,y1,y2):
    plt.text(a,b,b,ha="left",va="bottom",color="r")
    plt.text(a,c,c,ha="right",va="bottom",color="b")
plt.savefig("picture/折线图 4.png",dpi=1200)
```

Out[9]:

销售情况分析

销售额（万元）

月份

4.4 绘制条形图

4.4.1 垂直条形图

绘制垂直条形图使用 plt.bar()方法，与 plt.plot()相比，其参数稍有变化，增加了条形的宽度(width)等属性，其他图形修饰方法不变。示例代码如下：

In[1]:

```
x=df["月份"]
y=df["计划销售额"]
plt.bar(x,y,label="计划销售额")
plt.title("逐月收入比较分析")
plt.xlabel("月份")
plt.ylabel("收入额(万元)")
plt.xticks(x)
plt.yticks(np.arange(500,6000,1000))
for a,b in zip(x,y):
    plt.text(a,b,b,ha="center",va="bottom")
plt.legend()
plt.savefig("picture/条形图 1.png",dpi=1200)
```

Out[1]:

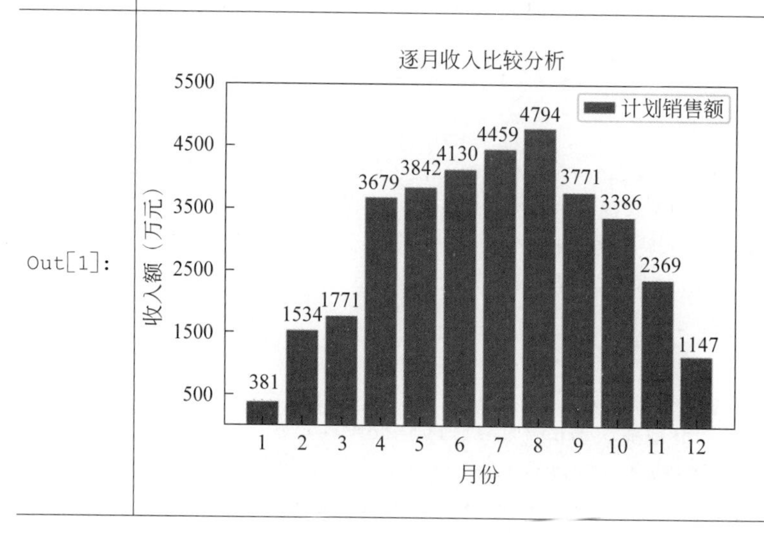

可见，绘制条形图，只需将 plot()替换为 bar()即可，其余代码基本不变。

bar()的参数说明如下：

- x：用于设置 x 轴信息。
- height：用于设置条形的高度。
- width：用于设置条形的宽度，默认为 0.8。

- bottom：用于设置条形的起始位置。
- align：用于设置条形的中心位置，可选值为'center'和'edge'。默认为'center'，将条形置于刻度线的中心；'edge'，将条形的左边缘与刻度线对齐。
- color：用于设置条形的颜色。
- edgecolor：用于设置条形边框的颜色。
- linewidth：用于设置条形边框的线宽。
- log：用于设置 y 轴是否为对数形式表示，默认为 False。
- orientation：用于设置条形是竖直的还是水平的，可选值为"vertical"和"horizontal"，默认为"vertical"。

上例中的绘图函数实际上和如下的代码是等价的：

In[2]:	plt.bar(x=x,height=y,bottom=0,width=0.8,label="计划销售额")

4.4.2 水平条形图

Mzatplotlib 可用两种方法绘制水平条形图，第一种是调用 plt.bar()并在参数中设置 orientation，另一种是直接调用 barh()。

1. 使用 plt.bar()绘制

示例代码如下：

In[3]:

```
x=df["计划销售额"]
y=df["月份"]
plt.bar(x=0,height=0.8,width=x,bottom=y,orientation="horizontal",
label="计划销售额")
plt.title("逐月收入比较分析")
plt.xlabel("收入额(万元)")
plt.ylabel("月份")
plt.xticks(np.arange(0,6000,500))
for a,b in zip(x,y):
    plt.text(a,b,a,ha="left",va="center")
plt.annotate("x=0",xy=(0,0.5),xytext=(1000,0.5),
arrowprops=dict(arrowstyle="->",connectionstyle="arc3"),
fontsize=16,color="r")
plt.text(3000,1,"bottom是水平条的下边沿\nheight是水平条的高\nwidth
是水平条的长度",fontsize=12)
plt.legend()
plt.savefig("picture/条形图 12.png",dpi=1200)
```

Out[3]:

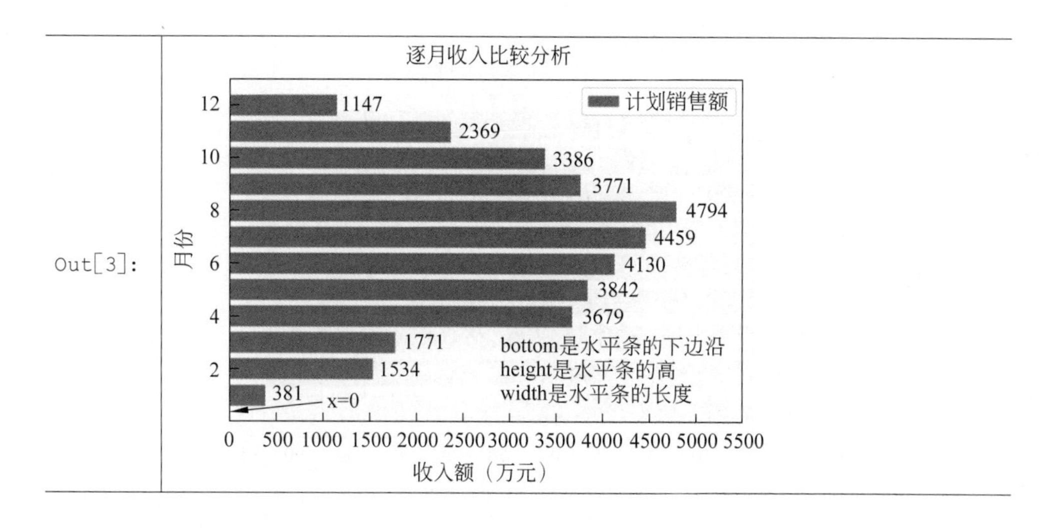

2. 使用 barh()绘制

barh()用于绘制水平条形图。其主要参数如下：

- y：用于设置每个水平条底端的位置。
- width：用于设置水平条的宽度。
- height：用于设置水平条的高度，默认为 0.8。
- left：用于设置水平条左侧的起始坐标，默认为 0。
- align：用于设置水平条的对齐方式，可选值为"center"和"edge"。默认为"center"，表示将水平条置于刻度线的中心，"edge"表示将水平条的上边缘与刻度线对齐。

示例如下：

In[4]:

```
df=pd.read_excel("dataset/data.xlsx",sheet_name=3)
df.head()
```

Out[4]:

	城市	指标
0	北京	94
1	上海	96
2	广州	91
3	深圳	95
4	南京	88

In[5]:

```
x=df["指标"]
y=df["城市"]
plt.barh(x=0,bottom=y,height=0.8,width=x,orientation="horizontal")
plt.title("城市比较分析")
plt.ylabel("城市")
plt.xlabel("百分制城市指标")
plt.xticks(np.arange(0,101,10))
plt.yticks(np.arange(9),y)
for a,b in zip(x,y):
    plt.text(a,b,a,ha="left",va="center")
plt.savefig("picture/条形图 4.png",dpi=1200)
```

Out[5]:

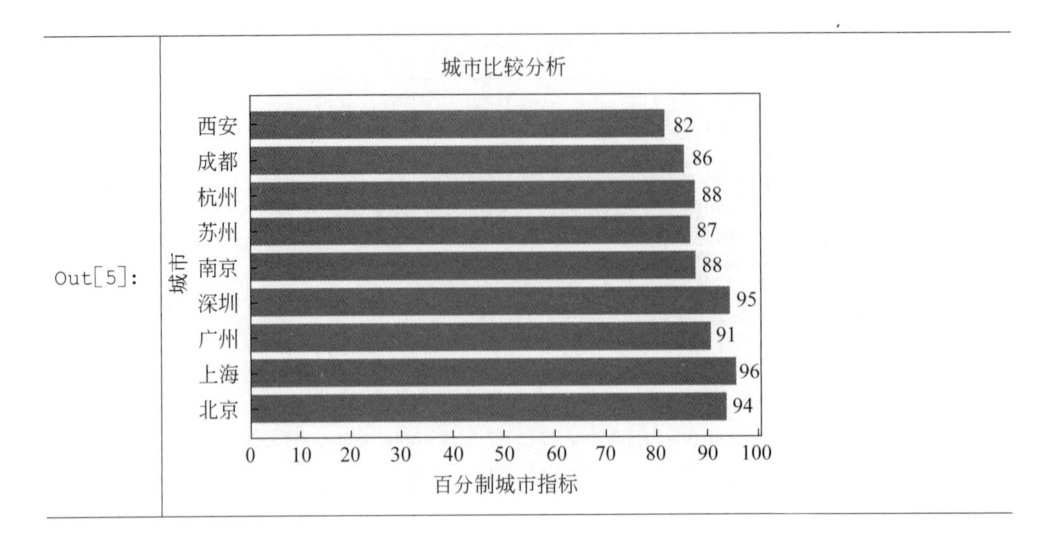

4.4.3 组合条形图表

若希望在一个条形图中显示两组数据指标进行对比，只需调用两次 bar()，但需要注意两组数据的条形的宽度和起始位置的设置。示例代码如下：

In[6]:

```
#x,y,z 的值同上
plt.bar(x-0.2,y,label="计划销售额",width=0.4)
plt.bar(x+0.2,z,label="实际销售额",width=0.4)
plt.title("销售额分析")
plt.xlabel("月份")
plt.ylabel("收入额(万元)")
plt.xticks(x,x)
plt.yticks(np.arange(500,6000,1000))
for a,b,c in zip(x,y,z):
    plt.text(a-0.2,b,b,ha="center",va="bottom",alpha=0.6,fontsize=8)
    plt.text(a+0.2,c,c,ha="center",va="bottom",alpha=0.6,fontsize=8)
plt.legend()
plt.savefig("picture/条形图 2.png",dpi=1200)
```

Out[6]:

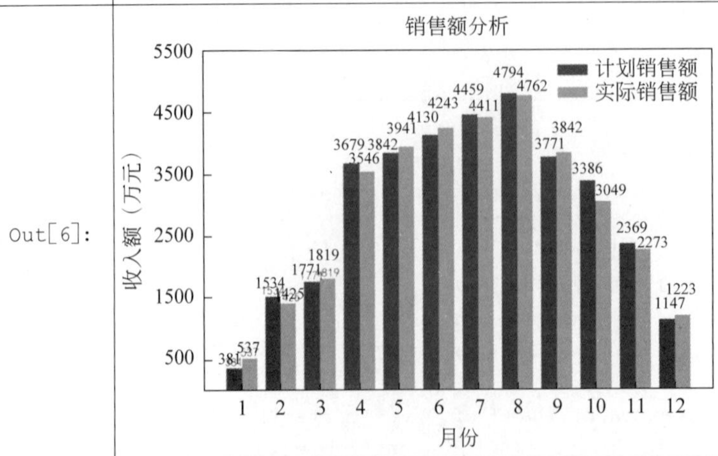

同理,如果要在条形图中添加折线线条,还可在代码中调用 plot()函数,其他均无变化。例如:

In[7]:
```
x=df["月份"]
y=df["计划销售额"]
z=df["实际销售额"]
plt.bar(x-0.2,y,label="计划销售额",width=0.4)
plt.bar(x+0.2,z,label="实际销售额",width=0.4)
plt.plot(x-0.2,y,label="计划销售额",marker="*")
plt.plot(x+0.2,z,label="实际销售额",marker="p")
plt.title("销售额分析")
plt.xlabel("月份")
plt.ylabel("收入额(万元)")
plt.xticks(x,x)
plt.yticks(np.arange(500,6000,1000))
for a,b,c in zip(x,y,z):
    plt.text(a-0.2,b,b,ha="center",va="bottom",alpha=0.6,fontsize=8)
    plt.text(a+0.2,c,c,ha="center",va="bottom",alpha=0.6,fontsize=8)
plt.legend()
plt.savefig("picture/条形图 3.png",dpi=1200)
```

Out[7]:

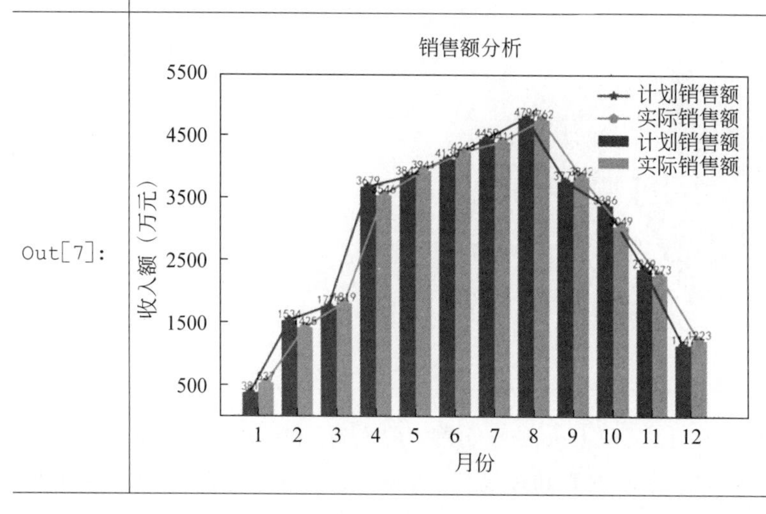

4.5 绘制饼图和环图

4.5.1 饼图

绘制饼图使用 plt.pie()方法。首先从 Excel 文件 data.xlsx 的第二个工作表中导入数据:

In[1]:

```
df=pd.read_excel("dataset/data.xlsx",sheet_name=1)
df.head()
```

Out[1]:

	学历	人数
0	博士	16
1	硕士	24
2	本科	15
3	专科	3
4	其他	2

调用 plt.pie()绘制饼图,代码和输出结果如下：

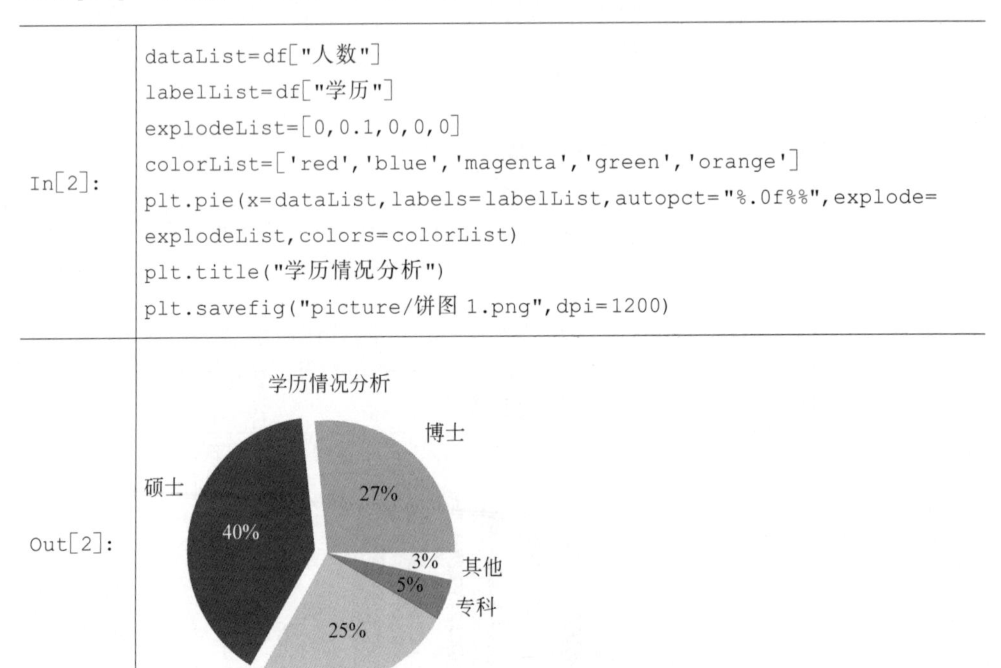

In[2]:

```
dataList=df["人数"]
labelList=df["学历"]
explodeList=[0,0.1,0,0,0]
colorList=['red','blue','magenta','green','orange']
plt.pie(x=dataList,labels=labelList,autopct="%.0f%%",explode=
explodeList,colors=colorList)
plt.title("学历情况分析")
plt.savefig("picture/饼图 1.png",dpi=1200)
```

Out[2]:

在上例的代码中,dataList 和 labelList 分别为“人数”和“学历”列的数据,将分别在 plt.pie()中作为饼图中的数据源列表和标签列表;colorList 用于自定义子饼的颜色。

pie()的参数说明如下：

- autopct：用于控制饼图内显示数值的百分比格式。若希望保留两位小数,则应改为"%.02f%%"。
- x：用于设置饼图的源数据。
- explode：用于突出显示某一块或几块。exp=[0,0.1,0,0,0]表示第二块子饼与圆心的距离为 0.1,其他部分紧靠圆心。
- pctdistance：用于设置百分比标签和圆心的距离。
- labeldistance：用于设置文本标签和圆心的距离。

- startangle：用于设置饼图的初始角度，是从 x 轴开始逆时针偏移的角度。
- center：用于设置饼图的圆心坐标。
- radius：用于设置饼图的半径。
- counterclock：用于设置是否为逆时针方向，False 表示顺时针方向。
- wedgeprops：用于设置饼图内外边界的属性值，如 wedgeprops={'linewidth':3,'width':0.5,'edgecolor':'w'}。
- textprops：用于设置文本标签的属性值，如 textprobs=dict(color='b')或者 textprobs={color:'b'}表示文本标签的颜色是蓝色。

绘制饼图的示例如下：

In[3]:

```
dataList=[0.1688,0.1497,0.0897,0.08,0.0426,0.0404,0.02725,0.02211,
0.37944]
labelList=['Java','C','C++','Python','Visual Basic.NET','C#',
'PHP','JavaScript','其他']
explodeList=[0,0,0,0.2,0,0,0,0,0]
colorList=['red','green','magenta','blue','orange']
plt.pie(x=dataList, labels=labelList, explode=explodeList,
colors=colorList, autopct='%.2f%%', pctdistance=0.8,
labeldistance=1.08, startangle=180,radius=1.2,counterclock=
False,wedgeprops={'linewidth':1,'edgecolor':'green'})
plt.title('2018年编程语言指数排行榜',pad=15)
plt.savefig("picture/饼图.png",dpi=1200)
```

Out[3]:

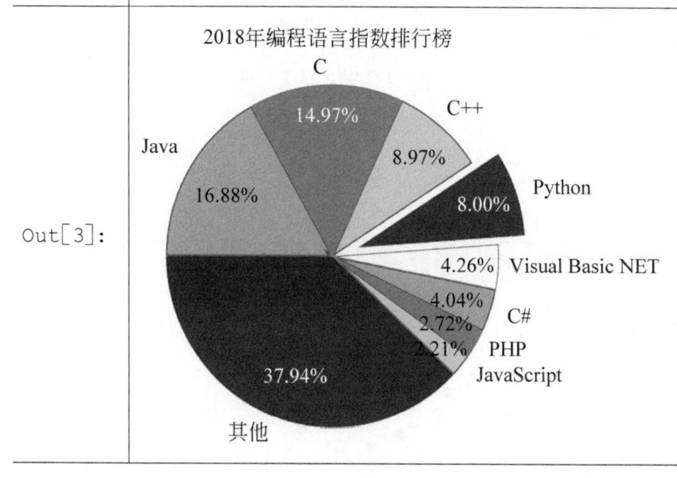

4.5.2 环图

在应用中常常需要绘制环图。在 Matplotlib 中通过设置 pie()的参数 radius 和 wedgeprops 即可方便地绘制环图。例如，对上例的代码进行修改，即可绘制环图：

In[4]:

```
##这部分代码同上
startangle=180,radius=1.2,counterclock=False,
wedgeprops={'width':0.5,'linewidth':1,'edgecolor':'white'})
plt.title('2018年编程语言指数排行榜',pad=15)
plt.savefig("picture/环图.png",dpi=1200)
```

Out[4]:

2018年编程语言指数排行榜
C
14.97%
C++
8.97%
Java
16.88%
Python
8.00%
4.26%
Visual Basic NET
4.04%
2.72%
C#
2.21%
PHP
JavaScript
37.94%
其他

同理,可连续多次调用 pie()并设置合适的 radius 和 wedgeprops,绘制嵌套的环图。

4.6 绘制散点图和泡图

4.6.1 散点图

绘制散点图需要调用 plt.scatter()方法实现。示例代码如下:

In[1]:

```
x=np.random.rand(50)
y=np.random.rand(50) * 50
plt.scatter(x,y)
plt.title("散点图")
plt.savefig("picture/散点图 1.png",dpi=1200)
```

Out[1]:

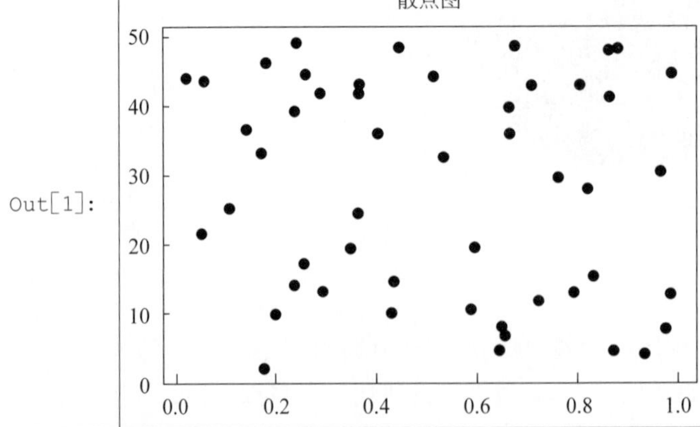

在上例的代码中，np.random.rand(50)用于产生50个服从0-1分布的随机样本值，随机样本取值区间是[0,1)。plt.scatter(x,y)用于绘制坐标为(x,y)的散点图。

4.6.2 气泡图

调用scatter()时，可用参数c控制产生的散点的颜色，用参数s控制散点的面积，用参数marker控制散点的形状，用参数vmin和vmax控制散点的最小亮度和最大亮度，用参数alpha控制散点的透明度。示例代码如下：

In[2]:

```
x=np.random.rand(50)
y=np.random.rand(50) * 50
plt.title("气泡图")
param=para=(40 * np.random.rand(50)) * * 2
plt.scatter(x,y,s=para,c=para, alpha=0.5)
plt.savefig("picture/气泡图.png",dpi=1200)
```

Out[2]:

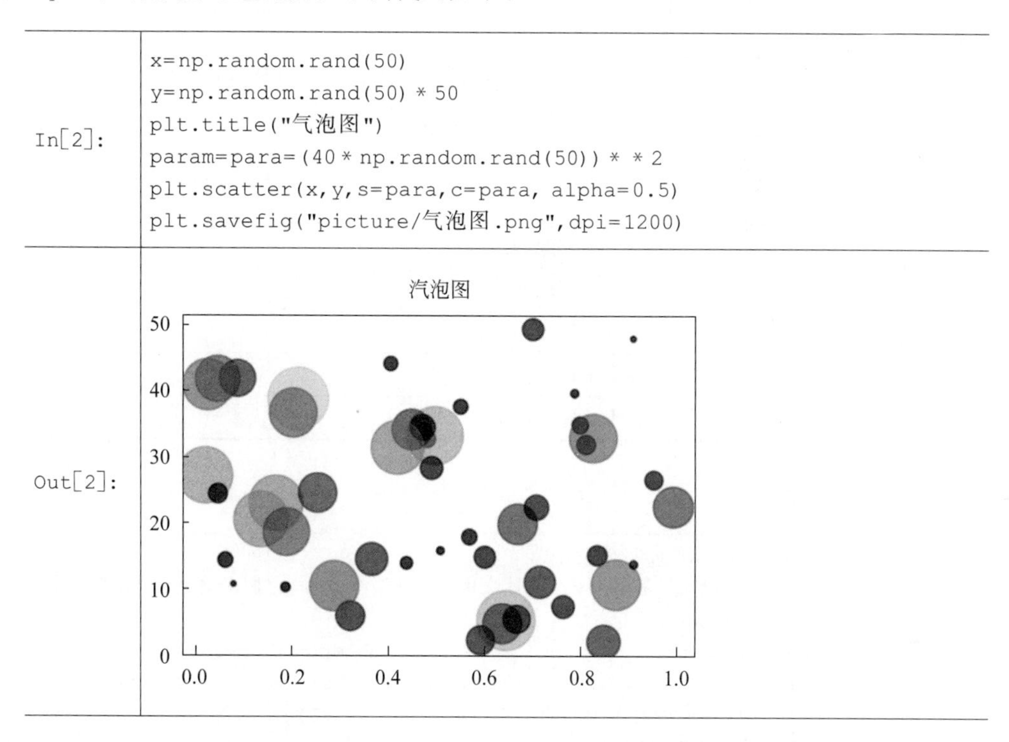

4.7 绘制雷达图、组合雷达图、极坐标散点图和极坐标条形图

4.7.1 雷达图

绘制雷达图需要使用极坐标系，它包含极点、极坐标轴、极半径和极角。绘制雷达图可通过调用plt.polar()实现，其函数原型如下：

```
matplotlib.pyplot.polar(theta, r, **kwargs)
```

其中，

- theta：点的角坐标，以弧度为单位传入参数。polar()用弧度而不是度。
- r：点的半径坐标。
- **kwargs：可选项，如表4.7所示。

表 4.7　**kwargs 可选项

属　　性	说　　明
alpha	透明度,float 类型,取值范围：[0,1]默认为 1.0,即不透明
antialiased/aa	是否使用抗锯齿渲染,默认为 True
color/c	条颜色,支持英文颜色名称及其简写、十六进制颜色码等,更多颜色示例参见官网 Color Demo
fillstyle	点的填充样式,可选值包括'full'、'left'、'right'、'bottom'、'top'、'none'
label	图例
linestyle/ls	连接的线条样式,可选值包括'-'或'solid'、'--'或'dashed'、'-.'或'dashdot'、':'或'dotted'、'none'或' '或''
linewidth/lw	连接的线条宽度,float 类型,默认为 0.8
marker	标记样式
markeredgecolor/mec	marker 标记的边缘颜色
markeredgewidth/mew	marker 标记的边缘宽度
markerfacecolor/mfc	marker 标记的颜色
markerfacecoloralt/mfcalt	marker 标记的备用颜色
markersize/ms	marker 标记的大小

示例代码如下：

In[1]:

```
rList=[76,83,71,64,79]
labelList=['基础知识','社交能力','学习能力','服务意识','团队合作']
N=len(rList)
thetaList=np.linspace(0, 2*np.pi,N, endpoint=False)
plt.polar(thetaList, rList,label=labelList,marker='o', rcolor="r")
plt.title('高中毕业学生水平', fontsize=12)
plt.ylim(0,100,20)
plt.savefig("picture/雷达图 1.png",dpi=600)
```

Out[1]:

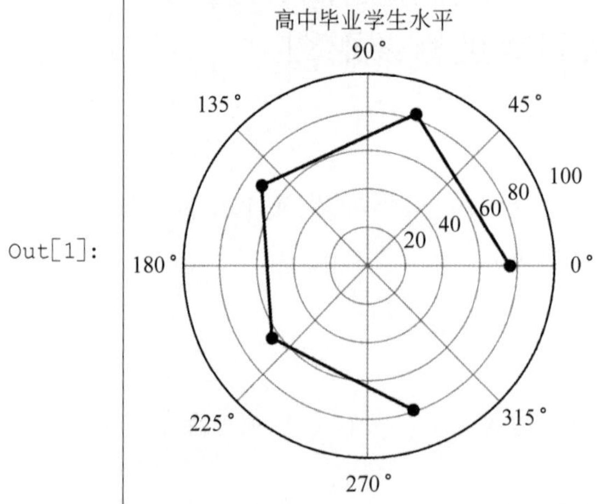

在上例的代码中，thetaList 为点位置的弧度参数列表，rList 为点的半径坐标列表，labelList 为标签列表，用于绘图的第 i 个数据（弧度、半径和标签）分别存放于 thetaList[i]、rList[i]和 labelList[i]中，np.linspace(0,2 * np.pi,N,endpoint=False)表示将整个圆的弧度（0～2π）等分成 5 等份。

绘制 n 个维度的雷达图，实际上需要 $n+1$ 个数据，第一个点和最后一个点相同，才能把点连接成为一个封闭区域。上例绘制的雷达图中的折线没有闭合，可用如下方法使折线闭合：

```
closedTheta=np.concatenate((thetaList,[thetaList[0]]))
closedR=np.concatenate((rList,[rList[0]]))
```

然后根据修改后的闭合数据 closedTheta 和 closedR 绘制雷达图，同时可以在闭合区域内用 plt.fill(closedTheta,closedR,color='g',alpha=0.5)填充特定颜色，代码和输出结果如下：

In[2]:

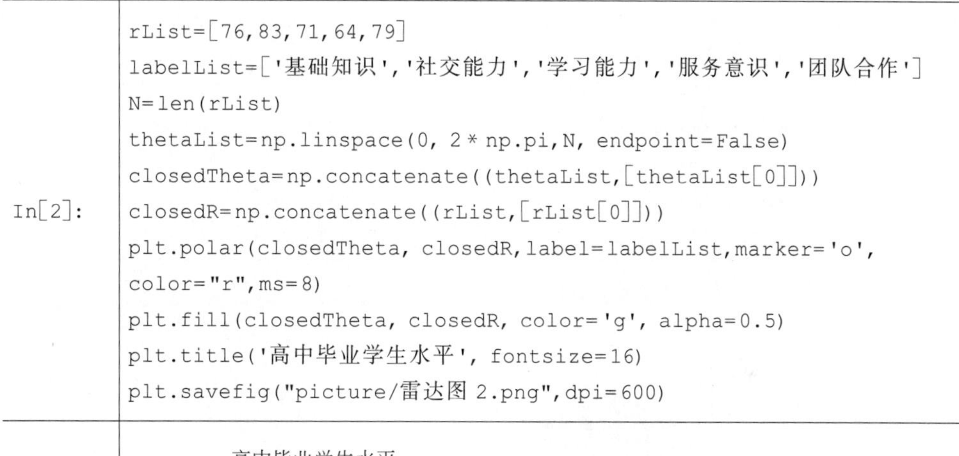

```
rList=[76,83,71,64,79]
labelList=['基础知识','社交能力','学习能力','服务意识','团队合作']
N=len(rList)
thetaList=np.linspace(0, 2*np.pi,N, endpoint=False)
closedTheta=np.concatenate((thetaList,[thetaList[0]]))
closedR=np.concatenate((rList,[rList[0]]))
plt.polar(closedTheta, closedR,label=labelList,marker='o',
color="r",ms=8)
plt.fill(closedTheta, closedR, color='g', alpha=0.5)
plt.title('高中毕业学生水平', fontsize=16)
plt.savefig("picture/雷达图 2.png",dpi=600)
```

Out[2]:

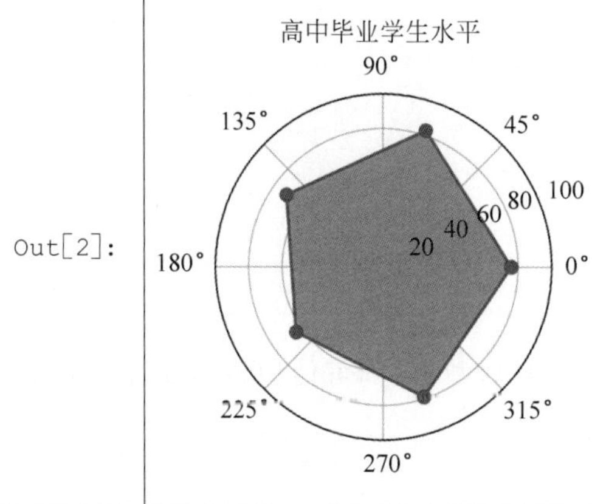

上例绘制的雷达图中的极坐标系的网格线是按照 45°间隔绘制的，使待绘制的红点的位置不在网格线上。若希望按照红点的位置重新绘制网格线，则应使用如下方法：

```
plt.xticks(thetaList,labelList)
```

它表示将整个圆的弧度等分成 5 份后，在等分点处分别显示参数 labelList 所对应的标签。

也可以使用如下方法：

```
plt.thetagrids(thetaList * 180/np.pi, labelList)
```

thetaList * 180/np.pi 用于设置绘制网格线的弧度，labelList 用于设置对应弧度的网格线外显示的标签。

完整的代码和输出结果如下：

In[3]:

```
rList=[76,83,71,64,79]
labelList=['基础知识','社交能力','学习能力','服务意识','团队合作']
N=len(rList)
thetaList=np.linspace(0, 2*np.pi,N, endpoint=False)
closedR=np.concatenate((rList,[rList[0]]))
closedTheta=np.concatenate((thetaList,[thetaList[0]]))
plt.polar(closedTheta, closedR,label=labelList,marker='o', color="r")
plt.fill(closedTheta, closedR, color='g', alpha=0.5)
plt.title('高中毕业学生水平')
plt.ylim(0,100,20)
plt.xticks(thetaList,labelList)
#plt.thetagrids(thetaList * 180/np.pi, labelList)
plt.savefig("picture/雷达图 3.png",dpi=600)
```

Out[3]:

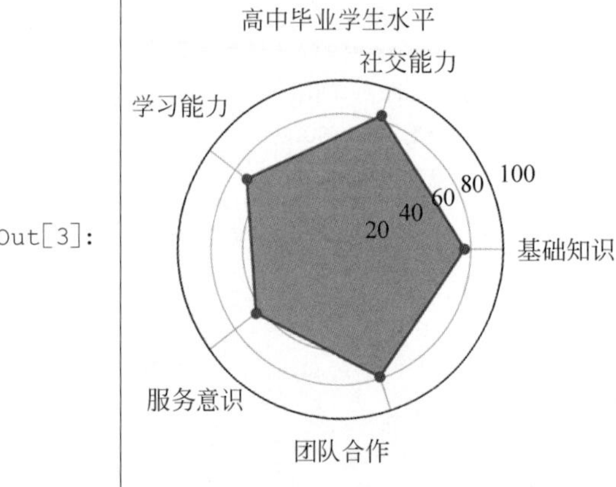

如果希望在每一个红点处显示该属性的具体数据，则可使用添加注释的方法，调用 plt.text()实现：

In[4]:

```
rList=[76,83,71,64,79]
labelList=['基础知识','社交能力','学习能力','服务意识','团队合作']
thetaList=np.linspace(0, 2*np.pi, len(rList), endpoint=False)
closedR=np.concatenate((rList,[rList[0]]))
closedTheta=np.concatenate((thetaList,[thetaList[0]]))
```

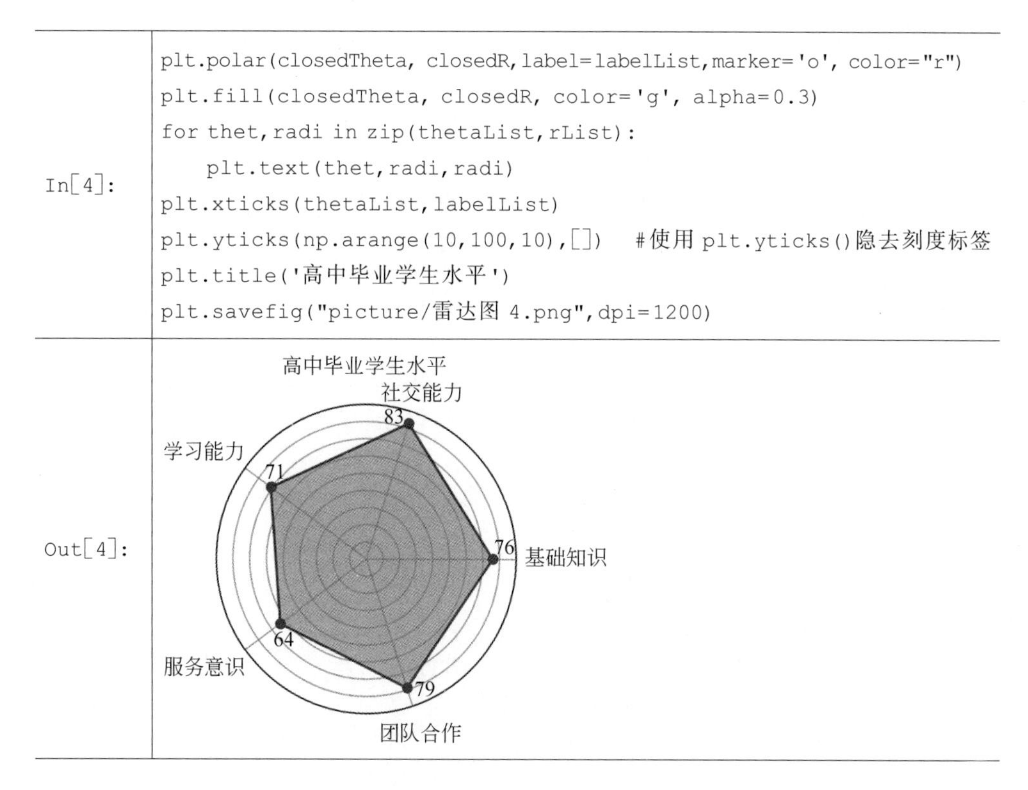

In[4]:

```
plt.polar(closedTheta, closedR,label=labelList,marker='o', color="r")
plt.fill(closedTheta, closedR, color='g', alpha=0.3)
for thet,radi in zip(thetaList,rList):
    plt.text(thet,radi,radi)
plt.xticks(thetaList,labelList)
plt.yticks(np.arange(10,100,10),[])   #使用 plt.yticks()隐去刻度标签
plt.title('高中毕业学生水平')
plt.savefig("picture/雷达图 4.png",dpi=1200)
```

Out[4]:

事实上,上例中绘制雷达图也相当于在极坐标系中绘制折线图。其方法是:首先调用 plt.polar()绘制极坐标系;然后调用 plt.plot()在极坐标系中绘制折线图,以弧度列表作为 x 轴参数,以半径列表作为 y 轴参数即可。示例代码如下:

In[5]:

```
rList=[76,83,71,64,79]
labelList=['基础知识','社交能力','学习能力','服务意识','团队合作']
thetaList=np.linspace(0, 2*np.pi, len(rList), endpoint=False)
plt.polar()
plt.plot(thetaList,rList,marker="o",color="r")
plt.fill(thetaList,rList, color='g', alpha=0.3)
for thet,radi in zip(thetaList,rList):
    plt.text(thet,radi,radi)
plt.xticks(thetaList,labelList)
plt.yticks(np.arange(10,100,10),[])
plt.title('高中毕业学生水平')
plt.savefig("picture/雷达图 41.png",dpi=600)
```

其绘制结果和上面的 Out[4]是完全一致的。

4.7.2 组合雷达图

绘制多组数据对比的组合雷达图时,一般先提供多组数据,然后多次调用 plt.polar()并分别设置不同的修饰,最后标明图例。示例如下:

In[6]:

```
rGList=[76,83,71,64,79]
rBList=[83,89,86,90,92]
labelList=['基础知识','社交能力','学习能力','服务意识','团队合作']
thetaList=np.linspace(0, 2 * np.pi, len(rList), endpoint=False)
closedG=np.concatenate((rGList,[rGList[0]]))
closedB=np.concatenate((rBList,[rBList[0]]))
closedTheta=np.concatenate((thetaList,[thetaList[0]]))
plt.polar(closedTheta, closedR,label="高中毕业学生",marker='o',
color="r",ms=8)
plt.fill(closedTheta, closedR, color='g', alpha=0.4)
plt.polar(closedTheta, closedB,label="大学毕业学生",marker='s',
color="b",ms=8)
plt.fill(closedTheta, closedB, color='y', alpha=0.4)
for t,g,b in zip(thetaList,rGList,rBList):
    plt.text(t,g,g)
    plt.text(t,b,b)
plt.xticks(thetaList,labelList)
plt.yticks(np.arange(10,100,10),[])
plt.title('学生能力水平对比分析')
plt.legend(loc="best")
plt.savefig("picture/雷达图 5.png",dpi=1200)
```

Out[6]:

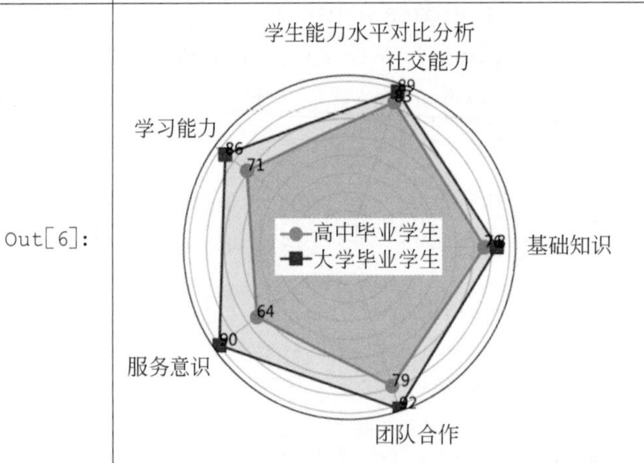

在上例的代码中,分别设置了两组半径的数据列表,调用了两次 plt.polar()和 pltfill()绘制极坐标系并对雷达图进行填充,随后调用了两次 plt.text()对雷达图中的每个顶点进行注释。最后设置坐标轴、标题并保存图片。

4.7.3 极坐标散点图

不仅可以在极坐标系中绘制折线图,而且可以在极坐标系中绘制散点图。其方法是:首先调用 plt.polar()绘制极坐标系;然后调用 plt.scatter()在极坐标系中绘制散点图,以弧度列表作为 x 轴参数,以半径列表作为 y 轴参数即可。示例如下:

In[7]:

```
rList=5 * np.random.rand(50)
thetaList=2 * np.pi * np.random.rand(50)
size=30 * rList ** 2
colorList=50 * np.random.rand(50)

plt.polar()
plt.scatter(thetaList, rList, s=size, c=colorList, alpha=0.6)
plt.title('极坐标散点图')
plt.yticks(np.arange(0,5,0.5),[])
plt.savefig("picture/雷达图 6.png",dpi=1200)
```

Out[7]:

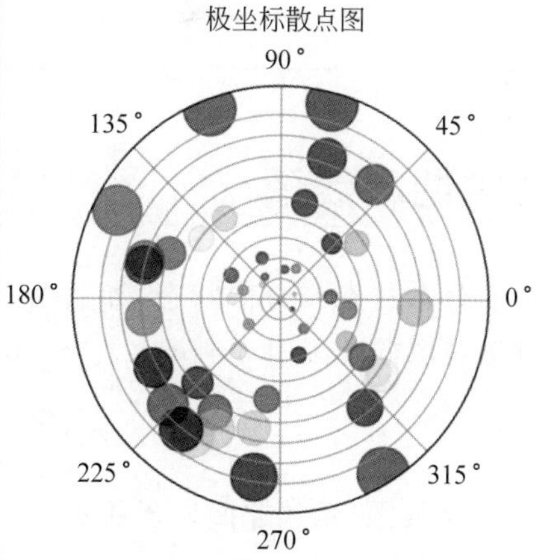

4.7.4 极坐标条形图

极坐标系中同样能够绘制条形图。其方法是：首先调用 plt.polar()绘制极坐标系；然后调用 plt.bar()在极坐标系中绘制散点图，以弧度列表作为 x 轴参数，以半径列表作为 y 轴参数即可。示例代码如下：

In[8]:

```
N=10
rList=50 * np.random.rand(N)
thetaList=np.linspace(0.0, 2 * np.pi, N, endpoint=False)
widthList=np.random.rand(N)/2
colorList=['coral','coral','darkorange','gold','green',
'turquoise','blue','plum', 'hotpink','pink']
plt.polar()
plt.bar(thetaList, rList, width=widthList,color=colorList,
alpha=0.8)
plt.title('极坐标条形图')
plt.savefig("picture/雷达图 7.png",dpi=1200)
```

Out[8]:

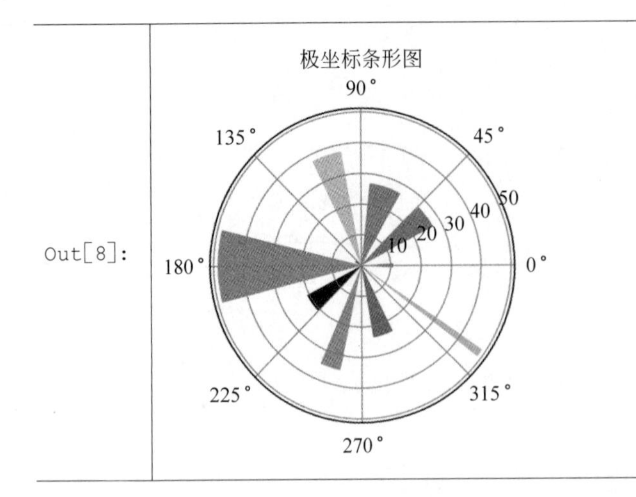

4.8 绘制箱线图

箱线图主要用于分析数据内部整体的分布状态或分散状态，如数据上限、下限、各分位数和异常值等。在 Matplotlib 中绘制箱线图需要调用 boxplot()。该函数的参数较多，常用参数说明如下：

- x：指定要绘制箱线图的数据。
- notch：指定是否以凹口的形式展现箱线图，默认非凹口。
- sym：指定异常值的形状，默认为加号。
- vert：指定是否将箱线图垂直摆放，默认垂直摆放。
- whis：指定上下须与上下四分位的距离，默认为 1.5 倍的四分位差。
- positions：在绘制多个箱线图时，指定各箱线图的位置，默认为[0,1,2,…]。
- widths：指定箱线图的宽度，默认为 0.5。
- patch_artist：指定是否填充箱体的颜色，默认不填充。
- meanline：指定是否用线的形式表示均值，默认用点表示。
- showmeans：指定是否显示均值，默认不显示。
- showcaps：指定是否显示箱线图顶端和底端的两条线，默认显示。
- showbox：指定是否显示箱线图的箱体，默认显示。
- showfliers：指定是否显示异常值，默认显示。
- boxprops：设置箱体的属性，如边框色、填充色等。
- labels：为箱线图添加标签，类似于图例的作用。
- flierprops：设置异常值的属性，如异常值的形状、大小、填充色等。
- medianprops：设置中位数的属性，如线的类型、粗细等。
- meanprops：设置均值的属性，如点的大小、颜色等。
- capprops：设置箱线图顶端和底端线条的属性，如颜色、粗细等。
- whiskerprops：设置须的属性，如颜色、粗细、线的类型等。

例如，用随机函数生成4组数字，基于这4组数字绘制4幅箱线图，没有任何修饰元素，代码和输出结果如下：

In[1]:

```
dataList=[np.random.normal(0,s,100) for s in range(1,5)]
plt.boxplot(dataList)
plt.savefig("picture/箱线图 1.png",dpi=600)
```

Out[1]:

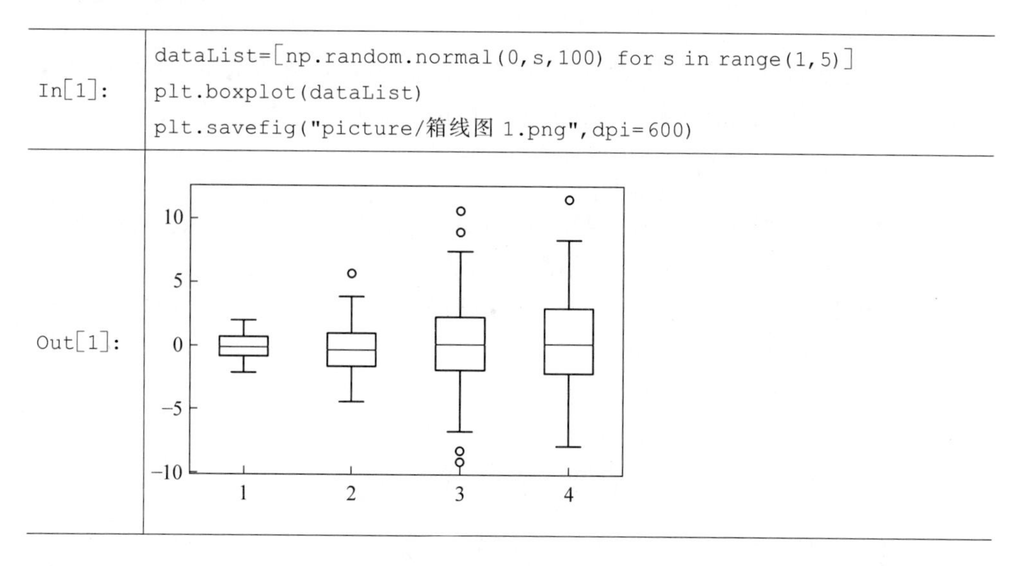

在boxplot()中添加参数，简单修饰后的代码和输出结果如下：

In[2]:

```
dataList=[np.random.normal(0,s,100) for s in range(1,5)]
labelList=['新加坡','韩国','日本','中国']
plt.title('箱线图示例', fontsize=16,pad=10)
plt.boxplot (dataList, labels = labelList, notch = True, vert = False,
showmeans=True,patch_artist=True)
plt.grid()
plt.savefig("picture/箱线图 2.png",dpi=600)
```

Out[2]:

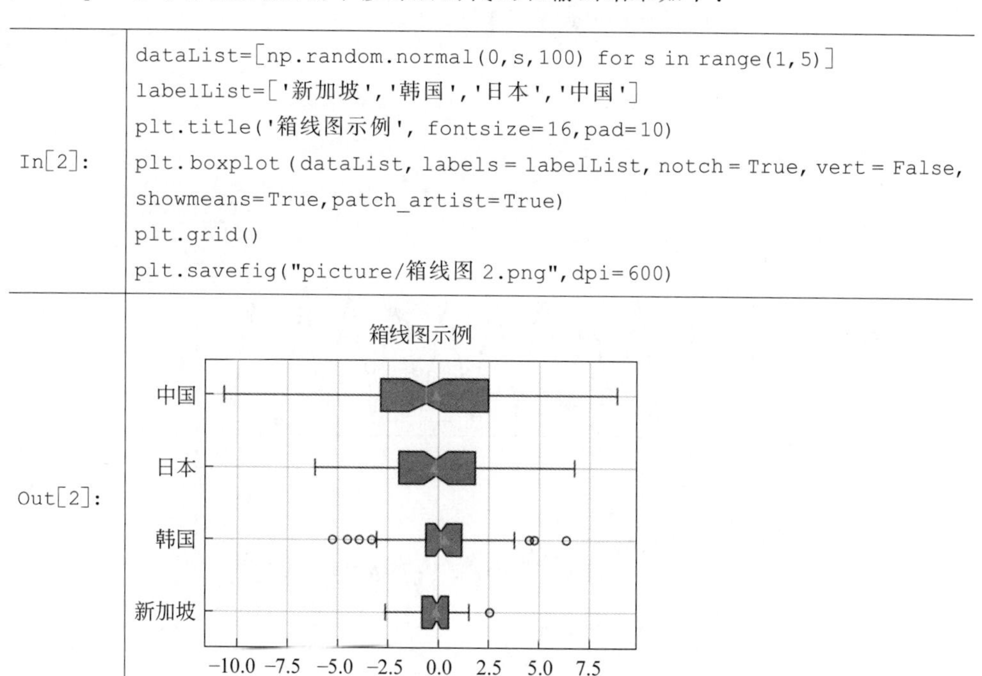

参数如下：

labelList用于设置每个箱线图的标签，vert用于设置箱线图是否垂直放置，notch用于设置箱线图是否显示切口，showmeans用于设置箱线图是否显示均值，patch_artist用于设置箱线图是否填充颜色。plt.grid()用于绘制网格线。

4.9 多子图布局

在绘图时常常将多个子图设计为并排放置或更加复杂的情形，这时可通过调用subplot()实现子图的精确布局。该函数的常用格式如下：

```
subplot(nRows, nCols, nPlot)
```

整个绘图区域被分成nRows行和nCols列，按照从左到右、从上到下的顺序对每个子区域进行编号，nPlot用于指定待绘制子图的位置。

若参数nRows=2,nCols=3,则整个图被划分为2行3列的绘图区域。nPlot=3表示第一行第三列的子图。示例如下：

In[1]:

```
t=np.arange(0, 10, 0.01)
nse=np.random.randn(len(t))
r=np.exp(-t/0.05)
cnse=np.convolve(nse, r) * 0.01
cnse=cnse[:len(t)]
s=0.1 * np.sin(2 * np.pi * t)+cnse
plt.subplot(211)
plt.plot(t, s)
plt.subplot(212)
plt.psd(s, 512, 100)
plt.savefig("picture/多子图布局 1.png",dpi=1200)
```

Out[1]:

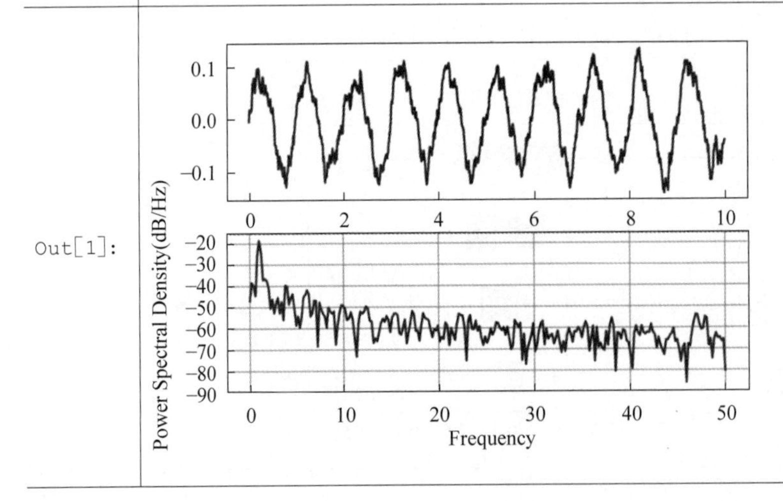

在上例的代码中，plt.subplot(211)中的211依次表示行数、列数和子图的位置编号。在Matplotlib中绘图时，若子图的数量不超过10个，允许采用这种简化形式。np.convolve()执行NumPy中的卷积计算，plt.psd()用于绘制功率谱密度图。

In[2]:

```
x=np.arange(-10.0,10.0,0.1)
y=x+5 * np.cos(x)
plt.subplot(221)
plt.plot(x,y)
angleList=np.arange(0,2 * np.pi,0.01)
radiusList=2 * np.sin(3 * angleList)
plt.subplot(222,polar=True)
plt.plot(angleList, radiusList)
t=np.arange(0,5,0.01)
s=np.exp(-t1) * np.sin(2 * np.pi * t1)
plt.subplot(212)
plt.plot(t, s)
plt.tight_layout()
plt.savefig("picture/多子图布局 2.png",dpi=1200)
```

Out[2]:

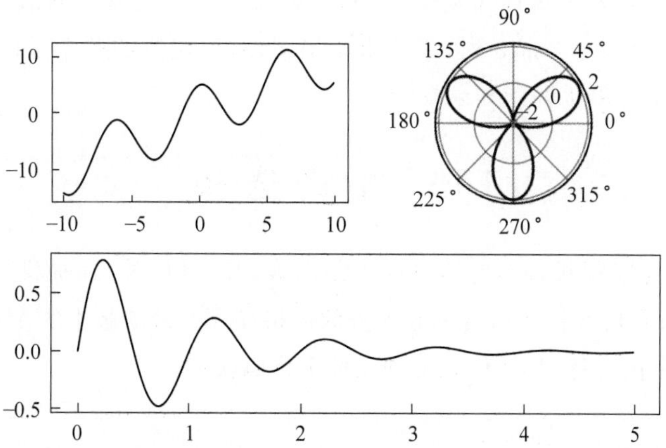

在上例的代码中,plt.subplot(221)和 plt.subplot(222)用于指定第一行中两个子图的位置,plt.subplot(212)用于指定第二行的图表位置。plt.tight_layout()用于自动调整子图之间的距离,避免出现标签或子图重叠的情况。

利用 subplot()还可以应对更加复杂的多子图布局情况,示例如下:

In[3]:

```
plt.subplot(221)
plt.text(0.1,0.4,"这是 2 行 2 列布局的第 1 幅图\n 对应参数 221")
plt.subplot(223)
plt.text(0.1,0.4,"这是 2 行 2 列布局的第 3 幅图\n 对应参数 223")
plt.subplot(122)
plt.text(0.1,0.4,"这是 1 行 2 列布局的第 2 幅图\n 对应参数 122")
plt.tight_layout()
plt.savefig("picture/多子图布局 3.png",dpi=1200)
```

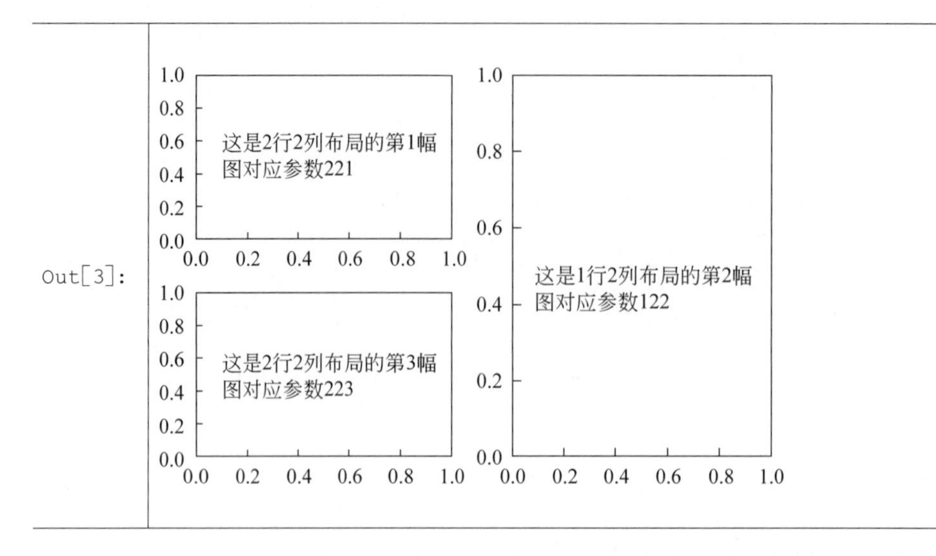

从上例可以看出，复杂页面布局的子图行、列编号是从整体到局部层层分解的。因此，对于右侧子图，布局为1行2列，它是第2幅图；对于左侧的两个子图，布局为2行2列，这两个子图分别为第1幅图和第3幅图。

4.10 样式选择

Matplotlib库除了提供许多能够直接绘制图表的工具以外，还提供了多种图表样式风格。在绘图时可直接选择Matplotlib内置的风格样式。最新版本的Matplotlib提供了26种预定义样式可供选择，具体信息可利用如下代码获取：

```
In[1]:  plt.style.available
```

Matplotlib会按照顺序搜索名称为matplotlibrc的格式文件，一旦找到就会停止继续搜索并使用该文件内定义的样式作为默认样式。具体搜索顺序如下：

(1) 当前工作目录。

(2) $MATPLOTLIBRC定义的文件或文件夹。

(3) 用户自定义的配置文件位置，该信息可通过matplotlib.get_configdir()查询。

(4) <INSTALL>/matplotlib/mpl-data/matplotlibrc，其中<INSTALL>是Matplotlib的安装目录。

当前默认的样式文件可通过matplotlib.matplotlib_fname()查询。

有关样式选择的其他函数有matplotlib.pyplot.style.use()、matplotlib.pyplot.style.context()、matplotlib.pyplot.rcdefaults()和matplotlib.rc_file_defaults()。

matplotlib.pyplot.style.use()用于指定要使用的预定义样式，其参数既可以是预定义样式名称，也可以是指向自己定义样式文件的路径。

matplotlib.pyplot.style.context()用于指示在某个代码块内使用某种特定样式，而代码块之外的图表不受影响示。例代码如下：

In[2]:
```
with plt.style.context(('dark_background')):
    plt.plot(np.sin(np.linspace(0, 2 * np.pi)), 'r-o')
```

matplotlib.pyplot.rcdefaults()和 matplotlib.rc_file_defaults()用于恢复默认的配置状态。两者的不同之处在于：前者恢复到 Matplotlib 内建的样式，而后者恢复到最初导入的样式文件定义的样式。

示例如下：

In[3]:
```
x=np.arange(-2 * np.pi,2 * np.pi,0.01)
y=np.sin(x)
styleList=plt.style.available
j=1
for i in np.arange(2,25,4):
    styleLabel=styleList[i+1]
    with plt.style.context(styleLabel):
        plt.subplot(3,2,j)
        plt.plot(x,y)
        plt.title(styleLabel)
    j=j+1
plt.tight_layout()
plt.savefig("picture/样式风格.png",dpi=1200)
```

Out[3]:

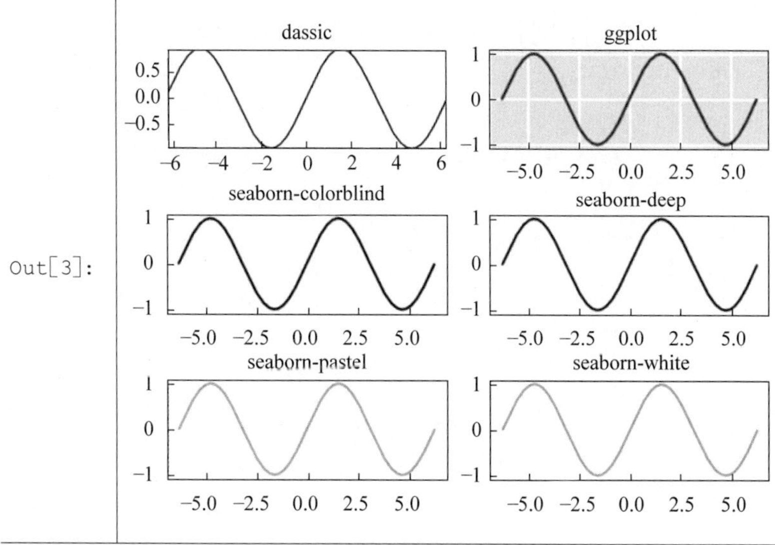

思考题

1. 利用 Matplotlib 绘制折线图、条形图、饼图、散点图、雷达图、箱线图使用的函数分别是什么?

2. 图形修饰中设置标题、图例、网格线、刻度、坐标轴标签需使用哪个参数?

3. 根据自己每天吃饭、睡觉、学习、运动、游戏的时间安排绘制饼图。

4. 根据自己的观感对华为、苹果、小米、vivo、OPPO 手机在外观、质量、性能、性价比、服务 5 个方面做出评价并分别绘制雷达图。

回归模型原理与应用

本章学习目标

- 熟悉线性回归模型的形式。
- 了解线性回归方程参数求解的方法。
- 了解非线性回归模型。
- 掌握线性回归方程的选择和预测。
- 掌握线性回归模型的程序实现。

本章主要内容如图 5.1 所示。

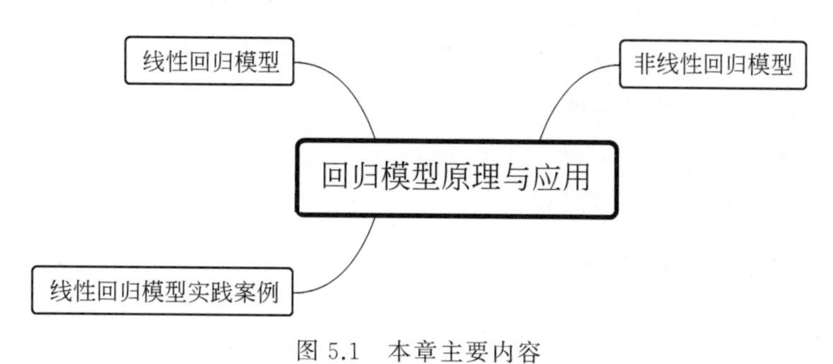

图 5.1　本章主要内容

5.1　线性回归模型

5.1.1　回归分析的含义

“回归”这一术语最早是由英国统计学家高尔顿(Francis Galton)在 19 世纪末期研究人类遗传问题时提出的。他发现,总体上子辈身高和父辈身高是正相关的,但是当父辈身高异常高或异常矮时,子辈高于或矮于父辈的概率很小。他将子辈身高向父辈的平均身高回归的趋势移动称为回归效应。人们更关注给定父辈身高的情形下如何找到子辈平均身高的变化规律。

假设已知一组身高的实测数据,绘制成散点图,如图 5.2 所示。

在图5.2中，父亲身高分为4组；对应于设定的父亲身高，儿子身高有一个分布范围。如果画一条表示儿子平均身高的线，说明儿子的平均身高是如何随着父亲身高的增加而增加的，这条线就是回归线。从图形上看，回归线是对实测数据的拟合，既可以是直线，也可以是曲线，通过回归线可以预测儿子的身高。从函数形式上看，回归线对应的是函数表达式，这个表达式描述了儿子身高和父亲身高的依赖关系。如果是线性表达式，回归线就是直线；如果是非线性表达式，回归线就是曲线。因此，回归分析的任务就是：使用输入变量 X 建立某个函数关系式，尽可能准确地预测输出变量 Y。按照输入变量的个数，可将回归分析分为一元回归分析和多元回归分析；按照输入变量和输出变量之间的关系类型，可将回归分析分为线性回归分析和非线性回归分析。回归分析的步骤如下：

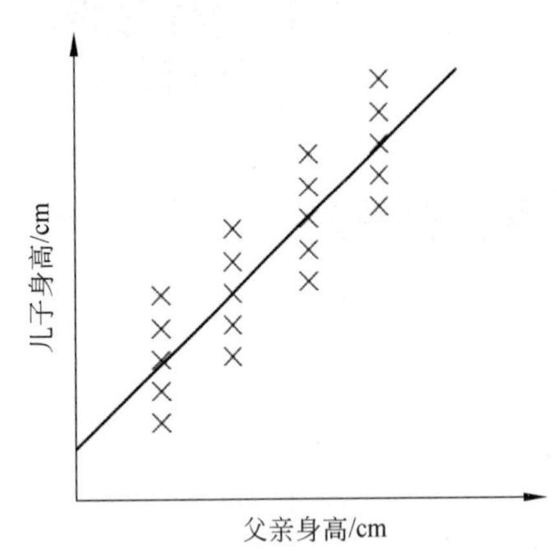

图5.2 父亲和儿子身高的散点图

(1) 建立输出变量与输入变量的回归方程。

(2) 选择最优回归方程。

① 计算回归方程的拟合优度。

② 检验回归方程的整体显著性。

③ 检验各回归系数的显著性。

④ 回归诊断。

(3) 利用最优回归方程进行预测。

5.1.2 线性回归模型的形式

一元线性回归模型采用一元线性回归方程的形式，其公式如下：

$$Y=\theta_0+\theta_1 x_1+\varepsilon$$

其中，Y 是输出变量；θ_0、θ_1 是未知参数；x_1 是输入变量；ε 是误差项，用于反映输入变量和输出变量之间除线性关系之外的随机因素或不可观测的因素，假定 $\varepsilon\sim N(0,\sigma^2)$ 且相互独立。例如，影响儿子身高的因素除了父亲身高之外还有其他随机因素，输入变量只有父亲身高，所以可用该模型表达二者的函数关系。

大多数情况下输出变量会受多个输入变量的影响，例如决定儿子身高的因素不只有父亲身高，假设还有运动时间、饮食习惯等多个因素，即多个输入变量，因此可以建立更一般的包含 k 个输入变量的线性回归方程如下：

$$Y=\theta_0+\theta_1 x_1+\theta_2 x_2+\cdots\theta_k x_k+\varepsilon$$

在实际建模中，输入变量 X 和输出变量 Y 的实测值(即训练数据)是已知的，而参数 $\theta_0,\theta_1,\theta_2,\cdots,\theta_k$ 是未知的，建立线性回归方程的关键是用训练数据求得参数 $\theta_0,\theta_1,\theta_2,\cdots,\theta_k$ 的最优解 $\hat{\theta}_0,\hat{\theta}_1,\hat{\theta}_2,\cdots,\hat{\theta}_k$，代入上式后略去误差项，得到最终用于预测的线性回归方程：

$$\hat{Y}=\hat{\theta}_0+\hat{\theta}_1 x_1+\hat{\theta}_2 x_2+\cdots+\hat{\theta}_k x_k$$

5.1.3 线性回归方程参数求解

$\hat{\theta}$随着参数 $\theta_0,\theta_1,\theta_2,\cdots,\theta_k$ 取值的不同，会产生不同的线性回归方程，回归分析的任务就是要从中找到最优方程，即对训练数据拟合获取最优回归线，因此问题就转换成了如何求得参数 $\theta_0,\theta_1,\theta_2,\cdots,\theta_k$ 的最优解$\hat{\theta}_0,\hat{\theta}_1,\hat{\theta}_2,\cdots,\hat{\theta}_k$，常用的方法有正规方程法和梯度下降法，这两种方法都包含最小二乘法的思想。以一元线性回归为例，最小二乘法的思想是：首先获得 n 关于输入变量 X 和输出变量 Y 的实测值$(x_1,y_1),(x_2,y_2),\cdots,(x_n,y_n)$，并在坐标轴上绘制 n 对数据点；然后用一条直线拟合这些数据点，最优的拟合直线应该是距离大部分数据点最近的那条直线，即把 n 对数据点代入最优直线对应的线性回归方程得到的预测值与实测值的差异最小。两者的关系用如下公式表示：

$$Y=\hat{Y}+\hat{\varepsilon}$$

将 n 对实测值$(x_1,y_1),(x_2,y_2),\cdots,(x_n,y_n)$代入上式可得

$$y_i=\hat{y}_i+\hat{\varepsilon}_i,\quad i=1,2,\cdots,n$$

$$\hat{\varepsilon}_i=y_i-\hat{y}_i,\quad i=1,2,\cdots,n$$

其中，y_i 称为实测值，$\hat{y}_i$ 称为预测值；$\hat{\varepsilon}_i$ 是实测值与其预测值之差，称为残差，也是真实误差 ε 的估计。实践中一般希望预测值尽可能地靠近实测值，使损失函数尽可能小。

$$J(\hat{\boldsymbol{\theta}})=J(\hat{\theta}_0,\hat{\theta}_1)=\sum\hat{\varepsilon}_i^2=\sum(y_i-\hat{y}_i)^2=\sum(y_i-\hat{\theta}_0-\hat{\theta}_1 x_i)^2$$

上式常称为损失函数，其中$\hat{\varepsilon}_i^2$ 是残差的平方。问题进一步转换成了求解参数向量$\hat{\boldsymbol{\theta}}$，使$J(\hat{\boldsymbol{\theta}})$达到最小。

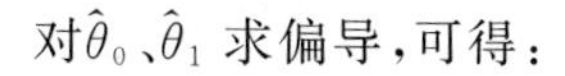

1. 正规方程法

正规方程法可以一次性求解参数向量$\hat{\boldsymbol{\theta}}$，由微积分知识可知，$J(\hat{\boldsymbol{\theta}})$对$\hat{\theta}_0$ 和$\hat{\theta}_1$ 的偏导为 0 时 $J(\hat{\boldsymbol{\theta}})$最小。以一元线性回归方程为例，只需计算 $J(\hat{\boldsymbol{\theta}})$对$\hat{\theta}_0$ 和$\hat{\theta}_1$ 的偏导，令偏导数为 0，即可求得对应的$\hat{\theta}_0$ 和$\hat{\theta}_1$，计算过程如下：

对$\hat{\theta}_0$、$\hat{\theta}_1$ 求偏导，可得：

$$\frac{\partial}{\partial\hat{\theta}_0}J(\hat{\boldsymbol{\theta}})=-2\sum(y_i-\hat{\theta}_0-\hat{\theta}_1 x_i)$$

$$\frac{\partial}{\partial\hat{\theta}_1}J(\hat{\boldsymbol{\theta}})=-2\sum(y_i-\hat{\theta}_0-\hat{\theta}_1 x_i)x_i$$

令$\frac{\partial}{\partial\hat{\theta}_0}J(\hat{\boldsymbol{\theta}})=0,\frac{\partial}{\partial\hat{\theta}_1}J(\hat{\boldsymbol{\theta}})=0$，可得：

$$\begin{cases}\sum y_i=n\hat{\theta}_0+\hat{\theta}_1\sum x_i\\ \sum x_i y_i=\hat{\theta}_0\sum x_i+\hat{\theta}_1\sum x_i^2\end{cases}$$

求解联立方程，可得

$$\begin{cases}\hat{\theta}_1=\dfrac{\sum x_i y_i-\dfrac{1}{n}\left(\sum x_i\right)\left(\sum y_i\right)}{\sum x_i^2-\dfrac{1}{n}\left(\sum x_i\right)^2}=\dfrac{\sum(x_i-\bar{x})(y_i-\bar{y})}{\sum(x_i-\bar{x})^2}\\ \hat{\theta}_0=\bar{y}-\hat{\theta}_1\bar{x}\end{cases}$$

其中，$\bar{x}=\dfrac{\sum x}{n}$，$\bar{y}=\dfrac{\sum y}{n}$分别为$X$和$Y$的样本均值。当给出$\theta_0$、$\theta_1$的估计$\hat{\theta}_0$、$\hat{\theta}_1$后，将其代入回归方程，可由$X$求出$Y$的预测值。

在多元线性回归方程中，如果有k个输入变量和n次独立的样本实测数据x_{i1}，x_{i2}，…，x_{ik}；y_i)，$i=1,2,\cdots,n$，线性回归模型可表示成如下形式：

$$\begin{cases}y_1=\hat{\theta}_0+\hat{\theta}_1x_{11}+\hat{\theta}_2x_{12}+\cdots+\hat{\theta}_kx_{1k}+\hat{\varepsilon}_1\\ y_2=\hat{\theta}_0+\hat{\theta}_1x_{21}+\hat{\theta}_2x_{22}+\cdots+\hat{\theta}_kx_{2k}+\hat{\varepsilon}_2\\ \qquad\vdots\\ y_n=\hat{\theta}_0+\hat{\theta}_1x_{n1}+\hat{\theta}_2x_{n2}+\cdots+\hat{\theta}_kx_{nk}+\hat{\varepsilon}_n\end{cases}$$

上式可进一步简写成如下形式：

$$\boldsymbol{Y}=\hat{\boldsymbol{Y}}+\hat{\boldsymbol{\varepsilon}}=\boldsymbol{X}\hat{\boldsymbol{\theta}}+\hat{\boldsymbol{\varepsilon}}$$

其中：

$$\boldsymbol{Y}=\begin{bmatrix}y_1\\y_2\\\vdots\\y_n\end{bmatrix},\quad \hat{\boldsymbol{Y}}_1=\begin{bmatrix}\hat{y}_1\\\hat{y}_2\\\vdots\\\hat{y}_n\end{bmatrix},\quad \boldsymbol{X}=\begin{bmatrix}x_{10}&x_{11}&\cdots&x_{1k}\\x_{20}&x_{21}&\cdots&x_{2k}\\\vdots&\vdots&\ddots&\vdots\\x_{n0}&x_{n1}&\cdots&x_{nk}\end{bmatrix},\quad \hat{\boldsymbol{\theta}}=\begin{bmatrix}\hat{\theta}_0\\\hat{\theta}_1\\\vdots\\\hat{\theta}_k\end{bmatrix},\quad \hat{\boldsymbol{\varepsilon}}=\begin{bmatrix}\hat{\varepsilon}_1\\\hat{\varepsilon}_2\\\vdots\\\hat{\varepsilon}_n\end{bmatrix}$$

Y是实测值向量；$\hat{\boldsymbol{Y}}$是预测值向量；$\boldsymbol{X}$是输入变量矩阵，令$x_{10},x_{20},\cdots,x_{n0}=1$；$\hat{\boldsymbol{\theta}}$是参数向量；$\hat{\boldsymbol{\varepsilon}}$是残差向量，其每一个分量$\hat{\varepsilon}_i$都是预测值和实测值的差，也是真实误差$\varepsilon_i$的估计值。类似于一元线性回归方程，移项后可得

$$\hat{\boldsymbol{\varepsilon}}=\boldsymbol{Y}-\hat{\boldsymbol{Y}}=\boldsymbol{Y}-\boldsymbol{X}\hat{\boldsymbol{\theta}}$$

多元线性回归方程损失函数定义如下：

$$\begin{aligned}J(\hat{\boldsymbol{\theta}})&=J(\hat{\theta}_0,\hat{\theta}_1,\cdots,\hat{\theta}_k)=\hat{\boldsymbol{\varepsilon}}^{\mathrm{T}}\hat{\boldsymbol{\varepsilon}}=(\boldsymbol{Y}-\boldsymbol{X}\hat{\boldsymbol{\theta}})^{\mathrm{T}}(\boldsymbol{Y}-\boldsymbol{X}\hat{\boldsymbol{\theta}})\\&=\boldsymbol{Y}^{\mathrm{T}}\boldsymbol{Y}-2\hat{\boldsymbol{\theta}}^{\mathrm{T}}\boldsymbol{X}^{\mathrm{T}}\boldsymbol{Y}+\hat{\boldsymbol{\theta}}^{\mathrm{T}}\boldsymbol{X}^{\mathrm{T}}\boldsymbol{X}\hat{\boldsymbol{\theta}}\end{aligned}$$

依次计算$J(\hat{\boldsymbol{\theta}})$对参数向量$\hat{\boldsymbol{\theta}}$的每一个分量$\hat{\theta}_j$的偏导数，并令偏导数等于0，即可求得$\hat{\theta}_j$，这些解组合成对应的参数向量$\hat{\boldsymbol{\theta}}$。

$$\frac{\partial}{\partial\hat{\boldsymbol{\theta}}}J(\hat{\boldsymbol{\theta}})=\frac{\partial(\boldsymbol{Y}^{\mathrm{T}}\boldsymbol{Y}-2\hat{\theta}^{\mathrm{T}}\boldsymbol{X}^{\mathrm{T}}\boldsymbol{Y}+\hat{\boldsymbol{\theta}}^{\mathrm{T}}\boldsymbol{X}^{\mathrm{T}}\boldsymbol{X}\hat{\boldsymbol{\theta}})}{\partial\hat{\boldsymbol{\theta}}}=-2\boldsymbol{X}^{\mathrm{T}}\boldsymbol{Y}+2\boldsymbol{X}^{\mathrm{T}}\boldsymbol{X}\hat{\boldsymbol{\theta}}=0$$

多元线性回归方程参数向量$\hat{\boldsymbol{\theta}}$的正规方程解为

$$\hat{\boldsymbol{\theta}}=(\boldsymbol{X}^{\mathrm{T}}\boldsymbol{X})^{-1}\boldsymbol{X}^{\mathrm{T}}\boldsymbol{Y}$$

使用正规方程法求解参数向量$\hat{\boldsymbol{\theta}}$的必要条件是$\boldsymbol{X}^{\mathrm{T}}\boldsymbol{X}$的逆矩阵存在。

2. 梯度下降法

当k很大时，利用正规方程法计算矩阵的乘法和逆运算会变得很慢。另外，如果$\boldsymbol{X}^{\mathrm{T}}\boldsymbol{X}$是不可逆矩阵，不能直接使用正规方程法求解。这时可使用梯度下降法求解参数向量$\hat{\boldsymbol{\theta}}$。梯度下降法是一种寻找目标函数$J(\hat{\boldsymbol{\theta}})$最小化的迭代算法。先给定参数$\hat{\theta}_j$的初始值，通过不同的算法递推出新值，然后再以新值作为输入，继续迭代出一系列更新的值，如此反复由旧值递推出新值，直到使目标函数$J(\hat{\boldsymbol{\theta}})$极小的参数点处。

梯度下降法的具体步骤如下。

(1) 给$\hat{\theta}_j$一个随机的初始值。

(2) 计算损失函数$J(\hat{\boldsymbol{\theta}})$对参数$\hat{\boldsymbol{\theta}}$的每一个分量$\hat{\theta}_j$的偏导数，从而得到该分量在某点的梯度值。每做一次求偏导都表示找到了当前位置梯度最陡的方向，梯度的反方向就是函数值减小最快的方向。

(3) 结合$\hat{\theta}_j$的上一次值、步长与梯度递推出新值。递推公式如下：

$$\hat{\theta}_j=\hat{\theta}_j-\alpha\frac{\partial}{\partial\hat{\theta}_j}J(\hat{\boldsymbol{\theta}})\quad j=0,1,2,\cdots,k$$

求解上式的偏导，$\hat{\theta}_j$的迭代公式为

$$\hat{\theta}_j=\hat{\theta}_j-\alpha\sum_{i=1}^{n}(\hat{y}_i-y_i)x_{ij}\quad j=0,1,2,\cdots,k$$

其中，α是步长，也称学习率。在迭代过程中需要不断尝试不同的α，从而找到最合适的α。α值太小会导致迭代次数过多，$\hat{\boldsymbol{\theta}}$收敛过慢；$\alpha$值太大容易跳过$\hat{\boldsymbol{\theta}}$收敛值而在收敛值附近震荡。$x_{ij}$是第$i$个样本的第$j$个输入变量值，每一次迭代都需要把所有的$n$个样本都取到，把每一个样本的预测值减去实测值，再把这个差值乘上该样本的第j个特征值。

(4) 判断$\hat{\theta}_j$和损失函数$J(\hat{\boldsymbol{\theta}})$是否收敛。当两次迭代的值几乎不发生变化时，可判断收敛。如果没有收敛，重复步骤(2)和(3)，否则进行步骤(5)。

(5) 经过上述计算获得了其中一个参数的解，例如$\hat{\theta}_0$。然后重复以上步骤获得$\hat{\theta}_1$，$\hat{\theta}_2$，…，$\hat{\theta}_k$，取得所有参数向量$\hat{\boldsymbol{\theta}}$的解，最终得到预测方程。

5.1.4 线性回归方程选择

1. 回归方程拟合优度

回归方程拟合优度是指回归直线对实测数据的拟合程度。如果全部实测点都落在回

归直线上，即可得到一个完美的拟合结果。但这种情况很少发生，大部分情况下，总有一些正的残差和一些负的残差围绕在回归直线周围。只需使围绕在回归直线的残差尽可能小，判定系数 R^2 就是这种拟合程度优劣的一个度量，通过对总离差平方和(Sum Squares of Total，SST)的分解得到判定系数 R^2。SST 定义如下：

$$\text{SST}=\sum_{i=1}^{n}(y_i-\bar{y})^2$$

SST 反映了实测值的总变化量，可分解为

$$\text{SST}=\sum_{i=1}^{n}(y_i-\bar{y})^2=\sum_{i=1}^{n}(y_i-\hat{y}_i+\hat{y}_i-\bar{y})^2=\sum_{i=1}^{n}(y_i-\hat{y}_i)^2+\sum_{i=1}^{n}(\hat{y}_i-\bar{y})^2$$

残差平方和(Sum Squares Of Error，SSE)反映了由误差引起的实测值的变化。其定义如下：

$$\text{SSE}=\sum_{i=1}^{n}(y_i-\hat{y}_i)^2$$

若 SSE=0，则每个实测值都可由线性关系精确拟合，误差为 0。SSE 越大，实测值与预测值的偏差也越大，误差也越大。

模型平方和(Sum Squares of Model，SSM)反映了由输入变量引起的输出变量的变化。其定义如下：

$$\text{SSM}=\sum_{i=1}^{n}(\hat{y}_i-\bar{y})^2$$

若 SSM=0，则每个预测值均相等，即输出变量不随输入变量的变化而变化，二者之间的线性回归关系不成立，这实质上反映了 $\hat{\theta}_1=\hat{\theta}_2=\cdots=\hat{\theta}_k=0$。

因此，SST=SSM+SSE。SSM 越大，说明由线性回归关系描述输出变量总变化量的比例就越大，即输出变量与输入变量之间的线性关系越显著。

判定系数(determination coefficient)R^2 可以解释为输出变量实测值 $y_1,y_2,\cdots,y_n$ 的总变化量 SST 中被线性回归方程所描述的比例。其定义如下：

$$R^2=\frac{\text{SSM}}{\text{SST}}=1-\frac{\text{SSE}}{\text{SST}}$$

R^2 越大，说明线性回归方程描述输出变量总变化量的比例越大，从而 SSE 就越小，即拟合效果越好。

对于多元回归的情形，常用修正 R^2(Adj-R^2)代替 R^2，因为在模型中增加输入变量总能提高 R^2，Adj-R^2 考虑了加入模型的输入变量数，在比较不同多元模型时用 Adj-R^2 更合适。其定义为

$$\text{Adj-}R^2=1-\frac{\text{SSE}/(n-k-1)}{\text{SST}/(n-f)}$$

若模型中包含 $\hat{\theta}_0$，则 $j=1$；否则 $j=0$。

2. 防止过拟合

因样本数据不可避免地存在测量误差和噪声数据，若一味地追求高拟合优度，很可能

导致过拟合。例如,图 5.3 中的 10 个点可用多项式$\hat{y}=\hat{\theta}_0+\hat{\theta}_1x+\hat{\theta}_2x^2+\cdots+\hat{\theta}_9x^9$ 拟合,也可用线性回归模型$\hat{y}=2x$ 拟合。显然图 5.3(a)拟合了所有噪声数据,出现了过拟合现象。从图形上看,是一条曲线且曲线几乎通过所有的实测数据点;从表达式上看,是一个高次函数,输入变量系数值波动较为明显,过拟合模型在未知数据上的预测效果很差,模型泛化能力低。

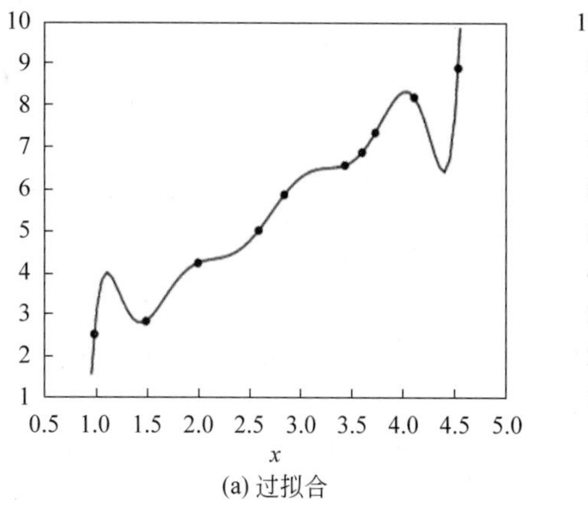

(a) 过拟合

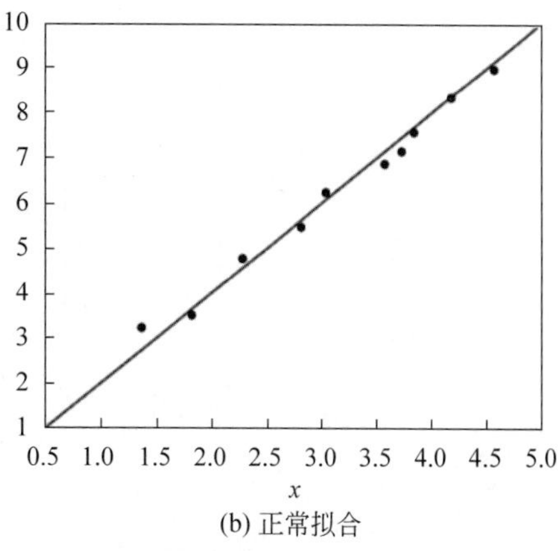

(b) 正常拟合

图 5.3 过拟合与正常拟合

此外,当模型的输入变量过多且样本数据过少时也会出现过拟合问题,这种情况下一般需要采用正则化处理。正则化处理采用某种约束为参数规定一个取值范围,减小输入变量的数量级,防止参数出现较大波动,从而在尽可能符合数据原始分布的基础上得到一个平滑、简单的模型,达到减化模型、降低过拟合可能性的目的。

正则化处理的表现形式是在线性回归损失函数 $J(\hat{\boldsymbol{\theta}})$中加正则化项。正则化一般有 L1 正则化与 L2 正则化。

L1 正则化在线性回归中称为 Lasso 回归,即常说的套索回归。其方法是:在损失函数 $J(\hat{\boldsymbol{\theta}})$后增加参数向量$\hat{\boldsymbol{\theta}}$的 L1 范数,即所有输入变量系数绝对值的和来实现正则化。函数表达式如下:

$$J(\hat{\boldsymbol{\theta}})=\frac{1}{2n}\left[\sum_{i=1}^{n}(\hat{y}_i-y_i)^2+\lambda\sum_{j=1}^{k}|\hat{\theta}_j|\right]$$

其中,n 是样本个数;k 是输入变量的个数;λ 是正则化参数,用来调节损失函数的误差项和正则化项的权重。L1 正则化可以使一些输入变量的系数变小,甚至还使一些绝对值较小的系数直接变为 0,以增强模型的泛化能力。

L2 正则化在线性回归中也称为 Ridge 回归,即常说的岭回归。其方法是:在损失函数 $J(\hat{\boldsymbol{\theta}})$后增加参数向量$\hat{\boldsymbol{\theta}}$的 L2 范数的平方项,即所有输入变量系数的平方和来实现正则化。函数表达式如下:

$$J(\hat{\boldsymbol{\theta}})=\frac{1}{2n}\left[\sum_{i=1}^{n}(\hat{y}_i-y_i)^2+\lambda\sum_{j=1}^{k}\hat{\theta}_j^2\right]$$

L2 正则化会对输入变量系数按比例进行缩放，而不是像 L1 正则化那样减去一个固定值，这使得输入变量系数变小而不会变为 0，因此 L2 正则化会让模型变得更简单，防止过拟合，而不会起到特征选择的作用。

损失函数 $J(\hat{\boldsymbol{\theta}})$ 经过了正则化处理，可使用梯度下降法和正规方程法求解参数向量 $\hat{\boldsymbol{\theta}}$。以 L2 正则化函数为例，参数向量 $\hat{\boldsymbol{\theta}}$ 的解如下：

（1）正规方程法：

$$\hat{\boldsymbol{\theta}}=\left(\boldsymbol{X}^{\mathrm{T}}\boldsymbol{X}+\lambda\begin{bmatrix}0 & & & \\ & 1 & & \\ & & 1 & \\ & & & \ddots & \\ & & & & 1\end{bmatrix}\right)^{-1}\boldsymbol{X}^{\mathrm{T}}\boldsymbol{Y}$$

（2）梯度下降法：

$$\hat{\theta}_0=\hat{\theta}_0-\alpha\frac{1}{n}\sum_{i=1}^{n}(\hat{y}_i-y_i)x_{i0}$$

$$\hat{\theta}_j=\hat{\theta}_j-\alpha\left[\frac{1}{n}\sum_{i=1}^{n}(\hat{y}_i-y_i)x_{ij}+\frac{\lambda}{n}\hat{\theta}_j\right]\quad j=0,1,2,\cdots,k$$

3. 回归方程总体显著性检验

在实际问题的研究中，人们事先可能并不确定输出变量 $\boldsymbol{Y}$ 与输入变量 $x_1,x_2,\cdots,x_k$ 之间的关系。在求解参数向量 $\hat{\boldsymbol{\theta}}$ 之前，用线性回归方程拟合某个样本数据可能效果较好，但是对总体数据的效果却未必同样好，通过样本估计的关系也不一定能延伸到总体关系。因此，在求解线性回归方程后，还需要对回归方程进行总体的显著性检验，即从整体上看输入变量 $x_1,x_2,\cdots,x_k$ 对输出变量 $\boldsymbol{Y}$ 是否有显著影响，为此提出如下假设：

原假设 H_0：$\theta_1=\theta_2=\cdots=\theta_k=0$。

备择假设 H_1：$\theta_1,\theta_2,\cdots,\theta_k$ 不全为 0。

检验统计量：$F=\dfrac{\mathrm{SSM}/k}{\mathrm{SSE}/(n-k-1)}$。

当原假设 H_0 成立时，检验统计量服从自由度为 $(k,n-k-1)$ 的 F 分布，对于给定的显著性水平 α，当统计量的观测值 F_0 大于临界值 $F_c(k,n-k-1)$ 时，拒绝原假设 H_0，即，在显著性水平 α 下，输出变量与输入变量之间的线性回归关系是显著的，或称回归方程是显著的；否则不能拒绝 H_0。也可以根据 $p=P\{F\geqslant F_0\}$ 值得出结论：若 p 值小于给定的显著性水平 α，则拒绝原假设 H_0。

4. 回归方程系数显著性检验

即使回归方程通过显著性检验，也只能表明参数向量 θ 的各个分量不全为零，并不意味着每个输入变量 $x_1,x_2,\cdots,x_k$ 对输出变量 $\boldsymbol{Y}$ 的影响都显著，因此需要对每个输入变量

$x_1, x_2, \cdots, x_k$ 进行显著性检验。若某个系数 $\theta_j=0$，则 x_j 对 $\boldsymbol{Y}$ 的影响不显著。因此，下面考虑从回归方程中剔除 X_j。

原假设 $\mathrm{H}_0^{(j)}: \theta_j=0$。

备择假设 $\mathrm{H}_1^{(j)}: \theta_j \neq 0, j=1,2,\cdots,k$。

检验统计量：$t_j=\dfrac{\hat{\theta}_j}{\sqrt{\mathrm{SSE}/(n-k-1)}}$。

当原假设 $\mathrm{H}_0^{(j)}$ 成立时，检验统计量服从自由度为$(n-k-1)$的 t 分布。对于给定的显著性水平 α，当 t_j 统计量的观测值 t_{j0} 大于临界值 $t_{jc}(n-k-1)$时，拒绝原假设 $\mathrm{H}_0^{(j)}$，即，在显著性水平 α 下，θ_j 不为0，认为 x_j 对 $\boldsymbol{Y}$ 的作用是显著的；否则不能拒绝 θ_j 为0。也可以根据 $p_j=P\{|t_j| \geqslant |t_{j0}|\}$值得出结论：若 p_j 值小于给定的显著性水平 α，则拒绝原假设 H_0。

5. 回归诊断

残差分析和共线性诊断是对回归模型进行回归诊断的两种常用方法。残差分析的目的是检验线性回归方程的可行性，包括残差项的等方差、独立性和正态性的假设。共线性诊断用来确定多元回归中多个输入变量之间是否存在多重共线性。

1) 残差分析

通过绘制残差图可判定残差项的等方差和独立性。以残差为纵坐标，以实测值 y_i、预测值 $\hat{y}_i$、输入变量 $x_j(j=1,2,\cdots,k)$或序号、观测时间等为横坐标绘制的散点图称为残差图。正常残差图中的散点应围绕0随机波动且变化幅度在一条矩形带内。图5.4给出了3个残差图。左图中对于所有横坐标轴变量的值，残差的方差都相同，描述输出变量和输入变量之间关系的回归模型是合理的；中图表明残差的方差随变量的增大而增大，违背了残差等方差的假设；右图表明所选的回归模型不合理，应包含输入变量的二次项。

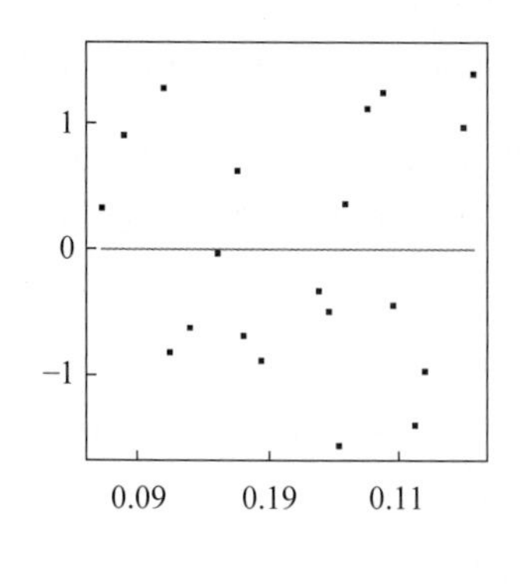

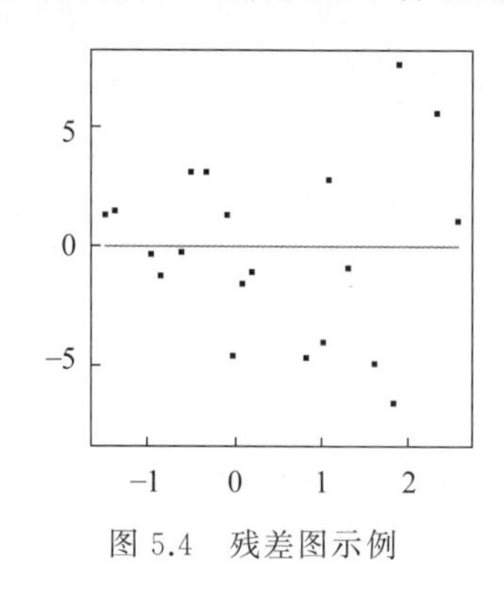

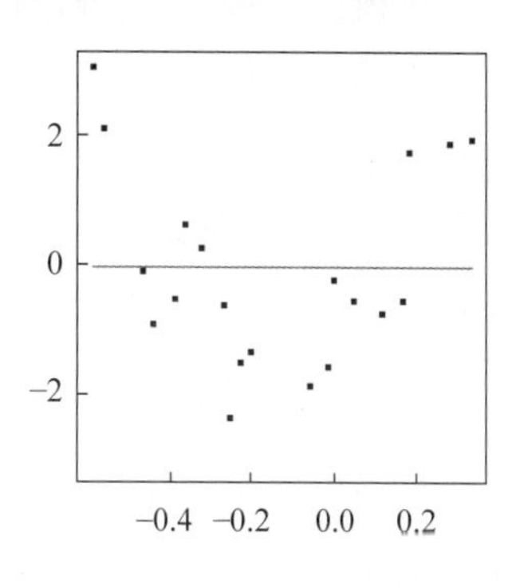

图5.4 残差图示例

2) 共线性诊断及解决方法

如果模型中包含的输入变量过多，输入变量之间就可能存在近似线性关系，这种现象称为输入变量间的多重共线性，简称共线性。下列情况表明可能存在共线性问题：

(1) 回归方程的 F 检验通过，而部分回归系数 θ_j 的检验未通过。

(2) 回归系数的正负号与预期的相反。

(3) 模型中增加或删除一个输入变量对输入变量系数的估计值影响显著。

研究结果表明,产生这些问题的原因之一就是输入变量之间存在共线性,检测共线性严重程度的一种方法是计算矩阵的条件数(condition number)。条件数用来度量线性模型(或者矩阵)的稳定性或者敏感度。如果一个线性模型的条件数小于20,就属于比较稳定的;否则就是不稳定的,其输出结果可信度不高。

如果发现线性模型中存在共线性问题,可进行手动筛选,还可以通过算法自动进行输入变量的筛选,常用的算法包括向前法、向后法和逐步选择法。逐步选择法是交互地引入和剔除输入变量,每次引入对输出变量影响最显著的输入变量后,都对模型中的已有输入变量重新进行显著性检验,把由于新输入变量的引入而变得对输出变量影响不显著的输入变量剔除,然后再考虑下一轮输入变量的引入和剔除,直到既不能引入也不能剔除输入变量为止。输入变量的每一次引入和剔除其实都是在做假设检验,在实际应用中也可以直接通过输入变量各项回归系数的正负和大小判断输入变量与输出变量的相关性,但通常还是应用逐步选择的方法。

5.1.5 线性回归方程预测

当通过前述多种检验证明一个回归方程的线性关系显著,即拟合效果较好时,便可利用最优线性回归方程根据输入变量的取值估计或预测输出变量的取值。预测或估计的类型主要有两种:点估计和区间估计。

1. 点估计

点估计是指对输出变量求点估计值。常用的点估计方法有两种,即平均值的点估计和个体值的点估计,二者使用的公式相同,区别在于表述的意义不同。

将输入变量的一组新实测值 $\boldsymbol{x}_0=(x_{01},x_{02},\cdots,x_{0k})$ 代入回归方程,对应的输出变量的预测值为 $E(\boldsymbol{y}_0)=\hat{\boldsymbol{y}}_0=\hat{\theta}_0+\hat{\theta}_1 x_{01}+\cdots+\hat{\theta}_j x_{0k}$。如果把该值理解为输出变量平均值的一个点估计值,则该值是一个期望值;如果把该值理解为输出变量个体值的一个点估计值,则该值是一个具体值。

2. 区间估计

区间估计是指利用最优线性回归方程,对输入变量的特定值 $\boldsymbol{x}_0=(x_{01},x_{02},\cdots,x_{0k})$,求出输出变量的一个估计值的区间。与点估计类似,区间估计分为两种。

(1) 输出变量平均值的置信区间估计:

$$(\hat{\boldsymbol{y}}_0-t_{\alpha/2}(n-k-1)s\sqrt{\boldsymbol{x}_0(\boldsymbol{X}\boldsymbol{X}^{\mathrm{T}})^{-1}\boldsymbol{x}_0^{\mathrm{T}}},\hat{\boldsymbol{y}}_0+t_{\alpha/2}(n-k-1)s\sqrt{\boldsymbol{x}_0(\boldsymbol{X}\boldsymbol{X}^{\mathrm{T}})^{-1}\boldsymbol{x}_0^{\mathrm{T}}})$$

其中,$s=\sqrt{\mathrm{MSE}}$,n 为观测次数,k 为输入变量个数。

(2) 输出变量个体值的预测区间估计:

$$(\hat{\boldsymbol{y}}_0-t_{\alpha/2}(n-k-1)s\sqrt{1+\boldsymbol{x}_0(\boldsymbol{X}\boldsymbol{X}^{\mathrm{T}})^{-1}\boldsymbol{x}_0^{\mathrm{T}}},\hat{\boldsymbol{y}}_0+t_{\alpha/2}(n-k-1)s\sqrt{1+\boldsymbol{x}_0(\boldsymbol{X}\boldsymbol{X}^{\mathrm{T}})^{-1}\boldsymbol{x}_0^{\mathrm{T}}})$$

针对均值的置信区间较窄;若具体要预测某个个体值,其置信区间稍宽。特别注意,用回归模型进行预测时,模型中输入变量的取值应来自其样本区间,否则预测结果是不可靠的。

5.2 非线性回归模型

在许多实际问题中,现象之间呈现的关系不是近似一条直线,而是表现为曲线或抛物线关系,这种关系称为非线性关系。例如,人从出生到成年,其体重的增长规律就是非线性的。将这种非线性关系表达成非线性回归模型,模型中输出变量对输入变量的依赖关系不是线性的,其对应的回归线也不能用一条直线准确地进行描述。但是,有些特殊的非线性回归模型可以经过转换变成线性回归模型。例如,指数函数和多项式函数在转换后就可以按照线性回归模型的方法进行分析。如果不能转换,则用非线性回归模型进行分析。

5.2.1 可转换为线性回归模型的非线性回归模型

以一元非线性回归方程为例,如果建立的非线性回归方程是双曲线函数、幂函数、指数函数、对数函数和多项式函数,则可通过对输入变量和输出变量取对数或倒数实现线性变换。常见的非线性型函数及其线性化方法如表 5.1 所示。

表 5.1 常见的非线性型函数关系式及线性化方法

非线性函数名称	非线性函数关系式	线性化方法	线性函数关系式
幂函数	$y=ax^b$	$y'=\ln y, x'=\ln x, a'=\ln a$	$y'=a'+bx'$
指数函数	$y=a\mathrm{e}^{bx}$	$y'=\ln y, x'=x, a'=\ln a$	$y'=a'+bx'$
	$y=a\mathrm{e}^{\frac{x}{b}}$	$y'=\ln y, x'=x, a'=\ln a, b'=\frac{1}{b}$	$y'=a'+b'x'$
双曲线函数	$\frac{1}{y}=a+\frac{b}{x}$	$y'=\frac{1}{y}, x'=\frac{1}{x}$	$y'=a+bx'$
对数函数	$y=a+b\ln x$	$y'=y, x'=\ln x$	$y'=a+bx'$
多项式函数	$y=a+bx+c+x^2$	$y'=y, x'=x^2$	$y'=a+bx+c+x'$
S 型函数	$y=\frac{1}{a+b\mathrm{e}^{-x}}$	$y'=\frac{1}{y}, x'=\mathrm{e}^{-x}$	$y'=a+bx'$

输入变量、输出变量和常数项按照表 5.1 的方法经过转换后,可以调用 statsmodels 中的 OLS 模块,按照线性回归模型进行参数求解、回归方程选择与预测。

5.2.2 非线性回归模型

有些现象之间的非线性函数关系式难以实现线性化，需要采用不同的算法求解非线性回归模型中的参数。非线性回归模型的一般形式为

$$Y=f(x_1,x_2,\cdots,x_k,\theta_1,\theta_2,\cdots,\theta_k)+\varepsilon$$

其中，$x_1,x_2,\cdots,x_k$ 是 k 个输入变量；$\theta_1,\theta_2,\cdots,\theta_k$ 是 k 个未知参数；f 是一个非线性函数；ε 是误差项，误差项的限定条件与线性回归模型一致。由于 f 是非线性函数，如果按照前面介绍的线性回归中的方法分别对$\hat{\theta}_0,\hat{\theta}_1,\hat{\theta}_2,\cdots,\hat{\theta}_k$ 求偏导数并令其为 0，将会得到一个非常复杂的非线性方程组，使得求解 $\theta_1,\theta_2,\cdots,\theta_k$ 非常困难。因此，一般采用某种搜索法获得参数的最小二乘估计，常见的搜索方法有直接搜索法和格点搜索法。直接搜索法把参数的所有可能取值都代入 $J(\hat{\boldsymbol{\theta}})$，使 $J(\hat{\boldsymbol{\theta}})$达到最小的取值即参数的估计值。直接搜索法适用于参数个数和参数的可能取值都较少的情况。格点搜索法不是把参数的所有可能取值都代入 $J(\hat{\boldsymbol{\theta}})$，而是按一定规律把部分取值代入，使参数的可能取值范围不断缩小，直到满足精度要求或收敛，其效率高于直接搜索法。

5.3 线性回归模型实践案例

【例 5.1】 某银行的业务主要是进行基础设施建设、国家重点项目建设、固定资产投资等项目的贷款。近年来，该银行的贷款额平稳增长，但不良贷款额也有较大比例的提高。为弄清不良贷款形成的原因，希望利用银行业务的有关数据做定量分析，以便找出控制不良贷款的办法。表 5.2 是该银行所属的 25 家分行 2002 年的主要业务数据，全部数据见文件 loan.xls。银行想知道，不良贷款是否与各项贷款余额、本年累计应收贷款、贷款项目个数、本年固定资产投资额等因素有关？如果有关，是一种什么样的关系？关系强度如何？

表 5.2 某银行 25 家分行 2002 年的主要业务数据

分行编号	不良贷款/亿元	各项贷款余额/亿元	本年累计应收贷款/亿元	贷款项目个数/个	本年固定资产投资额/亿元
1	0.9	67.3	6.8	5	51.9
2	1.1	111.3	19.8	16	90.9
3	4.8	173.0	7.7	17	73.7
4	3.2	80.8	7.2	10	14.5
5	7.8	199.7	16.5	19	63.2
⋮	⋮	⋮	⋮	⋮	⋮
20	6.8	139.4	7.2	28	64.3

续表

分行编号	不良贷款/亿元	各项贷款余额/亿元	本年累计应收贷款/亿元	贷款项目个数/个	本年固定资产投资额/亿元
21	11.6	368.2	16.8	32	163.9
22	1.6	95.7	3.8	10	44.5
23	1.2	109.6	10.3	14	67.9
24	7.2	196.2	15.8	16	39.7
25	3.2	102.2	12.0	10	97.1

分析：本例输出变量为不良贷款(y)，输入变量为各项贷款余额(x_1)、本年累计应收贷款(x_2)、贷款项目个数(x_3)和本年固定资产投资额(x_4)。首先，通过散点图分析每个输入变量与输出变量的线性关系是否存在。其次，建立候选回归方程并使用正规方程法求解参数向量。最后，选择最优回归方程，通过拟合优度、方程整体显著性检验、输入变量单独显著性检验、残差分析和输入变量共线性诊断几个方面完成选择。

第一步，进行数据探索性分析，通过绘制散点图，分析 y 与 $x_1 \sim x_4$ 有什么样的关系，或者说是否具有线性关系。代码和输出结果如下：

In[1]:

```
import pandas as pd
import numpy as np
import matplotlib as mpl
import matplotlib.pyplot as plt
%matplotlib inline
loan=pd.read_excel('loan.xls')
plt.subplot(221)
plt.scatter(loan['x1'],loan['y'],c='black',alpha=0.75)
plt.xlabel('dkye')
plt.ylabel('bldk')
plt.subplot(222)
plt.scatter(loan['x2'],loan['y'],c='black',alpha=0.75)
plt.xlabel('ysdk')
plt.ylabel('bldk')
plt.subplot(223)
plt.scatter(loan['x3'],loan['y'],c='black',alpha=0.75)
plt.xlabel('dkxmgs')
plt.ylabel('bldk')
plt.subplot(224)
plt.scatter(loan['x4'],loan['y'],c='black',alpha=0.75)
plt.xlabel('tze')
plt.ylabel('bldk')
plt.subplots_adjust(hspace=0.4,wspace=0.3)
plt.show()
```

Out[1]:

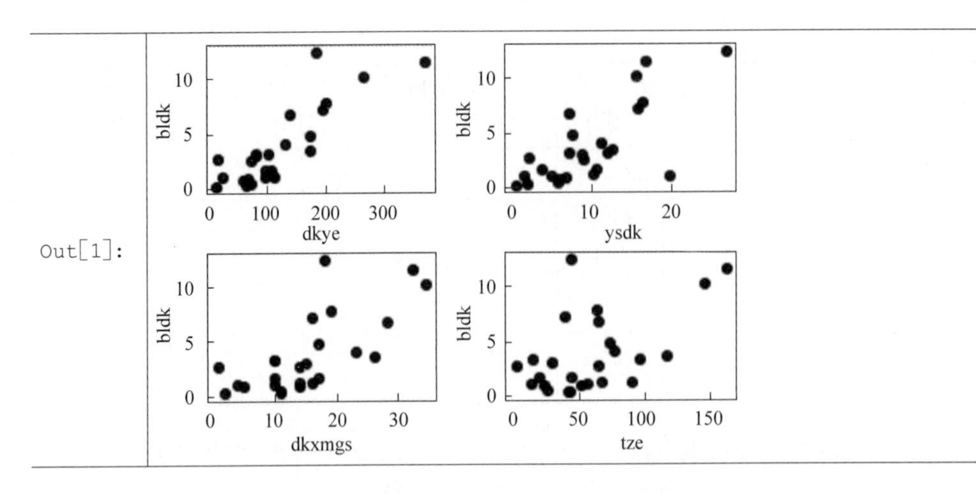

从输出的散点图中可以看出，不良贷款(y)与各项贷款余额(x_1)、本年累计应收贷款(x_2)、贷款项目个数(x_3)和本年固定资产投资额(x_4)之间都有一定的线性关系，但从各散点的分布情况看，不良贷款与各项贷款余额(x_1)的线性关系比较密切，而与本年固定资产投资额(x_4)的关系最不密切，因此，考虑首先对 y 与 x_1 进行一元线性回归分析。

第二步，建立候选回归方程。

(1) 调用 statsmodels 库中最小二乘法 OLS 的功能建立 y 与 x_1 的一元线性回归方程 Model1。代码如下：

In[2]:

```
#调用 OLS 建立带常数项的一元线性回归方程 Model1
#通过正规方程法求解参数
import statsmodels.api as sm
X=loan['x1']
X=sm.add_constant(X)          #默认不包括常数项
y=loan['y']
Model1=sm.OLS(y,X).fit()      #描述并拟合模型
print(Model1.summary2())
```

Out[2]:

```
                 Results: Ordinary least squares
==================================================================
Model:              OLS              Adj. R-squared:     0.699
Dependent Variable: y                AIC:                107.0159
Date:               2020-10-14 17:20 BIC:                109.4537
No. Observations:   25               Log-Likelihood:     -51.508
Df Model:           1                F-statistic:        56.75
Df Residuals:       23               Prob (F-statistic): 1.18e-07
R-squared:          0.712            Scale:              3.9202
--------------------------------------------------------------------
         Coef.    Std.Err.     t      P>|t|    [0.025    0.975]
--------------------------------------------------------------------
const   -0.8295   0.7230    -1.1473  0.2631   -2.3252   0.6662
x1       0.0379   0.0050     7.5335  0.0000    0.0275   0.0483
------------------------------------------------------------------
Omnibus:             14.277       Durbin-Watson:         2.464
Prob(Omnibus):       0.001        Jarque-Bera (JB):      14.611
Skew:                1.382        Prob(JB):              0.001
Kurtosis:            5.527        Condition No.:         262
==================================================================
```

根据输出结果可写出回归方程 Model 1：

$$\hat{y}=0.8295+0.0379x_1$$

回归线定义如下：回归线上的点$\hat{y}_i$ 是与给定的 x_i 值相对应的 y_i 的期望值(均值)的预测值。

回归系数 $\hat{\theta}_1=0.0379$ 表示，在 x_1 的样本区间(14.8,368.2)内，x_1 每增加或减少 1 个单位，y 的平均变化量为 0.0379 个单位，即，贷款余额每增加或减少 1 亿元，不良贷款平均增加或减少 0.0379 亿元。

回归线的截距 $\hat{\theta}_0=-0.8295$，对它的直观解释是当各项贷款余额为 0 时不良贷款的平均水平。但这种解释是不恰当的，因为 x_1 值的变化范围并不包括 0 这样一个实测值。截距项可借助于专业理论或其他知识来解释，通常可将其理解为所有未包括在回归模型中的输入变量对输出变量 y 的综合影响。

调用 sandbox.regression.predstd 中的 wls_prediction_std()函数计算输出变量 y 的置信区间，从而在输入变量 x_1 和输出变量 y 的散点图上附加回归直线和 95%的置信区间界限。代码和输出结果如下：

In[3]:

```
#在 Model1 的输入变量 x1 和输出变量 y 的散点图上附加回归直线和 95%置信区间界限
from statsmodels.sandbox.regression.predstd import wls_prediction_std
predstd,interval_lower,interval_upper=wls_prediction_std(Model1,alpha=0.05)
fig,ax=plt.subplots(figsize=(7,4))
ax.plot(loan['x1'],loan['y'],'o',label='data')
ax.plot(loan['x1'],Model1.fittedvalues,'g--.',label='OLS')
ax.plot(loan['x1'],interval_upper,'r--')
ax.plot(loan['x1'],interval_lower,'r--')
ax.legend(loc='best');
plt.show()
```

Out[3]:

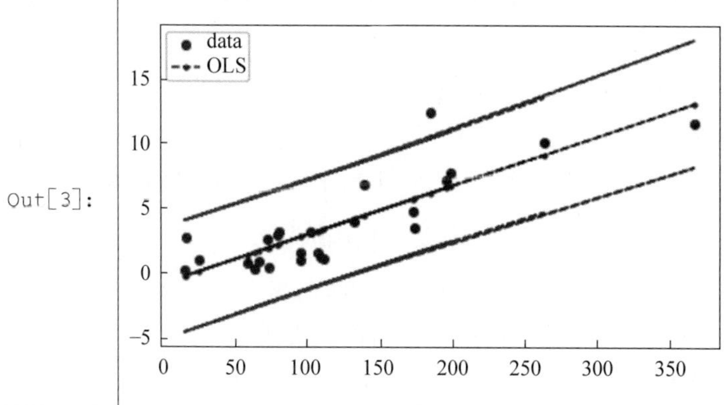

(2) 假设在实际业务中产生不良贷款的原因还与其余3个因素有关，因此还要考虑建立输入变量 $x_1 \sim x_4$ 与输出变量 y 的多元线性回归方程Model2。代码和输出结果如下：

In[4]:

```
#调用 OLS 建立带常数项的多元线性回归方程 Model2
X=loan[['x1','x2','x3','x4']]
X=sm.add_constant(X)
y=loan['y']
Model2=sm.OLS(y,X).fit()
print(Model2.summary2())
```

Out[4]:

```
                  Results: Ordinary least squares
==================================================================
Model:              OLS              Adj. R-squared:      0.757
Dependent Variable: y                AIC:                 104.1639
Date:               2020-09-27 18:01 BIC:                 110.2583
No. Observations:   25               Log-Likelihood:      -47.082
Df Model:           4                F-statistic:         19.70
Df Residuals:       20               Prob (F-statistic):  1.04e-06
R-squared:          0.798            Scale:               3.1640
--------------------------------------------------------------------
              Coef.   Std.Err.     t      P>|t|    [0.025   0.975]
--------------------------------------------------------------------
Intercept   -1.0216    0.7824  -1.3058  0.2064  -2.6536  0.6104
x1           0.0400    0.0104   3.8375  0.0010   0.0183  0.0618
x2           0.1480    0.0788   1.8787  0.0749  -0.0163  0.3124
x3           0.0145    0.0830   0.1750  0.8629  -0.1587  0.1877
x4          -0.0292    0.0151  -1.9368  0.0670  -0.0606  0.0022
------------------------------------------------------------------
Omnibus:              0.316        Durbin-Watson:          2.626
Prob(Omnibus):        0.854        Jarque-Bera (JB):       0.442
Skew:                 0.220        Prob(JB):               0.802
Kurtosis:             2.520        Condition No.:          352
==================================================================
```

根据输出结果可写出回归方程Model 2：

$$\hat{y} = -1.0216 + 0.04x_1 + 0.148x_2 + 0.0145x_3 - 0.0292x_4$$

第三步，选择最优回归方程。

可以根据以下两方面比较Model1和Model2。

(1) 修正 R^2 的值。

Model2的 R^2 为0.798，比Model1有一定提高，但不足以说明Model2优于Model1。对于多元回归的情形，使用修正 R^2，在Model2中它为0.757，而在Model1中它为0.699，说明Model2比Model1更多地说明了输出变量 y 的变化。

(2) 回归方程和输入变量系数的显著性检验。

Model1的输出结果中包含对回归方程的显著性检验，参数估计表给出了 $\hat{\theta}_0$ 和 $\hat{\theta}_1$ 的估计值及其显著性检验等内容。在本例中，显著性水平 $\alpha=0.05$，回归方程的 p 值为 $1.18e-07<\alpha$，说明回归方程整体上是显著的。$\hat{\theta}_0$ 的 p 值为 $0.2631>\alpha$，表示模型还有改进的余地，可以考虑拟合 $\hat{\theta}_0$ 为0的回归方程。$\hat{\theta}_1$ 的 t 检验 p 值为 $0.0000<\alpha$，表明输入变量各项贷款余额(x_1)与输出变量不良贷款(y)有显著的线性关系。

根据以上分析，针对Model1拟合常数项为0的回归方程Model3，代码和输出结果如下：

In[5]:

```
#调用 OLS 建立不带常数项的一元线性回归方程 Model3
X=loan['x1']
y=loan['y']
Model3=sm.OLS(y,X).fit()
print(Model3.summary2())
```

Out[5]:

```
                   Results: Ordinary least squares
==================================================================
Model:              OLS              Adj. R-squared:     0.850
Dependent Variable: y                AIC:                106.4071
Date:               2020-10-14 17:41 BIC:                107.6260
No. Observations:   25               Log-Likelihood:     -52.204
Df Model:           1                F-statistic:        142.2
Df Residuals:       24               Prob (F-statistic): 1.42e-11
R-squared:          0.856            Scale:              3.9718
-------------------------------------------------------------------
        Coef.    Std.Err.      t      P>|t|     [0.025    0.975]
-------------------------------------------------------------------
x1      0.0331    0.0028    11.9246   0.0000    0.0273    0.0388
------------------------------------------------------------------
Omnibus:              16.356      Durbin-Watson:         2.397
Prob(Omnibus):        0.000       Jarque-Bera (JB):      18.734
Skew:                 1.492       Prob(JB):              0.000
Kurtosis:             6.013       Condition No.:         1
==================================================================
```

Model3 参数估计部分表明回归方程的显著性检验以及 x_1 的显著性检验都已通过，R^2 和修正 R^2 分别为 0.856 和 0.850，远远高于含有常数项的回归方程 Model1，拟合的回归方程为

$$\hat{y}=0.0331x_1$$

从 Model2 的输出结果中看到，回归方程的 p 值为 1.04e－06＜α，拒绝原假设并可作出至少有一个回归系数不为 0 的结论，说明所建模型的线性关系是显著的。参数显著性检验表明，进入回归模型的 4 个输入变量 x_2、x_3、x_4 的 p 值较大，说明这些输入变量对输出变量 y 的影响不显著，这种情况可能是由于这些输入变量对预测 y 值作用不大，也可能是由于这些输入变量之间的高度相关性引起的共线问题。Model2 的条件数为 352，远远大于 20，所以该模型的输入变量之间具有高度的共线关系，它们提供的预测信息就是重复的。在参数检验中这些输入变量的显著性就可能被隐蔽起来，由此构建的模型就是不稳定的，故应考虑使用逐步选择法剔除一些输入变量，重新拟合回归方程。

剔除对输出变量 y 没有显著影响的输入变量，拟合多元线性回归方程 Model4。代码和输出结果如下：

In[6]:

```
"""
X: 包含所有输入变量的矩阵，是一个 pandas.DataFrame 类型
y: 包含输出变量的列向量
start_list: 模型最开始包含的变量列表(矩阵 X 的列名)
slentry: 如果显著性检验的 p 值小于或等于 slentry,则在模型中保留该变量
```

In[6]:

```
slstay: 如果显著性检验的 p 值大于 slstay,则从模型中剔除该变量
sequenceprint: 是否输出变量选择过程中保留和剔除的变量名
Returns : 返回筛选出的变量列表
"""
X=loan[['x1','x2','x3','x4']]
X=sm.add_constant(X)        #默认不包括常数项。如果要包括,需要另外增加
y=loan['y']
def variable_selection(X, y, start_list=[], slentry=0.05, slstay=
0.05, sequenceprint=True):
    variablein=list(start_list)
    while True:
        flag=False
        #正向选择
        variableout=list(set(X.columns)-set(variablein))
        updated_pvalue=pd.Series(index=variableout)
        fornew_column in variableout:
            model=sm.OLS(y, sm.add_constant(pd.DataFrame(X
                  [variablein+[new_column]]))).fit()
            updated_pvalue[new_column]=model.pvalues[new_column]
        sig_pvalue=updated_pvalue.min()
        ifsig_pvalue<slentry:
            sig_variables=updated_pvalue.argmin()
            variablein.append(sig_variables)
            flag=True
            ifsequenceprint:
                print('Variable in:  {:30} with p-value {:.5}'.
                    format(sig_variables, sig_pvalue))
        #反向选择
        model=sm.OLS(y, sm.add_constant(pd.DataFrame(X[variablein]))).
              fit()
        pvalues=model.pvalues.iloc[1:]
        nosig_pvalue=pvalues.max()
        ifnosig_pvalue>slstay:
            flag=True
            nosig_feature=pvalues.argmax()
            variablein.remove(nosig_feature)
            ifsequenceprint:
                print('Variable out: {:30} with p-value {:.5}'.
                    format(nosig_feature, nosig_pvalue))
        if not flag:
            break
    returnvariablein
summary=variable_selection(X, y)
print('selected variables are:')
print(summary)
```

Out[6]:

```
Variable in:  x1                          with p-value 1.1835e-07
Variable in:  x4                          with p-value 0.044294
selected variables are:
['x1', 'x4']
```

逐步选择法的结果表明，只有变量 x_1、x_4 进入了模型，其他变量不能进入回归模型。由此建立多元线性回归方程 Model4，代码和输出结果如下：

In[7]:

```
#调用 OLS 建立带常数项的多元线性回归方程 Model4
X=loan[['x1','x4']]
X=sm.add_constant(X)
y=loan['y']
Model4=sm.OLS(y,X).fit()
print(Model4.summary2())
```

Out[7]:

```
                  Results: Ordinary least squares
=================================================================
Model:               OLS               Adj. R-squared:      0.739
Dependent Variable:  y                 AIC:                 104.3150
Date:                2020-10-15 09:03  BIC:                 107.9717
No. Observations:    25                Log-Likelihood:      -49.158
Df Model:            2                 F-statistic:         35.03
Df Residuals:        22                Prob (F-statistic):  1.45e-07
R-squared:           0.761             Scale:               3.3959
-------------------------------------------------------------------
           Coef.    Std.Err.     t      P>|t|    [0.025    0.975]
-------------------------------------------------------------------
const     -0.4434    0.6969   -0.6363   0.5311   -1.8886   1.0018
x1         0.0503    0.0075    6.7316   0.0000    0.0348   0.0658
x4        -0.0319    0.0150   -2.1334   0.0443   -0.0629  -0.0009
-----------------------------------------------------------------
Omnibus:              5.948        Durbin-Watson:          2.805
Prob(Omnibus):        0.051        Jarque-Bera (JB):       4.050
Skew:                 0.925        Prob(JB):               0.132
Kurtosis:             3.684        Condition No.:          300
=================================================================
```

Model4 显示的分析结果表明模型的作用是显著的，F 统计量的值为 35.03，p 值为 1.45e−07<0.05，拟合的回归方程为

$$\hat{y} = -0.443 + 0.05x_1 - 0.032x_4$$

R^2 为 0.761，修正 R^2 为 0.739。参数估计部分表明常数项$\hat{\theta}_0$ 的检验未通过，条件数为 300，模型不稳定，还有改进的余地。与以上的实现步骤类似，可以重新拟合不含常数项的多元线性回归方程 Model5，代码和输出结果如下：

In[8]:

```
X=loan[['x1','x4']]
y=loan['y']
Model5=sm.OLS(y,X).fit()
print(Model5.summary2())
```

Out[8]:

```
                 Results: Ordinary least squares
==================================================================
Model:              OLS              Adj. R-squared:      0.875
Dependent Variable: y                AIC:                 102.7710
Date:               2020-10-15 09:53 BIC:                 105.2087
No. Observations:   25               Log-Likelihood:      -49.385
Df Model:           2                F-statistic:         88.27
Df Residuals:       23               Prob (F-statistic):  1.62e-11
R-squared:          0.885            Scale:               3.3080
------------------------------------------------------------------
      Coef.    Std.Err.     t       P>|t|     [0.025     0.975]
------------------------------------------------------------------
x1    0.0489   0.0070     6.9526   0.0000    0.0343     0.0634
x4   -0.0344   0.0143    -2.4117   0.0243   -0.0639    -0.0049
------------------------------------------------------------------
Omnibus:              6.279        Durbin-Watson:          2.780
Prob(Omnibus):        0.043        Jarque-Bera (JB):       4.283
Skew:                 0.929        Prob(JB):               0.117
Kurtosis:             3.812        Condition No.:          7
==================================================================
```

Model5 的输出结果显示，回归模型的 F 统计量值为 88.27，p 值为 1.62e−11<0.05，回归模型是显著的，回归系数也全部通过了检验。

5 个回归方程相关统计量的比较如表 5.3 所示。

表 5.3　5 个回归方程相关统计量的比较

回归方程	R^2	修正 R^2	回归方程检验 P 值	回归系数检验 P 值	条件数
Model1	0.712	0.699	1.18e−07，通过	θ_0：0.2631，未通过 θ_1：0.0000，通过	262
Model2	0.798	0.757	1.04e−06，通过	θ_0：0.2064，未通过 θ_1：0.001，通过 θ_2：0.0749，未通过 θ_3：0.8629，未通过 θ_4：0.067，未通过	352
Model3	0.8556	0.8496	1.42e−11，通过	θ_1：0.0000，通过	1
Model4	0.7610	0.7393	1.45e−07，通过	θ_0：0.5311，未通过 θ_1：0.0000，通过 θ_4：0.0443，通过	300
Model5	0.885	0.875	1.62e−11，通过	θ_1：0.0000，通过 θ_4：0.0243，通过	7

由表 5.3 中的修正 R^2、回归方程和回归系数的检验以及条件数可知，最佳回归模型为 Model5，其回归方程为

$$\hat{y}=0.049x_1-0.034x_4$$

回归系数$\hat{\theta}_1=0.049$ 表示，当其他因素取值不变的情况下，x_1 每增加 1 个单位，输出变量 y 的平均变化量为 0.049 个单位。即，各项贷款余额每增加或减少 1 亿元，不良贷款平均增加或减少 0.049 亿元。回归系数$\hat{\theta}_2=-0.034$ 表示，固定资产投资额每增加或减少

1 亿元，不良贷款平均减少或增加 0.034 亿元。

对 Model5 进行回归诊断，调用 statsmodels 中的 ProbPlot()函数绘制该回归方程的 *P-P* 图、*Q-Q* 图，结果表明大部分残差点围绕着直线，说明数据近似正态分布。代码和输出结果如下：

In[9]:

```
pplot=sm.ProbPlot(Model5.resid)
fig1=pplot.ppplot(line='45')
plt.title("-Model5 ppplot-residuals of OLS fit")
fig2=pplot.qqplot(line='45')
plt.title("-Model5 qqplot-residuals of OLS fit")
plt.show()
```

Out[9]:

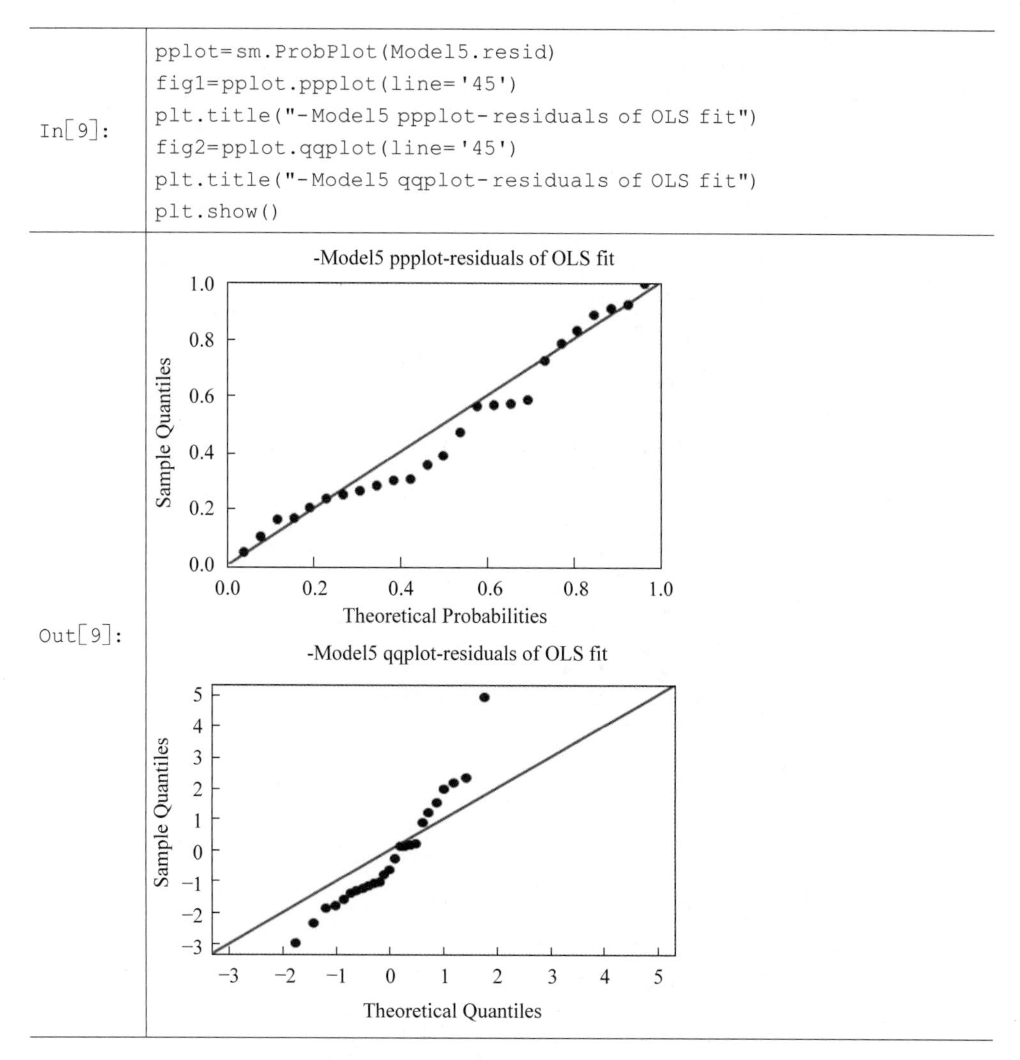

绘制 Model5 的残差图，代码和输出结果如下：

In[10]:

```
#绘制 Model5 的残差图
fig=plt.gcf()
fig.set_size_inches(12,8)
plt.subplot(221)
plt.plot(loan['x1'],Model5.resid,'o')
plt.xlabel('dkye')
plt.ylabel('residual')
plt.subplot(222)
plt.plot(loan['x4'],Model5.resid,'o')
```

In[10]:

```
plt.xlabel('tze')
plt.ylabel('residual')
plt.subplot(223)
plt.plot(Model5.fittedvalues,Model5.resid,'o')
plt.xlabel('predicted_values')
plt.ylabel('residual')
plt.subplot(224)
plt.plot(loan['n'],Model5.resid,'o')
plt.xlabel('obsnum')
plt.ylabel('residual')
plt.show()
```

Out[10]:

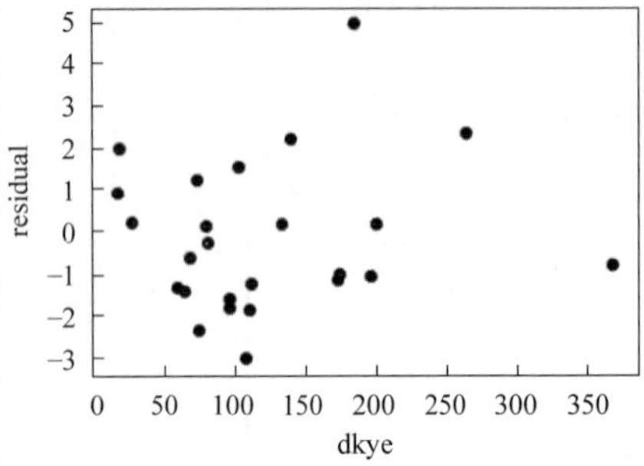

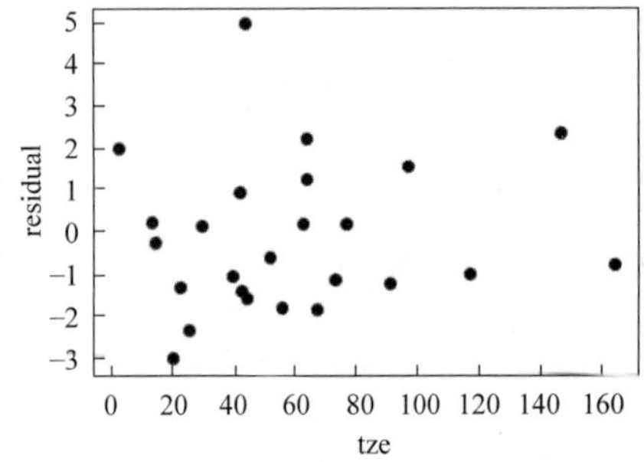

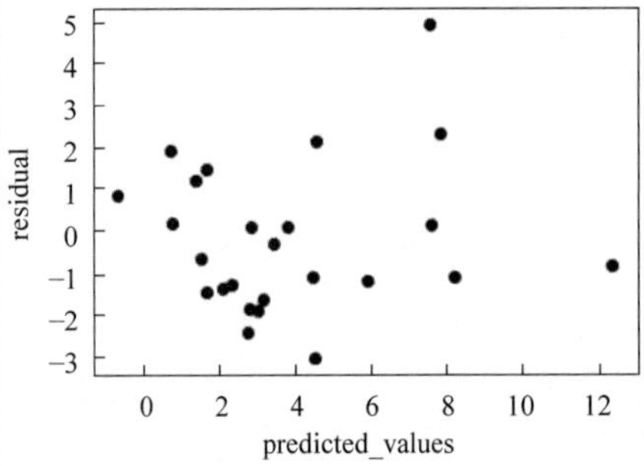

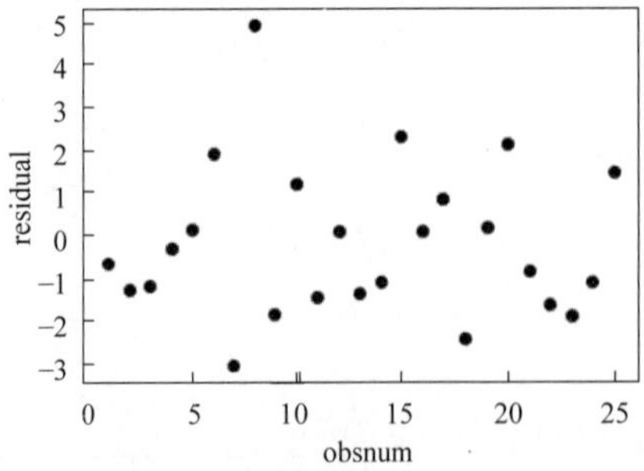

从结果可以看出，Model5 的残差图中的大部分散点随机均匀地分布在[−2,+2]的矩形区域内，与均值 0 非常接近。输入变量、预测值和残差没有相关关系，符合残差对所有输入变量而言相互独立和等方差的假定，符合线性回归模型的假定条件。

【例 5.2】 使用正则化处理拟合 $y=\sin 2x$ 的函数图形。

代码和输出结果如下：

In[11]:

```
import numpy as np
from scipy.optimize import leastsq
import matplotlib.pyplot as plt
%matplotlib inline
#目标函数
def target_func(x):
    returnnp.sin(2 * x)
#过拟合函数
def overfit_func(beta, x):
    f=np.poly1d(beta)
    return f(x)
#残差函数
def residuals_func(beta, x, y):
resi=overfit_func(beta, x)-y
    returnresi
#加入 L2 正则化的函数
regularization=0.0001
def L2_regularization_fun(beta, x, y):
resi=overfit_func(beta, x)-y
resi=np.append(resi,np.sqrt(regularization * np.square(beta)))
    returnresi
#添加 10 个噪声数据
X=np.linspace(0, 1, 10)
Y=[np.random.normal(0, 0.1) +y1 for y1 in target_func(X)]
x_points=np.linspace(0, 1, 10000)
def fit(P=0):        #P 为多项式的次数
#随机初始化多项式参数,生成 p+1 个随机数的列表
#这样 poly1d()函数返回的多项式次数就是 P
#例如 y=ax+b,为 1 次、初始化 a、b 两项)
    p_init=np.random.rand(P+1)
    #最小二乘法
    #3 个参数：误差函数、函数参数列表、数据点
    p_lsq=leastsq(residuals_func, p_init, args=(X, Y))
    print('多项式的参数:', p_lsq[0])
```

In[11]:

```
    r_p_lsq=leastsq(L2_regularization_fun, p_init, args=(X, Y))
    print('正则化多项式的参数:', r_p_lsq[0])
    #可视化
    #真实曲线
    plt.plot(x_points, target_func(x_points), 'blue',label=
'target line')
    #拟合曲线
    plt.plot(x_points, overfit_func(p_lsq[0], x_points), 'orange',
label='overfit line')
    #正则化后的曲线
    plt.plot(x_points, overfit_func(r_p_lsq[0], x_points), 'green',
label='regularization line')
    plt.plot(X, Y, 'ro')  #10个噪声数据分布
    plt.legend()
    plt.show()
    returnp_lsq
result=fit(P=9)#9次多项式
```

Out[11]

```
多项式的参数: [-1.91593717e+04  8.29421521e+04 -1.49836985e+05  1.46568879e+05
 -8.42753598e+04  2.89388368e+04 -5.76054675e+03  6.07729980e+02
 -2.45864627e+01  8.55381692e-02]
正则化多项式的参数: [-1.313779    0.17460381  1.17304973  1.36686792  0.39659684 -1.
68701273
 -2.9597536   2.14378849  1.49062309  0.05271338]
```

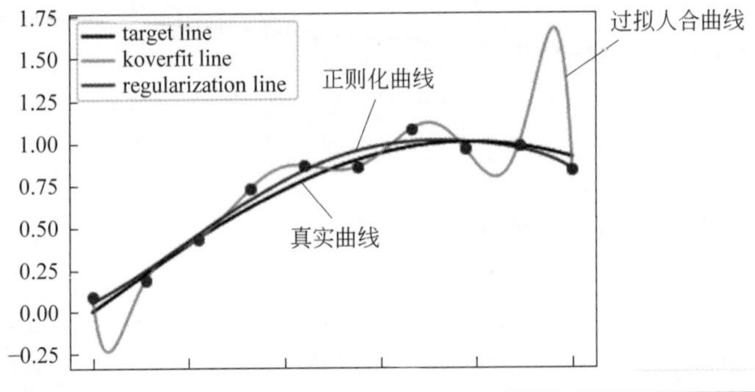

从输出结果可以看出,正则化后回归模型的输入变量系数差异较小,正则化曲线十分接近真实曲线。

思 考 题

1. 某医生分别采用盐析法和结合法测定成人正常皮肤中Ⅰ型胶原蛋白的含量。盐析法是一种粗略的方法,胶原蛋白只能部分提纯;结合法较为复杂,但结果精确。该医生要分析盐析法与结合法之间的关系,以便通过盐析法预测结合法的测定值。两种方法测定

的具体数值如表 5.4 所示。试按以下要求完成线性回归分析：

（1）绘制二者的散点图并进行分析。

（2）建立二者的线性回归方程并解释参数的含义。

（3）在散点图中附加回归直线。

（4）绘制残差的 Q-Q 图并进行分析。

（4）试预测盐析法的测定值为 8.0 时结合法的测定值(保留两位小数)。

表 5.4 题 1 图表

单位：mg/g

编号	盐析法	结合法	编号	盐析法	结合法	编号	盐析法	结合法
1	6.8	546	6	9.5	575	11	11.1	624
2	7.8	553	7	10.1	581	12	12.4	626
3	8.7	562	8	10.2	605	13	13.3	632
4	8.7	563	9	10.3	607	14	13.1	640
5	8.9	570	10	10.4	621	15	13.2	656

2. 在林木生物量生产率研究中，为了了解林地施肥量(X_1，单位为 kg)、灌水量(X_2，单位为 $10m^3$)与生物量(Y,单位为 kg)的关系，在同一林区共进行了 20 次实验，观察值见表 5.5，试按以下要求完成线性回归分析：

（1）建立 Y 关于 X_1、X_2 的线性回归方程(保留 2 位小数)并解释参数含义。

（2）通过 R^2 分析拟合优度。

表 5.5 题 2 用表

编号	X_1	X_2	Y	编号	X_1	X_2	Y	编号	X_1	X_2	Y	编号	X_1	X_2	Y
1	54	29	50	6	79	64	60	11	71	36	70	16	92	61	80
2	61	39	26	7	68	45	59	12	82	50	73	17	91	50	87
3	52	26	52	8	65	30	65	13	75	39	74	18	85	47	84
4	70	48	54	9	79	51	67	14	92	60	78	19	106	72	88
5	63	42	53	10	76	44	70	15	96	62	82	20	90	52	92

3. 科学基金会的管理人员要了解从事研究工作的数学家的年工资额 Y 与其研究成果(论文、著作等)的质量指标(X_1)、从事研究工作时间指标(X_2)、获得资助能力指标(X_3)的关系是什么，为此按一定设计方案调查了 24 位数学家，数据如表 5.6 所示。试按以下要求完成线性回归分析：

（1）建立 Y 关于 X_1、X_2、X_3 的线性回归方程(保留两位小数)并解释参数的含义。

（2）在显著性水平 0.05 下，方程和系数显著性检验结果如何？

表 5.6 题 3 用表

编号	Y	X_1	X_2	X_3	编号	Y	X_1	X_2	X_3	编号	Y	X_1	X_2	X_3	编号	Y	X_1	X_2	X_3
1	33.2	3.5	9	6.1	7	39.0	6.8	25	6.0	13	43.3	8.0	23	7.6	19	38.0	4.0	35	6.0
2	40.3	5.3	20	6.4	8	40.7	5.5	30	4.0	14	44.1	6.5	35	7.0	20	35.9	4.5	23	3.5
3	38.7	5.1	18	7.4	9	30.1	3.1	5	5.8	15	42.8	6.6	39	5.0	21	40.4	5.9	33	4.9
4	46.8	5.8	33	6.7	10	52.9	7.2	47	8.3	16	33.6	3.7	21	4.4	22	36.8	5.6	27	4.3
5	41.4	4.2	31	7.5	11	38.2	4.5	25	5.0	17	34.2	6.2	7	5.5	23	45.2	4.8	34	8.0
6	37.5	6.0	13	5.9	12	31.8	4.9	11	6.4	18	48.0	7.0	40	7.0	24	35.1	3.9	15	5.0

4. 某种水泥在凝固时放出的热量 Y(单位为 cal/g)与水泥中的下列 4 种化学成分的百分比有关：

- X_1：$3CaO \cdot Al_2O_3$ 的百分比。
- X_2：$3CaO \cdot SiO_2$的百分比。
- X_3：$4CaO \cdot Al_2O_3 \cdot Fe_2O_3$ 的百分比。
- X_4：$2CaO \cdot SiO_2$的百分比。

测定数据如表 5.7 所示。试在显著性水平 0.05 下建立两个回归方程并回答以下问题：

(1) 建立 Y 关于 X_1、X_2、X_3、X_4 的回归方程。

(2) 用逐步回归法建立 Y 关于 X_1、X_2、X_3、X_4 的最优回归方程。

(3) 上面两个方程哪个更合理？为什么？

表 5.7 题 4 用表

编号	X_1	X_2	X_3	X_4	Y
1	7	26	6	60	78.5
2	1	29	15	52	74.3
3	11	56	8	20	104.3
4	11	31	8	47	87.6
5	7	52	6	33	95.9
6	11	55	9	22	109.2
7	3	71	17	6	102.7
8	1	31	22	44	72.5
9	2	54	18	22	93.1
10	21	47	4	26	115.9
11	1	40	23	34	83.8
12	11	66	9	12	113.3
13	10	68	8	12	109.4

聚类分析

本章学习目标

- 了解聚类分析的概念。
- 了解并掌握聚类分析中相似度计算方法。
- 了解聚类算法的分类。
- 掌握 k-means 算法的基本原理及其应用。
- 掌握凝聚聚类算法的基本原理及其应用。
- 掌握基于密度的 DBSCAN 算法的基本原理及其应用。

本章主要内容如图 6.1 所示。

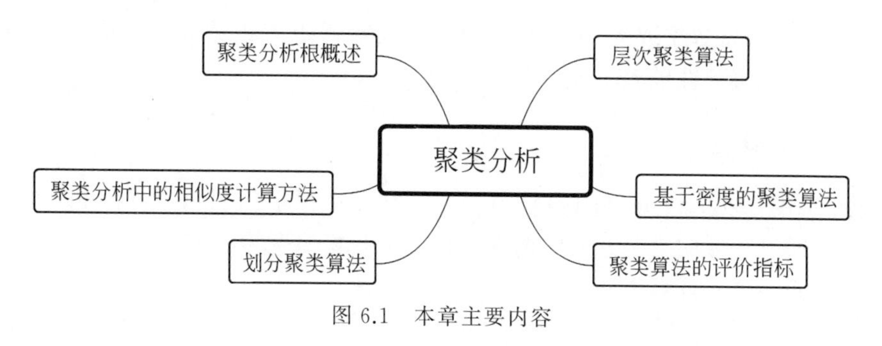

图 6.1　本章主要内容

6.1　聚类分析概述

聚类分析是一种无监督学习。它用已知标签的数据训练模型执行分类或回归任务，在学习过程中不需要对数据进行标记，旨在发现数据本身的分布特点。聚类的目的是将整个数据集分成不同的簇，使得簇之间的差别尽可能大，而簇内数据的差别尽可能小。使用 sklearn.cluster 模块可以实现不同的聚类分析算法。典型的聚类算法有划分聚类算法、层次聚类算法和基于密度的聚类算法。

6.2 聚类分析中的相似度计算方法

无论是监督学习还是无监督学习,计算相似度时都会用到距离。常用的距离有欧几里得距离、曼哈顿距离、余弦相似度、切比雪夫距离和闵可夫斯基距离。

6.2.1 欧几里得距离

欧几里得距离(Euclidean distance)是最常见的一种相似度计算标准,它衡量 n 维空间中两个点之间的真实距离。其计算方法如下:

$$d=\sqrt{\sum_{k=1}^{n}(x_{1k}-x_{2k})^2}$$

欧几里得距离的计算较为简单,适用于连续性数据。但采用欧几里得距离计算时,常需对样本数据进行归一化处理。

6.2.2 曼哈顿距离

曼哈顿距离常用来衡量实值向量之间的距离。在二维空间中,一般用曼哈顿距离计算两点之间的直角边距离。其计算方法如下:

$$d=\sum_{k=1}^{n}|x_{1k}-x_{2k}|$$

当数据是离散型数据或者是二值型数据时,曼哈顿距离效果很好。曼哈顿距离也适用于高维数据,但直观性较差。

6.2.3 余弦相似度

余弦相似度(Cosine similarity)常用于高维欧几里得空间距离计算问题。它衡量两个向量夹角的余弦,方向完全相同的两个向量的余弦相似度为 1,彼此相对的两个向量的余弦相似度为−1。其计算方法如下:

$$\cos\theta=\frac{\sum_{k=1}^{n}x_{1k}x_{2k}}{\sqrt{\sum_{k=1}^{n}x_{1k}^2}\sqrt{\sum_{k=1}^{n}x_{2k}^2}}$$

余弦相似度只考虑了向量的方向,没有考虑向量的大小。

6.2.4 切比雪夫距离

切比雪夫距离(Chebyshev distance)也称为棋盘距离,是向量空间的一种度量。它衡量两个向量在任意坐标维度上的最大差值,即沿着一个轴的最大距离。其计算方法如下:

$$d=\max|x_{1i}-x_{2i}|\quad i=1,2,\cdots,n$$

切比雪夫距离用于提取一个方块到另一个方块所需的最小移动次数,常用于特定的问题,如仓库物流等。

6.2.5 闵可夫斯基距离

闵可夫斯基距离适用于 n 维实数空间的度量。其计算方法如下：

$$d=\sqrt[p]{\sum_{k=1}^{n}(|x_{1k}-x_{2k}|)^{p}}$$

上式中的 p 取几个特殊值的时候就转换为其他几个距离。

(1) $p=1$ 表示曼哈顿距离。

(2) $p=2$ 表示欧几里得距离。

(3) $p=\infty$表示切比雪夫距离。

6.3 划分聚类算法

基于划分的聚类算法是最简单、最常用的聚类算法。这种算法对给定的数据集作有限个划分，每个划分是一个簇，每个对象属于且仅属于一个簇，划分结果使得簇内数据相似度高，而簇之间的数据相似度低。划分聚类算法中最典型的算法是 k-means 聚类算法和 k-medoids 聚类算法。

6.3.1 *k*-means 聚类算法

1. *k*-means 聚类算法简介

k-means 聚类算法(k-means clustering algorithm)是一种迭代求解的聚类算法。其基本思想是：将数据集划分为 k 个簇(k 由用户指定)，使得每个簇内部的样本数据相似度高，不同簇之间样本数据的差异性大。在给定初始的 k 之后，计算每个数据对象与各个簇(聚类中心)之间的距离，并将数据对象分配给离它最近的簇，这个过程不断重复，直到满足终止条件为止。k-means 聚类算法通过样本之间的距离来度量样本的相似度，两个样本距离越远，相似度越低；否则相似度越高。k-means 聚类算法描述如下：

输入：样本数据集 D、聚类中心个数 k。

输出：聚类结果。

(1) 随机选定 k 个数据点作为初始的聚类中心。

(2) 对于样本数据集 D 中的每个数据，计算它到每个聚类中心的距离。

(3) 将数据分配到与其距离最近的聚类中心所在的簇。

(4) 计算当前每个簇的均值，作为新的聚类中心。

(5) 重复执行步骤(2)～(4)，直到满足终止条件。

终止条件可以是没有(或低于某一数目的)对象重新分配给不同的簇，聚类中心不再发生变化，即误差平方和(SSE)局部最小。

2. scikit-learn 的 *k*-means 聚类算法实现

scikit-learn 提供了 sklearn.datasets.make_blobs()函数为聚类产生一个数据集和相

应的标签。使用 sklearn.datasets.make_blobs 产生样本数据大小为 200 的数据集。示例如下：

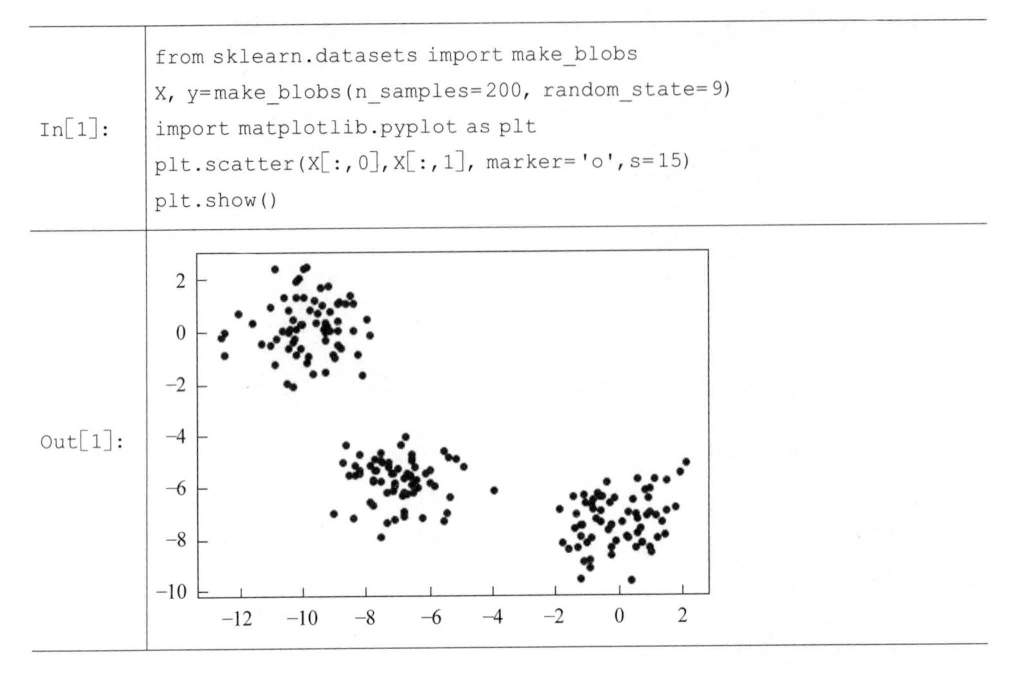

In[1]:
```
from sklearn.datasets import make_blobs
X, y=make_blobs(n_samples=200, random_state=9)
import matplotlib.pyplot as plt
plt.scatter(X[:,0],X[:,1], marker='o',s=15)
plt.show()
```

Out[1]:

从上例输出的散点图可以看到，默认生成的数据分别属于 3 个类别，当指定 make_blobs()函数的 centers 参数为 1 时，意味着生成的所有数据都属于一个类别。接下来使用 k-means 方法进行聚类分析，首先使用 make_blobs()函数生成样本数据大小为 1500 的数据集，且数据分别属于 3 类。示例代码如下：

In[2]:
```
fromsklearn.datasets import make_blobs
X, y=make_blobs(n_samples=1500, random_state=1)
```

使用 k-means 方法对均匀分布的样本数据进行聚类分析，设置聚类数为 3，即将原始数据划分为 3 个簇，用生成数据集拟合 k-means 模型，并展示聚类结果。代码和输出结果如下：

In[3]:
```
from sklearn.cluster import KMeans
kmeans=KMeans(n_clusters=3, random_state=1)
y_pred=kmeans.fit_predict(X)
plt.scatter(X[:, 0], X[:, 1], c=y_pred, s=15 )
plt.show()
```

Out[3]:	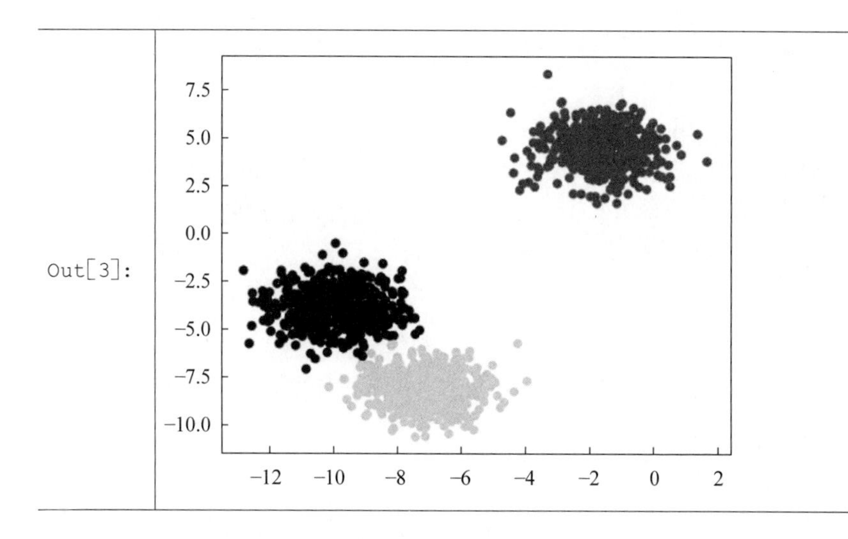

以均匀分布为例,输出各个簇属性,可以看到其聚类中心有 3 个,聚类标签为 0、1、2,代表数据所属的簇。

In[4]:	print("cluster_centers:\n ",kmeans.cluster_centers_)
Out[4]:	cluster_centers: [[-0.98497706 3.85924993] [-9.71817415 -4.36293631] [-2.1853062 4.95137637]]

In[5]:	#输出前 20 个样本的标签
	print("cluster labels:\n",kmeans.labels_[:20])

Out[5]:	cluster labels: [2 2 2 2 0 2 2 0 2 0 2 0 2 0 2 0 2 0 0 0]
In[6]:	print("cluster inertia:%.2f "%kmeans.inertia_)
Out[6]:	cluster inertia:1100.53

3. *k*-means 算法的特点

k-means 算法原理简单、易于实现且运行效率较高,聚类结果容易解释,适用于高维数据的聚类,对"球形"数据集有较好的聚类效果。*k*-means 算法需要预先指定 *k* 值,若 *k* 值选择不当,则聚类效果不好。另外,它采用的贪心策略也容易导致局部收敛,在大规模数据集上效率较低,对离群点和噪声较为敏感。*k*-means 算法初始聚类中心的选取对聚类效果影响很大,不同的聚类中心可能会导致不同的聚类结果,缺乏重复性和连续性。

6.3.2 *k*-means++ 算法

k-means++ 算法是 *k*-means 算法的改进,两者的不同之处在于 *k*-means++ 算法将初始聚类中心彼此的距离设置得足够远,以改善聚类效果。*k*-means++ 算法描述如下:

输入：样本数据集 D、聚类中心个数 k。

输出：聚类结果。

(1) 初始化空集合 M,用来存储 k 个聚类中心。

(2) 从样本集 D 中随机选择一个样本点 c_1 作为第一个聚类中心,然后将其加入 M。

(3) 计算不在 M 中的每个样本点 $x^{(i)}$ 与 M 中每个点的最小距离的平方,即 $d(x^{(i)},M)^2$。

(4) 随机选择下一个聚类中心 c_2,计算概率分布

$$\frac{d\ (c_2,M)^2}{\sum_i d\ (x^{(i)},M)^2}$$

其中,$d\ (c_2,M)^2$ 越大,被选中的概率越高。将选中的聚类中心加入 M。

(5) 重复步骤(2)和(3),选定 k 个聚类中心。

(6) 执行 k-means 算法。

k-means++ 算法提高了局部最优点的质量,使得算法收敛更快。sklearn.cluster.KMeans()函数默认采用的是 k-means++ 算法。

k-means++ 算法通过设置聚类中心改善聚类效果,但仍需用户给出 k 的值。对于6.3.1 节的例子,k 取不同值的聚类结果如图 6.2 所示,随着 k 的增加,出现了一个簇被细分为两个簇的情况,聚类效果并不理想。从图 6.2 中可以发现 $k=3$ 是正确的聚类数。肘法和轮廓系数可以用来评估聚类质量,从而确定 k 值。

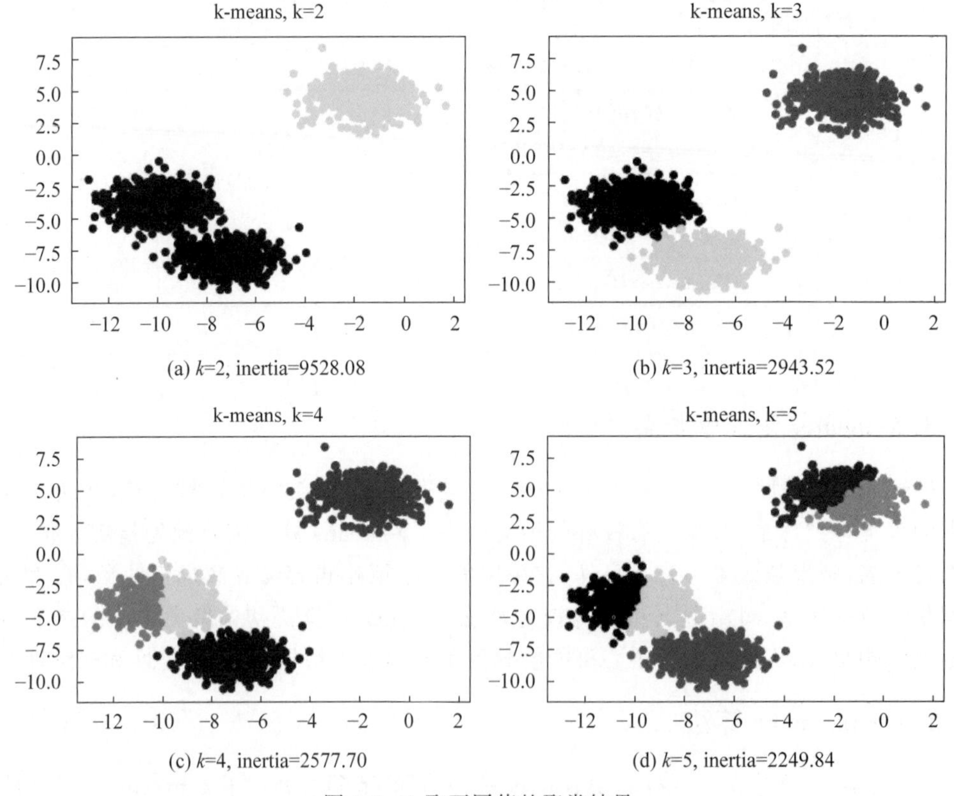

图 6.2 k 取不同值的聚类结果

6.3.3 *k*-medoids 算法

1. *k*-medoids 算法概述

k-means 算法对于异常值十分敏感，当数据分布不均匀时，特别是样本中存在异常值时，会造成聚类效果的偏离。*k*-medoids（*k*-中心点聚类）算法是一种基于划分的聚类算法，该算法采用簇中最靠近中心的一个对象（即中心点）而非均值代表簇，选取的中心点为当前簇中的点，其聚类依据是当前簇中所有其他点到中心点距离之和最小。

传统的 *k*-medoids 算法思想是：首先为每个簇随意选择一个代表对象（即中心点），剩余的对象根据其与中心点的距离分配给最近的一个簇，然后反复地用非中心点替代中心点，以改进聚类的质量。聚类结果的质量用如下的代价函数评估：

$$\gamma=\sum_{n=1}^{N}\sum_{k=1}^{K}r_{nk}\gamma(x_n,\mu_k)$$

γ 表示样本点和中心点之间的平均差异值。

k-medoids 算法描述如下：

（1）在数据样本 D 中随机选择 k 个数据样本作为中心点。

（2）按照与中心点最近的原则，将剩余的点分配到当前最佳的中心点代表的簇。

（3）在每一个簇中，计算每个成员点对应的评估函数，选取评估函数最小时对应的点作为新的中心点。

（4）重复步骤 2 和 3，直到所有中心点不再变化或达到最大迭代次数为止。

2. *k*-medoids 算法的特点

k-medoids 算法同样需要事先指定聚类的簇数，且仅适用于小数据集；对于大数据集，该算法运行速度较慢。

6.3.4 肘法

在聚类分析中可用肘法确定最佳聚类数 k 的值。对于样本数为 N 的数据集，k 从 1 到 N 进行迭代计算，每次聚类完成后，计算每个点到其所属的簇中心的距离的残差平方和（SSE）。SSE 是逐渐变小的，样本也逐渐接近簇中心。特别地，当 k 的取值为 N 时 SSE 为 0，即每个点都是簇中心。在 SSE 的变化过程中会出现一个拐点（称为肘点），下降率突然变缓时的 k 值最佳。在 *k*-means 模型拟合之后，可以非常方便地使用 scikit-learn，不需要具体计算 SSE，因为它已经可以通过 inertia_属性访问。以下代码将 k 取不同值的聚类效果采用折线图表示，k 的取值范围为 1～10。

In[7]:

```
inertias=[]
for i in range(1,11) :
    kmeans=KMeans(n_clusters=i,random_state=0)
    kmeans.fit_predict(X)
    inertias.append(kmeans.inertia_)
```

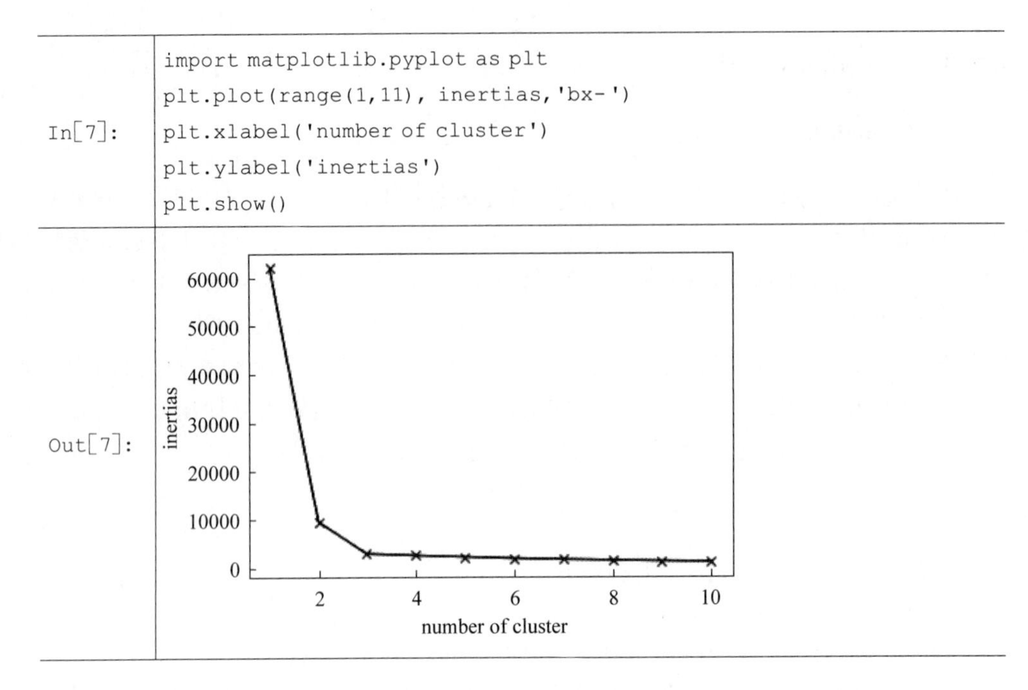

In[7]:

```
import matplotlib.pyplot as plt
plt.plot(range(1,11), inertias,'bx-')
plt.xlabel('number of cluster')
plt.ylabel('inertias')
plt.show()
```

Out[7]:

从折线图中可以看出,当 $k=3$ 时,聚类数的选择对于数据集而言是最佳的。

6.3.5 轮廓系数

轮廓系数(silhouette coefficient)是评估聚类质量的一个评价标准。不同于肘法,轮廓系数既可以应用于 k-means 算法,也可以评估其他聚类算法。轮廓图可以作为图形工具度量样本聚集的紧密程度。

计算数据集中单个样本的轮廓系数的步骤如下:

(1) 计算簇的内聚度 $a^{(i)}$,即样本 $x^{(i)}$ 与簇内所有其他点之间的平均距离。

(2) 计算簇与最近簇的分离度 $b^{(i)}$,即样本 $x^{(i)}$ 与最近簇内所有点之间的平均距离。

(3) 计算轮廓系数 $s^{(i)}$,即簇内聚度与簇分离度之差除以两者中较大的一个,计算公式如下:

$$s^{(i)}=\frac{b^{(i)}-a^{(i)}}{\max\{a^{(i)},b^{(i)}\}}$$

(4) 对所有样本 x 求均值,即为当前聚类结果的整体轮廓系数。

轮廓系数同时兼顾了聚类的内聚度(cohesion)和分离度(separation)。轮廓系数的取值范围为[−1,1]。轮廓系数取值越大,聚类效果越好。如果簇分离度和内聚度相等,即 $a^{(i)}=b^{(i)}$,轮廓系数为0;如果 $b^{(i)}>>a^{(i)}$,接近理想的轮廓系数1,因为 $b^{(i)}$ 量化了该样本与其他簇内样本的差异程度,而 $a^{(i)}$ 体现了样本与所在簇内其他样本的相似程度;如果轮廓系数小于0,说明 $x^{(i)}$ 与其所在簇内元素的平均距离大于最近的其他簇,此时聚类效果很差。

使用 scikit-learn 的 metric 模块中的 silhouette_samples()函数可方便地计算轮廓系

数，也可以便捷地导入 silhouette_scores()函数。silhouette_scores()函数计算所有样本的平均轮廓系数，相当于 numpy.means(silhouette_samples(…))。下面的例子执行 k-means 聚类算法，并将聚类中心数设置为 3，调用 sklearn.metrics. silhouette_samples()函数绘制聚类轮廓系数图。

In[8]:

```
from matplotlib import cm
from sklearn.metrics import silhouette_samples
import numpy as np
#获取簇的编号
cluster_labels=np.unique(y_pred)
#获取簇的个数
n_clusters=cluster_labels.shape[0]
#基于欧式几里得离计算轮廓系数
silhouette_vals=silhouette_samples(X, y_pred, metric='euclidean')
#设置 y 坐标的起始坐标
y_ax_start, y_ax_end=0, 0
y_ticks=[]
for i, c in enumerate(cluster_labels):
    #获取不同簇的轮廓系数
    c_silhouette_values=silhouette_vals[y_pred==c]
    #对簇中样本的轮廓系数由小到大排序
    c_silhouette_values.sort()
    #获取簇中轮廓系数的个数
    y_ax_start+=len(c_silhouette_values)
    #获取不同的颜色表示
    color=cm.jet(float(i)/n_clusters)
    #绘制水平条形图
    plt.barh(range(y_ax_start,y_ax_end), c_silhouette_values,
        height=1.0, edgecolor='none', color=color )

    #获取显示 y 轴刻度的位置
    y_ticks.append((y_ax_start+y_ax_end)/2.)
    #获取下一个 y 轴的起点位置
    y_ax_start+=len(c_silhouette_values)
#计算平均轮廓系数
silhouette_avg=np.mean(silhouette_vals)
#绘制平行于 y 轴的轮廓系数平均值的虚线
plt.axvline(silhouette_avg, color='red',linestyle='--')
plt.yticks(y_ticks, cluster_labels+1)
plt.ylabel('cluster')
plt.xlabel('silhouette coefficient')
plt.show()
```

Out[8]:

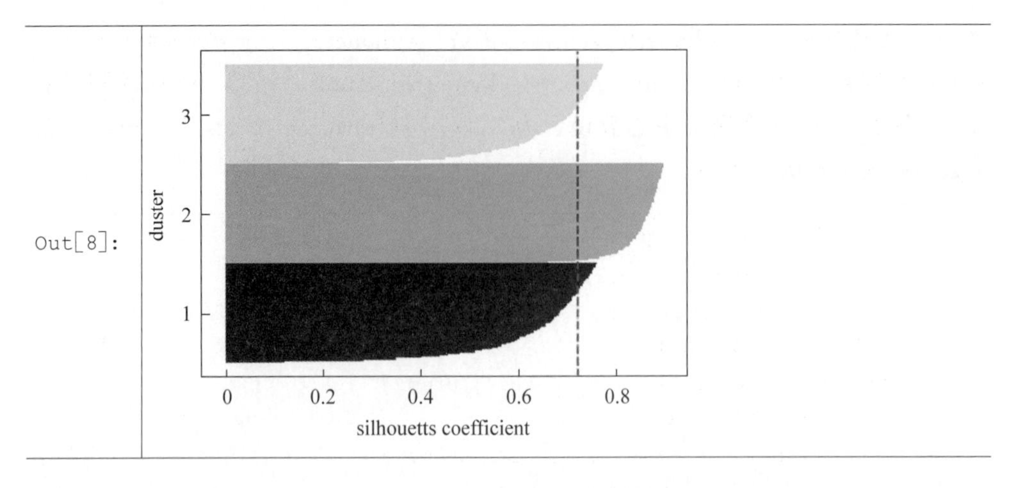

轮廓系数图可以确定不同簇的大小,并且能够发现包含离群点的簇。例如,上例中的轮廓系数图所示的平均轮廓系数(图中的虚线)表明聚类效果一般。不同样本分布的轮廓系数图的变化如图 6.3 所示。其中,图 6.3(a)的轮廓长度和宽度差别不大,表明聚类效果较好;图 6.3(b)的轮廓长度和宽度明显不同,表明聚类效果较差。

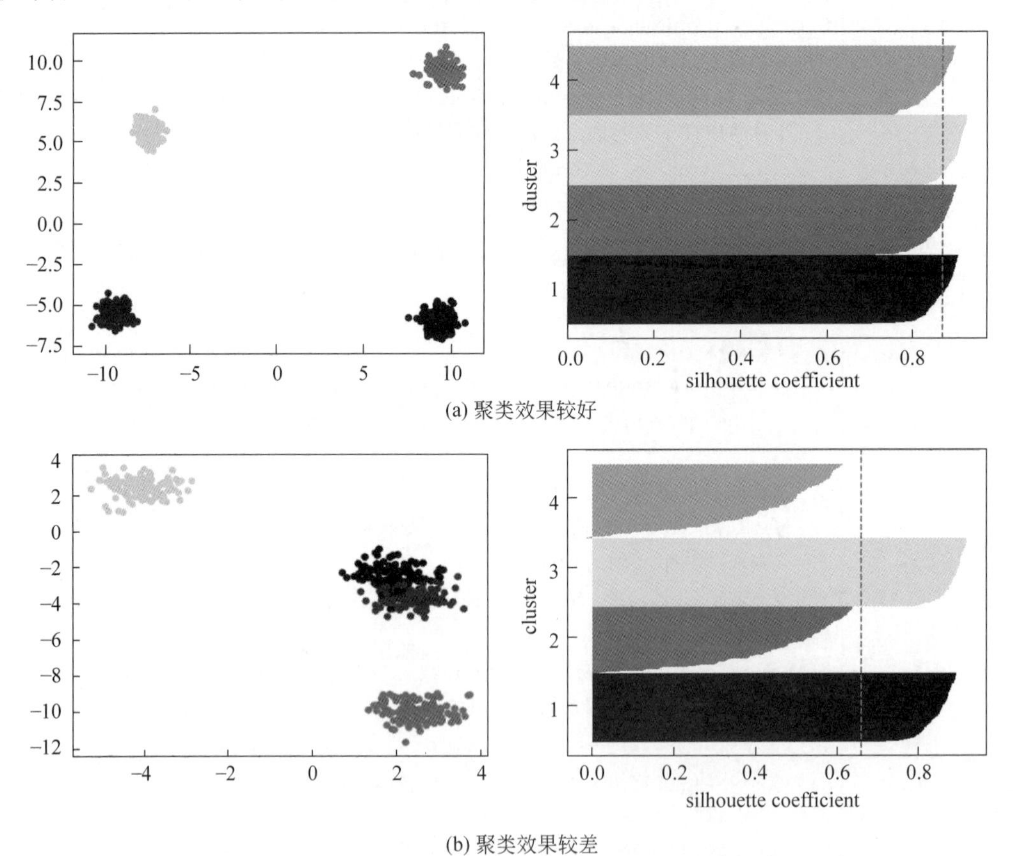

图 6.3 不同样本分布的聚类分析和轮廓系数图

silhouette_score()函数与 silhouette_samples()函数类似。其中,参数 sample_size 表示计算平均值时随机取样的数量;参数 random_state 用来生成随机采样,可以给定一个种子,也可以使用 numpy.RandomState()函数。下列代码计算聚类数为 2~5 时的轮廓系数。

In[9]:

```
n_clusters=range(2, 6)
from sklearn.metrics import silhouette_score
for k in n_clusters:
    fig, ax=plt.subplots(1)
    cluster=KMeans(n_clusters=k, random_state=10).fit(X)
    y_pred=cluster.labels_
    centroid=cluster.cluster_centers_
    #计算平均轮廓系数
    silhouette_avg=silhouette_score(X, y_pred)
    for i in range(k):
        ax.scatter(X[y_pred==i, 0], X[y_pred==i, 1], marker='o', s=15)
    ax.scatter(centroid[:, 0], centroid[:, 1], marker='*', s=30, c='k')
    plt.suptitle('silhouette score :%.2f.'%silhouette_avg, fontsize=12)
    plt.show()
```

Out[9]:

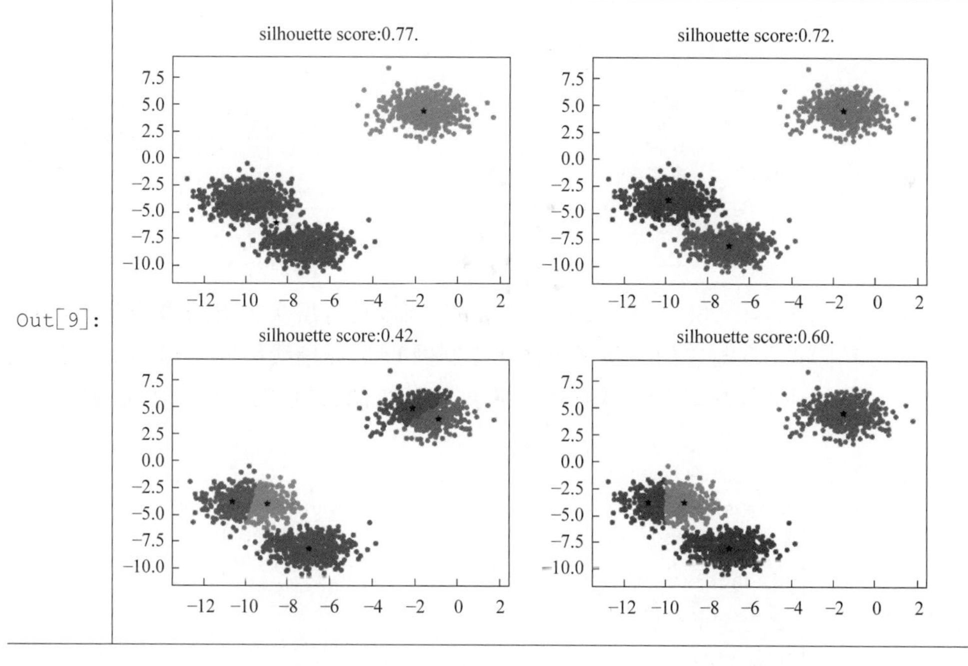

输出结果表明,当 $k=2$ 时轮廓系数为 0.77,当 $k=3$ 时轮廓系数为 0.72,当 $k=4$ 时轮廓系数为 0.60,当 $k=5$ 时轮廓系数为 0.42。当数据集被划分为两个簇时,轮廓系数最大,与观察结果一致。因此,实际应用中可将轮廓系数与业务需求相结合,以达到较好的聚类效果。

6.4 层次聚类算法

层次聚类(hierarchical clustering)是通过某种相似性测度计算数据之间的相似度,并按照相似度由高到低的顺序对给定的数据集进行层次分解,其聚类结构是一棵层次树。层次树的构建有自底向上的方法和自顶向下的方法。自底向上的方法是将小的类别逐渐合并为大的类别,也称为凝聚聚类方法;自顶向下的方法是将大的类别逐渐分裂为小的类别,也称为分裂聚类方法。目前层次聚类多采用自底向上的方法。下面的示例采用模拟数据集生成数据样本大小为10的数据集,并显示样本的分布情况。

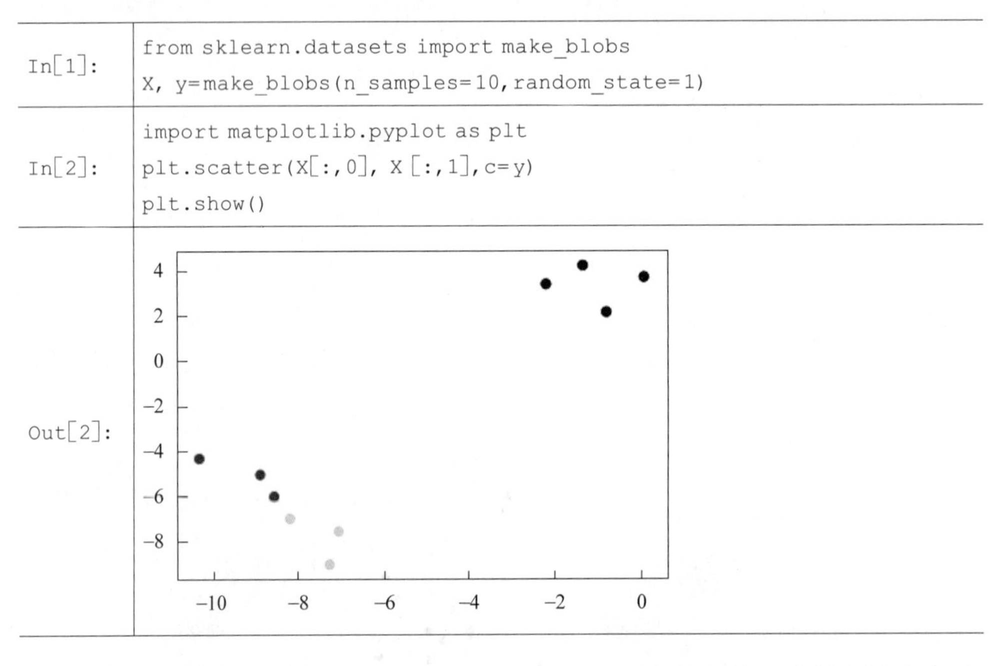

In[1]:

```
from sklearn.datasets import make_blobs
X, y=make_blobs(n_samples=10,random_state=1)
```

In[2]:

```
import matplotlib.pyplot as plt
plt.scatter(X[:,0], X [:,1],c=y)
plt.show()
```

Out[2]:

调用 scipy.cluster.hierarchy.dendrogram()函数可将层次聚类结果绘制成树状图,它通过在一个非单子簇与它的相邻子簇之间绘制倒U形连接线构成,倒U形连接线的顶部横线表示簇之间的合并,倒U形连接线的两条竖线的长度表示子簇之间的距离。示例如下:

In[3]:

```
from scipy.cluster.hierarchy import dendrogram, ward
#使用连线的方式可视化
linkage=ward(X)
dendrogram(linkage)
ax=plt.gca()
plt.xlabel('sample index')
plt.ylabel('cluster distance')
plt.show()
```

Out[3]:

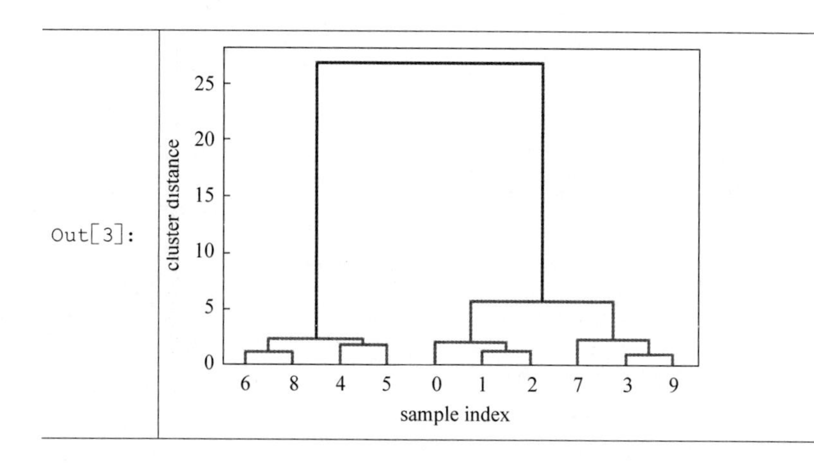

1. 凝聚聚类算法的原理

凝聚聚类算法是自底向上的层次聚类算法。该算法首先将每个样本作为一个簇，然后合并两个最相似的簇，不断循环执行这个过程来合并相似簇，直到最后仅剩一个簇为止。凝聚聚类算法描述如下：

输入：样本数据集。

输出：聚类结果。

(1) 计算所有样本之间的距离，得到距离矩阵。

(2) 将每个样本看作一个簇。

(3) 基于距离相似性度量，合并两个距离最近的簇。

(4) 更新样本的距离矩阵。

(5) 重复执行步骤(2)～(4)，直到所有样本都合并为一个簇为止。

在凝聚聚类中，判定簇间距离有单连接和全连接两种方式。单连接方式计算两个簇中最相近的两个样本的距离，将距离最近的两个样本所属的簇合并；全连接方式计算两个簇中最不相近的两个样本的距离，将距离最远的两个样本所在的簇合并。凝聚聚类的连接方式如图 6.4 所示。

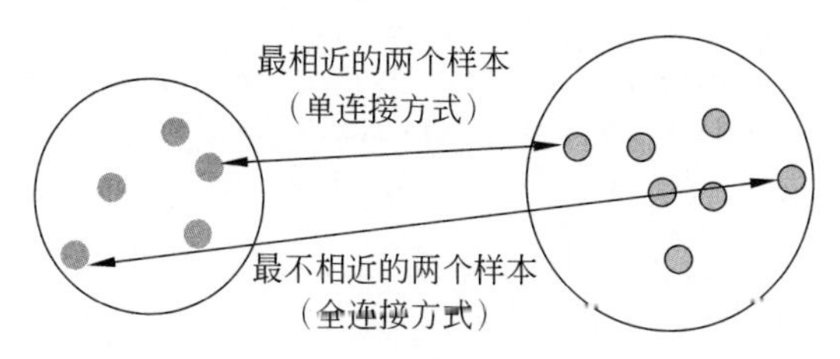

图 6.4　凝聚聚类的连接方式

2. 凝聚聚类算法的实现

sklearn.cluster.AgglomerativeClustering()函数提供了凝聚聚类算法的实现。下面给出示例。

In[4]:
```
importnumpy as np
variables=['X', 'Y' ]
labels=['ID_0', 'ID_1', 'ID_2', 'ID_3', 'ID_4','ID_5']
np.random.seed(1)
x=np.random.random_sample([6, 2]) * 10
```

In[5]:
```
importpandas as pd
df=pd.DataFrame(x, columns=variables, index=labels)
print(df)
```

Out[5]:
```
        X          Y
ID_0    4.170220   7.203245
ID_1    0.001144   3.023326
ID_2    1.467559   0.923386
ID_3    1.862602   3.455607
ID_4    3.967675   5.388167
ID_5    4.191945   6.852195
```

In[6]:
```
fromsklearn.cluster import AgglomerativeClustering
agglomere=AgglomerativeClustering()
label=agglomere.fit_predict(x)
print(label)
```

Out[6]:
```
[1 0 0 0 1 1]
```

从凝聚聚类结果中可以看出,ID_0、ID_4 和 ID_5 标记为 1,ID_1、ID_2 和 ID3 标记为 0。AgglomerativeClustering()函数允许设置参数 n_cluster,读者可以自行设置 n_cluster 值以观察聚类结果的变化。

用 SciPy 中 spatial.distance 模块的 pdist()函数计算距离矩阵,作为凝聚聚类算法的输入。pdist()函数计算观测值(n 维)两两之间的距离。距离值越大,相关度越小。squareform()函数将向量形式的距离表示转换成稠密矩阵形式。基于样本的特征 X 和 Y,使用欧几里得距离计算样本间的两两距离。在下面的示例中,通过将 pdist()函数的返回值输入 squareform()函数,获得一个记录成对样本间距离的对称矩阵:

In[7]:
```
fromscipy.spatial.distance import pdist,squareform
row_dist=pd.DataFrame(squareform(pdist(df,metric='
euclidean')),columns=labels, index=labels)
print(row_dist)
```

Out[7]:
```
        ID_0       ID_1       ID_2       ID_3       ID_4       ID_5
ID_0    0.000000   5.903636   6.836739   4.401124   1.826344   0.351722
ID_1    5.903636   0.000000   2.561273   1.910993   4.617991   5.676536
ID_2    6.836739   2.561273   0.000000   2.562851   5.117114   6.524803
ID_3    4.401124   1.910993   2.562851   0.000000   2.857642   4.118573
ID_4    1.826344   4.617991   5.117114   2.857642   0.000000   1.481106
ID_5    0.351722   5.676536   6.524803   4.118573   1.481106   0.000000
```

使用 cluster.hierarchy 模块下的 linkage()函数以全连接方式处理簇。该函数以全连接作为距离判定标准，返回一个关联矩阵。通过 squareform()函数得到样本的距离矩阵。

In[8]:

```
fromscipy.cluster.hierarchy import linkage
row_clusters1=linkage(pdist(df, metric='euclidean'), method='complete')
df1=pd.DataFrame(row_clusters1, columns=['row label 1', 'row label 2',
    'distance', 'no. of items in clust.'], index=['cluster %d' %(i+1)
    for i in range(row_clusters1.shape[0])])
print(df1)
```

Out[8]

```
           row label 1  row label 2  distance  no. of items in clust.
cluster 1  0.0          5.0          0.351722  2.0
cluster 2  4.0          6.0          1.826344  3.0
cluster 3  1.0          3.0          1.910993  2.0
cluster 4  2.0          8.0          2.562851  3.0
cluster 5  7.0          9.0          6.836739  6.0
```

采用树状图对聚类结果进行可视化展示：

In[9]:

```
fromscipy.cluster.hierarchy import dendrogram
import matplotlib.pyplot as plt
dendrogram(row_clusters1, labels=labels)
plt.show()
```

Out[9]:

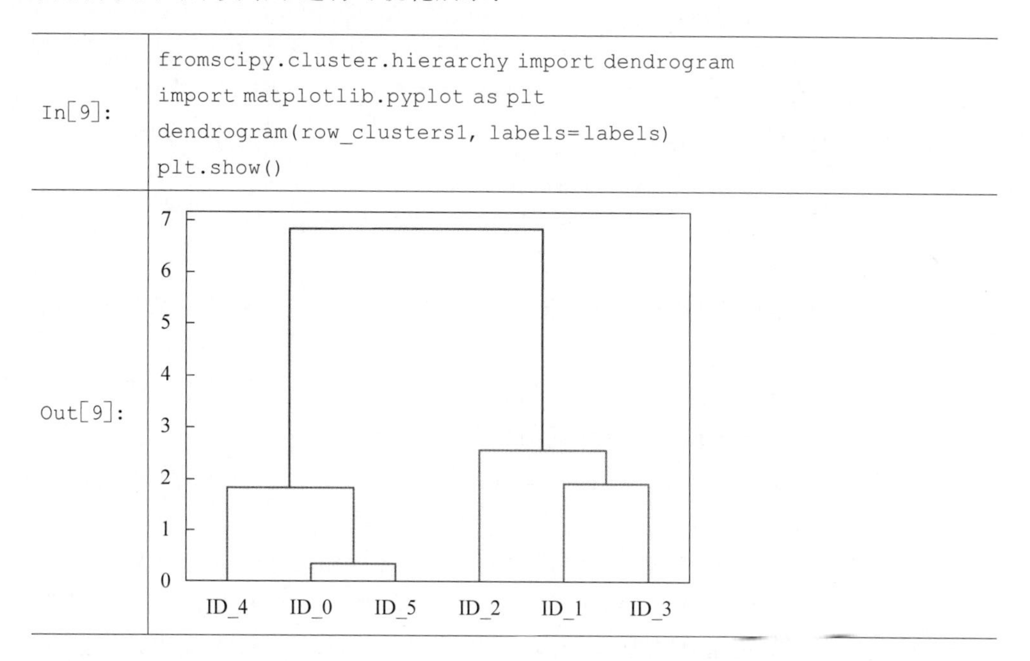

从树状图可以看到，ID_0、ID_4 和 ID5 相似度高(其中 ID_0 和 ID_5 的相似度更高)，ID_1、ID_2 和 ID3 的相似度高(其中 ID_1 和 ID_3 的相似度更高)。可以看到，树状图概括式地展示了采用凝聚聚类算法形成的不同簇，而且更加直观、清晰。

3. 凝聚聚类算法的特点

不同于 k-means 算法，凝聚聚类算法无须设定聚类数目(即 k 值)，最终形成的聚类层次结构有较好的解释性。但凝聚聚类算法的合并点选择较为困难,数据在执行合并操作后不能撤销合并,在计算大数据集时效率较低,也无法对分布形状复杂的数据进行正确的聚类分析。

6.5 基于密度的聚类算法

前面介绍的划分聚类算法和层次聚类算法都基于对象之间的距离进行聚类,因而对球状簇的聚类效果较好,但对于分布形状较特殊的数据集,如半月形数据集,则无法实现很好的聚类。基于密度的聚类(density-based clustering)算法可在有噪声的数据中发现任意形状的簇。该算法认为,在整个样本空间中,聚类后形成的簇由一组稠密的样本点组成,这组稠密的样本点被样本稀疏的区域分隔开,从而实现聚类。常见的基于密度的聚类算法有 DBSCAN 算法和均值漂移聚类算法。

6.5.1 DBSCAN 算法

1. DBSCAN 算法的原理

DBSCAN(Density-Based Spatial Clustering of Applications with Noise)是一种典型的基于密度的聚类算法。其基本思想是将簇定义为密度相连的点(density-connected points)的最大集合。DBSCAN 算法认为,数据稠密的地方相似度高,数据稀疏区域是分界线,因而该算法具有较强的抗噪性,能够处理任意形状和大小的簇。DBSCAN 算法描述如下:

输入:数据样本集 D,半径 eps,最小数据样本数 MinPts。

输出:聚类结果。

(1) 从样本数据集 D 中任选一个未处理的数据样本点 $x^{(i)}$,找出与其距离小于或等于 eps 的所有点。

(2) 如果 $x^{(i)}$ 是核心点,则 $x^{(i)}$ 与其附近的点形成一个簇。将该点标记为已访问,并以相同的方式处理该簇内所有未被访问的数据点,从而实现簇的扩展。

(3) 如果 $x^{(i)}$ 附近点的数目小于 MinPts,则将这些点标记为噪声,结束本次循环,跳转到步骤(1)继续执行。

(4) 重复执行步骤(1)~(3),直到簇内所有的点都被标记为已访问的点。

一旦完成了当前簇的聚类,DBSCAN 算法会检索处理一个新的未访问点,不断重复这个过程直到簇实现充分的扩展,即所有点都已经标记为属于一个聚类或者是噪音。

DBSCAN 聚类是基于每个核心点或者一组相连的核心点形成一个单独的簇,并将每个边界点划分到其对应的核心点所在的簇中。

2. DBSCAN 算法的实现

sklearn.cluster 提供了 DBSCAN()函数的实现。下面的示例代码首先使用 make_blobs()函数随机生成样本大小为 200 的数据样本,并且 centers 设置为 3,具体如下:

In[1]:

```
from sklearn.datasets import make_blobs
X,y=make_blobs(n_samples=200,centers=3, random_state=1)
import matplotlib.pyplot as plt
plt.scatter(X[:,0], X [:,1], cmap=plt.cm.cool,s=15 )
plt.show()
```

Out[1]:

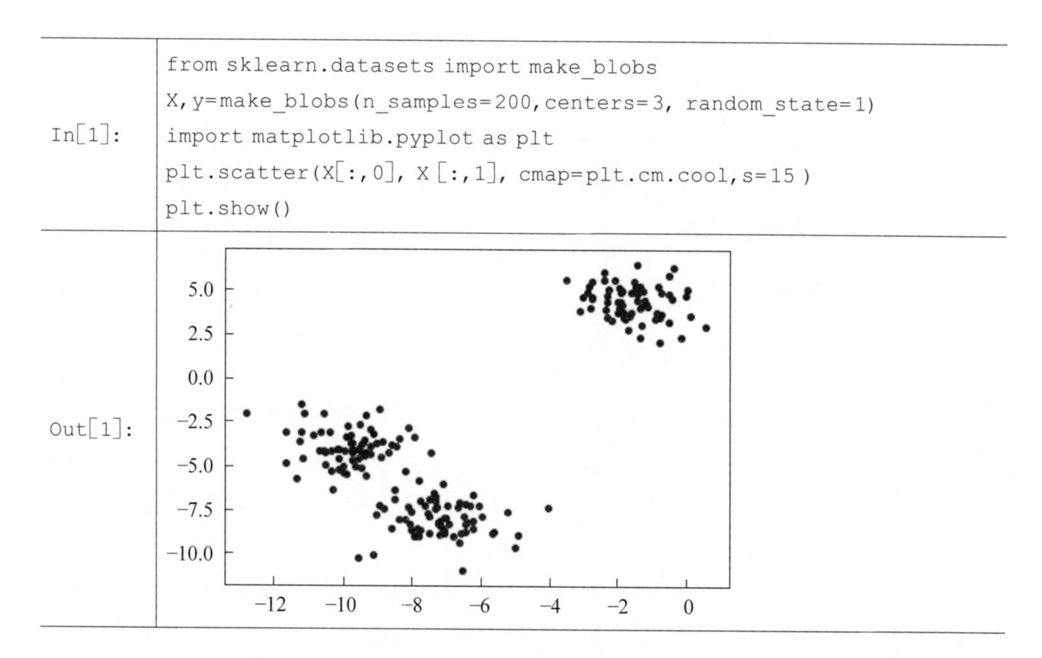

调用 DBSCAN()函数进行基于密度的聚类，并设置 min_samples 为 5。聚类结果表明数据被聚集为 3 类，DBSCAN 算法有效地识别了数据中的噪声。

In[2]:

```
fromsklearn.cluster import DBSCAN
db=DBSCAN(min_samples=5)
clusters=db.fit_predict(X)
```

In[3]:

```
plt.scatter(X[:,0], X[:,1],c=clusters,cmap=plt.cm.cool,s=15)
plt.show()
```

Out[3]:

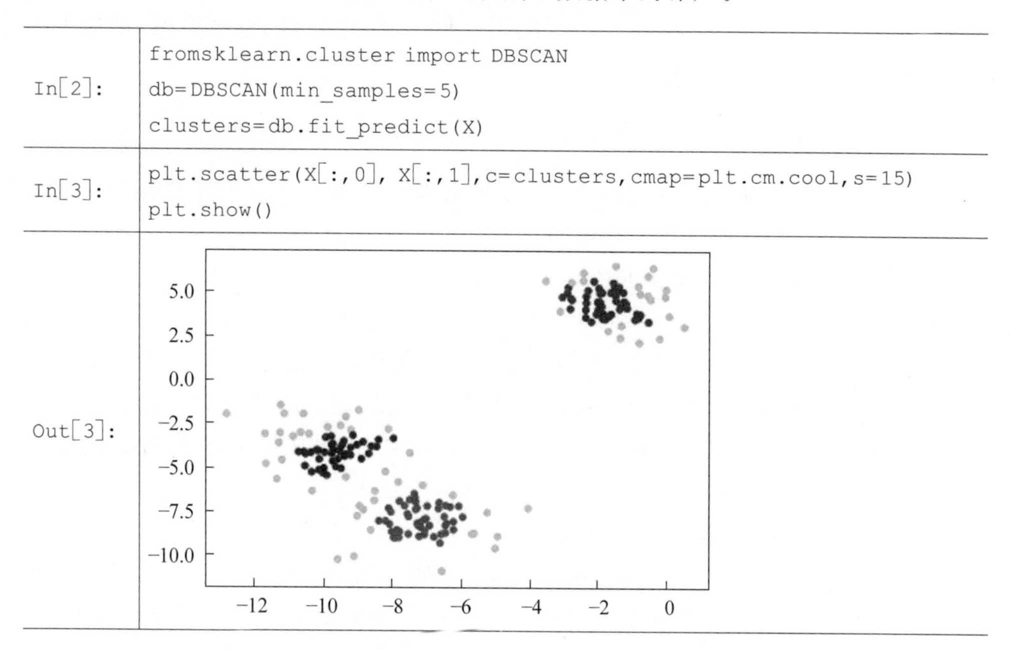

聚类后的标签由 0、1、2 和 −1 组成。其中，0、1、2 分别代表 3 种聚类结果，−1 即噪声标签。

In[4]:

```
print(clusters[:20])
```

Out[4]:

```
[ 0 -1  0  1  -1  -1  2  -1  -1  1  0  -1  -1  1  0  -1  1  0  2  1]
```

3. DBSCAN 算法的特点

DBSCAN 算法采用基于密度的聚类方法，能够发现任意形状的簇，也能够有效去除噪声点。但 DBSCAN 算法依然不能有效处理高维数据，当样本数据分布不均匀，聚类间距差较大时，聚类效果不够好。

6.5.2 均值漂移聚类算法

1. 均值漂移聚类算法的原理

在 k-means 算法中，最终的聚类效果会受到初始聚类中心的影响。k-means ++ 算法为选择较好的聚类中心提供了依据，但是仍然需要指定聚类的个数 k。对于类别个数未知的样本数据集，k-means 算法和 k-means ++ 算法很难保证聚类效果，因此，人们又提出均值漂移算法来处理聚类个数 k 未知的情况。

均值漂移聚类算法是一种基于质心的算法，通过迭代运算找到目标位置，实现目标跟踪。均值漂移聚类算法的基本思想是：在数据集中选定一个点，然后以该点为圆心，以 ε 为半径，计算与圆心距离小于 ε 的所有点的向量均值，即为漂移均值，令圆心与漂移均值的和为新的圆心，迭代上面的过程，直到满足终止条件为止。均值漂移聚类算法在此基础上加入了核函数和权重系数，使其广泛应用于聚类、图像分割、轮廓检测、目标跟踪等领域。漂移均值的计算公式如下：

$$\mathrm{shift}(x)=\frac{1}{k}\sum(x^{(i)}-x)$$

其中，x 为聚类中心，$x^{(i)}$ 为与 x 距离小于 ε 的数据点，k 为 x 与 $x^{(i)}$ 距离小于 ε 的数据点的个数。

均值漂移聚类算法描述如下：

(1) 在未被标记的数据点中随机选择一个点作为初始聚类中 center。

(2) 找出以 center 为中心、半径为 ε 的区域中出现的所有数据点，并且认为这些点与聚类中心 center 属于同一个类 C，同时将聚类中心的数据点的访问次数加 1。

(3) 以 center 为中心，计算从 center 开始到 C 中每个数据的向量，并将向量累加求平均值，得到漂移均值 shift。

(4) center 沿 shift 向量的方向漂移。

(5) 重复步骤(2)～(4)，直到 shift 达到一个很小的值，算法收敛，C 的聚类完成。

(6) 如果此时 C 的聚类中心与其他已经存在的簇的聚类中心距离小于阈值，那么将这两个簇合并，将数据点出现的次数相加；否则 C 作为一个新的类。

(7) 重复步骤(1)～(5)，直到所有点都被标记为已访问。

(8) 将对一个点的访问次数最多的类作为该点所属的类。

2. 均值漂移聚类算法的实现

sklearn.cluster.Mean_Shift()函数使用平坦的内核执行均值漂移算法，返回 cluster_

centers 和 labels。使用 sklearn.cluster.estimate_bandwidth()函数获取带宽值。示例代码如下：

In[5]:	fromsklearn.cluster import MeanShift, estimate_bandwidth bandwidth=estimate_bandwidth(X, quantile=0.5) ms=MeanShift(bandwidth=bandwidth, bin_seeding=True) y_pred=ms.fit_predict(X) labels=ms.labels_ print(labels[:20])
Out[5]:	[0 0 0 0 0 0 1 0 1 0 0 0 0 0 0 0 0 0 1 0]
In[6]:	importnumpy as np cluster_centers=ms.cluster_centers_ labels_unique=np.unique(labels) n_clusters_=len(labels_unique) print("number of estimated clusters : %d" %n_clusters_)
Out[6]:	number of estimated clusters : 2
In[7]:	import matplotlib.pyplot as plt plt.scatter(X[:, 0], X[:, 1], c=y_pred,s=15) plt.show()
Out[7]:	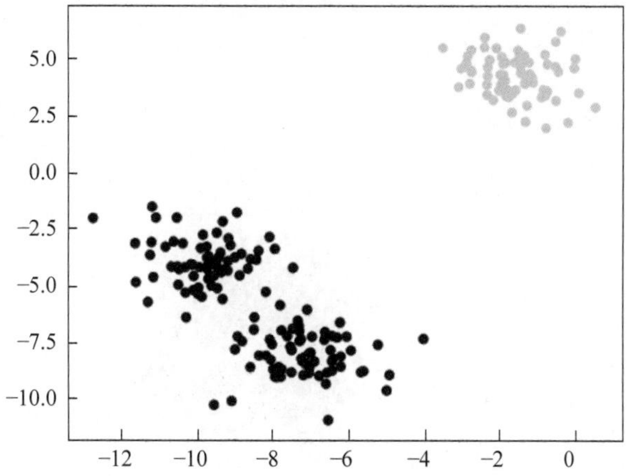

3. 均值漂移聚类算法的特点

均值漂移聚类算法同 k-means 算法一样通过数据样本的均值生成聚类中心，不同的是均值漂移聚类算法能够自动判别类别数，处理复杂的数据分布，识别异常值。均值漂移聚类算法对于高维数据表现一般，其聚类效果依赖于半径 ε 的选择。

6.6 聚类算法的评价指标

聚类分析的目的是产生高品质的数据分组，也就是簇，使得簇内相似度高，簇间相似度低，评估聚类质量有两个标准，即内部质量评价指标和外部评价指标。

6.6.1 内部质量评价标准

内部评价标准是利用数据集的属性特征评价聚类算法的优劣，通过计算总体相似度、簇间平均相似度或簇内平均相似度评价聚类质量。

1. CH 指标

CH 指标(Calinski-Harabaz index)是通过计算簇中各点与簇中心的距离平方和来度量簇内相似度。CH 指标由分离度与紧密度的比值计算获得，其值越大，表示簇内各数据点联系越紧密，簇间越分散，聚类效果越好。CH 指标定义如下：

$$\mathrm{CH}(K)=\frac{\mathrm{tr}(\boldsymbol{B})/(K-1)}{\mathrm{tr}(\boldsymbol{W})/(N-K)}$$

其中，$\mathrm{tr}(\boldsymbol{B})$表示簇间距离差矩阵的迹，$\mathrm{tr}(\boldsymbol{W})$表示簇内距离差矩阵的迹，$z$ 是整个数据集的均值，z_j 是第 j 个簇 C_j 的均值，N 是聚类个数，K 为当前簇编号。

在 scikit-learn 中，CH 指标对应的方法是 metrics.calinski_harabaz_score()。下面的示例生成样本大小为 500 的数据点，并将初始数据点分为 3 类。结果图的 3 类数据中有两类较为相似，但在聚类分析中被分为两个簇。

In[1]:

```
fromsklearn.datasets import make_blobs
X,y=make_blobs(n_samples=500,centers=3, random_state=4)
importmatplotlib.pyplot as plt
plt.scatter(X[:,0], X [:,1], c=y, s=15)
plt.show()
```

Out[1]:

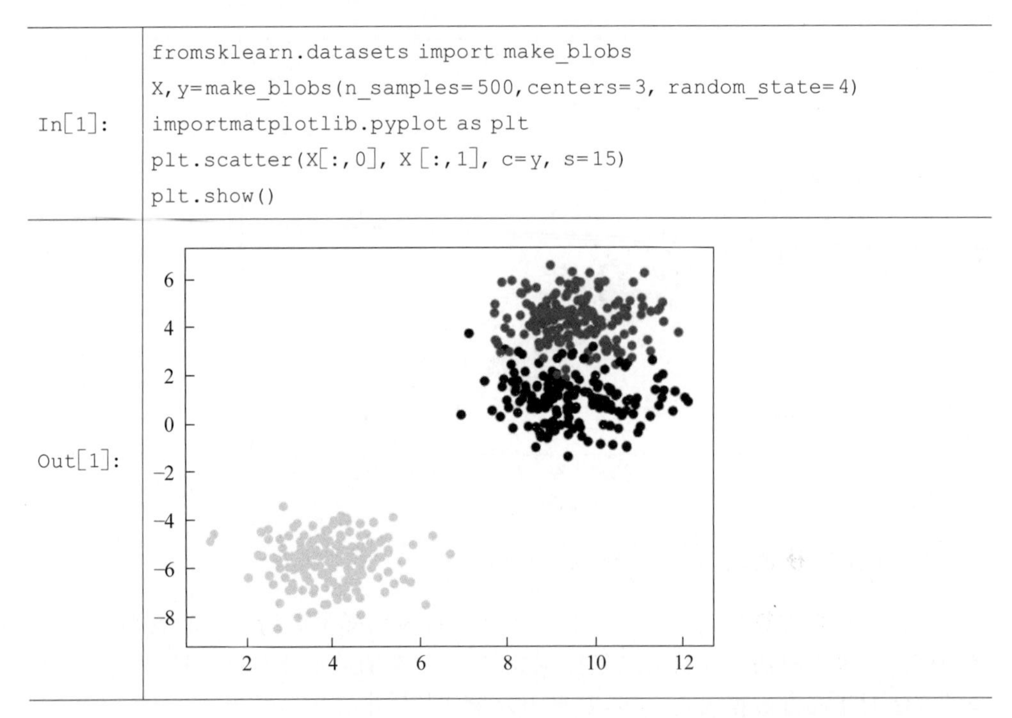

下面的示例采用 k-means 聚类进行分析，分别设置聚类数为 2 和 3，使用 CH 指标度量其聚类效果。

In[2]:

```
fromsklearn.cluster import KMeans
from sklearn import metrics
```

In[2]:	kmeans2=KMeans(n_clusters=2, random_state=1) .fit(X) labels2=kmeans2.labels_ kmeans3=KMeans(n_clusters=3, random_state=1) .fit(X) labels3=kmeans3.labels_
In[3]:	chscore=metrics.calinski_harabaz_score(X, labels2) print("Calinski-Harabaz Index of 2 clusters:%.2f"%chscore)
Out[3]:	Calinski-Harabaz Index of 2 clusters:3063.73
In[4]:	chscore=metrics.calinski_harabaz_score(X, labels3) print("Calinski-Harabaz Index of 3 clusters:%.2f"%chscore)
Out[4]:	Calinski-Harabaz Index of 3 clusters:3481.50

从上例的 CH 指标可以看出，当 $K=2$ 时，CH 值为 3063.73，当 $K=3$ 时，CH 值为 3481.50，因为 $K=2$ 时，右上角的两个簇会合并为一个簇，当 $K=3$ 时，簇内各点联系得更紧密，所以 CH 值更高。

2. 轮廓系数

轮廓系数同时兼顾了聚类的内聚度和分离度，取值范围为[-1,1]。轮廓系数取值越大，聚类效果越好。在下面的示例中，当 $K=2$ 时，轮廓系数为 0.77；当 $K=3$ 时，轮廓系数值为 0.62。这说明当 K 值为 2 时聚类效果较好。

In[5]:	silscore=metrics.silhouette_score(X, labels2, metric='euclidean') print("silhouette_score of 2 clusters::%.2f"%silscore)
Out[5]:	silhouette_score of 2 clusters::0.77
In[6]:	silscore=metrics.silhouette_score(X, labels3, metric='euclidean') print("silhouette_score of 3 clusters::%.2f"%silscore)
Out[6]:	silhouette_score of 3 clusters::0.62

3. DB 指标

DB 指标(Davies-Bouldin index)用来衡量任意两个簇的簇内距离之和与簇间距离之比。DB 指标值越小，表示簇内相似度越高，簇间相似度越低。

聚类集合 $C=\{C_1,C_2,\cdots,C_k\}$，用簇 C 的平均距离表示该簇的紧密程度：

$$\operatorname{avg}(C)=\frac{2}{|C|(|C|-1)}\sum_{1<i<j\leqslant|C|}\operatorname{dist}(x_i,x_j)$$

其中，$|C|$ 表示簇 C 中样本的个数，$\operatorname{dist}(x_i,x_j)$ 表示两个样本之间的距离。不同簇中心的距离表示不同簇的远离程度：

$$d_{\text{cen}}(C_i,C_j)=\operatorname{dist}(U_i,U_j)$$

其中，U_i、U_j 分别为簇 C_i、C_j 的中心。DB 指标定义如下：

$$\mathrm{DB}=\frac{1}{k}\sum_{i=1}^{k}\max_{i\neq j}\left(\frac{\mathrm{avg}(C_i)+\mathrm{avg}(C_j)}{d_{\mathrm{cen}}(C_i,Cj)}\right)$$

DB 指标计算只需要知道数据集的数量和特征，但是聚类中心的距离度量限制在欧几里得空间中。DB 指标越小，聚类性能越好。

6.6.2 外部质量评价标准

外部质量评价标准基于某个参考模型进行比较以评价聚类质量。

1. 兰德指标

兰德指标(Rand Index，RI)用于衡量两个簇的相似度。假设样本数据是 n，则定义两两配对的变量 a 和 b：

- a 为样本数据既属于簇 C 也属于簇 K 的个数。
- b 为样本数据既不属于簇 C 也不属于簇 K 的个数。

兰德指标的定义如下：

$$\mathrm{RI}=\frac{a+b}{C_n^2}$$

其中，C_n^2 是所有可能的样本对个数。随着聚类数的增加，随机分配簇向量的 RI 也增加。因此，对于随机结果，RI 不能保证分数接近 0。RI 需要给定实际聚类信息和聚类结果 K。为了实现“在聚类结果随机产生的情况下，兰德指标应该接近 0”的目标，人们又提出了调整兰德指标。

2. 调整兰德指标

调整兰德指标(Adjusted rand Index，ARI)用于衡量两个数据分布的吻合程度，解决了 RI 不能很好地描述随机分配簇标记向量的相似度的问题。ARI 定义如下：

$$\mathrm{ARI}=\frac{\mathrm{RI}-E[\mathrm{RI}]}{\max(\mathrm{RI})-E[\mathrm{RI}]}$$

其中，E 表示期望。ARI 的取值范围为[−1，1]。ARI 越大，表示预测簇向量和真实簇向量相似度越高；ARI 接近 0 表示簇向量随机分配；ARI 小于 0 表示预测结果非常差。

ARI 的示例如下：

In [7]:	`ARI=metrics.adjusted_rand_score(y, labels2)` `print("adjusted_rand_score of 2 clusters::%.2f"%ARI)`
Out [7]:	`adjusted_rand_score of 2 clusters::0.57`
In [8]:	`ARI= metrics.adjusted_rand_score(y, labels3)` `print("adjusted_rand_score of 3 clusters::%.2f"%ARI)`
Out [8]:	`adjusted_rand_score of 3 clusters::0.91`

计算 ARI 时需要知道实际的类别信息。使用 metrics.adjusted_rand_score()函数可以获取调整兰德系数。聚类结果表明，$K=2$ 时 ARI 值为 0.57，$K=3$ 时 ARI 值为 0.91，因

此 $K=3$ 时数据聚类效果更好。

3. 调整互信息

调整互信息(Adjusted Mutual Information,AMI)基于预测簇向量与真实簇向量的互信息值衡量其相似度。AMI 取值范围为[−1,1]。其值越大,表示相似度越高;其值接近 0 表示簇向量随机分配。类似于 ARI,AMI 也需要对比数据的真实标记和预测标记,生成的真实数据是 3 类数据,因此采用 k-means 聚类时,$K=3$ 时的 AMI 值大于 $K=2$ 时的 AMI 值。

In[9]:	`AMI=metrics.adjusted_mutual_info_score(y, labels2)` `print("adjusted_mutual_info_score of 2 clusters::%.2f"%AMI)`
Out[9]:	`adjusted_mutual_info_score of 2 clusters::0.58`
In[10]:	`AMI=metrics.adjusted_mutual_info_score(y, labels3)` `print("adjusted_mutual_info_score of 3 clusters::%.2f"%AMI)`
Out[10]:	`adjusted_mutual_info_score of 3 clusters::0.89`

4. 同质性、完整性和 V 测度

同质性(homogeneity)和完整性(completeness)基于条件熵的互信息值衡量簇向量之间的相似度,V 测度(measure)是同质性和完整性的调和平均。

同质性用来度量每个簇只包含单个类别样本的程度,可认为是正确率(每个簇中正确分类的样本数占样本总数的比例)。

完整性用来度量同类型样本被归类到相同的簇的程度,即每个簇中正确分类的样本数占所有相关类型的总样本数的比例之和。

V 测度结合同质性和完整性两个因素评价簇向量间的相似度。V 测度为 1 时表示最优的相似度,为 0 时表示相似度最低。示例如下:

In[11]:	`homogeneity=metrics.homogeneity_score(y, labels2)` `print("homogeneity of 2 clusters:%.2f"%homogeneity)`
Out[11]:	`homogeneity of 2 clusters:0.58`
In[12]:	`homogeneity=metrics.homogeneity_score(y, labels3)` `print("homogeneity of 3 clusters:%.2f"%homogeneity)`
Out[12]:	`homogeneity of 3 clusters:0.89`
In[13]:	`completeness=metrics.completeness_score(y, labels2)` `print("completeness of 2 clusters:%.2f"%completeness)`
Out[13]:	`completeness of 2 clusters:1.00`
In[14]:	`completeness=metrics.completeness_score(y, labels3)` `print("completeness of 3 clusters:%.2f"%completeness)`
Out[14]:	`completeness of 3 clusters:0.89`

In[15]:	v_measure=metrics.v_measure_score(y, labels2) print("v_measure of 2 clusters:%.2f"%v_measure)
Out[15]:	v_measure of 2 clusters:0.73
In[16]:	v_measure=metrics.v_measure_score(y, labels3) print("v_measure of 3 clusters:%.2f"%v_measure)
Out[16]:	v_measure of 3 clusters:0.89

In[17]:	homogeneity_completeness_v_measure=
	    metrics.homogeneity_completeness_v_measure(y, labels2)
	print("2 clusters:",homogeneity_completeness_v_measure)
	homogeneity_completeness_v_measure=
	    metrics.homogeneity_completeness_v_measure(y, labels3)
	print("3 clusters:",homogeneity_completeness_v_measure)

Out[17]:	2 clusters: (0.5785373890609687, 1.0, 0.7330043533591888) 3 clusters: (0.8912759207181044, 0.8917523936813128, 0.8915140935365343)

6.7 聚类分析应用案例

6.7.1 非球形数据分布聚类分析

用 make_circles()函数产生样本数为 500 的环形数据集：

In[1]:	from sklearn.datasets import make_circles import matplotlib.pyplot as plt X,y=make_circles(n_samples=500, factor=.5, noise=.05) plt.scatter(X[:, 0], X[:, 1], c=y, s=15) plt.show()
Out[1]:	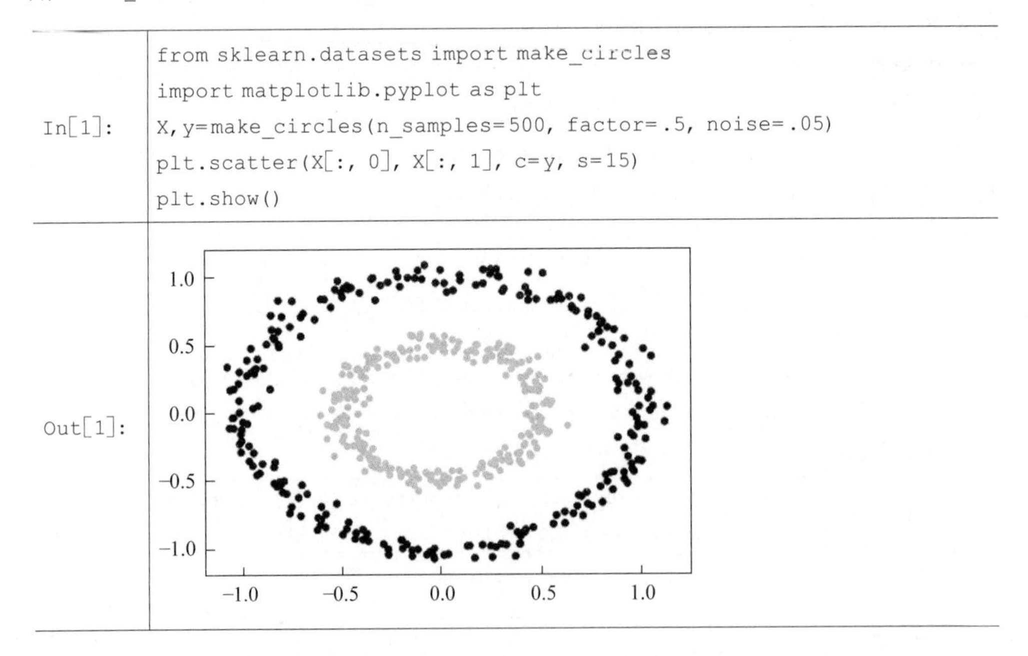

采用 k-means 算法进行聚类：

In[2]:

```
from sklearn.cluster import KMeans
kmeans=KMeans(n_clusters=2, random_state=0)
y_km=kmeans.fit_predict(X)
plt.scatter(X[y_km==0, 0], X[y_km==0, 1],c='g', marker='o', s=15 )
plt.scatter(X[y_km==1, 0], X[y_km==1, 1],c='r', marker='s', s=15 )
plt.title("k-means")
plt.show()
```

Out[2]:

k-means

1.0
0.5
0.0
−0.5
−1.0

−1.0 −0.5 0.0 0.5 1.0

采用凝聚聚类算法进行聚类：

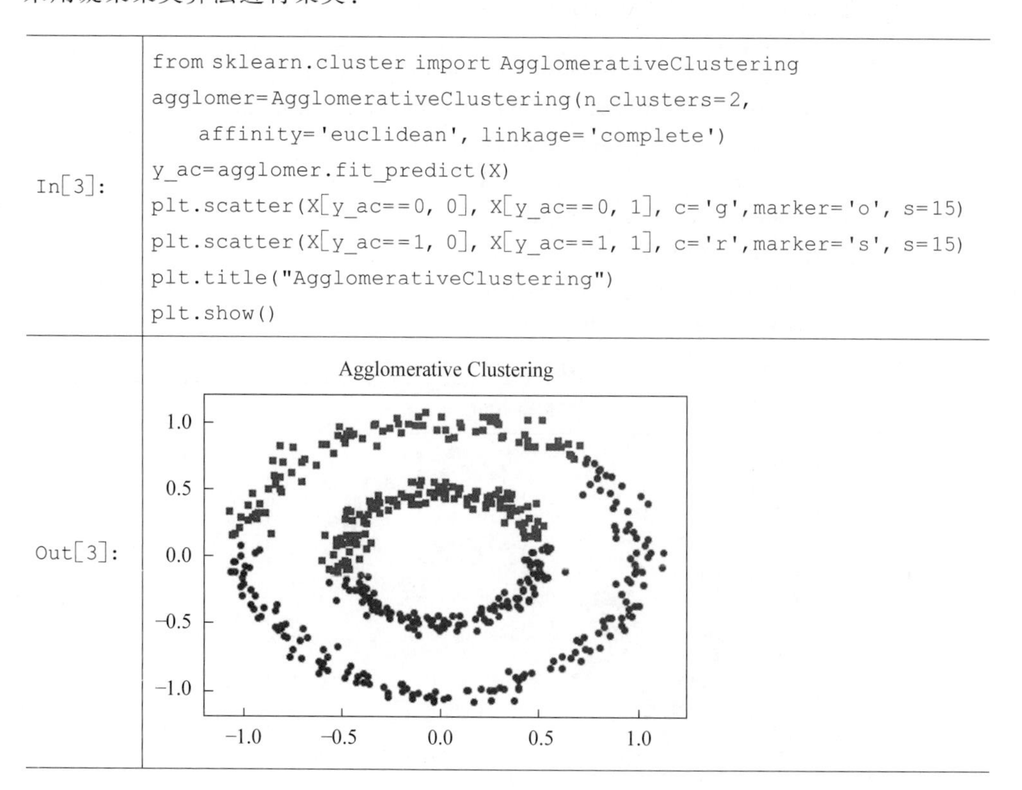

In[3]:

```
from sklearn.cluster import AgglomerativeClustering
agglomer=AgglomerativeClustering(n_clusters=2,
    affinity='euclidean', linkage='complete')
y_ac=agglomer.fit_predict(X)
plt.scatter(X[y_ac==0, 0], X[y_ac==0, 1], c='g',marker='o', s=15)
plt.scatter(X[y_ac==1, 0], X[y_ac==1, 1], c='r',marker='s', s=15)
plt.title("AgglomerativeClustering")
plt.show()
```

Out[3]:

采用 DBSCAN 算法进行基于密度的聚类：

In[4]:

```
f from sklearn.cluster import DBSCAN
db=DBSCAN(eps=0.2, min_samples=5, metric='euclidean')
y_db=db.fit_predict(X)
plt.scatter(X[y_db==0, 0], X[y_db==0, 1], c='g', marker='o', s=15)
plt.scatter(X[y_db==1, 0], X[y_db==1, 1],c='r', marker='s', s=15)
plt.title("DBSCAN")
plt.show()
```

Out[4]:

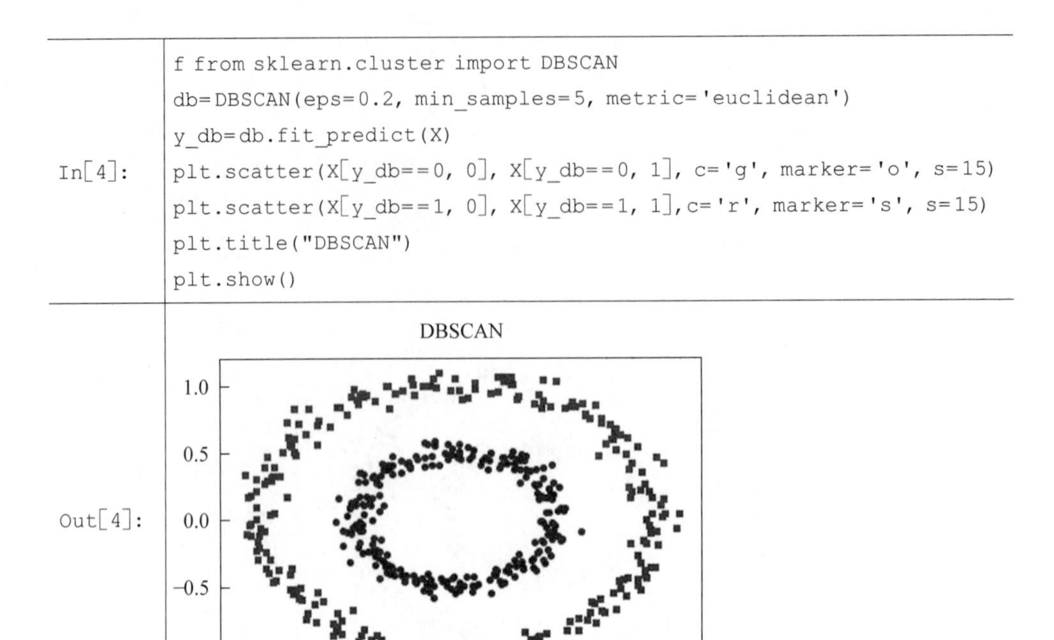

采用均值漂移聚类算法进行基于密度的聚类：

In[5]:

```
from sklearn.cluster import MeanShift, estimate_bandwidth
bandwidth=estimate_bandwidth(X, quantile=0.2)
ms=MeanShift(bandwidth=bandwidth )
y_ms=ms.fit_predict(X)
import matplotlib.pyplot as plt
plt.scatter(X[y_ms==0, 0], X[y_ms==0, 1], c='g', marker='o', s=15)
plt.scatter(X[y_ms==1, 0], X[y_ms==1, 1], c='r', marker='s', s=15)
plt.title("Mean shift")
plt.show()
```

Out[5]:

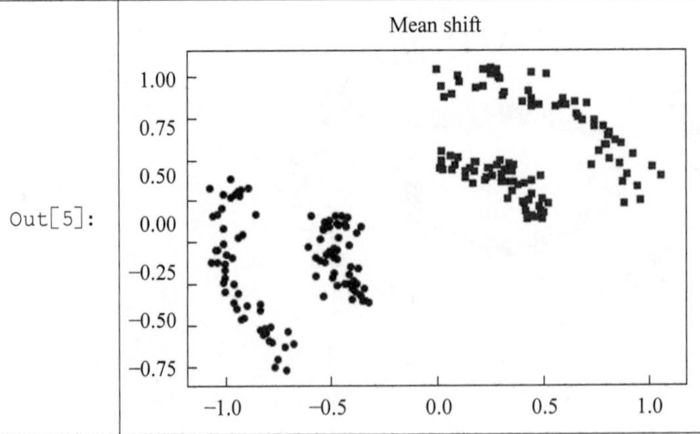

6.7.2 手写体数字聚类分析

导入手写数字(Minist)数据集：

In[6]:	`from sklearn import datasets`
	`digits=datasets.load_digits()        #加载手写数字数据集`
	`print(digits.DESCR)`

Out[6]:	...
	`Data Set Characteristics:`
	`    :Number of Instances: 5620`
	`    :Number of Attributes: 64`
	`    :Attribute Information: 8x8 image of integer pixels in the range 0..16.`
	`    :Missing Attribute Values: None`
	`    :Creator: E. Alpaydin (alpaydin '@' boun.edu.tr)`
	`    :Date: July; 1998`
	...

输出特征属性：

In[7]:	`digit_X=digits.data` `print(digit_X )`

Out[7]:	`[[0.  0.  5.  ...  0.  0.  0.]`
	` [0.  0.  0.  ... 10.  0.  0.]`
	` [0.  0.  0.  ... 16.  9.  0.]`
	` ...`
	` [0.  0.  1.  ...  6.  0.  0.]`
	` [0.  0.  2.  ... 12.  0.  0.]`
	` [0.  0. 10.  ... 12.  1.  0.]]`

输出标签属性：

In[8]:	`digit_y=digit.target` `print(digit_y[:20])`
Out[8]:	`[0 1 2 3 4 5 6 7 8 9 0 1 2 3 4 5 6 7 8 9]`

显示图像：

In[9]:	`images=digits.images`
	`plt.figure(figsize=(10,5) )`
	`plt.suptitle('handwritten_Image')`
	`for i in range(10):`
	`    plt.subplot(2,5,i+1), plt.title('image%i'%(i+1) )`
	`    plt.imshow(images[i]), plt.axis('off')`
	`plt.show()`

Out[9]:

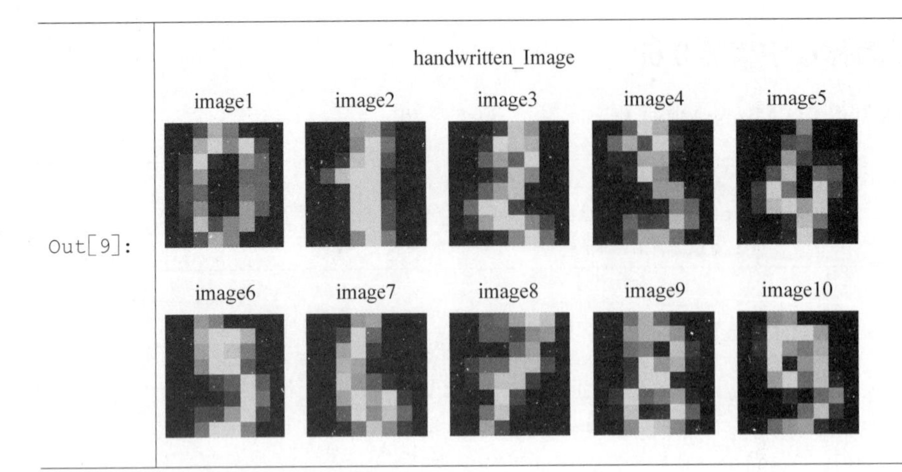

使用 k-means 算法进行聚类分析：

In[10]:

```
fromsklearn.cluster import KMeans
from sklearn import metrics
kmeans=KMeans(n_clusters=10, random_state=0)
y_km=kmeans.fit_predict(X)
chscore=metrics.calinski_harabaz_score(X, y_km)
print("Calinski-Harabaz Index:%.2f"%chscore)
silscore=metrics.silhouette_score(X, y_km, metric='euclidean')
print("silhouette_score :%.2f"%silscore)
ARI=metrics.adjusted_rand_score(y, y_km)
print("adjusted_rand_score:%.2f"%ARI)
AMI=metrics.adjusted_mutual_info_score(y, y_km)
print("adjusted_mutual_info_score:%.2f"%AMI)
homogeneity=metrics.homogeneity_score(y, y_km)
print("homogeneity:%.2f"%homogeneity)
completeness=metrics.completeness_score(y, y_km)
print("completeness of 2 clusters:%.2f"%completeness)
v_measure=metrics.v_measure_score(y, y_km)
print("v_measure of 2 clusters:%.2f"%v_measure)
```

Out[10]:

```
Calinski-Harabaz Index:169.36
silhouette_score :0.18
adjusted_rand_score:0.67
adjusted_mutual_info_score:0.74
homogeneity:0.74
completeness of 2 clusters:0.75
v_measure of 2 clusters:0.75
```

使用凝聚聚类算法进行聚类分析：

In[11]:	`fromsklearn.cluster import AgglomerativeClustering`
	`agglomer=AgglomerativeClustering(n_clusters=10, affinity=`
	`'euclidean',`
	`linkage='complete')`
	`y_ac=agglomer.fit_predict(X)`
	`chscore=metrics.calinski_harabaz_score(X, y_ac)`
	`print("Calinski-Harabaz Index:%.2f"%chscore)`
	`silscore=metrics.silhouette_score(X, y_ac, metric='euclidean')`
	`print("silhouette_score :%.2f"%silscore)`
	`ARI=metrics.adjusted_rand_score(y, y_ac)`
	`print("adjusted_rand_score:%.2f"%ARI)`
	`AMI=metrics.adjusted_mutual_info_score(y, y_ac)`
	`print("adjusted_mutual_info_score:%.2f"%AMI)`
	`homogeneity=metrics.homogeneity_score(y, y_ac)`
	`print("homogeneity:%.2f"%homogeneity)`
	`completeness=metrics.completeness_score(y, y_ac)`
	`print("completeness of 2 clusters:%.2f"%completeness)`
	`v_measure=metrics.v_measure_score(y, y_ac)`
	`print("v_measure of 2 clusters:%.2f"%v_measure)`

Out[11]:	`Calinski-Harabaz Index:117.41`
	`silhouette_score :0.12`
	`adjusted_rand_score:0.43`
	`adjusted_mutual_info_score:0.59`
	`homogeneity:0.59`
	`completeness of 2 clusters:0.64`
	`v_measure of 2 clusters:0.61`

6.7.3 鸢尾花数据集聚类分析

鸢尾花数据集(Iris)是一个经典的机器学习数据集。该数据集共有 150 条数据。鸢尾花种类为 3 类，每类有 50 条数据，每条数据样本都有 4 个特征：花萼长度、花萼宽度、花瓣长度、花瓣宽度。在聚类分析中可以使用特征值对不同种类的鸢尾花进行聚类分析。

导入鸢尾花数据集：

In[12]:	`fromsklearn import datasets`
	`iris=datasets.load_iris()`
	`iris_X=iris.data`
	`iris_y=iris.target`

查看数据集描述：

In[13]:	`print(iris.DESCR)`

Out[13]:	<pre>…
	Data Set Characteristics:
	    :Number of Instances: 150 (50 in each of three classes)
	    :Number of Attributes: 4 numeric, predictive attributes and
	     the class
	    :Attribute Information:
	        - sepal length in cm
	        - sepal width in cm
	        - petal length in cm
	        - petal width in cm
	        - class:
	                - Iris-Setosa
	                - Iris-Versicolour
	                - Iris-Virginica
	…</pre>

使用 k-means 算法进行聚类分析：

In[14]:

```
fromsklearn.cluster import KMeans
from sklearn import metrics
kmeans=KMeans(n_clusters=3, random_state=0)
y_km=kmeans.fit_predict(X)
chscore=metrics.calinski_harabaz_score(X, y_km)
print("Calinski-Harabaz Index:%.2f"%chscore)
ARI=metrics.adjusted_rand_score(y,y_km)
print("adjusted_rand_score:%.2f"%ARI)
silscore=metrics.silhouette_score(X, y_km, metric='euclidean')
print("silhouette_score :%.2f"%silscore)
ARI=metrics.adjusted_rand_score(y, y_km)
print("adjusted_rand_score:%.2f"%ARI)
AMI=metrics.adjusted_mutual_info_score(y, y_km)
print("adjusted_mutual_info_score:%.2f"%AMI)
homogeneity=metrics.homogeneity_score(y, y_km)
print("homogeneity:%.2f"%homogeneity)
completeness=metrics.completeness_score(y, y_km)
print("completeness of 2 clusters:%.2f"%completeness)
v_measure=metrics.v_measure_score(y, y_km)
print("v_measure of 2 clusters:%.2f"%v_measure)
```

Out[14]:

```
Calinski-Harabaz Index:560.40
adjusted_rand_score:0.73
silhouette_score :0.55
adjusted_rand_score:0.73
adjusted_mutual_info_score:0.75
homogeneity:0.75
completeness of 2 clusters:0.76
v_measure of 2 clusters:0.76
```

使用凝聚聚类算法进行聚类分析：

In[15]:	fromsklearn.cluster import AgglomerativeClustering agglomer=AgglomerativeClustering(n_clusters=3,affinity='euclidean', linkage='complete') y_ac=agglomer.fit_predict(X) chscore=metrics.calinski_harabaz_score(X, y_ac) print("Calinski-Harabaz Index:%.2f"%chscore) ARI=metrics.adjusted_rand_score(y,y_ac) print("adjusted_rand_score:%.2f"%ARI) silscore=metrics.silhouette_score(X, y_ac, metric='euclidean') print("silhouette_score :%.2f"%silscore) ARI=metrics.adjusted_rand_score(y, y_ac) print("adjusted_rand_score:%.2f"%ARI) AMI=metrics.adjusted_mutual_info_score(y, y_ac) print("adjusted_mutual_info_score:%.2f"%AMI) homogeneity=metrics.homogeneity_score(y, y_ac) print("homogeneity:%.2f"%homogeneity) completeness=metrics.completeness_score(y, y_ac) print("completeness of 2 clusters:%.2f"%completeness) v_measure=metrics.v_measure_score(y, y_ac) print("v_measure of 2 clusters:%.2f"%v_measure)
Out[15]:	Calinski-Harabaz Index:484.90 adjusted_rand_score:0.64 silhouette_score :0.51 adjusted_rand_score:0.64 adjusted_mutual_info_score:0.70 homogeneity:0.70 completeness of 2 clusters:0.75 v_measure of 2 clusters:0.72

使用 DBSCAN 算法进行聚类分析：

In[16]:	fromsklearn.cluster import DBSCAN db=DBSCAN(eps=0.2, min_samples=5, metric='euclidean') y_db=db.fit_predict(X) chscore=metrics.calinski_harabaz_score(X, y_db) print("Calinski-Harabaz Index:%.2f"%chscore) ARI=metrics.adjusted_rand_score(y,y_db) print("adjusted_rand_score:%.2f"%ARI) silscore=metrics.silhouette_score(X, y_db, metric='euclidean') print("silhouette_score :%.2f"%silscore) ARI=metrics.adjusted_rand_score(y, y_db)

In[16]:	print("adjusted_rand_score:%.2f"%ARI) AMI=metrics.adjusted_mutual_info_score(y, y_db) print("adjusted_mutual_info_score:%.2f"%AMI) homogeneity=metrics.homogeneity_score(y, y_db) print("homogeneity:%.2f"%homogeneity) completeness=metrics.completeness_score(y, y_db) print("completeness of 2 clusters:%.2f"%completeness) v_measure=metrics.v_measure_score(y, y_db) print("v_measure of 2 clusters:%.2f"%v_measure)
Out[16]:	Calinski-Harabaz Index:20.09 adjusted_rand_score:0.05 silhouette_score :0.19 adjusted_rand_score:0.05 adjusted_mutual_info_score:0.12 homogeneity:0.14 completeness of 2 clusters:0.33 v_measure of 2 clusters:0.19

使用均值漂移聚类算法进行聚类分析：

In[17]:	fromsklearn.cluster import MeanShift, estimate_bandwidth bandwidth=estimate_bandwidth(X, quantile=0.2) ms=MeanShift(bandwidth=bandwidth, bin_seeding=True) y_ms=ms.fit_predict(X) chscore=metrics.calinski_harabaz_score(X, y_ms) print("Calinski-Harabaz Index:%.2f"%chscore) ARI=metrics.adjusted_rand_score(y,y_ms) print("adjusted_rand_score:%.2f"%ARI) silscore=metrics.silhouette_score(X, y_ms, metric= 'euclidean') print("silhouette_score :%.2f"%silscore) ARI=metrics.adjusted_rand_score(y, y_ms) print("adjusted_rand_score:%.2f"%ARI) AMI=metrics.adjusted_mutual_info_score(y, y_ms) print("adjusted_mutual_info_score:%.2f"%AMI) homogeneity=metrics.homogeneity_score(y, y_ms) print("homogeneity:%.2f"%homogeneity) completeness=metrics.completeness_score(y, y_ms) print("completeness of 2 clusters:%.2f"%completeness) v_measure=metrics.v_measure_score(y, y_ms) print("v_measure of 2 clusters:%.2f"%v_measure)

Out[17]:

```
Calinski-Harabaz Index:511.23
adjusted_rand_score:0.55
silhouette_score :0.68
adjusted_rand_score:0.55
adjusted_mutual_info_score:0.53
homogeneity:0.54
completeness of 2 clusters:0.91
v_measure of 2 clusters:0.68
```

思 考 题

1. 简述聚类分析的基本思想。

2. 简述 k-means 算法的基本思想及适用场合。

3. 简述 DBSCAN 算法的基本思想及适用场合。

4. 表 6.1 中的每个样本包含两个特征。

表 6.1 题 4 用表

样本	特征 A	特征 B
1	1	1
2	2	2
3	−5	−5
4	−5	−6

现采用 k-means 算法对数据进行聚类，拟聚为两类，假定初始的聚类中心为样本 1 和 2。请写出聚类过程，并说明聚类结果。

5. 说明无监督学习和监督学习的异同。

6. 简述聚类分析方法的分类，并对各类方法进行比较，分析其适用场合。

分类模型

本章学习目标

- 掌握逻辑斯谛回归分类模型及其 Python 编程实现与应用。
- 掌握决策树分类模型及其 Python 编程实现与应用。
- 掌握朴素贝叶斯分类模型及其 Python 编程实现与应用。
- 掌握支持向量机分类模型及其 Python 编程实现与应用。

本章主要内容如图 7.1 所示。

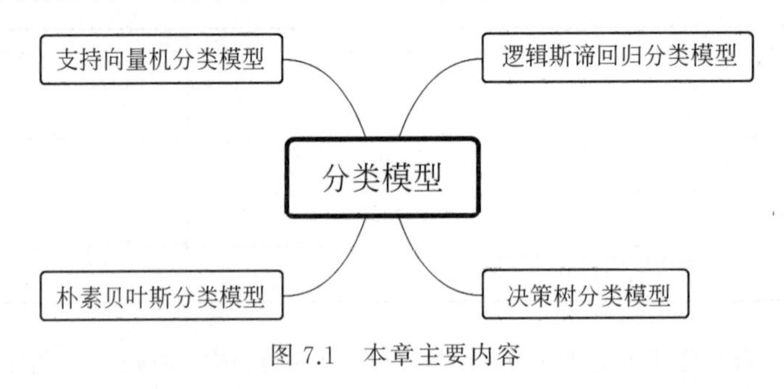

图 7.1　本章主要内容

7.1　逻辑斯谛回归分类模型

线性回归模型中的因变量一般为连续型变量，该模型不适合因变量为分类结果的属性数据，例如，电子商务中的顾客购买商品或未购买商品。实际求解过程中需要考虑属性数据与自变量的线性关系，这种因变量为属性数据的回归模型可利用逻辑斯谛(logistic)回归模型实现。

逻辑斯谛回归模型是研究分类样本与自变量的关系的分析模型，是一种广义线性回归分析模型，常用于数据分析。

7.1.1　逻辑斯谛回归模型简介

假设因变量 Y 取值 0 和 1，在给定自变量 $\boldsymbol{X}$ 的条件下，$y=1$ 的概率为 p，记作 $p=P(y=1|X)$，则 $y=0$ 的概率为 $1-p$。因变量取 1 和取 0 的概率比值 $p/(1-p)$ 称为优

势比。对优势比取自然对数,可以得到 Sigmoid 函数:

$$\mathrm{Sigmoid}(p)=\ln\frac{p}{1-p}$$

令 $\mathrm{Sigmoid}(p)=z$,则有

$$p=\frac{1}{1+\mathrm{e}^{-z}}$$

逻辑斯谛回归模型建立在 Sigmoid 函数和自变量的线性回归模型之上,因此逻辑斯谛回归模型可以表示为

$$h(\boldsymbol{X})=\frac{1}{1+\mathrm{e}^{-\boldsymbol{X\beta}^{\mathrm{T}}}}$$

其中,$\boldsymbol{\beta}$ 为自变量 $\boldsymbol{X}$ 的系数。该公式也称为逻辑斯谛回归模型假设函数,其函数曲线如图 7.2 所示。

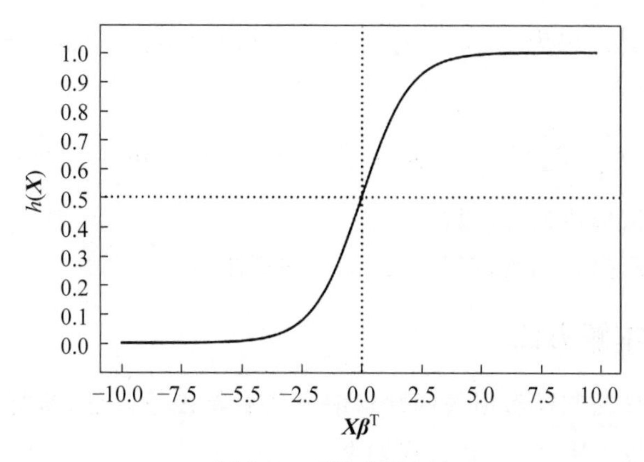

图 7.2　函数曲线图

从图 7.2 可以看出,$\boldsymbol{X\beta}^{\mathrm{T}}$ 的取值范围为$(-\infty,+\infty)$,$h(\boldsymbol{X})$的取值范围为$[0,1]$。当 $\boldsymbol{X\beta}^{\mathrm{T}}\geqslant 0$ 时,$h(\boldsymbol{X})>=0.5$。因此,$\boldsymbol{X\beta}^{\mathrm{T}}\geqslant 0$ 时,$y=1$;否则 $y=0$。对于二分类问题,当 $h(\boldsymbol{X})>=0.5$ 时 $y=1$,当 $h(\boldsymbol{X})<0.5$ 时 $y=0$,下一步需要确定逻辑斯谛回归模型的损失函数。

7.1.2　损失函数

逻辑斯谛回归模型建立在线性回归模型之上,而线性回归模型的损失函数为

$$J(\beta)=\frac{1}{2m}\sum_{i=1}^{m}[h(x^{(i)})-y^{(i)}]^2$$

将逻辑斯谛回归 Sigmoid 函数代入上式后,绘制的曲线为非凸函数曲线,因此该损失函数容易产生局部最优解。为找到全局最优解,需要构造一个凸函数,可通过构造对数函数进行求解。对数函数曲线如图 7.3 所示。

由图 7.3 可知,部分曲线与本算法构造的凸函数较接近。当 $a=\mathrm{e}$ 时,曲线上部分可以分别表示为 $-\ln x$ 和 $-\ln(1-x)$。将 x 替换为 $h(x)$,则有

$$-y\ln h(x)-(1-y)\ln[1-h(x)]$$

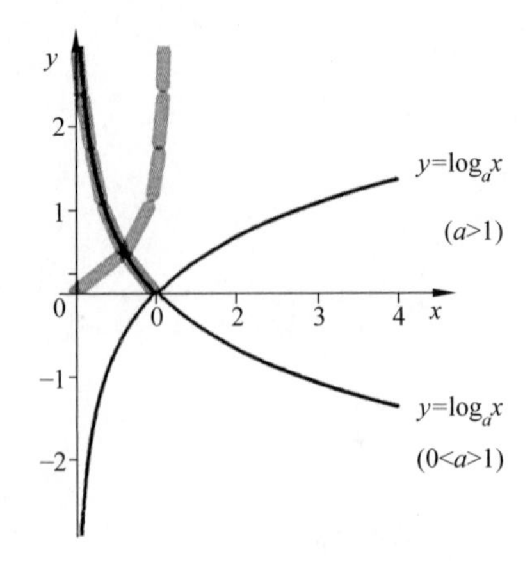

图 7.3　对数函数曲线

当上式中 $y=1$ 时，其结果为 $-\ln h(x)$；当 $y=0$ 时，其结果为 $-\ln[1-h(x)]$。再将上式代入损失函数，则有

$$J(\beta)=\frac{1}{m}\sum_{i=1}^{m}\{-y^{(i)}\ln h(x^{(i)})-(1-y^{(i)})\ln[1-h(x^{(i)})]\}$$

也可采用极大似然法构造损失函数。

下一步需要求解损失函数，使其达到最小的算法。

7.1.3　损失函数求解方法

常用的逻辑斯谛回归模型损失函数求解方法有梯度下降法、坐标轴下降法和拟牛顿法。本书只介绍梯度下降法，计算公式如下：

$$\beta_j=\beta_j-\alpha\frac{\partial}{\partial\beta_j}J(\beta)$$

令 $h(\beta_j)=g^{-1}$，$g(\beta_j)=1+\mathrm{e}^{-z}$，$z(\beta_j)=\beta_0+\beta_1x_1+\cdots+\beta_nx_n$，则有

$$\begin{aligned}\frac{\partial}{\partial\beta_j}J(\beta)&=\frac{\partial J(\beta)}{\partial h(\beta_j)}\cdot\frac{\partial h(\beta)}{\partial g(\beta_j)}\cdot\frac{\partial g(\beta)}{\partial z(\beta_j)}\cdot\frac{\partial z(\beta)}{\partial\beta_j}\\&=\frac{1}{m}\sum_{i=1}^{m}[h(x^{(i)})-y^{(i)}]x_j^{(i)}\end{aligned}$$

可将梯度下降计算公式写为

$$\beta_j=\beta_j-\alpha\frac{1}{m}\sum_{i=1}^{m}[h(x^{(i)})-y^{(i)}]x_j{}^{(i)}$$

该式称为批量梯度下降公式。另外两种梯度下降计算公式为随机梯度下降计算公式和小批量下降计算公式，分别表示为

$$\beta_j=\beta_j-\alpha\sum_{i=1}^{m}[h(x^{(i)})-y^{(i)}]x_j^{(i)}$$

$$\beta_j=\beta_j-\alpha\frac{1}{a}\sum_{k=1}^{i+a-1}[h(x^{(k)})-y^{(k)}]x_j^{(k)}$$

7.1.4 逻辑斯谛回归分类应用实例

从网络下载 wine.data 数据集。该数据集中包含意大利 3 种酒的分类数据，有 3 类共 13 个不同的属性，每行为一个样本数据，第一列为酒的种类，后 13 列为酒的 13 个属性，一共 178 个样本。

利用该数据集进行分类的示例如下：

In[1]:

```
impor tnumpy as np
from sklearn.model_selection import train_test_split
from sklearn import metrics
from sklearn.linear_model import LogisticRegression
#获取属性集
x=np.loadtxt("wine.data",delimiter=",",usecols=(1,2,3,4,5,6,7,8,
9,10,11,12,13))
y=np.loadtxt("wine.data", delimiter=",", usecols=(0))  #获取标签集
print(x)        #查看样本
#加载并划分数据集,其中 80%用于训练,20%用于测试
x_train, x_test, y_train, y_test=train_test_split(x, y, test_size=0.2)
model=LogisticRegression()         #调用逻辑斯谛回归函数
model.fit(x_train, y_train)
print(model)                       #输出模型
#预测
expected=y_test                    #测试样本的期望输出
predicted=model.predict(x_test)  #测试样本预测
print(metrics.classification_report(expected, predicted))   #输出结果
#输出结果以及精确度、召回率、f1 分数和各分类样本数
print(metrics.confusion_matrix(expected, predicted))
```

Out[1]:

```
[[1.423e+01 1.710e+00 2.430e+00 ... 1.040e+00 3.920e+00 1.065e+03]
[1.320e+01 1.780e+00 2.140e+00 ... 1.050e+00 3.400e+00 1.050e+03]
[1.316e+01 2.360e+00 2.670e+00 ... 1.030e+00 3.170e+00 1.185e+03]
...
[1.327e+01 4.280e+00 2.260e+00 ... 5.900e-01 1.560e+00 8.350e+02]
[1.317e+01 2.590e+00 2.370e+00 ... 6.000e-01 1.620e+00 8.400e+02]
[1.413e+01 4.100e+00 2.740e+00 ... 6.100e-01 1.600e+00 5.600e+02]]

LogisticRegression()
        Precision    recall    f1-score    support
1.0     1.00         0.83      0.91        12
2.0     0.89         1.00      0.94        16
3.0     1.00         1.00      1.00        8

Accuracy                       0.94        36
macro avg      0.96     0.94   0.95        36
weighted avg   0.95     0.94   0.943       6
[[10   2   0]
 [ 0  16   0]
 [ 0   0   8]]
```

7.2 决策树分类模型

决策树分类模型是在已知各种情况发生概率的基础上，通过构成决策树求取信息期望值大于或等于0的概率，判断其可行性的决策分析方法，是一种概率分析图解法。由于这种方法的决策分支图形很像一棵树，故称为决策树分类模型。在机器学习中，决策树是一个预测模型，表示对象属性与对象值之间的映射关系，当输出结果为离散型随机数据时称为决策树，当输出结果为连续型随机数据时称为回归树。可以基于熵理论，利用ID3、C4.5等生成树结构算法构建决策树分类模型。

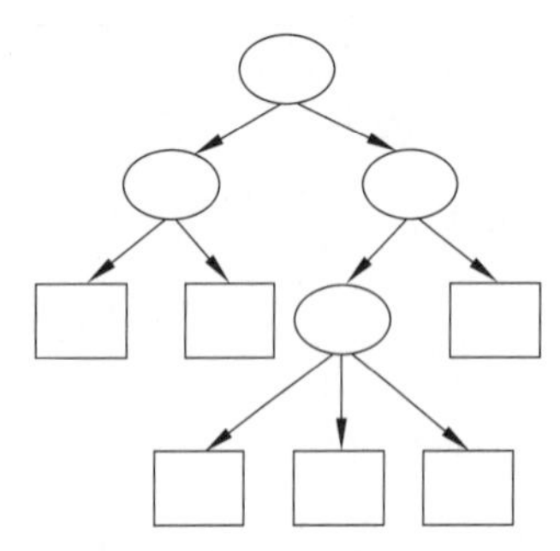

图7.4 决策树分类模型的结构

决策树分类模型为树形结构，由有向边和节点构成。其中，节点分内部节点和叶子节点两种类型，内部节点表示一个特征，叶子节点表示一个类。决策树分类模型的结构如图7.4所示。

决策树分类算法类似于if-then规则集合，也可以认为它是定义在特征空间与类空间上的条件概率分布。其主要优点是可读性较强，分类速度较快。

决策树分类算法递归选择最优特征，并根据这些特征对训练数据进行分割，使得各数据子集达到最优分类。其一般步骤如下：

(1) 构建决策树根节点，将所有训练数据放置在根节点。选择一个最优特征，并按照这一特征将训练数据集分割成不同子集，使得各子集在当前条件下达到最佳分类。

(2) 如果子集已基本被正确分类，则构建叶子节点，将这些子集分配到对应的叶子节点上。

(3) 如果还有子集不能被正确分类，则对这些子集选择新的最优特征，继续对其进行分割，构建相应的叶子节点，直至所有训练数据子集被正确分类或者没有合适的特征为止。此时，每个子集都被分到叶子节点上，即都有了明确的类别，决策树构造结束。

决策树分类算法主要包含特征选择和决策树构建两个主要任务。特征选择决定用哪个特征划分特征空间，例如，根据申请人的年龄、工作特征，利用决策树决定是否批准其贷款申请。关键问题是判断究竟选择哪个特征得到的特征空间具有更好的分类能力。一般而言，采用信息增益衡量特征选择的优劣。

7.2.1 特征选择

决策树中划分数据集的原则是将无序数据变得更加有序。划分数据集前后信息发生的变化称为信息增益。一般常用信息熵或基尼系数度量信息无序的程度。

1. 信息熵

信息熵定义为信息的期望值。如果多个待分类的数据可能被划分到多个分类之中，

那么 x_i 的信息被定义为

$$l(x_i)=\log_2 p(x_i)$$

其中，$p(x_i)$是选择该分类的先验概率，$p(x_i)=n_j/\mathrm{total}$，$n_j$ 为 x_i 值在数据集属于某一类别的样本数量，total 为总样本数。

为计算信息熵，需要计算数据集分类信息的期望值，公式如下：

$$H=-\sum_{i=1}^{n}p(x_{(i)})\log_2 p(x_i)$$

其中，n 为分类个数。

2. 条件熵

条件熵是为了解释信息增益而引入的概念，其在概率论中的定义为给定随机变量 X 的条件下随机变量 Y 的条件熵，可描述为给定 X 的条件下 Y 的条件概率分布的熵对 X 的数学期望，在机器学习中为选定某个特征后的熵，公式如下：

$$H(Y\mid X)=\sum_{i=1}^{n}p_i H(Y\mid X=x_i)$$

3. 信息增益

信息增益(Information Gain，IG)是决策树分类算法中用来选择特征的指标。信息增益越大，则这个特征的选择性越好。信息增益在概率论中定义为待分类的集合的熵和选定某个特征的条件熵之差，公式如下

$$\mathrm{IG}(Y\mid X)=H(Y)-H(Y\mid X)$$

7.2.2 决策树构建

构建决策树的算法有很多，本书仅介绍 ID3 和 C4.5 算法。

1. ID3 算法

ID3 算法递归构建决策树的步骤如下：

(1) 从根节点开始，对节点计算所有可能特征的信息增益，选择信息增益最大的特征作为节点的特征。

(2) 根据该特征的不同取值建立子节点，再对子节点递归调用以上方法，构建决策树，直到所有特征的信息增益均很小或没有特征可以选择为止。

(3) 最后得到一个决策树。

ID3 算法相当于用极大似然法构建选择概率模型。

2. C4.5 算法

C4.5 算法加入了增益率以选择最优划分特征，本质上属于 ID3 算法的延伸和优化。C4.5 算法的基本思想是：先从候选划分特征中找出信息增益高于平均水平的特征，再从中选择增益率最高的特征。

增益率计算公式如下：

$$\text{Gain\_ratio}(D,a)=\frac{\text{Gain}(D,a)}{\text{IV}(a)}$$

其中，D 为划分子集，a 为选择的特征，$\text{IV}(a)$的计算公式如下：

$$\text{IV}(a)=-\sum_{v=1}^{V}\frac{|D^v|}{|D|}\log_2\frac{|D^v|}{|D|}$$

C4.5 算法对 ID3 算法的改进如下：

（1）通过信息增益率选择划分特征，改进了 ID3 算法选择划分特征方面的不足。

（2）能处理离散型和连续型的特征类型。

（3）构造决策树之后可进行剪枝操作。

（4）能够处理具有缺失特征值的训练数据。

7.2.3 决策树剪枝

决策树分类算法以递归的方式生成决策树，直到不能继续进行为止。这样生成的决策树往往对训练数据的分类很准确，但对未知数据的分类效果不够好，会出现过拟合现象。产生过拟合的原因在于训练时过多地考虑了如何提高对训练数据的正确分类，从而使生成的决策树过于复杂。常用的解决方法是降低决策树的复杂度，对已生成的树进行剪枝。

剪枝就是从已经生成的决策树上剪掉一些子树或叶子节点，并将其根节点或父节点作为新的叶子节点，从而简化决策树模型。剪枝一般用极小化决策树整体的损失函数来实现。损失函数定义为

$$\text{Ca}(T)=\sum_{t=1}^{|T|}N_tH_t(T)+\alpha\,|\,T\,|$$

其中，T 为决策树的叶子节点，$H_t(T)$为第 t 个叶子节点的熵，N_t 为该叶子节点包含的训练样本的个数，α 为惩罚系数。剪枝就是当 α 确定时选择损失函数最小的模式，即损失函数最小的子树。当 α 值确定时，子树越大，往往训练数据拟合越好，但是模型的复杂度越高；子树越小，模型的复杂度越低，但往往训练数据拟合不够好。

决策树的剪枝过程也称为泛化过程。具体过程是：从叶子节点开始递归，其父节点将所有子节点回缩后的子树记为 T_b（分类值取类别比例最大的特征值），将未回缩的子树为 T_a，如果 $\text{Ca}(T_a)\geqslant\text{Ca}(T_b)$，说明回缩后损失函数减小了，那么应该对这棵子树进行回缩。递归进行上面的操作，直到无法回缩为止。对决策树进行剪枝可减小损失函数值。

7.2.4 决策树分类应用实例

示例数据共有 10 个样本，如表 7.1 所示。每个样本有身高和体重两个特征，第三列为类别标签，表示胖（fat）或瘦（thin）。该数据保存在 1.txt 文件中。通过构造决策树分类模型，利用身高和体重对体型进行分类分析。

表 7.1 身高、体重样本数据

身高/m	体重/kg	体型	身高/m	体重/kg	体型
1.5	50	thin	1.7	80	fat
1.5	60	fat	1.8	60	thin
1.6	40	thin	1.8	90	fat
1.6	60	fat	1.9	70	thin
1.7	60	thin	1.9	80	fat

代码和输出结果如下：

In[1]:

```
import numpy as np
froms klearn import tree
froms klearn.metrics import precision_recall_curve
froms klearn.metrics import classification_report
froms klearn.model_selection import train_test_split
x=np.loadtxt("1.txt", delimiter=",", usecols=(0,1))        #获取属性集
y=np.loadtxt("1.txt", delimiter=",", usecols=(2), dtype=np.str)
                                                            #获取标签集
#将标签转换为 0 和 1
y[y=='fat']=1
y[y=='thin']=0
y=y.astype(np.int8)
#拆分训练数据与测试数据
x_train, x_test, y_train, y_test=train_test_split(x, y, test_size=0.2)
#使用信息熵作为划分标准,对决策树进行训练
clf=tree.DecisionTreeClassifier(criterion='entropy')
print(clf)
clf.fit(x_train, y_train)
#特征重要性系数反映每个特征的影响力,其值越大,该特征在分类中的作用越大
print(clf.feature_importances_)
answer=clf.predict(x_test)        #测试结果
print(x_test)
print(answer)
print(y_test)
print(np.mean(answer==y_test))
#准确率与召回率
precision, recall, thresholds=precision_recall_curve(y_test, clf.
predict(x_test))
answer=clf.predict_proba(x)[:,1]
print(classification_report(y, answer, target_names=['thin', 'fat']))
```

```
Out[1]: DecisionTreeClassifier(criterion='entropy')

        [0.14999034   0.85000966]

        [[ 1.5 60. ]
         [ 1.6 70. ]]


        [1 0]
        [0 0]

        0.5

                     Precision    recall    f1-score    support
        Thin         1.00         0.80      0.89        5
        Fat          0.83         1.00      0.91        5
        Accuracy                            0.90        10
        macroavg     0.92         0.90      0.90        10
        weightedavg  0.92         0.90      0.90        10
```

7.3 朴素贝叶斯分类模型

朴素贝叶斯分类模型是以贝叶斯定理为基础的分类模型。朴素贝叶斯分类模型的特点是结合先验概率和后验概率,既避免了只使用先验概率的主观偏见,也避免了单独使用样本信息的过拟合现象。朴素贝叶斯分类模型在数据集较大时通常能够表现出较高的准确率,同时算法也较为简单。

7.3.1 朴素贝叶斯分类模型原理

朴素贝叶斯分类模型是以贝叶斯定理为基础且假设特征条件之间相互独立的方法。它先通过已给定的训练集,以特征之间相互独立作为前提假设,训练从输入到输出的联合概率分布函数,再基于学习到的模型函数和输入 X,求出使得后验概率最大的输出 Y。

设有样本数据集 $D=\{d_1,d_2,\cdots,d_n\}$,样本数据的特征集为 $X=\{x_1,x_2,\cdots,x_d\}$,类别变量为 $Y=\{y_1,y_2,\cdots,y_m\}$,即 D 可以分为 y_m 类别。其中 $x_1,x_2,\cdots,x_d$ 相互独立且随机,则 Y 的先验概率 $P_{\text{prior}}=P(Y)$,Y 的后验概率 $P_{\text{post}}=P(Y|X)$。由朴素贝叶斯算法可知,后验概率可由先验概率 $P_{\text{prior}}=P(Y)$、证据 $P(X)$、类条件概率 $P(X|Y)$得到:

$$P(Y\mid X)=\frac{P(Y)P(X\mid Y)}{P(X)}$$

由于各特征之间的相互独立特性,在给定类别为 y 的情况下,上式可以进一步表示为

$$P(X\mid Y=y)=\prod_{i=1}^{d}P(x_i\mid Y=y)$$

由以上两个表达式计算出的后验概率为

$$P_{\text{post}}=P(Y\mid X)=\frac{P(Y)\prod_{i=1}^{d}P(x_i\mid Y)}{P(X)}$$

由于 $P(X)$的大小是固定不变的,样本数据属于类别 y_i 的概率计算公式如下:

$$P(y_i \mid x_1, x_2, \cdots, x_d) = \frac{P(y_i)\prod_{j=1}^{d} P(x_j \mid y_i)}{\prod_{j=1}^{d} P(x_j)}$$

7.3.2 朴素贝叶斯分类模型参数估计

1. 极大似然估计

假设给定了一批训练数据 $D=\{(x^{(1)},y^{(1)}),x^{(2)},y^{(2)}),\cdots,(x^{(N)},y^{(N)})\}$，其中 $x^{(i)}$ 是第 i 个样本，每个样本包含了 m_i 个特征，因此 $x^{(i)}$ 可以表示成 $x^{(i)}=(x_1^{(i)},x_2^{(i)},\cdots,x_{m_i}^{(i)})$。朴素贝叶斯分类模型的目标是最大化概率 $p(D)$，也就是 $p(x,y)$。

$$\begin{aligned} p(D) &= \prod^{Ni=1} p(x^{(i)},y^{(i)}) = \prod_{i=1}^{N} p(x^{(i)} \mid y^{(i)})p(y^{(i)}) \\ &= \prod_{i=1}^{N} p(x_1^{(i)},x_2^{(i)},\cdots,x_{m_i}^{(i)} \mid y^{(i)})p(y^{(i)}) \\ &= \prod_{i=1}^{N}\prod_{j=1}^{m_i} p(x_j^{(i)} \mid y^{(i)})p(y^{(i)}) \end{aligned}$$

将上式两边取对数，得

$$\begin{aligned} \log p(D) &= \log\left(\prod_{i=1}^{N}\prod_{j=1}^{m_i} p(x_j^{(i)} \mid y^{(i)})p(y^{(i)})\right) \\ &= \sum_{k=1}^{K}\sum_{i:y(i)=k}\sum_{j=1}^{V} n_{ij}\log\theta_{kj} + \sum_{k=1}^{K} n_k \log\pi_k \end{aligned}$$

目标函数变换为

$$\text{Maximize} L = \sum_{k=1}^{K}\sum_{i:y(i)=k}\sum_{j=1}^{V} n_{ij}\log\theta_{kj} + \sum_{k=1}^{K} n_k \log\pi_k$$

$$\text{s.t.} \quad \sum_{u=1}^{K}\pi_u = 1, \sum_{v=1}^{V}\theta_{kv} = 1$$

分别对 L 求 π_k、θ_{kj} 的导数，找出最优解，得到模型的参数。

2. 贝叶斯估计

用极大似然估计可能出现估计的概率值为 0 的情况，这会影响到后验概率的计算，进而造成分类结果偏差。可采用贝叶斯估计解决这一问题。条件概率的贝叶斯估计公式为

$$P(X^{(j)}=a_{jl} \mid Y=c_k) = \frac{\sum_{i=l}^{N} I(x_i^{(j)}=a_{jl}, y_l=c_k)+\lambda}{\sum_{i=l}^{N} I(y_i=c_k)+S_j\lambda}$$

先验概率的贝叶斯估计为

$$P_\lambda(Y=c_k) = \frac{\sum_{i=1}^{N} I(y_i=c_k)+\lambda}{N+K\lambda}$$

7.3.3 贝叶斯分类应用实例

采用 SMS 垃圾短信语料库中的数据进行贝叶斯分类模型训练和测试。SMS 垃圾短信语料库数据文件为 SMSSpamCollection.txt。示例如下：

In[1]:

```
import numpy as np
from sklearn.model_selection import train_test_split
from sklearn.naive_bayes import MultinomialNB
from sklearn.metricsimportaccuracy_score,roc_auc_score,f1_score,
recall_score,
precision_score
from sklearn.feature_extraction.text import CountVectorizer
#读取数据
#data=pd.DataFrame(np.loadtxt("SMSSpamCollection.txt",delimiter
="\t",encoding="utf-8",dtype=np.str))
data=np.loadtxt("SMSSpamCollection.txt",delimiter="\t",encoding
="utf-8",dtype=np.str)
#构建文本的向量(基于词频的表示)
vectorizer=CountVectorizer()
x=vectorizer.fit_transform(data[:,1])
print(x.shape)
y=data[:,0]          #获取标签集
#将标签转换为 0 和 1
y[y=='ham']=1
y[y=='spam']=0
y=y.astype(np.int8)
#拆分训练数据与测试数据
x_train,x_test,y_train,y_test=train_test_split(x,y,test_size=0.2,
random_state=21)
print('训练集的样本量: %d'%x_train.shape[0],';测试集的样本量: %d'%x_
test.shape[0])
clf=MultinomialNB(alpha=1.0,fit_prior=True)#利用朴素贝叶斯分类模型
#进行训练
clf.fit(x_train,y_train)
y_pred_1=clf.predict(x_test)
print('朴素贝叶斯')
print(accuracy_score(y_test,y_pred_1),roc_auc_score(y_test,y_pred_
1))
print(recall_score(y_test,y_pred_1),precision_score(y_test,y_pred_
1),f1_score(y_test,y_pred_1))
```

Out[1]:

```
(5574, 8527)
训练集的样本量: 4459;测试集的样本量: 1115
朴素贝叶斯
0.9757847533632287  0.9565239157798375
0.9824922760041195  0.9896265560165975  0.986046511627907
```

7.4 支持向量机分类模型

支持向量机(Support Vector Machines, SVM)是一种有监督的机器学习模型,能够将低维线性不可分空间转换为高维线性可分空间,可用于离散因变量的分类和连续因变量的预测,具有较高的准确率。

SVM 利用支持向量构成的超平面对不同类别的样本进行划分,不管样本是线性可分、近似线性可分还是非线性可分,都可以利用超平面将样本点以较高的准确率分割开来。SVM 采用的学习策略是间隔最大化,可形式化为一个求解凸二次规划的问题,也等价于正则化的损失函数最小化问题。

7.4.1 SVM 分类模型原理

对于线性可分问题,给定输入数据 $x=\{x_1,x_2,\cdots,x_n\}$,$y=\{y_1,y_2,\cdots,y_n\}$。其中,输入数据的每个样本包含多个特征并由此构成特征空间 $x_i=[x_1,x_2,\cdots,x_n]\in x$;而学习目标为二元变量 $y\in\{-1,1\}$,表示负类和正类。

若输入数据所在的特征空间存在作为决策边界的超平面,可将学习目标按正类和负类分开,并使任意样本的点到平面距离大于或等于1,即 $y_i(\boldsymbol{w}^{\mathrm{T}}\boldsymbol{X}_i+b)\geqslant 1$,则称该分类问题具有线性可分性,参数 $\boldsymbol{w}$ 和 b 分别为超平面的法向量和截距。满足该条件的决策边界实际上构造了两个平行的超平面作为间隔边界以判别样本的分类,两个超平面的表达式为

$$\boldsymbol{w}^{\mathrm{T}}\boldsymbol{X}_i+b\geqslant +1\Rightarrow y_i=+1$$

$$\boldsymbol{w}^{\mathrm{T}}\boldsymbol{X}_i+b\leqslant -1\Rightarrow y_i=-1$$

在上间隔边界上方的样本属于正类,在下间隔边界下方的样本属于负类。两个间隔边界的距离为

$$d=\frac{2}{\|\boldsymbol{w}\|}$$

d 被定义为边距。位于间隔边界上的正类和负类样本为支持向量,如图 7.5 所示,实线表示决策边界,虚线为间隔边界,虚线上的点构成支持向量。

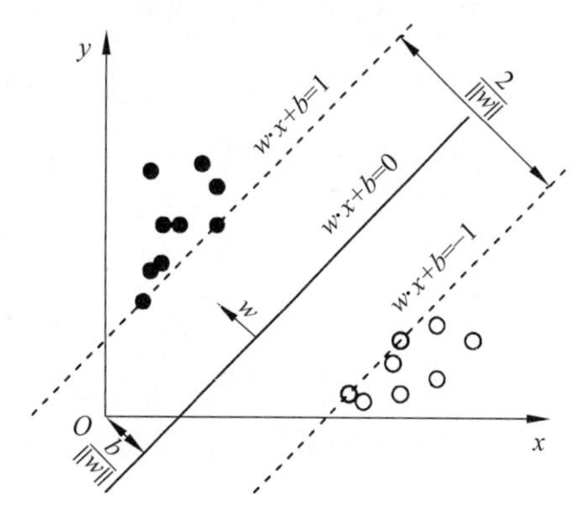

图 7.5 线性可分 SVM

7.4.2 损失函数

分类问题不具有线性可分性时,使用超平面作为决策边界会带来分类损失,即部分支持向量不再位于间隔边界上,而是进入了间隔边界内部或落入决策边界的错误一侧。

损失函数可以对分类损失进行量化,其按数学意义可定义为 0-1 损失函数:

$$L_{0\text{-}1}(p)=\begin{cases}0, & p<0\\ 1, & p\geqslant 0\end{cases}$$

0-1 损失函数不是连续函数，不利于优化问题的求解，因此通常采用代理损失函数，包括铰链损失函数(L_{hinge})、对数损失函数($L_{\log}$)和指数损失函数($L_{\exp}$)。各损失函数曲线如图 7.6 所示。

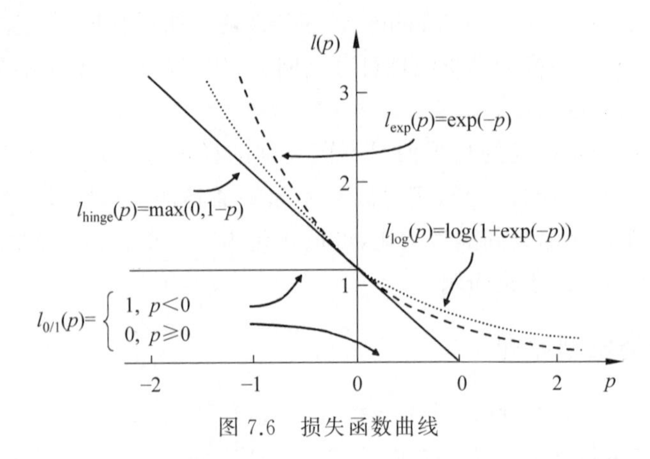

图 7.6　损失函数曲线

SVM 算法使用的损失函数是铰链损失函数：

$$L_{\text{hinge}}(p)=\max(0,1-p)$$

以下将损失函数简写为 L。

7.4.3　经验风险与结构风险

按统计学习理论，分类器在经过学习并应用于新数据时会产生风险，风险类型可分为经验风险和结构风险，分别为

$$\sum_{i=1}^{N}L(p_i)=\sum_{i=1}^{N}L[f(\boldsymbol{X}_i,\boldsymbol{w}),y_i]$$

$$\Omega()=\|\boldsymbol{w}\|^p$$

其中，f 表示分类器。经验风险由损失函数定义，描述了分类器分类结果的准确程度。结构风险由分类器参数矩阵的范数定义，描述了分类器自身的复杂程度以及稳定程度。复杂分类器易产生过拟合，不够稳定。若分类器通过最小化经验风险和结构风险的线性组合以确定其模型参数，则对该分类器的求解是一个正则化问题：

$$\Gamma=\|\boldsymbol{w}\|^p+C\sum_{i=1}^{N}L[f(\boldsymbol{X}_i,\boldsymbol{w}),y_i]$$

$$\boldsymbol{w}=\underset{w}{\operatorname{argmin}}\,\Gamma$$

其中，常数 C 是正则化系数。当 $p=2$ 时，该式被称为 L2 正则化或吉洪诺夫(Tikhonov)正则化。SVM 分类模型的结构风险按 $p=2$ 表示。在线性可分问题中，硬边界 SVM 分类模型的经验风险可以归零，即属于完全最小化结构风险的分类器；在线性不可分问题中，软边界 SVM 的经验风险不可归零，因此是一个 L2 正则化分类器，即最小化结构风险和经验风险的线性组合。

7.4.4 标准算法

1. 线性SVM分类模型

1）硬边界SVM分类模型

给定输入数据 $\boldsymbol{X}=\{\boldsymbol{X}_1,\boldsymbol{X}_2,\cdots\boldsymbol{X}_N\}$和学习目标 $y=\{y_1,y_2,\cdots,y_N\}$，硬边界SVM分类模型是在线性可分问题中求解最大边距超平面的算法，约束条件是样本点到决策边界的距离大于或等于1。硬边界SVM分类模型可转化为等价的二次凸优化问题进行求解，求解公式如下：

$$\begin{aligned}&\max_{w,b}\frac{2}{\|\boldsymbol{w}\|} && \min_{w,b}\frac{1}{2}\|\boldsymbol{w}\|^2\\ &&\Leftrightarrow&\\ &\text{s.t. } y_i(\boldsymbol{w}^{\mathrm{T}}\boldsymbol{X}_i+b)\geqslant 1 && \text{s.t. } y_i(\boldsymbol{w}^{\mathrm{T}}\boldsymbol{X}_i+b)\geqslant 1\end{aligned}$$

由上式得到的决策边界可以对任意样本 $\text{sign}[y_1(\boldsymbol{w}^{\mathrm{T}}\boldsymbol{X}_i+b)]$进行分类。虽然超平面法向量 w 是唯一优化目标，但学习数据和超平面的截距通过约束条件影响了该优化问题的求解。硬边界SVM分类模型是正则化系数取0时的软边界SVM分类模型，其对偶问题和求解参见下面的内容。

2）软边界SVM分类模型

在线性不可分问题中使用硬边界SVM分类模型将产生分类误差，因此可在最大化边距的基础上引入损失函数，构造新的优化问题。SVM分类模型使用铰链损失函数，采用硬边界SVM分类模型的优化问题形式。软边距SVM分类模型的优化问题的求解公式如下：

$$\begin{aligned}&\max_{w,b}\frac{1}{2}\|\boldsymbol{w}\|^2+C\sum_{i=1}^{N}L_i, \qquad L_i=\max[0,1-y_i(\boldsymbol{w}^{\mathrm{T}}\boldsymbol{X}_i+b)]\\&\text{s.t. } y_i(\boldsymbol{w}^{\mathrm{T}}\boldsymbol{X}_i+b)\geqslant 1-L_i,\quad L_i\geqslant 0\end{aligned}$$

由上式可知，软边界SVM分类模型是一个L2正则化分类器，式中 L_i 为铰链损失函数。使用松弛变量 ξ 处理铰链损失函数的分段取值后，上式可变为

$$\begin{aligned}&\max_{w,b}\frac{1}{2}\|\boldsymbol{w}\|^2+C\sum_{i=1}^{N}\xi_i\\&\text{s.t. } y_i(\boldsymbol{w}^{\mathrm{T}}\boldsymbol{X}_i+b)\geqslant 1-\xi_i,\quad \xi_i\geqslant 0\end{aligned}$$

求解上述软边界SVM分类模型的优化问题时，通常利用该问题的对偶性，推导如下。

定义软边界SVM分类模型的优化问题为原问题，通过拉格朗日乘子 $\alpha=\{\alpha_1,\alpha_2,\cdots,\alpha_N\}$，$\mu=\{\mu_1,\mu_2,\cdots,\mu_N\}$可得到其拉格朗日函数：

$$\Gamma(\boldsymbol{w},b,\xi,\alpha,\mu)=\frac{1}{2}\|\boldsymbol{w}\|^2+C\sum_{i=1}^{N}\alpha[1-\xi_i-y_i(\boldsymbol{w}^{\mathrm{T}}\boldsymbol{X}_i+b)]-\sum_{i=1}^{N}\mu_i\xi_i$$

令拉格朗日函数对优化目标 $\boldsymbol{w}$、b、ξ 的偏导数为0，可得包含拉格朗日乘子的表达式：

$$\frac{\partial\Gamma}{\partial\boldsymbol{w}}=0\Rightarrow\boldsymbol{w}=\sum_{i=1}^{N}\alpha_i y_i\boldsymbol{X}_i,\quad \frac{\partial\Gamma}{\partial b}=0\Rightarrow\sum_{i=1}^{N}\alpha_i y_i=0,\quad \frac{\partial\Gamma}{\partial\xi}=0\Rightarrow C=\alpha_i+\mu_i$$

将其带入拉格朗日函数后可得原问题的对偶问题：

$$\max_{\alpha}\sum_{i=1}^{N}\alpha_i-\frac{1}{2}\sum_{i=1}^{N}\sum_{j=1}^{N}[\alpha_i y_i(\boldsymbol{X}_i)^{\mathrm{T}}(\boldsymbol{X}_i)y_j\alpha_j]$$

$$\text{s.t.}\ \sum_{i=1}^{N}\alpha_i y_i=0,\quad 0\leqslant\alpha_i\leqslant C$$

对偶问题的约束条件中包含不等关系,因此其存在局部最优的条件是拉格朗日乘子满足 KKT(Karush-Kuhn-Tucker)条件:

$$\begin{cases}\alpha_i\geqslant 0, & \mu_i\geqslant 0\\ \xi\geqslant 0, & \mu_i\xi_i=0\\ y_i(\boldsymbol{w}^{\mathrm{T}}\boldsymbol{X}_i+b)-1+L_i\geqslant 0 & \\ \alpha_i[y_i(\boldsymbol{w}^{\mathrm{T}}\boldsymbol{X}_i+b)-1+L_i]=0 & \end{cases}$$

由上述 KKT 条件可知,对任意样本$(\boldsymbol{X}_i,y_i)$,总有 $\alpha_i=0$ 或 $y_i(\boldsymbol{w}^{\mathrm{T}}\boldsymbol{X}_i+b)=1-\xi_i$。对前者,该样本不会对决策边界 $\boldsymbol{w}^{\mathrm{T}}\boldsymbol{X}_i+b=0$ 产生影响;对后者,该样本满足 $y_i(\boldsymbol{w}^{\mathrm{T}}\boldsymbol{X}_i+b)=1-\xi_i$,这意味着其处于间隔边界上($\alpha_i<C$)、间隔内部($\alpha_i=C$)或被错误分类($\alpha_i>C$)这 3 种情况之一,即该样本是支持向量。由此可见,软边界 SVM 分类模型决策边界的确定仅与支持向量有关,使用铰链损失函数使得 SVM 分类模型具有稀疏性。

2. 非线性SVM分类模型

使用非线性函数将输入数据映射至高维空间后应用线性 SVM 分类模型可得到非线性 SVM 分类模型。非线性 SVM 分类模型存在如下优化问题:

$$\min_{w,b}\frac{1}{2}\|\boldsymbol{w}\|^2+C\sum_{i=1}^{N}\xi_i,$$

$$\text{s.t.}\ y_i[\boldsymbol{w}^{\mathrm{T}}(\boldsymbol{X}_i)+b]\geqslant 1-\xi_i,\quad \xi_i\geqslant 0$$

与软边界 SVM 分类模型相比,非线性 SVM 分类模型存在如下对偶问题:

$$\max_{w,b}\sum_{i=1}^{N}\alpha_i-\frac{1}{2}\sum_{i=1}^{N}\sum_{j=1}^{N}[\alpha_i y_i\phi(\boldsymbol{X}_i)^{\mathrm{T}}\phi(\boldsymbol{X}_j)y_j\alpha_j]$$

$$\text{s.t.}\ \sum_{i=1}^{N}\alpha_i y_i=0,\quad 0\leqslant\alpha_i\leqslant C$$

因上式存在映射函数内积,可使用核方法,即选取核函数 $k(\boldsymbol{X}_i,\boldsymbol{X}_j)=\phi(\boldsymbol{X}_i)^{\mathrm{T}}\phi(\boldsymbol{X}_j)$。非线性 SVM 分类模型的对偶问题的 KKT 条件可参照软边界线性 SVM 分类模型。

7.4.5 算法求解

SVM 分类模型优化问题的求解可以使用二次凸优化问题的数值方法,例如内点法和序列最小优化算法。在训练样本充足时也可使用随机梯度下降算法。

1. 内点法

以软边界 SVM 分类模型为例,内点法使用对数阻挡函数将 SVM 分类模型优化问题的对偶问题由极大值问题转化为极小值问题,并将其优化目标和约束条件近似表示为如下形式:

$$h(\alpha,\beta)=-\sum_{i=1}^{N}\alpha_i+\frac{1}{2}\sum_{i=1}^{N}\sum_{j=1}^{N}(\alpha_i Q\alpha_j)+\sum_{i=1}^{N}I(-\alpha_i)+\sum_{i=1}^{N}I(\alpha_i-C)+\beta\sum_{i=1}^{N}\alpha_i y_i$$

$$I(x)=-\frac{1}{t}\log_2(-x),\quad Q=y_i(\boldsymbol{X}_i)^{\mathrm{T}}(\boldsymbol{X}_i)y_i$$

式中，I 为对数阻挡函数，本质上是使用连续函数对约束条件中的不等关系进行近似。对任意超参数 t，使用牛顿迭代法可求解 $\hat{\alpha}=\arg\min_{\alpha} h(\alpha,\beta)$，该数值解也是原对偶问题的近似解 $\lim_{t\to\infty}\hat{\alpha}=\alpha$。

内点法在计算 $Q=y_i(\boldsymbol{X}_i)^{\mathrm{T}}(\boldsymbol{X}_j)y_j$ 时需要对 N 阶矩阵求逆，在使用牛顿迭代法时也需要计算黑塞矩阵的逆，该运算的复杂度为 $O(N^3)$，内存开销大，仅适用于少量学习样本的情形。

2. 序列最小优化算法

序列最小优化算法是一种坐标下降法，以迭代方式求解 SVM 分类模型优化问题的对偶问题。该算法在每个迭代步选择拉格朗日乘子中的两个变量 α_i、α_j 并固定其他参数，将原优化问题化简，此时约束条件的等价形式如下：

$$\sum_{i=1}^{N}\alpha_i y_i=0\Leftrightarrow\alpha_i y_i+\alpha_j y_j=-\sum_{k\neq i,j}\alpha_k y_k\quad（为常数）$$

将上式右侧带入 SVM 分类模型优化问题的对偶问题并消去求和项中的 α_j，可得到仅关于 α_i 的二次规划问题。该式可通过闭式解快速计算。

3. 随机梯度下降算法

随机梯度下降算法是机器学习中常见的优化算法，适用于样本充足的情况。随机梯度下降算法每次迭代时都随机选择学习样本更新模型参数，以减少一次性处理所有样本带来的内存开销。其更新规则如下：

$$\boldsymbol{w}^{(i+1)}=\boldsymbol{w}^{(i)}-\gamma\nabla_w J(\boldsymbol{X}_i,\boldsymbol{w}^{(i)})$$

上式中，梯度前的系数是学习速率，J 是代价函数。因 SVM 分类模型优化问题的优化目标是凸函数，所以可直接将其改写为极小值问题并作为代价函数。以非线性 *SVM* 分类模型优化问题为例，算法的迭代规则如下：

$$\boldsymbol{w}^{(i+1)},b^{(i+1)}=\begin{cases}\boldsymbol{w}^{(i)}-2\gamma\boldsymbol{w}^{(i)},b^{(i)}, & \boldsymbol{w}^{(i)\mathrm{T}}\phi(\boldsymbol{X}_i)+b^{(i)}>1\\ \boldsymbol{w}^{(i)}+\gamma(2\boldsymbol{w}^{(i)}-Cy^{(i)}\phi(\boldsymbol{X}_i)),b^{(i)}+\gamma Cy^{(i)}, & \boldsymbol{w}^{(i)\mathrm{T}}\phi(\boldsymbol{X}_i)+b^{(i)}\leqslant 1\end{cases}$$

由上式可知，在每次迭代时，首先判定约束条件．若该样本不满足约束条件，则按学习速率最小化结构风险；若满足约束条件，则根据正则化系数平衡经验风险和结构风险。

7.4.6 支持向量机分类应用实例

以 UCI 数据库中的鸢尾花数据集为例，该数据集前 3 列为特征列，第 4 列为类别列，有 3 种类别，分别为 Iris-setosa、Iris-versicolor、Iris-virginica。采用 SVM 算法构建分类模型，并进行分类分析。代码和输出结果如下：

In[1]:

```
import numpy as np
from sklearn.model_selection import train_test_split
from sklearn import metrics
from sklearn import svm
#获取属性集
x=np.loadtxt("iris.data", delimiter=",", usecols=(0,1,2))
#获取标签集
y=np.loadtxt("iris.data", delimiter=",", usecols=(3))
#标签转换为 0 和 1
y[y=='Iris-setosa']=0
y[y=='Iris-versicolor']=1
y[y=='Iris-virginica']=2
y=y.astype(np.int8)
x_train, x_test, y_train, y_test=train_test_split(x, y, test_size=0.2)
C=1.0      #SVM 正则化参数
model=svm.SVC(kernel='rbf', gamma=0.1, C=C)
model.fit(x_train,y_train)
print(model)
#预测
#测试样本的期望输出
expected=y_test
#测试样本预测
predicted=model.predict(x_test)
#输出结果
print(metrics.classification_report(expected, predicted))
#输出结果以及精确度、召回率、f1 分数和各分类样本数
print(metrics.confusion_matrix(expected, predicted))
```

Out[1]:

```
SVC(gamma=0.1)

              Precision    recall    f1-score    support
0             1.00         1.00      1.00        7
1             0.82         0.93      0.87        15
2             0.83         0.62      0.71        8

Accuracy                             0.87        30
macro avg     0.89         0.85      0.86        30
weighted avg  0.87         0.87      0.86        30

[[7   0   0]
 [0  14   1]
 [0   3   5]]
```

7.5 综合案例应用

本例使用 Kaggle 的数据集 hr_comma_sep.csv。该数据集包含 10 个字段，如表 7.2 所示，共 14 999 个样本数据。

表 7.2　数据集字段

字段名称	含　义	字段名称	含　义
satisfaction_level	满意度	Work_accident	是否出现工作事故
last_evaluation	最新考核评估	left	是否离职
number_project	项目数	promotion_last_5years[1]	过去 5 年是否升职
average_montly_hours[1]	平均每月工作时间	department	所在部门
time_spend_company	工作年限	salary	薪酬

利用该数据集分析判断员工离职与哪些因素相关性较大，定量分析导致员工离职的因素。本例用 Python 读取 hr_comma_sep.csv 文件，并按照数据分析的一般流程，首先对数据的分布情况进行描述性统计分析，再通过相关性分析方法判断影响员工离职较大的因素，进一步针对每一个变量定量分析其对离职的影响，最后利用逻辑斯谛回归、决策树、朴素贝叶斯、支持向量机 4 种分类模型进行训练和测试，并对这 4 种方法的分类结果进行评价。

7.5.1　读取数据文件

利用 Pandas 模块中的 read_csv()函数读取数据文件 hr_comma_sep.csv，假设数据文件存放路径为 F:\pyworkspace\10\logistic\hr_comma_sep.csv。读取文件后，首先显示数据容量、字段数、前 5 行数据以及数据集中每个字段的属性信息。代码和输出结果如下：

In[1]:

```
import pandas as pd
df=pd.read_csv(r"F:\pyworkspace\10\logistic\hr_comma_sep.csv")
#数据集基本信息
print('共有',df.shape[0],'条记录,',df.shape[1],'个字段')
#查看前 5 行数据
df.head()
#查看每个字段的含义与数据类型
df.info()
```

Out[1]:

```
共有 14 999 条记录,10 个字段
```

satisfaction_level	last_evaluation	number_project	average_montly_hours	time_spend_company	Work_accident	left	promotion_last_5years	department	salary
0.38	0.53	2	157	3	0	1	0	sales	low
0.80	0.86	5	262	6	0	1	0	sales	medium
0.11	0.88	7	272	4	0	1	0	sales	medium
0.72	0.87	5	223	5	0	1	0	sales	low
0.37	0.52	2	159	3	0	1	0	sales	low

```
<class 'pandas.core.frame.DataFrame'>
RangeIndex: 14999 entries, 0 to 14998
Data columns (total 10 columns):
 #   Column                 Non-Null Count  Dtype
---  ------                 --------------  -----
 0   satisfaction_level     14999 non-null  float64
 1   last_evaluation        14999 non-null  float64
 2   number_project         14999 non-null  int64
 3   average_montly_hours   14999 non-null  int64
 4   time_spend_company     14999 non-null  int64
 5   Work_accident          14999 non-null  int64
 6   left                   14999 non-null  int64
 7   promotion_last_5years  14999 non-null  int64
 8   department             14999 non-null  object
 9   salary                 14999 non-null  object
dtypes: float64(2), int64(6), object(2)
memory usage: 1.1+ MB
```

① 该字段的正确写法应为 average_monthly_hours。

进一步查看分类数据信息，以便后期进行数据分析。代码和输出结果如下：

In[2]:

```
#查看分类数据
df.describe(include=['O'])
#输出 department、salary 字段取值
print(df.department.unique())
print(df.salary.unique())
```

Out[2]:

	department	salary
count	14999	14999
unique	10	3
top	sales	low
freq	4140	7316

输出的表中显示数据集共有 14 999 条数据，department 字段有 10 种取值，salary 字段有 3 种取值，第一条数据的取值分别为 sales 和 low，其频数分别为 4140 和 7316。department 字段的 10 种取值分别为'sales'、'accounting'、'hr'、'technical'、'support'、'management'、'IT'、'product_mng'、'marketing'和'RandD'，salary 字段的 3 种取值分别为'low'、'medium'和'high'。

7.5.2 数据清洗

数据清洗是对数据集进行审查和校验，以确保后期分析数据的准确性、完整性、一致性和有效性。本案例主要以缺失值、异常值检查与处理为主。代码和输出结果如下：

In[3]:

```
import seaborn as sns
import matplotlib.pyplot as plt
#检查缺失值
df.isnull().sum()
```

Out[3]:

```
satisfaction_level        0
last_evaluation           0
number_project            0
average_montly_hours      0
time_spend_company        0
Work_accident             0
left                      0
promotion_last_5years     0
department                0
salary                    0
dtype: int64
```

In[4]:

```
#检查异常值，箱线图法
fig,ax=plt.subplots(1,5,figsize=(15,3))
for i in range(4):
    sns.boxplot(x=df.columns[i],data=df,ax=ax[i])
plt.show()
```

Out[4]:

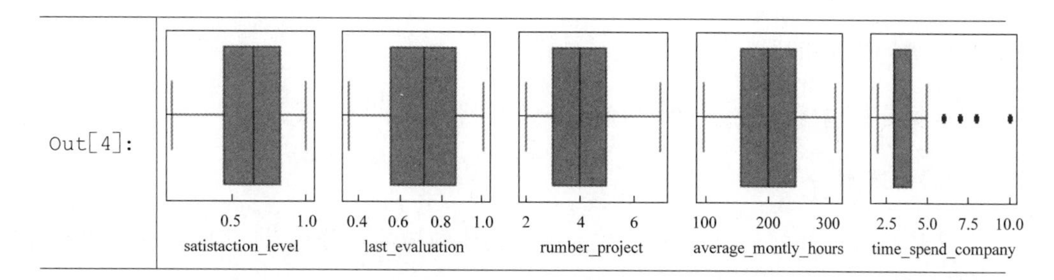

代码运行结果表明：数据集中所有字段均不存在缺失值。satisfaction_level、last_evaluation、number_project 和 average_monthly_hours 这 4 个字段的数据也没有异常值。time_spend_company 字段数据的箱线图表明存在异常值，但很有可能代表的是工作时间较长的员工，因此暂不做异常值处理。

为了有利于后期数据分析，需要对数据集中的 department、salary 这两个分类字段进行量化处理，同时将其转化为 category 类型的数据。代码和输出结果如下：

In[5]:

```
#转换为 category 类型
df['department']=df['department'].astype('category')
df['salary']=df['salary'].astype('category')
df.info()
```

Out[5]:

```
({0: 'high', 1: 'low', 2: 'medium'},
 {0: 'IT',
  1: 'RandD',
  2: 'accounting',
  3: 'hr',
  4: 'management',
  5: 'marketing',
  6: 'product_mng',
  7: 'sales',
  8: 'support',
  9: 'technical'})
```

下面的代码将 department 字段的 10 个取值转化为 0～9，将 salary 字段的 3 个取值转化为 0～2。

In[6]:

```
#保存类别与数据值的映射字典
salary_dict=dict(enumerate(df['salary'].cat.categories))
department_dict=dict(enumerate(df['department'].cat.categories))
salary_dict,department_dict
#将类别数值化
for feature in df.columns:
    if str(df[feature].dtype)=='category':
        df[feature]=df[feature].cat.codes
        df[feature]=df[feature].astype('int64')
df.head()
```

Out[6]:

satisfaction_level	last_evaluation	number_project	average_montly_hours	time_spend_company	Work_accident	left	promotion_last_5years	department	salary
0.38	0.53	2	157	3	0	1	0	7	1
0.80	0.86	5	262	6	0	1	0	7	2
0.11	0.88	7	272	4	0	1	0	7	2
0.72	0.87	5	223	5	0	1	0	7	1
0.37	0.52	2	159	3	0	1	0	7	1

7.5.3 数据分析

数据分析包括描述性分析、变量分析和数据建模 3 个步骤。

1. 描述性分析

在进行数据分析时，一般先对数据进行整体的描述性分析，即获取数据集样本容量、均值、标准差、最值、分位数等特征统计量。

In[7]:

```
df.describe().T                         #计算数值型数据统计量特征
df.describe(include='all').T            #数值型和离散型统计量特征
```

Out[7]:

	count	mean	std	min	25%	50%	75%	max
satisfaction_level	14999.0	0.612834	0.248631	0.09	0.44	0.64	0.82	1.0
last_evaluation	14999.0	0.716102	0.171169	0.36	0.56	0.72	0.87	1.0
number_project	14999.0	3.803054	1.232592	2.00	3.00	4.00	5.00	7.0
average_montly_hours	14999.0	201.050337	49.943099	96.00	156.00	200.00	245.00	310.0
time_spend_company	14999.0	3.498233	1.460136	2.00	3.00	3.00	4.00	10.0
Work_accident	14999.0	0.144610	0.351719	0.00	0.00	0.00	0.00	1.0
left	14999.0	0.238083	0.425924	0.00	0.00	0.00	0.00	1.0
promotion_last_5years	14999.0	0.021268	0.144281	0.00	0.00	0.00	0.00	1.0

相关性分析可获得数据集字段之间的相关程度，本例用相关系数热力图呈现分析结果：

In[8]:

```
corr=df.corr().round(3)                 #皮尔逊相关系数
mask=np.zeros_like(corr)                #构造下三角掩码矩阵
#绘制热力图
sns.set_style('white')
fig=plt.figure(figsize=(10,10))  #设置图的大小
ax=sns.heatmap(corr,xticklabels=True, yticklabels=True,cmap='RdBu',
    mask=mask, fmt='.3f',               #使用掩码,只绘制一部分
    annot=True,                         #方格内写入数据
    linewidths=.4,                      #热力图矩阵之间的间隔大小
    vmax=.5, square=True)               #图例中的最大值
plt.title('Correlation')                #图名称
label_x=ax.get_xticklabels()            #获取横坐标
plt.setp(label_x,rotation=45,horizontalalignment='right')
                                        #设置横坐标表示形式
plt.show()
```

Out[8]:

Correlation

	satisfaction_level	last_evaluation	number_project	average_monthly_hours	time_spend_company	Work_accident	left	promotion_last_5years	department	salary
satisfaction_level	1.000	0.105	-0.143	-0.020	-0.101	0.059	-0.388	0.026	0.003	0.012
last_evaluation	0.105	1.000	0.349	0.340	0.132	-0.007	0.007	-0.009	0.008	0.014
number_project	-0.143	0.349	1.000	0.417	0.197	-0.005	0.024	-0.006	0.009	0.010
average_monthly_hours	-0.020	0.340	0.417	1.000	0.128	-0.010	0.071	-0.004	0.004	0.007
time_spend_company	-0.101	0.132	0.197	0.128	1.000	0.002	0.145	0.067	-0.018	-0.003
Work_accident	0.059	-0.007	-0.005	-0.010	0.002	1.000	-0.155	0.039	0.003	-0.003
left	-0.388	0.007	0.024	0.071	0.145	-0.155	1.000	-0.062	0.032	-0.001
promotion_last_5years	0.026	-0.009	-0.006	-0.004	0.067	0.039	-0.062	1.000	-0.027	-0.001
department	0.003	0.008	0.009	0.004	-0.018	0.003	0.032	-0.027	1.000	0.001
salary	0.012	0.014	0.010	0.007	-0.003	-0.003	-0.001	-0.001	0.001	1.000

由相关系数热力图可以看出，left 与 time_spend_company 正相关性较强，与 department、average_monthly_hours 正相关性较弱，说明是否离职与工作年限、所在部门、平均每月工作时间具有正相关性，与工作年限的正相关性较强。left 与 satisfaction_level、Work_accident、promotion_last_5years 负相关性较强，与 salary 负相关性较弱，说明是否离职与满意度、是否出现工作事故、过去 5 年是否升职呈较强的负相关性，与薪酬有较弱的负相关性。

2. 变量分析

本例将进一步分析是否离职与其他指标的定量关系。首先从整体上分析在职与离职比例，由分析结果可知，约 76%员工在职，约 24%的员工离职，离职员工占总员工数约 1/4。

In[9]:

```
plt.pie(x=[df.left.value_counts()[0],df.left.value_counts()[1]],
    labels=['not left','left'],autopct='%.2f%%',
    startangle=90,wedgeprops={'width' : 0.4},
    counterclock=False)
plt.axis('square')
plt.legend(loc='upper right')
plt.show()
```

Out[9]:

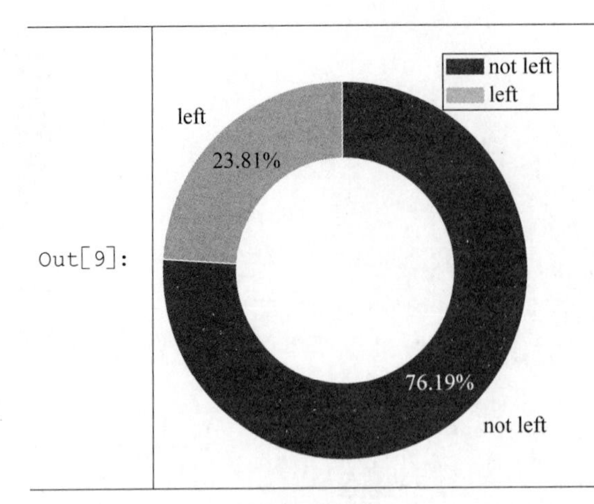

利用 factorplot()方法输出工作年限与离职情况分析图，代码如下。由分析结果可知，工作年限为 3～6 年的员工离职率较高，其中工作年限为 5 年的员工离职率最高，达到 55％以上；而工作年限为 2、7、8、10 年的职工离职率最低，接近于 0。

In[10]:

```
sns.factorplot('time_spend_company','left',data=df)
```

利用 factorplot()方法输出所在部门与离职情况分析图，代码如下。由分析结果可知，hr 部门离职率最高，约 30％；managerment 与 RandD 部门的离职率最低，在 15％左右。

In[11]:

```
sns.factorplot('department','left',data=df,size=8)
```

平均每月工作时间与离职情况分析代码如下。由分析结果可知，在职员工每月平均工作时间中位数为 198h，离职员工每月平均工作时间中位数为 224h。离职员工平均每月工作时间较长，且分布相对于在职员工较为分散。

In[12]:

```
mhours_box=sns.boxplot(data=df,x='left',y='average_montly_hours')
#计算中位数
mhours_median=df.groupby(['left'])['average_montly_hours'].median()
vertical_offset=df['average_montly_hours'].median() * 0.05  #偏移量
#相对的中位数偏移
for xtick in mhours_box.get_xticks():
    mhours_box.text(xtick,mhours_median[xtick]+vertical_offset,
    mhours_median[xtick],
    horizontalalignment='center',
    color='w',weight='semibold',
    size=15)
```

Out[12]:

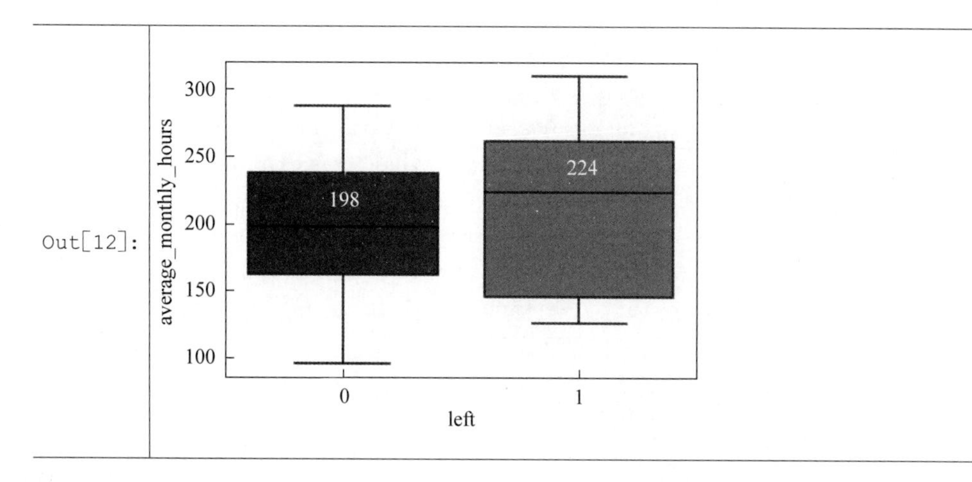

满意度与离职情况分析代码和输出结果如下：

In[13]:

```
sat_box=sns.boxplot(data=df,x='left',y='satisfaction_level')
#计算中位数
satisfaction_median=df.groupby(['left'])['satisfaction_level'].median()
vertical_offset=df['satisfaction_level'].median() * 0.05      #偏移量
#相对的中位数偏移
for xtick in sat_box.get_xticks():
    sat_box.text(xtick,satisfaction_median[xtick]+vertical_offset,
    satisfaction_median[xtick],horizontalalignment='center',color='w',
    weight='semibold', size=15)
```

Out[13]:

工作事故与离职情况分析代码和输出结果如下

In[14]:

```
Work_accident_left_1=df[df.left==1].groupby('Work_accident')
['left'].count()
Work_accident_all=df.groupby('Work_accident')['left'].count()
Work_accident_left1_rate=Work_accident_left_1/Work_accident_all
Work_accident_left0_rate=1-Work_accident_left1_rate
```

In[14]:

```
attr=Work_accident_left1_rate.index
plt.bar(attr,Work_accident_left_1,width=0.4,label='left')
for a,b in zip(attr,Work_accident_left_1):
    plt.text(a,b+0.05,'%.00f' %b,ha='center',va='bottom')
plt.bar(attr,Work_accident_all-Work_accident_left_1,width=0.4,
    bottom=Work_accident_left_1,label='no left')
plt.legend()
plt.legend_orient='vertical'
```

Out[14]:

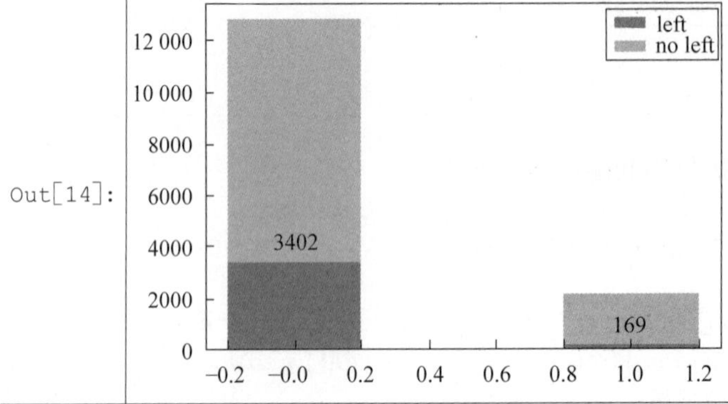

过去 5 年升职与离职情况分析代码如下：

In[15]:

```
promotion_last_5years_left_1=df[df.left==1].groupby('promotion_
last_5years')['left'].count()
promotion_last_5years_all=df.groupby('promotion_last_5years')
    ['left'].count()
promotion_last_5years_left1_rate=promotion_last_5years_left_
    1/promotion_last_5years_all
promotion_last_5years_left0_rate=1-promotion_last_5years_left1_rate
attr=promotion_last_5years_left1_rate.index
plt.bar(attr,promotion_last_5years_left_1,width=0.4,label='left')
for a,b in zip(attr,promotion_last_5years_left_1):
plt.text(a,b+0.05,'%.00f' %b,ha='center',va='bottom')
plt.bar(attr,promotion_last_5years_all-promotion_last_5years_left
_1,width=0.4,bottom=promotion_last_5years_left_1,label='no left')
plt.legend()
plt.legend_orient='vertical'
```

薪酬与离职情况分析代码如下：

In[16]:

```
sns.factorplot('salary','left',data=df)
```

满意度、薪酬与离职情况关系分析代码和输出结果如下。由分析结果可知，不同薪酬等级中，满意度在 0.6 以下的离职人数多，满意度在 0.8 左右的离职人数也不应忽视。

In[17]:

```
sns.violinplot("salary","satisfaction_level",hue="left",data=df,split=True)
```

Out[17]:

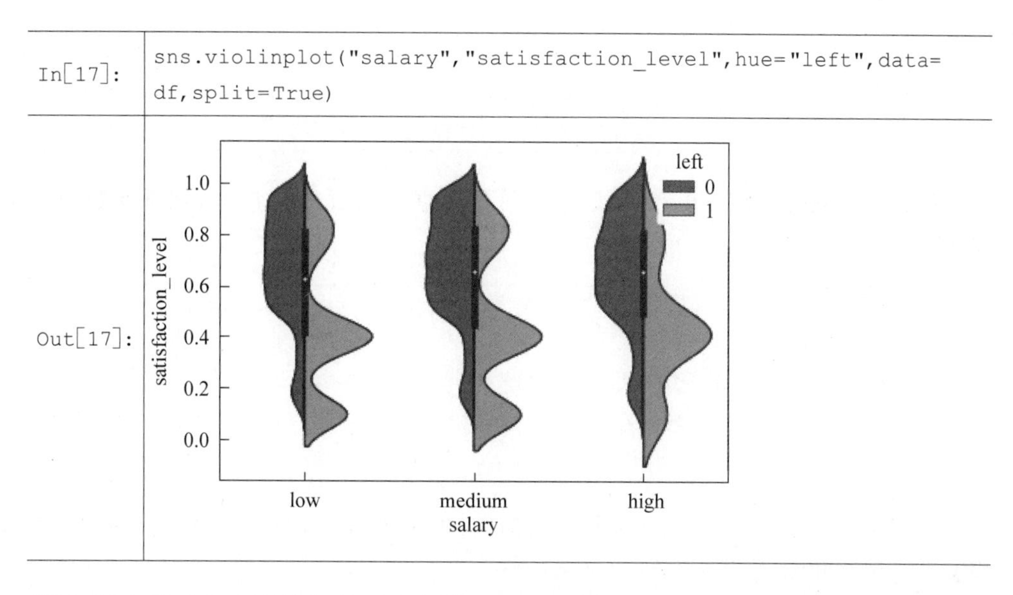

薪酬、所在部门与离职情况关系分析代码和输出结果如下。由分析结果可知，薪酬高的离职率最低。在薪酬等级低的情况下，离职率最高的是 support 部门，约占该部门人数的 30%；离职率最低的是 RandD 部门，约占该部门人数的 15%。在薪酬中等的情况下，离职率最高的是 hr 部门，占该部门人数的 30%多以上；离职率最低的是 management 部门，占该部门人数的 15%以上。在薪酬高等的情况下，离职率最高的是 hr 部门，占该部门人数的 15%以上；离职率最低的是 management 部门，几乎无人离职。

In[18]:

```
sns.factorplot("department","left",data=df,size=8,col='salary')
```

Out[18]:

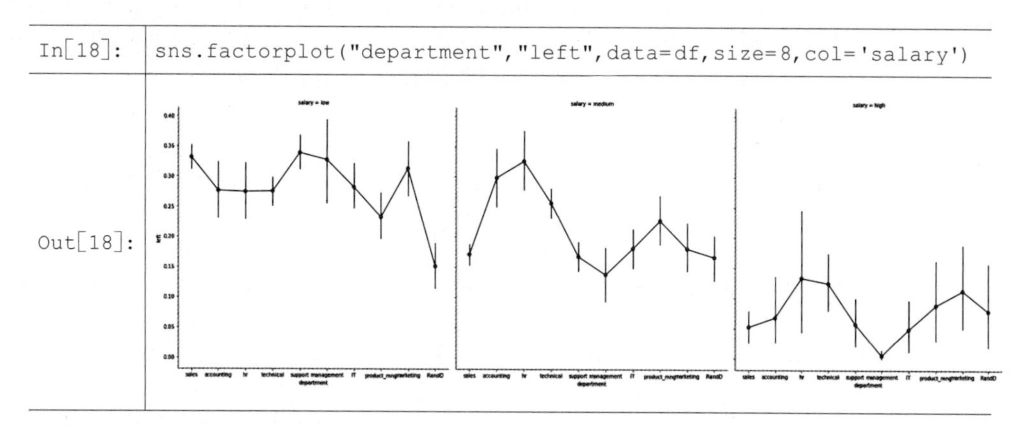

3. 数据建模

在数据建模之前，需要对连续型数据进行标准化。该数据集中 satisfaction_level 和 last_evaluation 取值范围为[0,1]，无须进行标准化。number_project、average_monthly_hours、time_spend_company 采用 max-min 方法进行标准化，代码如下：

In[19]:

```
from sklearn import preprocessing
min_max_scaler=preprocessing.MinMaxScaler()
```

In[19]:	df.loc[:,['number_project','average_monthly_hours','time_spend_company']]=min_max_scaler.fit_transform(df.loc[:,['number_project','average_monthly_hours','time_spend_company']])

将数据集划分为训练集和测试集，训练集数据占总数据的80%，测试集数据占总数据的20%，代码如下：

In[20]:

```
from sklearn.model_selection import train_test_split
Y=df.left
X=df.drop('left',axis=1)
X_train,X_test,Y_train,Y_test=train_test_split(X,Y,test_size=0.2,
random_state=1)
```

利用划分的数据集，分别对逻辑斯谛回归、决策树、朴素贝叶斯、支持向量机4种分类模型进行训练和测试，代码和输出结果如下：

In[21]:

```
from sklearn.linear_model import LogisticRegression
                                              #逻辑斯谛回归分类模型
LR=LogisticRegression(solver='saga')          #随机梯度下降法
LR.fit(X_train, y_train)
#ROC
from sklearn.metrics import roc_curve
Logistic_fpr, Logistic_tpr, Logistic_thresholds=roc_curve(Y_test,
LR.predict_proba(X_test)[:,1])                #返回假正率、真正率、阈值
Logistic_roc_auc=metrics.auc(Logistic_fpr, Logistic_tpr)
                                              #计算auc值
Logistic_roc_auc
import sklearn.tree as sk_tree                #决策树分类模型
decision=sk_tree.DecisionTreeClassifier()
decision.fit(X_train,y_train)
decision_fpr, decision_tpr, decision_thresholds=roc_curve(y_test,
decision.predict_proba(X_test)[:,1])
decision_roc_auc=metrics.auc(decision_fpr, decision_tpr)
decision_roc_auc
from sklearn.naive_bayes import GaussianNB    #朴素贝叶斯分类模型
naive=GaussianNB()
naive.fit(X_train,y_train)
naive_fpr, naive_tpr, naive_thresholds=roc_curve(y_test, naive.
predict_proba(X_test)[:,1]) naive_roc_auc=metrics.auc(naive_fpr,
naive_tpr)
naive_roc_auc
import sklearn.svm as sk_svm                  #支持向量机分类模型
svm=sk_svm.SVC(probability=True)
svm.fit(X_train,y_train)
```

In[21]:

```
svm_fpr, svm_tpr, svm_thresholds= roc_curve(y_test, svm.predict_
proba(X_test)[:,1])
svm_roc_auc=metrics.auc(svm_fpr, svm_tpr)
svm_roc_auc
#ROC 综合评价
plt.figure(figsize=(8, 5))
plt.plot([0, 1], [0, 1],'--', color='r')
plt.plot(Logistic_fpr, Logistic_tpr, label='LogisticRegression
(area=%0.2f)' %Logistic_roc_auc)
plt.plot(naive_fpr, naive_tpr, label='GaussianNB(area=%0.2f)'
%naive_roc_auc)
plt.plot(decision_fpr, decision_tpr, label='DecisionTree(area=%0.
2f)' %decision_roc_auc)
plt.plot(svm_fpr, svm_tpr, label='SVM(area=%0.2f)' %svm_roc_auc)
plt.xlim([0.0, 1.0])
plt.ylim([0.0, 1.0])
plt.title('ROC Curve')
plt.xlabel('False Positive Rate')
plt.ylabel('True Positive Rate')
plt.legend()
plt.show()
```

Out[21]:

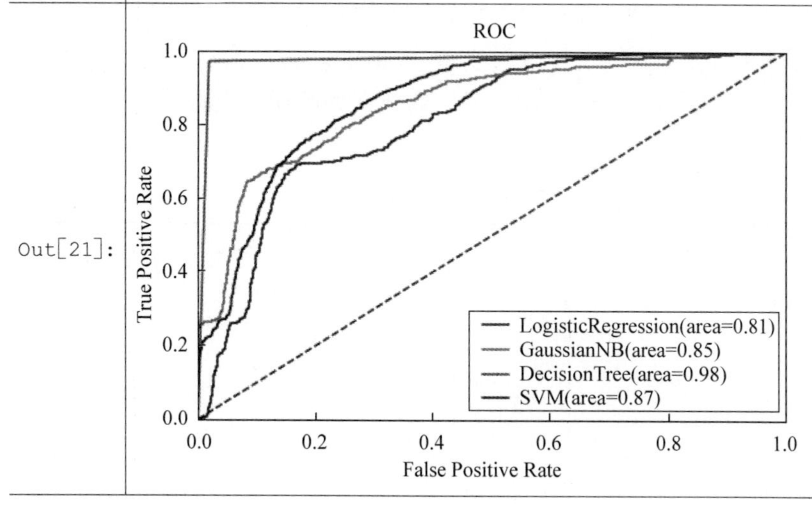

由分析结果可知，4 种算法的 ROC 曲线面积都大于 0.8。其中，决策树分类算法的 ROC 曲线面积为 0.98，表明其分类效果最好；逻辑斯谛回归分类算法的 ROC 曲线面积为 0.81，分类效果最差。

思 考 题

1. 请根据所学内容，对表 7.3 给出的数据构造决策树，进行是否可贷款的分类分析。

表 7.3　题 1 用表

ID	年龄段	是否有工作	有自己的房子	信贷情况	是否可贷款
1	青年	否	否	一般	否
2	青年	否	否	好	否
3	青年	是	否	好	是
4	青年	是	是	一般	是
5	青年	否	否	一般	否
6	中年	否	否	一般	否
7	中年	否	否	好	否
8	中年	是	是	好	是
9	中年	否	是	非常好	是
10	中年	否	是	非常好	是
11	老年	否	是	非常好	是
12	老年	否	是	好	是
13	老年	是	否	好	是
14	老年	是	否	非常好	是
15	老年	否	否	一般	否
16	老年	否	否	非常好	否

2. 鸢尾花数据集常用来进行分类算法实验,数据集包括 150 个数据样本,分为 3 类,每类 50 个数据,每个数据包含 4 个属性。请构造朴素贝叶斯分类模型,对表 7.4 给出的数据进行分类分析。

表 7.4　题 2 用表

花萼长度	花萼宽度	花瓣长度	花瓣宽度	种属
5.1	3.5	1.4	0.2	Iris-setosa
4.9	3	1.4	0.2	Iris-setosa
4.7	3.2	1.3	0.2	Iris-setosa
4.6	3.1	1.5	0.2	Iris-setosa
5	3.6	1.4	0.2	Iris-setosa
5.4	3.9	1.7	0.4	Iris-setosa
4.6	3.4	1.4	0.3	Iris-setosa
5	3.4	1.5	0.2	Iris-setosa
4.4	2.9	1.4	0.2	Iris-setosa
4.9	3.1	1.5	0.1	Iris-setosa

3. 利用鸢尾花数据集构造 SVM 分类模型,进行分类分析。

集成学习

本章学习目标

- 了解集成学习的概念。
- 熟悉集成学习的两类集成方式。
- 熟悉 Boosting 集成、Bagging 集成和随机森林集成方法。

本章主要内容如图 8.1 所示。

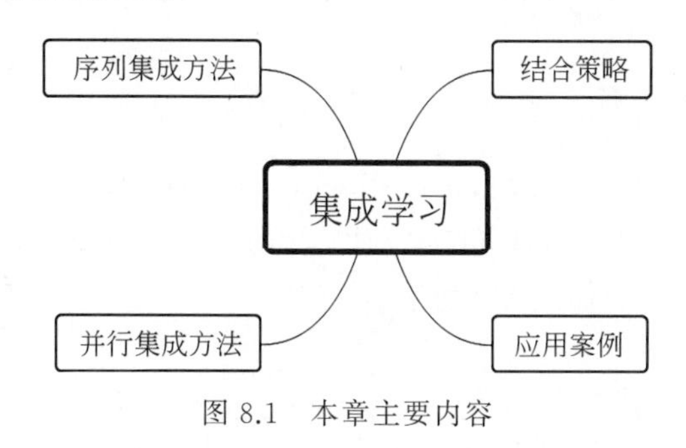

图 8.1 本章主要内容

8.1 概 述

集成学习(ensemble learning)不是一个单独的机器学习算法,而是通过构建并结合多个学习器完成学习任务,以达到更好的预测效果,因此也被称作多分类器系统。集成学习模型的结构如图 8.2 所示。集成学习在训练集上比单一的模型有更好的拟合能力,能够有效降低过拟合问题。一般把泛化能力略优于随机猜想的学习器称为弱学习器,集成学习就是将多个弱学习器以一定的策略进行组合,以得到泛化能力更强的强学习器。如果集成学习模型中只包含相同类型的个体学习器,例如,决策树集成学习模型中包含的个体学习器都是决策树,这样的集成学习模型是同质的,这些个体学习器称为基学习器,相应的算法称为基学习算法;如果集成学习模型中包含不同类型的个体学习

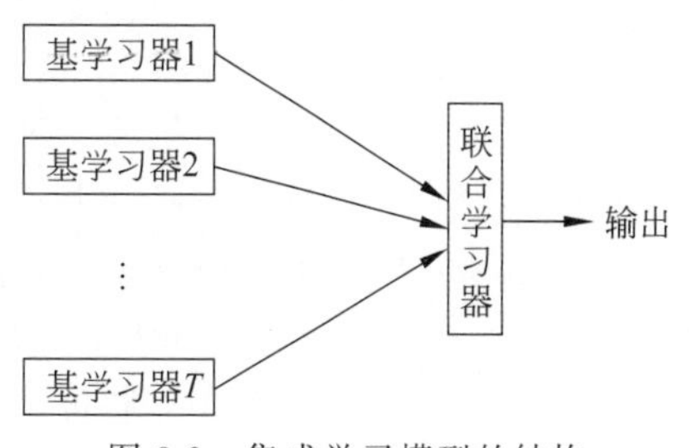

图 8.2 集成学习模型的结构

器，这样的集成学习模型是异质的。

根据基学习器的生成方式，集成学习可以分为两类：

（1）序列集成方法。参与训练的基学习器按顺序生成，利用基学习器之间的依赖关系，通过对以前的训练数据中错误标记的样本赋予较高的权重提高整体的预测效果。序列集成方法主要有 Boosting 集成方法和 AdaBoost 集成方法。

（2）并行集成方法。参与训练的基学习器并行生成，基学习器之间不存在依赖关系，利用基学习器之间的独立性可显著降低错误。并行集成方法的各个基学习器需要有较大的差异性，否则无法有效提升预测性能。并行集成方法主要有 Bagging 集成方法和随机森林集成方法。

集成学习无论是对于小规模数据集还是大规模数据集都有对应的策略。

（1）对于大规模数据集，将其划分为多个小数据集，对多个模型进行组合。

（2）对于小规模数据集，利用 Bootstrap 集成方法进行抽样，得到多个数据集，分别训练多个模型，再进行组合。

8.2 序列集成方法

8.2.1 Boosting 集成方法

Boosting 是一种序列集成方法，可以用来减小监督学习方法中的偏差。在 Boosting 方法中，每一个参与训练的样本都有权重，通过学习将一系列基学习器组装为一个联合学习器。Boosting 方法的流程如图 8.3 所示。

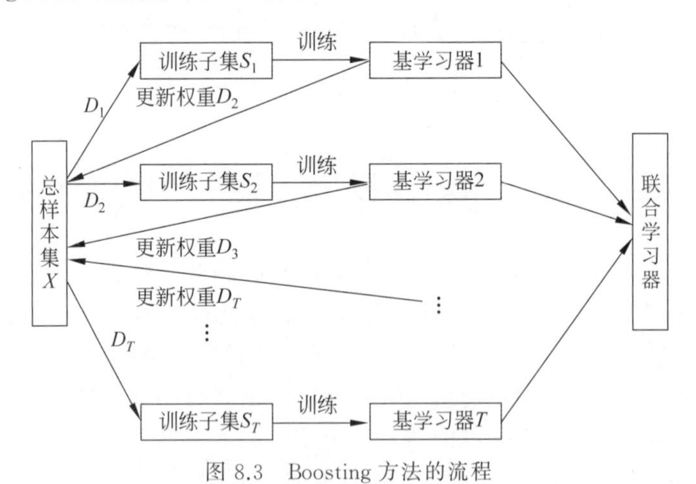

图 8.3　Boosting 方法的流程

Boosting 方法需要关注两个核心问题：

（1）训练数据权重的改变。通过对前一轮训练中基学习器分错的样本赋予较高的权重，使得基学习器对分错的样本有较好的分类效果。

（2）基学习器组合方式。通过加法模型对基学习器进行线性组合。学习准确率高，则相应的基学习器权重大；反之，则基学习器的权重小。

Boosting 方法的步骤如下：

（1）在训练子集 S_1 上用初始权重 D_1 训练基学习器 1。

（2）根据基学习器 1 的学习误差更新训练子集 S_2 权重 D_2，使基学习器 1 标记错误的训练样本获得更高的权重，因而能够在基学习器 2 中受更多的重视。

（3）基于调整权重后的训练子集 S_2 训练基学习器 2。

（4）重复步骤(2)和(3)，直到基学习器达到指定数目 T。

（5）将 T 个基学习器通过组合策略进行结合，最终得到联合学习器。

Boosting 方法是一种可以将弱学习器提升为强学习器的方法。该方法按均匀分布从样本集中选取一个子集作为本次训练子集，样本权重 D_1 初始化为$\frac{1}{N}$（D_i 表示第 i 轮训练中各个样本在训练子集中参与训练的概率）。以后的每一轮训练都对前一轮训练中标记错误的样本赋予较大权重，然后基于调整后的样本权重训练下一个基学习器。重复上述过程，直到基学习器数目达到 T。最后将 T 个基学习器加权组合，产生联合学习器。值得注意的是，Boosting 方法在每一轮训练中都要检查当前生成的基学习器是否满足基本条件（当前基学习器是否比随机猜测方法效果更好）。一旦条件不满足，立即放弃当前基学习器并停止学习，此时训练轮数可能远未达到 T。使得联合学习器中只有很少的基学习器而性能不佳。针对这一问题，一般采用重采样法（resampling）以避免训练过早停止。即，抛弃不满足条件的基学习器，并根据当前样本分布重新对训练样本采样，再基于新的采样结果重新训练基学习器，从而使得学习过程持续到生成预设的 T 个基学习器。

8.2.2 AdaBoost 集成方法

AdaBoost（Adaptive Boosting，自适应增强）方法通过修改样本权重对样本分布进行调整，即提高前一个基学习器的错分样本权重，将加权后的全体样本再次用来训练下一个基学习器，同时，在每一轮中加入一个新的基学习器，直到达到某个预定的足够小的错误率或基学习器数目达到 T。

标准的 AdaBoost 方法只适用于二分类任务。sklearn.ensemble 提供了 AdaBoost 方法的实现。下面的示例读入鸢尾花数据集并通过 train_test_split() 函数将样本按照 3：1 的比例划分为训练集和测试集。

In[1]:
```
from sklearn import datasets
iris=datasets.load_iris()
X=iris.data
y=iris.target
```

In[2]:
```
from sklearn.model_selection import train_test_split
X_train, X_test, y_train, y_test=train_test_split(X, y, test_size=0.25,
random_state=33)
```

调用 sklearn.svm 模块的 SVC()方法、sklearn.tree 模块的 DecisionTreeClassifier()方法和 sklearn.ensemble 模块的 AdaBoostClassifier()方法分别训练数据集，并输出其分类准确率。

In[3]:
```
#使用单一 SVM 分类模型训练
from sklearn.svm import SVC
svc=SVC(gamma='auto')
svc.fit(X_train,y_train)
svc_y_pred=svc.predict(X_test)
```

In[4]:
```
#使用单一决策树分类模型训练
from sklearn.tree import DecisionTreeClassifier
dtc=DecisionTreeClassifier()
dtc.fit(X_train, y_train)
dtc_y_pred=dtc.predict(X_test)
```

In[5]:
```
#使用 AdaBoost 方法进行集成模型训练
from sklearn.ensemble import AdaBoostClassifier
ada=AdaBoostClassifier()
ada.fit(X_train, y_train)
ada_y_pred=ada.predict(X_test)
```

In[6]:
```
from sklearn.metrics import classification_report
print('accuracy of svm is:',svc.score(X_test, y_test))
print(classification_report(svc_y_pred, y_test))
```

Out[6]:
```
accuracy of svm is: 0.9473684210526315
              precision    recall    f1-score   support
  0           1.00         1.00      1.00       8
  1           1.00         0.85      0.92       13
  2           0.89         1.00      0.94       17
avg/total     0.95         0.95      0.95       38
```

In[7]:
```
print('accuracy of decision tree is:',dtc.score(X_test, y_test))
print(classification_report(dtc_y_pred, y_test))
```

Out[7]:
```
accuracy of decision tree is: 0.8947368421052632
              precision    recall    f1-score   support
  0           1.00         1.00      1.00       8
  1           1.00         0.73      0.85       15
  2           0.79         1.00      0.88       15
avg/total     0.92         0.89      0.89       38
```

In[8]:
```
print('accuracy of AdaBoost is:',ada.score(X_test, y_test))
print(classification_report(ada_y_pred, y_test))
```

Out[8]:
```
accuracy of AdaBoost is: 0.9473684210526315
             precision    recall   f1-score   support
 0           1.00         1.00     1.00       8
 1           1.00         0.85     0.92       13
 2           0.89         1.00     0.94       17
avg/total    0.95         0.95     0.95       38
```

上例结果表明使用 AdaBoost 方法实现的分类效果优于决策树分类模型。AdaBoost 方法用于回归分析任务时,可以使用 sklearn-ensemble 模块提供的 AdaBoostRegressor 方法进行回归分析。

8.3 并行集成方法

8.3.1 Bagging 集成方法

Bagging 集成方法又称套袋法,属于并行集成方法。该算法的主要思想是对样本集进行随机采样,通过反复采样分别训练几个不同的模型,然后让所有模型对测试样例的输出进行表决,以提高模型预测的准确率。

Bagging 集成方法描述如下:

(1) 对于一个包含 m 个样本的数据集,有放回地进行 m 次随机采样,以得到 m 个样本的采样集。要特别注意的是,由于采用随机采样,有些样本可能被多次抽取,有些样本可能从未被抽取,m 个采样集相互独立。

(2) 每次使用一个采样集训练一个基学习器,m 个采样集得到 m 个基学习器。

(3) 采用一定的结合策略得到联合学习器。若处理分类任务,则对于 m 个模型采用投票方式得到最终的分类结果;若处理回归任务,则采用平均法得到最终结果。

Bagging 集成方法的流程如图 8.4 所示。

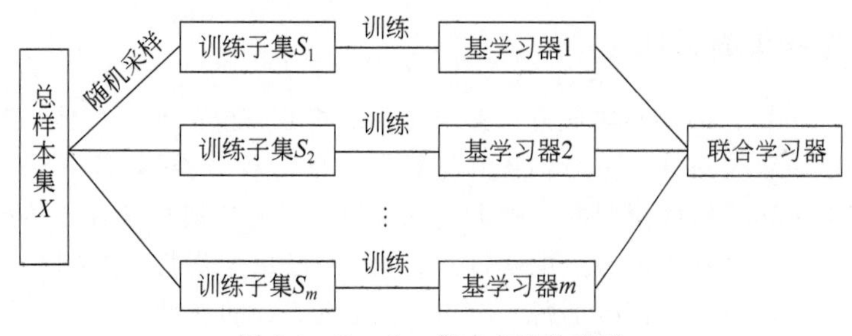

图 8.4 Bagging 集成方法的流程

对于分类任务,sklearn.ensemble 模块提供了 BaggingClassifier()函数进行分类分析。在下面的示例中,基学习器分别选用 SVC 和决策树进行对比。从结果可以看出,基学习器为 SVC 的 BaggingClassifier 优于基学习器为决策树的集成学习。

In[1]:

```
from sklearn.ensemble import BaggingClassifier
bag= BaggingClassifier(base_estimator= SVC(), n_estimators= 10,
random_state=0).fit(X_train, y_train)
bag_y_pred=bag.predict(X_test)
print('accuracy of Bagging is:',bag.score(X_test, y_test))
print(classification_report(bag_y_pred, y_test))
```

Out[1]:	accuracy of Bagging is: 0.9473684210526315 precision recall f1-score support 0 1.00 1.00 1.00 8 1 1.00 0.85 0.92 13 2 0.89 1.00 0.94 17 avg/total 0.95 0.95 0.95 38
In[2]:	from sklearn.ensemble import BaggingClassifier bag=BaggingClassifier(base_estimator=DecisionTreeClassifier(), n_estimators=10, random_state=0).fit(X_train, y_train) bag_y_pred=bag.predict(X_test) print('accuracy of Bagging is:',bag.score(X_test, y_test)) print(classification_report(bag_y_pred, y_test))
Out[2]:	accuracy of Bagging is: 0.8947368421052632 precision recall f1-score support 0 1.00 1.00 1.00 8 1 1.00 0.73 0.85 15 2 0.79 1.00 0.88 15 avg/total 0.92 0.89 0.89 38

Bagging 集成方法用于回归任务时可以采用 sklearn.ensemble 模块中的 BaggingRegressor()方法进行预测。

8.3.2 随机森林集成方法

随机森林(random forest)集成方法是 Bagging 集成方法的扩展变体。随机森林集成方法是利用多棵决策树对样本进行训练并进行预测的一种分类器,该方法在以决策树为基学习器构建 Bagging 集成模型的基础上进一步引入了随机属性选择。传统决策树分类模型在选择划分属性时在当前节点的属性集合(假定有 d 个属性)中选择一个最优属性,而随机森林集成方法对于决策树的每个节点,先从该节点的属性集合中随机选择一个包含 k 个属性的子集,然后从这个子集中选择一个最优属性用于划分。

随机森林集成方法的训练效率优于 Bagging 集成方法。这是因为,在个体决策树的构建过程中,Bagging 集成方法使用的是确定型决策树,在选择划分属性时要对节点的所有属性进行考察;而随机森林集成方法使用的随机型决策树只需要考察一个属性子集。

随机森林集成方法的算法描述如下:

(1) 从样本大小为 M 的样本集中有放回地抽取 M 次,每次抽取一个样本,最终形成 M 个样本。将这 M 个样本用来训练一棵决策树,作为决策树根节点处的样本。

(2) 设每个样本中有 K 个属性。在决策树的每个节点需要分裂时,随机从 K 个属性中选取 k 个属性,满足 $k<<K$,然后从这 k 个属性中采用某种策略选择一个属性作为该节点的分裂属性。

(3) 在决策树形成过程中,每个节点按步骤(2)进行分裂,直到不能继续分裂为止。

(4) 重复步骤(1)~(3)建立大量决策树,每棵决策树都不进行剪枝,即随机森林。

随机森林的构建包括两方面的内容：数据的随机选取和特征的随机选取。

数据的随机选取方法如下：

（1）从原始数据集中有放回地抽样，构建数据子集，数据子集的数据量和原始数据集相同。值得注意的是，不同数据子集的元素可以重复，同一个数据集中的元素也可以重复。

（2）通过数据子集构建决策树，m 个数据子集可以构建 m 棵决策树，每棵决策树可以得到一个结果。

（3）新数据的预测结果通过将 m 棵决策树的结果综合起来获得。对于分类任务采用投票法，对于回归预测采用平均法。

特征的随机选取方法类似于数据集的随机选取，通过数据子集构建决策树的过程并未用到所有的待选特征，而是从所有待选特征中随机选取若干特征，然后在选取的特征集中选择最优特征。这样通过不同特征集构造不同决策树，以提高系统多样性，从而提高分类性能。

对于分类任务，sklearn.ensemble 模块提供了 RandomForestClassifier()函数；对于回归任务，sklearn.ensemble 模块提供了 RandomForestRegressor()函数。示例代码如下：

In[3]:

```
from sklearn.ensemble import RandomForestClassifier
rfc=RandomForestClassifier()
rfc.fit(X_train, y_train)
rfc_y_pred=rfc.predict(X_test)
```

Out[3]:

```
accuracy of random forest is: 0.9473684210526315
              precision    recall    f1-score   support
0             1.00         1.00      1.00       8
1             1.00         0.85      0.92       13
2             0.89         1.00      0.94       17
avg/total     0.95         0.95      0.95       38
```

8.4 组合策略

8.4.1 平均法

对数值型输出 $k_i(x) \in \mathbb{R}$，最常见的结合策略是平均法。简单平均法公式如下：

$$H(x)=\frac{1}{T}\sum_{i=1}^{T}h_i(x)$$

加权平均法公式如下：

$$H(x)=\sum_{i=1}^{T}\omega_i h_i(x)$$

其中，ω_i 是个体学习器 k_i 的权重，通常要求 $\omega_i \geqslant 0$，$\sum_{i=1}^{T}\omega_i=1$。

加权平均法可认为是集成学习研究的基本出发点。对给定的基学习器，不同的集成学习方法可视为通过不同的方式确定基学习器权重。加权平均法的权重一般是从训练数据中学习而得的。现实任务中的训练样本通常不充分或存在噪声，这将使得学习而得的权重不完全可靠。尤其是对规模较大的集成学习问题而言，待学习权重较多，容易导致过拟合。

一般而言，在个体学习器性能相差较大时宜使用加权平均法，而在个体学习器性能相近时宜使用简单平均法。

8.4.2 投票法

对分类任务来说，学习器 k_i 将从类别标记集合 $\{c_1, c_2, \cdots, c_n\}$ 中预测出一个标记，最常见的组合策略是投票法。将 k_i 在样本 x 上的预测输出表示为一个 N 维向量 $(k_i^{(1)}(x), k_i^{(2)}(x), \cdots, k_i^{(N)}(x))$，其中 $k_i^{(j)}(x)$ 表示 k_i 在类别标记 c_j 上的输出。

绝对多数投票法的公式如下：

$$H(x)=\begin{cases} C_j, & \sum_{i=1}^{T} h_i^{(j)}(x) > 0.5 \sum_{k=1}^{N} \sum_{i=1}^{T} h_i^{(j)}(x) \\ \text{reject}, & \text{其他} \end{cases}$$

若某类别标记超过半数，则预测结果为该标记。

相对多数投票法的公式如下：

$$H(x)=C_{\operatorname{argmax}\sum_{i=1}^{T} h_i^{(j)}(x)}$$

预测结果为得票最高的标记。若同时有多个相同票数的标记，则从中选取一个。

加权投票法的公式如下：

$$H(x)=C_{\operatorname{argmax}\sum_{i=1}^{T} w_i h_i^{(j)}(x)}$$

与加权平均法类似，ω_i 是个体学习器 k_i 的权重。

8.4.3 学习法

当训练数据很多时，一种更为强大的结合策略是学习法，即通过另一个学习器进行结合。Stacking 方法是学习法的典型代表。

Stacking 方法又称堆叠法。该方法先从初始数据集训练出初级学习器(个体学习器)，然后生成一个新数据集用于训练次级学习器(初级学习器的组合)。在这个新数据集中，初级学习器的输出被当作样例输入特征，而初始样本的标记被当作样例标记。Stacking 方法的流程如图 8.5 所示。

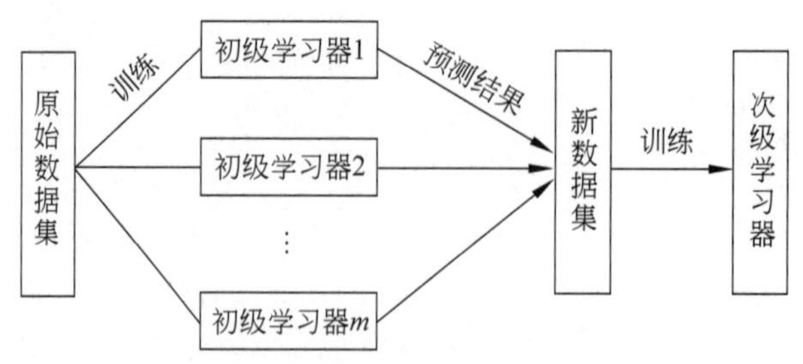

图 8.5 Stacking 方法的流程

Stacking 方法是一种组合估计量以减小偏差的方法。它通过将不同的基学习器预测结果进行叠加作为最终学习器的输入进行预测，通过交叉验证的方式训练得到最后的估计量。

8.5 集成学习应用案例

8.5.1 集成学习用于分类任务

加载手写体数字数据集，使用 sklearn.model_selection 模块的 train_test_split()函数将数据集按 8：2 的比例划分为训练集和测试集。

In[1]:

```
from sklearn.model_selection import train_test_split
from sklearn import datasets
digit=datasets.load_digits()
X=digit.data
y=digit.target
X_train,X_test,y_train,y_test=train_test_split(X,y,test_size=0.2)
print("features:\n",X)
```

Out[1]:

```
features:
[[ 0.  0.  5. ...  0.  0.  0.]
 [ 0.  0.  0. ... 10.  0.  0.]
 [ 0.  0.  0. ... 16.  9.  0.]
 ...
 [ 0.  0.  1. ...  6.  0.  0.]
 [ 0.  0.  2. ... 12.  0.  0.]
 [ 0.  0. 10. ... 12.  1.  0.]]
```

In[2]:

```
print("labels:",y)
```

Out[2]:

```
labels: [0 1 2... 8 9 8]
```

使用 sklearn.svm 模块的 SVC 模型训练数据集，准确率接近 0.29。

In[3]:

```
from sklearn.svm import SVC
svc=SVC(gamma='auto')
svc.fit(X_train,y_train)
print('accuracy of SVM is:',svc.score(X_test, y_test))
```

Out[3]:

```
accuracy of SVM is: 0.28888888888888886
```

使用 sklearn.tree 模块的 DecisionTreeClassifier 模型训练数据集，准确率约为 0.90。

In[4]:	from sklearn.tree import DecisionTreeClassifier dtc=DecisionTreeClassifier() dtc.fit(X_train, y_train) print('accuracy of decision tree is:',dtc.score(X_test, y_test))
Out[4]:	accuracy of decision tree is: 0.9027777777777778

使用 sklearn.ensemble 模块的 AdaBoostClassifier 模型训练数据集，准确率接近 0.23。

In[5]:	from sklearn.ensemble import AdaBoostClassifier ada=AdaBoostClassifier() ada.fit(X_train, y_train) print('accuracy of AdaBoost is:',ada.score(X_test, y_test))
Out[5]:	accuracy of AdaBoost is: 0.22777777777777777

使用 sklearn.ensemble 模块的 RandomForestClassifier 模型训练数据集，准确率约为 0.97。

In[6]:	from sklearn.ensemble import RandomForestClassifier rfc=RandomForestClassifier() rfc.fit(X_train, y_train) print('accuracy of random forest is:',rfc.score(X_test, y_test))
Out[6]:	accuracy of random forest is: 0.9722222222222222

使用 sklearn.ensemble 模块的 BaggingClassifier 模型训练数据集，准确率为 0.29。

In[7]:	from sklearn.ensemble import BaggingClassifier bag=BaggingClassifier(base_estimator=SVC(), n_estimators=10, random_state=0).fit(X_train, y_train) print('accuracy of Bagging is:',bag.score(X_test, y_test))
Out[7]:	accuracy of Bagging is: 0.28888888888888886

8.5.2 集成学习用于回归任务

对波士顿房价数据集进行回归分析，首先将波士顿房价数据集导入，并输出数据集的描述信息。波士顿房价数据集包含美国人口普查局收集到的美国马萨诸塞州波士顿市住房价格的相关信息。该数据集包含 506 个样本，有 14 个特征。

In[8]:	from sklearn.datasets import load_boston boston=load_boston() print(boston.DESCR)

Out[8]:	Boston House Prices dataset
	============================
	Notes
	------ 	
	Data Set Characteristics:
	  :Number of Instances: 506
	  :Number of Attributes: 13 numeric/categorical predictive
	  :Median Value (attribute 14) is usually the target
	  :Attribute Information (in order):
	    …

In[9]:	X=boston.data print(X[:5])

Out[9]:	[[6.3200e-03 1.8000e+01 2.3100e+00 0.0000e+00 5.3800e-01
	  6.5750e+006.5200e+01 4.0900e+00 1.0000e+00 2.9600e+02
	  1.5300e+01 3.9690e+024.9800e+00]
	  …
	 [6.9050e-02 0.0000e+00 2.1800e+00 0.0000e+00 4.5800e-01
	  7.1470e+005.4200e+01 6.0622e+00 3.0000e+00 2.2200e+02
	  1.8700e+01 3.9690e+025.3300e+00]]

输出数据集的标签：

In[10]:	y=boston.target print(y[:5])
Out[10]:	[24. 21.6 34.7 33.4 36.2]

划分数据集，分别使用单一决策树回归模型、AdaBoost 回归模型、随机森林回归模型进行集成模型的训练。

In[11]:	from sklearn.model_selection import train_test_split X_train,X_test,y_train,y_test=train_test_split(X,y,test_size=0.25, random_state=33)
In[12]:	#使用单一决策树回归模型进行训练 from sklearn.tree import DecisionTreeRegressor dtc=DecisionTreeRegressor() dtc.fit(X_train, y_train) print('accuracy of decision tree is:',dtc.score(X_test, y_test))
Out[12]:	accuracy of decision tree is: 0.7022373979175887
In[13]:	#使用 AdaBoost 回归模型进行训练 from sklearn.ensemble import AdaBoostRegressor ada=AdaBoostRegressor() ada.fit(X_train, y_train) print('accuracy of AdaBoost is:',ada.score(X_test, y_test))

Out[13]:	accuracy of AdaBoost is: 0.7929068027542431
In[14]:	#使用随机森林回归模型进行训练 from sklearn.ensemble import RandomForestRegressor rfc=RandomForestRegressor() rfc.fit(X_train, y_train) print('accuracy of random forest is:',rfc.score(X_test, y_test))
Out[7]:	accuracy of random forest is: 0.8254450228876105

思考题

1. 为什么要进行集成学习?
2. 分析 Boosting 集成方法和 Bagging 集成方法的异同。
3. 简述集成学习的分类,对各类方法进行比较,并分析其适用的场合。

深度学习

本章学习目标

- 掌握神经元的结构和常用的激活函数。
- 掌握多层感知机的结构。
- 掌握卷积操作和卷积神经网络的结构。
- 掌握循环神经网络的基本结构。
- 掌握 PyTorch 的安装和基本的用法。
- 掌握利用 PyTorch 构建模型的基本方法。

本章主要内容如图 9.1 所示。

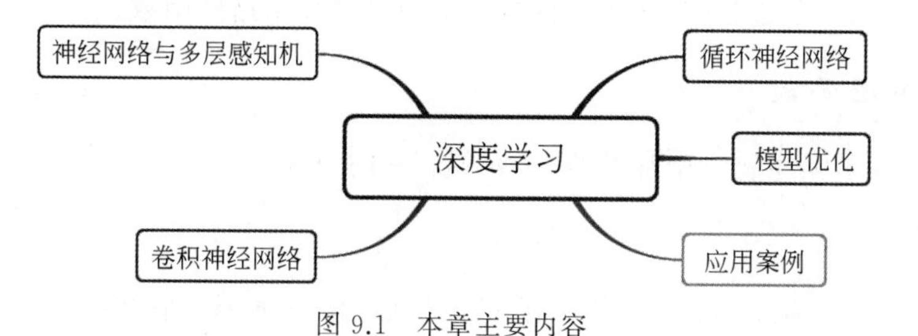

图 9.1　本章主要内容

深度学习(deep learning)是机器学习的一个分支,近年来发展非常迅猛,目前已被广泛应用于图像处理、自然语言处理、语音处理等多个领域。

9.1　神经网络与多层感知机

人的神经网络是与生俱来的。生物神经网络是由神经元、突触和轴突等组成的网络。神经元能够感受刺激和传导兴奋,它根据接收到的多个激励信号的综合大小呈现兴奋或抑制状态。神经系统中大约有 860 亿个神经元,通过 10^{14} ～10^{15} 个突触相连。每个神经元接收输入信号并产生输出信号。

人工神经网络是对生物神经网络的模拟和抽象,是人工智能中典型的连接主义模型。以下将人工神经元和人工神经网络分别简称为神经元和神经网络。

9.1.1 神经元

神经元是神经网络的基本单元。它对输入信号进行线性组合,并通过激活函数获得输出。其结构如图 9.2 所示。

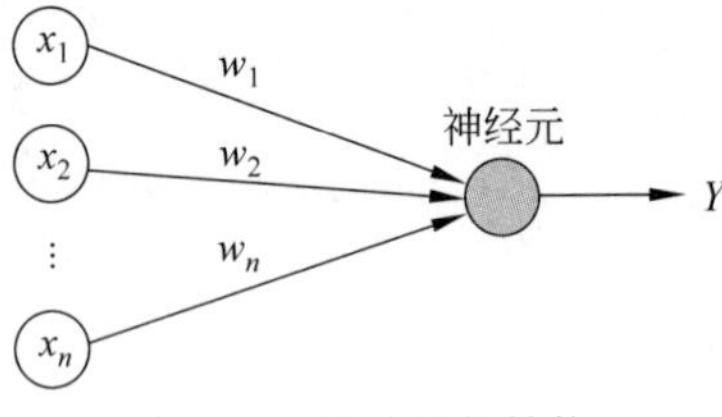

图 9.2 神经元的结构

输入信号 $x_1,x_2,\cdots,x_n$ 经过神经元处理后得到输出 Y,可以表示为:

$$Y=f\left(\sum_{i=1}^{n}w_ix_i+b\right)$$

其中,b 为偏置,w_i 为输入 x_i 的权重信息,$f()$为激活函数。若令 $x_0=1,w_0=b$,则神经元的输出公式为

$$Y=f\left(\sum_{i=1}^{n}w_ix_i\right)$$

若将输入和权重看作向量,则 $\boldsymbol{X}=[1,x_1,x_2,\cdots,x_n]$,$\boldsymbol{W}=[b,w_1,w_2,\cdots,w_n]$,则有

$$Y=W^{\mathrm{T}}X$$

9.1.2 激活函数

神经元的激活函数非常重要,非线性激活函数能够增强网络模型的非线性特征,因此激活函数与神经网络的学习能力、表示能力紧密相关。常用的激活函数有 Sigmoid 函数、Tanh 函数、ReLU 函数、LeakyReLU 函数。下面分别介绍这些函数。

1. Sigmoid 函数

Sigmoid 函数是生物学中常见的 S 型函数,它的公式为

$$\sigma(x)=\frac{1}{1+\mathrm{e}^{-x}}$$

通常用符号 σ 表示 Sigmoid 函数,该函数的图形如图 7.2 所示。它将$(-\infty,+\infty)$的输入映射到$(0,1)$区间,因此其输出可看作概率分布。此外,Sigmoid 函数连续且可导。其导函数的最大值为 0.25,即 $x=0$ 时 Sigmoid 函数取得最大梯度值 0.25。$x\geqslant3$ 或 $x\leqslant-3$ 时,其梯度值接近 0,因此这些区间常被称为饱和区。

2. Tanh 函数

Tanh 函数即双曲正切函数,其公式表示为

$$\tanh(x)=\frac{2}{1+\mathrm{e}^{-2x}}-1$$

还可表示为

$$\tanh(x)=2\sigma(2x)-1$$

Tanh 函数与 Sigmoid 函数一样都是 S 型函数,其图形如图 9.3 所示。

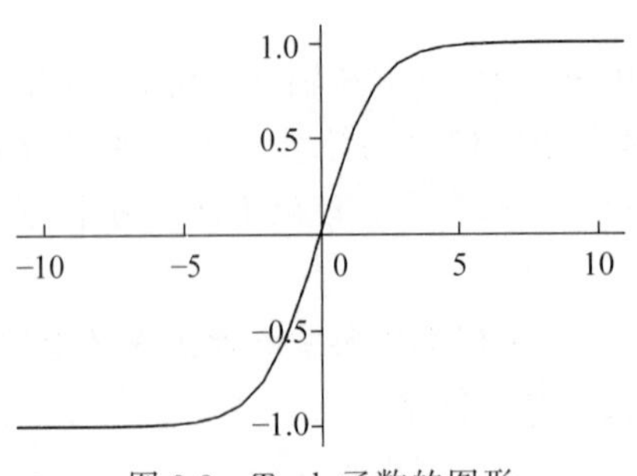

图 9.3 Tanh 函数的图形

Tanh 函数可看作经过缩放和平移的 Sigmoid

函数,取值范围为(−1,1),梯度的最大值为1。其性能通常比Sigmoid函数好。

3. ReLU函数

ReLU(Rectified Linear Unit)函数是深度学习中广泛使用的一种函数,其公式为

$$\mathrm{ReLU}(x)=\begin{cases}x, & x>0\\ 0, & x\leqslant 0\end{cases}$$

也可表示为

$$\mathrm{ReLU}(x)=\max(0,x)$$

与Sigmoid函数和Tanh函数相比,ReLU函数计算效率高,采用该函数在神经网络训练时收敛快。然而这也导致神经元训练中会出现神经元"死亡"现象。

4. Leaky ReLU函数

为了避免ReLU中的输入小于或等于0时陷入饱和,Leaky ReLU函数在输入小于或等于0的情况下保持一个很小的梯度γ。Leaky ReLU的公式为

$$\mathrm{ReLU}(x)=\begin{cases}x, & x>0\\ \gamma, & x\leqslant 0\end{cases}$$

Leaky ReLU函数的图形如图9.4所示。

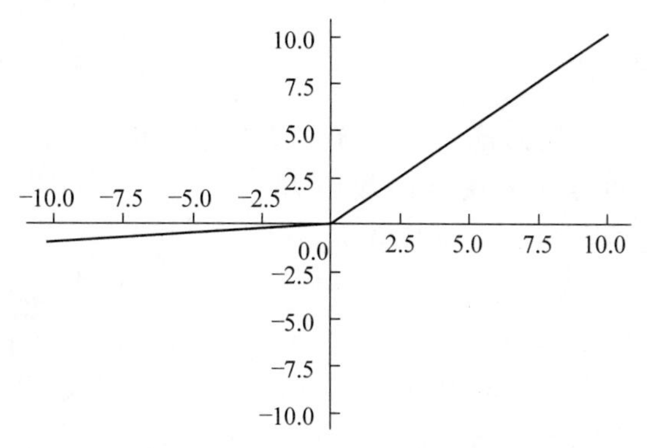

图9.4 Leaky ReLU函数的图形

9.1.3 多层感知机

多层感知机(Multilayer Perceptron,MLP)也被称为前馈神经网络(Feedforward Neural Network,FNN),是出现较早的一种人工神经网络。可以将多层感知机视为映射函数$f(\cdot)$,它将输入x映射到输出y,通过学习网络中的参数得到最佳的映射函数$f(\cdot)$。

1. 多层感知机的结构

多层感知机的结构如图9.5所示。它包含3层:输入层、隐含层和输出层,可以有多个隐含层。

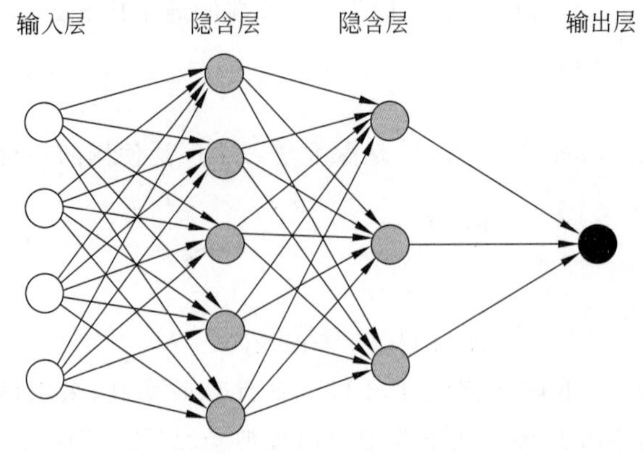

图 9.5　多层感知机的结构

该结构之所以被称为前馈神经网络，是因为信息经前一层的神经元处理后输出到下一层，直到最后输出，没有从输出到输入的逆向反馈连接。对于多层感知机神经网络，其前一层的神经元和后一层的神经元是全连接关系。对于一个简单的三层网络，即只包含一个隐含层的网络，假设输入层的数据特征是 200 维，隐含层有 100 个神经元，输出层有 10 个神经元，参数总数为 $200\times100\times10=2\times10^5$，因此需要大量数据来学习如此多的参数。

2. 前向传播过程

在多层感知机中，每一层的输入只与前一层的输出相关。如图 9.6 所示，若输入 i_1 和 i_2 均为 1，且所有神经元的激活函数均为 ReLU 激活函数，则隐含层神经元的输入 $h_1=w_1\times i_1+w_3\times i_2+b_1)=0.1\times1+0.3\times1+0.1=0.5$，$h_2=w_2\times i_1+w_4\times i_2+b_2=0.2\times1+0.4\times1+0.1=0.7$，输出层神经元的输出 $o=w_5\times h_1+w_6\times h_2+b_3=0.5\times0.5+0.6\times0.7+0.1=0.77$。

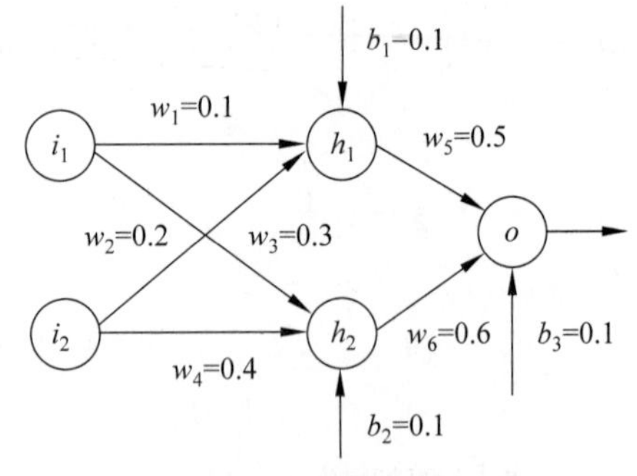

图 9.6　前向传播

3. 反向传播过程

在参数学习的过程中，若想知道权重 w_5 对整体的误差有多大影响，可以通过链式法则求出。假设目标值 target=0.87，损失函数为 MSE，$\text{loss}=\frac{1}{2}(\text{target}-o)^2$，则

$$\frac{\partial \text{loss}}{\partial w_5}=\frac{\partial \text{loss}}{\partial o}\times\frac{\partial o}{\partial w_5}$$

$$\frac{\partial \text{loss}}{\partial o}=\frac{1}{2}\times2\times(\text{target}-o)=0.87-0.77=0.1$$

由于激活函数为 ReLU 函数，因此

$$\frac{\partial \text{loss}}{\partial w_5}=1\times h_1=0.5$$

w_5 的误差为 0.05，同理可求隐含层 w_1 的误差。可以看出，误差按照链式法则从后向前传递，这个过程即反向传播的过程。

9.1.4 神经网络的参数学习

神经网络的参数学习过程可以归纳为以下几个步骤：

(1) 将训练数据的特征 x 输入到输入层，前向传播到输出层，得到预测输出 $\hat{y}$。

(2) 通过真实输出 y 和预测输出 $\hat{y}$ 计算损失函数。

(3) 采用优化算法(如梯度下降算法，在多层感知机中为反向传播算法)更新网络参数 θ。

(4) 重复上述步骤，直到收敛或达到指定的迭代次数。

在参数学习的过程中需要用到损失函数，通常不同的应用问题使用不同的损失函数。常用的损失函数有均方误差函数、极大似然函数、交叉熵函数等。

9.2 卷积神经网络

杨立昆在 1988 年构建了第一个卷积神经网络 LeNet 用于字符图像识别。卷积神经网络是图像处理中使用最为广泛的深度学习框架。该网络采用局部连接、共享权重等方式模拟生物学中的局部感受域和局部不变的特性。其结构主要包含卷积层、池化层和全连接层。

9.2.1 卷积层

卷积层是卷积神经网络的第一层，主要利用卷积操作提取图像局部的特征。由于图像是二维的，因此卷积操作的滤波器(也称为卷积核)通常也是二维的。对于给定的输入图像 $x\in\mathbb{R}^{M\times N}$ 和滤波器 $w\in\mathbb{R}^{U\times V}$，卷积操作的输出为

$$y_{ij}=\sum_{u=1}^{U}\sum_{v=1}^{V}w_{uv}x_{i-u+1,j-v+1}$$

若输入的图像为 3×3×1，过滤器为 2×2，如图 9.7 所示，则其卷积操作的过程和结果如图 9.8 所示。

图像

1	2	3
4	5	6
7	8	9

过滤器

1	0
−1	1

图 9.7 图像和过滤器的二维表示

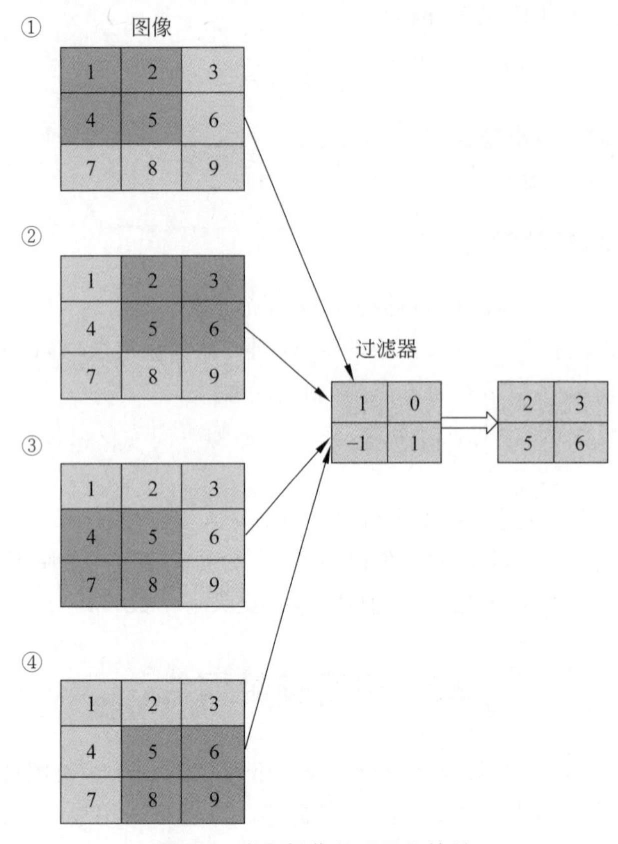

图 9.8　卷积操作的过程和结果

从图 9.8 的操作步骤可以看出，首先图像左上角 4 四个数字 1、2、4、5 和过滤器对应的位置相乘，然后再求和，得到输出 y_{11}，即 $y_{11}=1\times1+2\times0+4\times(-1)+5\times1=2$；然后过滤器向右滑动，得到 $y_{12}=2\times1+3\times0+5\times(-1)+6\times1=3$。同理可得 $y_{21}=5$ 和 $y_{22}=6$。

在卷积运算过程中，过滤器在图像上滑动，只有与过滤器重合的数据才进行卷积操作；而且无论在图像的哪个区域，过滤器的权重都相同。这两点体现了局部性和共享性。

为了更好地说明卷积神经网络的特性，可将图 9.8 的二维图像看成有 9 个特征的输入信号，对图像执行的 4 次卷积操作可看成是有 4 个神经元的隐含层。卷积层的神经元操作如图 9.9 所示。从图 9.9 可以看出，与 y_{11} 输出对应的神经元只接收部分输入信号，而不像多层感知机那样接收所有信号。同时，y_{12} 对应的神经元和 y_{11} 对应的神经元接收输入信号的权重参数是完全相同的。

通常图像包含 R、G、B 3 个通道，即输入卷积网络的深度可以大于 1，可将输入信息表示为 $x\in\mathbb{R}^{M\times N\times d}$，其中 d 表示深度，即通道数。需要注意的是，过滤器的深度必须与输入的深度一致，即，若输入为 $x\in\mathbb{R}^{M\times N\times d}$，则过滤器应为 $w\in\mathbb{R}^{U\times V\times d}$。有 R、G、B 3 个通道的图像的卷积操作过程如图 9.10 所示，每个通道的图像分别与对应的过滤器执行卷积操作，然后将所有通道卷积得到的结果在对应位置求和，最终得到多通道的图像卷积输出结果。

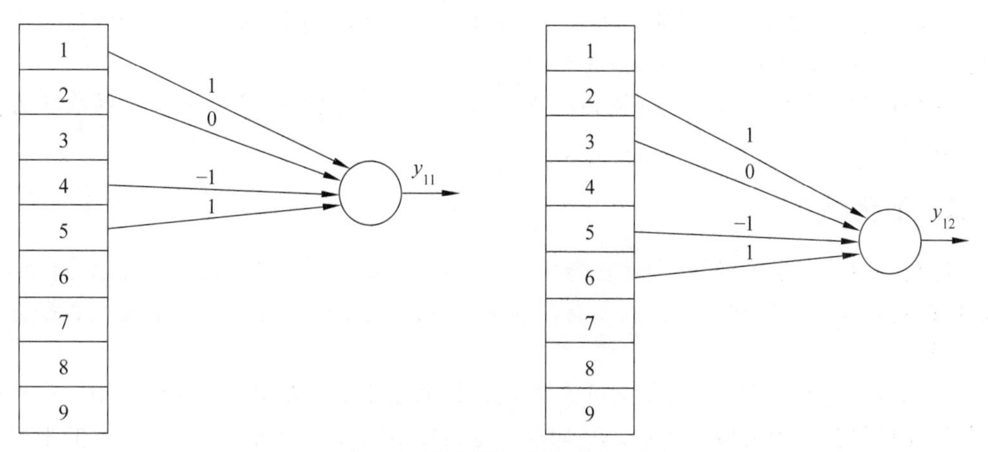

图 9.9 卷积层的神经元操作

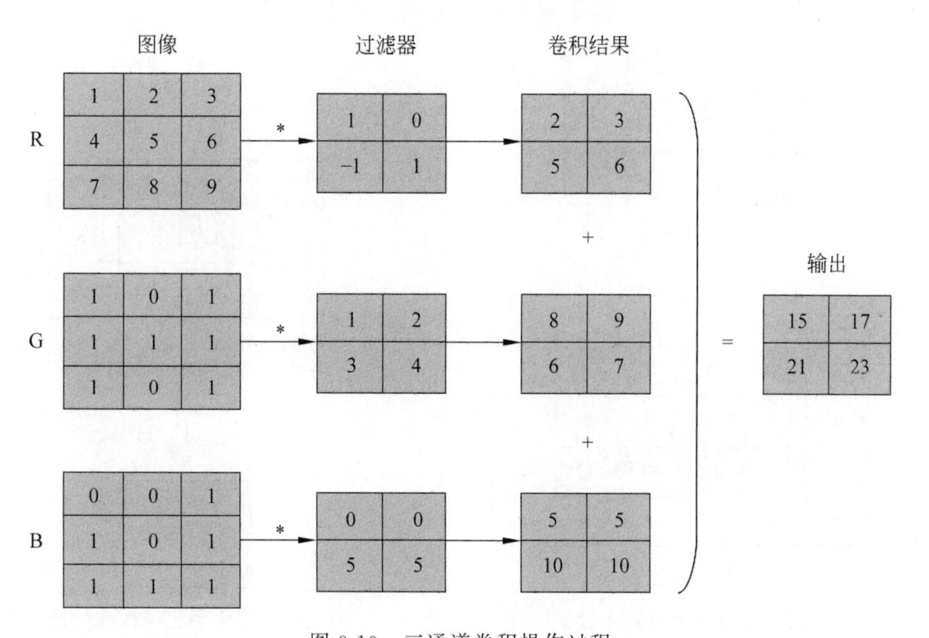

图 9.10 三通道卷积操作过程

在标准卷积操作的基础上还可以引入滑动步长(stride)S 和零填充(zero padding)。零填充可以使图像边缘的数据也可以执行卷积操作。例如,若图像大小为 3×4,过滤器为 2×3,则最后一列数据就无法执行卷积操作,因此在图像边缘添加 0 使图像边缘能够执行卷积操作,如图 9.11 所示。卷积操作输出数据的宽或长可用如下公式计算:

$$w_{\text{out}}=\frac{w_{\text{in}}+2P-R}{S}+1$$

其中,w_{out}为输出的宽或长,w_{in}为输入的宽或长,P 为图像单侧零填充列数或行数,R 为过滤器对应的宽或长,S 为滑动步长。对于 288×288×3 的输入图像,过滤器为 4×4,设置 $P=0$,$S=2$,则输出为 $143\times143\times K$,K 为过滤器个数。可见,输出深度与过滤器的个数有关，与输入深度无关。通常认为过滤器是用来抽取局部特征的，因此在图像处理中通常会用多个过滤器抽取图像中的多种特征。

卷积层除卷积操作外还包含激活操作，通常在卷积神经网络中用 ReLU 函数作为激活函数。

9.2.2 池化层

池化层也称为子采样层，通常在卷积层之后，其主要作用是进行特征选择以降低参数数量，避免过拟合。池化层不会改变卷积的深度，仅通过池化操作对每个通道的数据进行下采样。

常用的池化操作有最大池化和平均池化。最大池化是指在给定接受域内用所有神经元的最大值作为这个区域的表示。平均池化是指在给定接受域内用所有神经元的平均值作为这个区域的表示。例如，给定的池化前的数据如图 9.12 所示，接受域{1,2,5,6}的最大池化操作输出为 6，另外 3 个接受域的输出分别为 8、11、12。

1	2	3	4
5	6	7	8
9	10	11	12

(a) 零填充前

0	0	0	0	0	0
0	1	2	3	4	0
0	5	6	7	8	0
0	9	10	11	12	0
0	0	0	0	0	0

(b) 零填充后

图 9.11　零填充前后输入数据比对

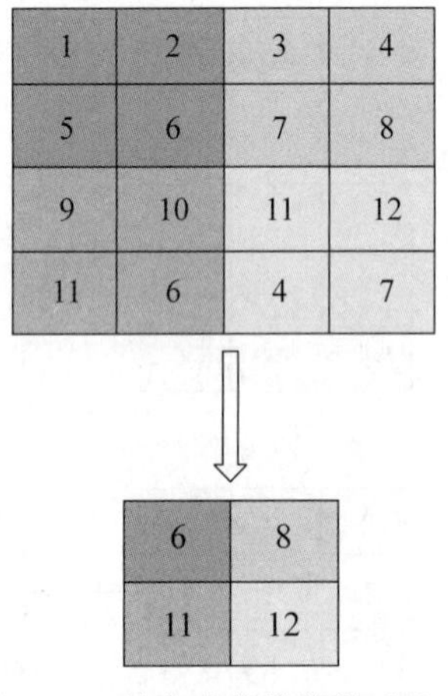

图 9.12　最大池化操作前后比对

对于 288×288×3 的图像，若经过 3×3 的 100 个过滤器进行卷积，不进行零填充，设置滑动步长为 1，则输出结果有 286×286×100 个特征，约 8.2×10^{6} 个，可见卷积操作后得到的特征特别多，若直接进入下一个卷积层，则参数数量过大。若将卷积层的结果经过接受域为 2×2 的池化层，则池化后的输出结果有 143×143×100 个参数，这使进入下一层的参数大为减少。

通常在卷积神经网络中卷积层和池化层交替出现，每个卷积层后会连接一个池化层，这样卷积层和池化层模块在卷积神经网络中可以有多个。例如，在 LeNet-5 中共有 7 层，对于输入为 32×32 的灰度图像，最终得到对应的 10 个类别的得分。输入数据首先进入第一个卷积层 C_1，它包含 6 个 5×5 的卷积核，得到 28×28×6 的输出；然后经过一个接受域为 2×2 的池化层 S_1，得到 14×14×6 的输出；然后经过卷积层 C_2，它包含 16 个 5×5

的卷积核，得到 10×10×16 的输出；然后经过 2×2 的池化层 S_2，得到 5×5×16 的输出；最后经过有 1920 个 5×5 的卷积核的卷积层，得到 1920 个输出特征。

9.2.3 全连接层

全连接层通常是卷积神经网络的最后一层，用于获得抽取的特征，通常输入是 $n\times 1$ 的特征向量，n 为通过前面的卷积层和池化层抽取的特征数。

9.3 循环神经网络

多层感知机和卷积神经网络都属于前馈神经网络，即网络中前一层的输入和后一层的输入没有关系。然而，在实际应用中常常并非如此。例如，在自然语言预处理中，后面出现的单词和前面出现的单词紧密相关。基于这类需求，人们又提出了循环神经网络(Recurrent Neural Network，RNN)来处理序列数据。

9.3.1 循环神经网络的基本结构

循环神经网络将输入数据看作按时间序列输入的数据，不同的时间步的输入使用相同参数的神经网络。循环神经网络中每个时间步的输入和上一时间步的状态相关。循环神经网络的基本结构如图 9.13 所示，其中 $x_1,x_2,\cdots,x_T$ 为 T 个时间步的输入信息，$y_1,y_2,\cdots,y_T$ 为 T 个时间步对应的输出，U、V 和 W 为待学习的参数，h_i 被称为第 i 个时间步的隐状态。和多层感知机相比，循环神经网络的隐状态不仅和输入相关，也和前一个时间步的隐状态相关。因此，卷积神经网络、多层感知机的计算可以实现并行化，而循环神经网络的计算难以进行并行化处理，这使得循环神经网络的训练时间与序列长度相关，也通常比同规模的卷积神经网络训练更耗时。

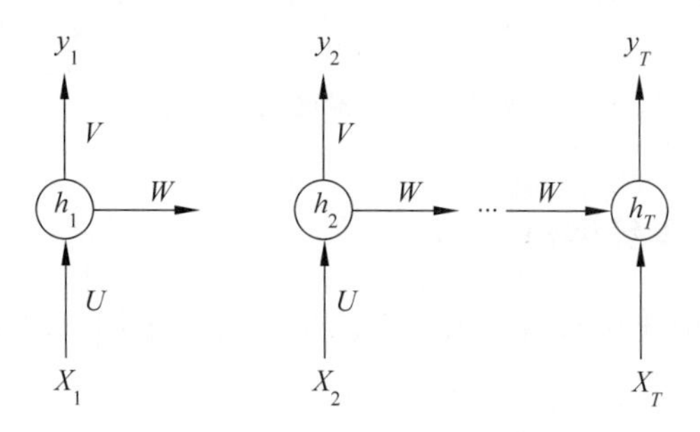

图 9.13 循环神经网络的基本结构

循环神经网络的第 i 个时间步的隐状态的更新公式为

$$h_i=f(Ux_i+Wh_{i-1}+b_1)$$

其中，$f(\cdot)$为激活函数，b_1 为训练参数，第 i 个时间步的输出 y_i 的计算公式为

$$y_i=g(Vh_i+b_2)$$

其中，$g(\cdot)$为激活函数，b_2 为训练参数。

训练循环神经网络可通过梯度下降的方式进行。从隐状态的更新公式可以看出，存在一个递归调用的函数 $f(\cdot)$，因此循环神经网络采用的梯度计算方式不同于卷积神经网络，比较常用的是随时间反向传播算法。

9.3.2 双向循环神经网络

单向循环神经网络的输出只和前状态及当前输入相关，然而在实际应用中通常会出现当前状态与未来可能输入的信息有关的情况。例如，给句子“我____喜欢红色的衣服。”和“我____喜欢红色的衣服，显得我特别好看！”填空，其中第一个句子可以填“非常”“不”，然而第二个句子填“不”很显然是不合适的，这说明它不仅和前面的内容相关，也和后面的内容相关。双向循环神经网络(Bidirectional RNN，Bi-RNN)的输出不仅与前面的状态相关，也和后面输入的信息相关，其结构如图 9.14 所示。双向循环神经网络是由两个循环神经网络组成的，它们分别被称为前向循环神经网络和后向循环神经网络，对于第 i 个时间步产生 $h_i^{(1)}$ 和 $h_i^{(2)}$ 两个隐状态，拼接后构成第 i 个时间步的隐状态 h_i。假设 $h_i^{(1)}$ 和 $h_i^{(2)}$ 有相同的维度 D，则 $h_i \in \mathbb{R}^{2D}$，其输出的计算公式和单向循环神经网络一致。

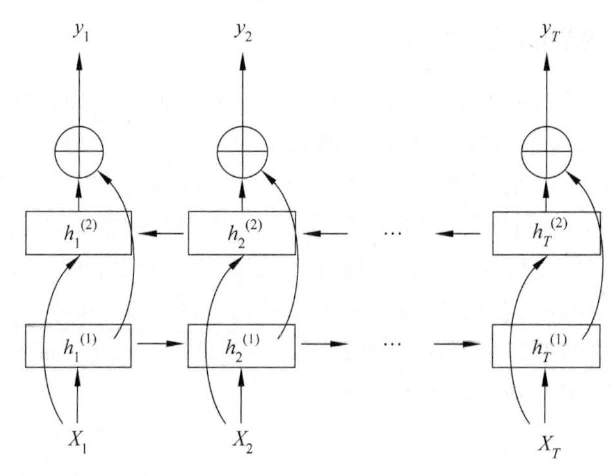

图 9.14 双向循环神经网络的结构

9.3.3 其他类型的循环神经网络

循环神经网络在应用中往往根据应用的不同特点而有不同的结构形式，常见的有一对多、多对一、同步多对多和异步多对多等类型。

1. 一对多类型

一对多表示只有一个输入，有多个输出，即，输入只有一个时间步，而输出序列有多个时间步，例如给定文本主题，产生相应的文本内容。其结构如图 9.15 所示。

2. 多对一类型

多对一表示有多个时间步的输入，只对应一个输出，其结构如图 9.16 所示。该结构主要应用于分类问题，例如给定输入的文本序列，判定该文本属于什么类别。

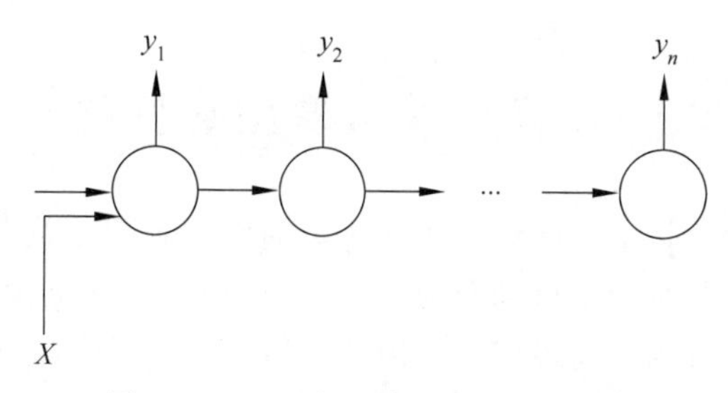

图 9.15 一对多的循环神经网络结构

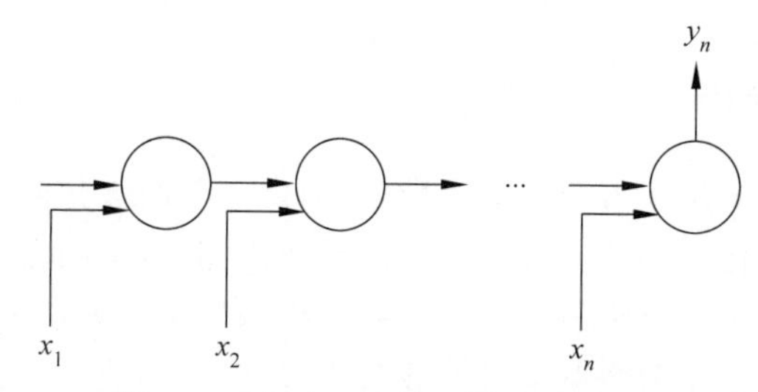

图 9.16 多对一的循环神经网络结构

3. 同步多对多类型

同步多对多表示每个输入时间步都有对应的输出,其输入和输出的时间步相同,通常应用在词性识别、命名识别实体等自然语言处理中。

4. 异步多对多类型

异步多对多的输出和输入并不是一对一的,其结构如图 9.17 所示。该结构中输入序列和输出序列长度可以不同,最典型的应用是翻译模型,将输入看作源语言(即编码器),将输出看作目标语言(即解码器),是典型的异步多对多的结构。

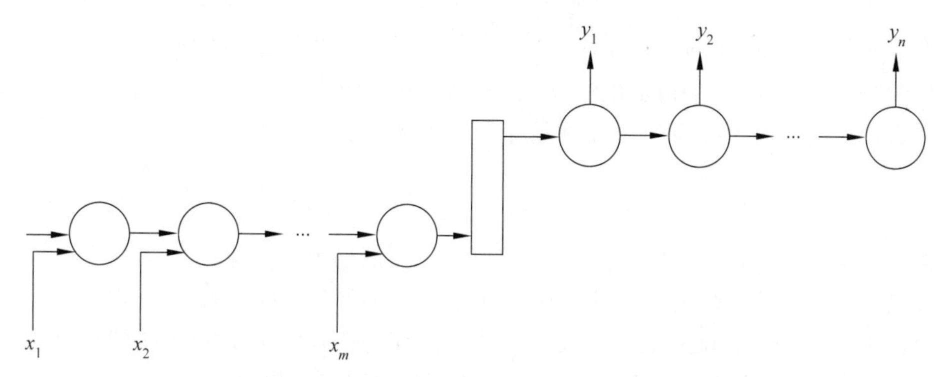

图 9.17 异步多对多的循环神经网络结构

除了上述类型外,还有的在循环网络中加入不同的门控结构,形成具有门控结构的循环神经网络,常见的有长短时记忆(LSTM)神经网络、门控循环单位(Gated Recurrent Units,GRU)神经网络等。

9.4 深度学习模型的优化

神经网络的损失函数是非凸函数。非凸函数通常存在多个局部最优解，但只存在一个全局最优解。参数训练时希望得到全局最优解，但通过不断减少预测和实际的差值来寻找最优解的方法很难找到全局最优解。因此，寻找全局最优解就成为训练的主要目标，与此相关的方法就是网络优化方法。它主要包含初始化参数优化、逐层归一化、超参数优化、优化算法等。

9.4.1 初始化参数优化

训练神经网络的目的是学习合适的参数，然而由于非凸优化问题，参数初始化至关重要。选择合适的参数优化将会使训练在最短的时间内完成，否则会影响收敛的速度，甚至无法使用梯度下降法收敛至最小值。通常采用随机初始化的方法为所有权重设定随机值作为初始参数值。然而初始值应避免过大或过小，若激活函数为 Sigmoid 函数，则过大或过小的初始值都可能使神经元进入梯度饱和区，从而导致梯度消失。通常采用的随机初始化的方法有高斯分布初始化、均匀分布初始化和 Xavier 初始化。

高斯分布初始化法需要设定高斯分布的方差，然后进行随机初始化，与激活函数无关。均匀分布初始化法用指定区间的均匀分布进行初始化，无须考虑激活函数的类型。

为使网络中的信号能够更好地流动，每层输入信号的方差应尽量相等。然而神经网络中输入信号的方差经过神经元后会被放大或者缩小 $n_{i-1}\mathrm{var}(w^{(i)})$ 倍，其中 n_{i-1} 为第 $i-1$ 层神经元的个数，$w^{(i)}$ 为第 i 层的权重参数。。在实际应用中第 i 层和第 $i-1$ 层的神经元个数不一定相同，为了均衡考虑，Xavier 初始化方法设置第 i 层初始化参数的方差满足下式：

$$\mathrm{var}(w^{(i)})=\frac{2}{n_{i-1}+n_i}$$

若使用高斯分布产生满足上式的初始化参数，则该分布应为 $N(0,2/(n_{i-1}+n_i))$；若采用均匀分布 $[-r,r]$ 产生初始化参数，则 r 的取值为 $\sqrt{6/(n_{i-1}+n_i)}$。满足上述方差公式的参数初始化方法被称为 Xavier 初始化。

9.4.2 逐层归一化

深层神经网络中，中间某一层的输入是其前一层的输出。因此，前一层参数的变化会导致其输入的分布产生较大的差异。利用随机梯度下降法更新参数时，每次参数更新都会导致网络中间每一层输入的分布发生改变。为使每一层输入的分布在训练过程中一致，可采用逐层归一化方法，主要有批量归一化方法和层归一化方法。

1. 批量归一化

第 i 层的神经元的输出用 $a^{(i)}$ 表示，它的净输入为 $z^{(i)}$，输入和输出的关系如下：

$$a^{(i)}=f(z^{(i)})=f(Wa^{(i-1)}+b)$$

批量归一化(Batch Normalization,BN)是对净输入进行归一化,使输入保持同分布。一般采用正态分布进行批量归一化,其归一化方式为

$$\hat{z}^{(i)}=\frac{z^{(i)}-E(z^{(i)})}{\sqrt{\operatorname{var}(z^{(i)})+\varepsilon}}$$

其中,$E(z^{(i)})$为样本均值,$\operatorname{var}(z^{(i)})$为样本方差,通常用小批量的样本均值和方差估计。

2. 层归一化

如果神经元的净输入分布在神经网络中是动态变化的,如循环神经网络,则无法应用批量归一化操作。层归一化(Layer Normalization,LN)和批量归一化不同的是,层归一化是对一个中间层的所有神经元进行归一化。第 i 层神经元的均值和方差的计算公式为

$$\mu^{(i)}=\frac{1}{n_i}\sum_{i=1}^{n_i}z^{(i)}$$

$$\sigma^{2(i)}=\frac{1}{n_i}\sum_{i=1}^{n_i}(z^{(i)}-\mu^{(i)})^2$$

将层归一化方法应用于循环神经网络,可以有效缓解梯度爆炸或梯度消失问题。

9.4.3 超参数优化

超参数是神经网络外部设定的参数,而参数是神经网络中的模型待训练的权重系数值。超参数往往是在训练之前就指定好的。常用的超参数有隐含层的个数、丢弃率等。

(1) 隐含层的个数。隐含层越多,神经网络的模型越复杂。通常可以通过增加隐含层来提高性能,但并不是只要增加隐含层性能就一定会提升,能提升的程度也和具体的问题相关。

(2) 丢弃率。丢弃率是为了防止过拟合而随机抑制神经元使用的比率。

(3) 学习率。在反向传播过程中,学习率和收敛速度相关。较高的学习率可以提升学习速度,但可能会错过最优值。

(4) 批量大小。批量大意味着每次学习的样本多,但参数更新较慢;批量小则每次学习的样本少,但参数更新快。

9.4.4 优化算法

在深度学习领域,优化算法的选择是模型的重中之重。即使在数据集和模型架构完全相同的情况下,采用不同的优化算法,也很可能得到完全不同的结果。常用的优化算法有随机梯度下降法、动量法、AdaGrad 法等。

1. 随机梯度下降

随机梯度下降(Stochastic Gradient Descent,SGD)法是广泛使用的一种迭代参数更新以减小损失函数值的方法。参数更新的方式可以表示为

$$\theta=\theta-\eta\frac{1}{m}\sum_{i=1}^{m}\nabla J(\theta)$$

其中，η 为学习率，$\nabla J(\theta)$为梯度，m 为样本个数。

2. 动量

随机梯度下降法在遇到沟壑时容易陷入震荡。引入动量(momentum)可以加快随机梯度下降法在正确方向的下降速度并抑制震荡。动量可以表示为：

$$m_t = \gamma m_{t-1} + \eta g_t$$

其中，g_t 为梯度；γ 为动量因子，通常取值为 0.9。参数更新方式为

$$\theta = \theta - m_t$$

3. AdaGrad 法

随机梯度下降法和动量法采用相同的学习率进行更新，而深度学习模型中往往涉及大量的参数，不同参数的更新频率往往有所不同。对于频繁更新的参数，减小更新步长，可以使学习到的参数更稳定，不至于受单个样本太大的影响。AdaGrad 法对学习率进行约束，即

$$n_t = n_{t-1} + g_t^2$$

$$g_t = -\frac{1}{\sqrt{\sum_{r=1}^{t}(g_r)^2 + \varepsilon}}$$

其中，ε 为一个比较小的数，以保证分母不为 0。

9.5 深度学习应用案例

PyTorch 是一个基于 Python 的深度学习框架，它与 TensorFlow、Caffe、MXNet 一样属于底层框架，具有加强的 GPU 张量计算和自动梯度计算功能。本书重点介绍基于 PyTorch 实现的深度学习应用案例，相关内容可参考官网 https://pytorch.org/。

9.5.1 PyTorch 的基本用法

1. PyTorch 的安装

PyTorch 官网介绍了在不同配置的计算机上安装 PyTorch 的指令，用户需要根据计算机的实际配置情况进行安装。例如，在 Windows 操作系统上使用 pip3 指令安装 CPU 版本的 PyTorch 1.8，其执行指令为

```
pip3 install torch==1.8.1+cpu torchvision==0.9.1+cpu torchaudio===0.8.1 -f
https://download.pytorch.org/whl/torch_stable.html
```

2. PyTorch 的数据类型

PyTorch 使用 Tensor(张量)作为基本的数据类型。Tensor 非常类似于数组或矩阵，和 NumPy 的 ndarray 的区别仅在于 Tensor 类型可运行在 GPU 或其他加速的硬件上。

PyTorch 可方便地将其他数据类型转换为 Tensor 类型，采用 Tensor 类型的 numpy()函数将其转换为 NumPy 的 ndarray 类型，也可以通过 Tensor 类型的 rand()函数创建指定维度的 Tensor。示例如下：

In[1]:	`import torch  #导入 torch 包`
	`a=[[1,2],[3,4]]  #创建列表对象 a`
	`a=torch.tensor(a)  #将 a 转换为 Tensor 类型`
	`print(a)`
	`print(type(a))`

Out[1]:	`tensor([[1, 2],`
	`        [3, 4]])`
	`<class 'torch.Tensor'>`

In[2]:	`import numpy as np`
	`b=np.array([[4,5],[6,7]])  #创建 NumPy 的 ndarray 对象 b`
	`b=torch.tensor(b)  #将 b 转换为 Tensor 类型`
	`print(b)`

Out[2]:	`tensor([[4, 5],` `        [6, 7]], dtype=torch.int32)`
In[3]:	`c=b.numpy()  #将 b 转换为 NumPy 的 ndarry 类型` `print(c)`
Out[3]:	`[[4 5]` ` [6 7]]`
In[4]:	`d=torch.rand(2,3,4)  #d 为三维 Tensor，2、3、4 为每一维的维度` `print(d)`

Out[4]:	`tensor([[[0.5253, 0.9686, 0.1686, 0.9975],`
	`         [0.6002, 0.0016, 0.4746, 0.6530],`
	`         [0.9752, 0.7544, 0.4338, 0.9471]],`
	
	`        [[0.4257, 0.7305, 0.8436, 0.9624],`
	`         [0.3261, 0.9426, 0.2230, 0.3647],`
	`         [0.9391, 0.0071, 0.6723, 0.8713]]])`

PyTorch 定义了 8 种 GPU 类型的 Tensor 和 8 种 CPU 类型的 Tensor。其 CPU 类型的 Tensor 有 torch.FloatTensor、torch.DoubleTensor、torch.HalfTensor、torch.ByteTensor、torch.CharTensor、torch.ShortTensor、torch.IntTensor、torch.LongTensor。在 CPU 类型的 torch 后面加 cuda 就变为对应的 GPU 类型，如 torch.cuda.DoubleTensor。

3. 常用的函数

利用 Tensor 的 shape 属性和 size()函数可以查看 Tensor 的维度。利用 type()函数可以查看具体的数据类型，也可以进行数据类型转换。例如：

In[5]:	print(d.shape) print(d.size()) print(d.type())　　　　　　　　#显示数据类型 e=d.type(torch.DoubleTensor)　　#数据类型转换 print(e.type())
Out[5]:	torch.Size([2, 3, 4]) torch.Size([2, 3, 4]) torch.FloatTensor torch.DoubleTensor

此外,PyTorch 的 Tensor 还有 add、sum 等类似 ndarry 对象的加、求和等操作。PyTorch 的 Tensor 可自动进行梯度计算,若无须进行梯度计算,可将 requires_grad 属性设置为 False。

4. 自定义数据集

在训练时可设置 batch 参数,数据加载时按设置的 batch 值对数据进行划分。PyTorch 提供了自动 batch 加载方式,使用该方式需首先构建 Dataset 对象,然后将其构建为 DataLoader 对象。DataSet 对象的构建必须实现__init__()、__len__()和__getitem__()函数。示例代码如下:

In[6]:

```
from torch.utils.data import Dataset,DataLoader      #导入相关类型
from sklearn.datasets import make_classification
#利用 sklearn 创建用于分类模型的数据集
X,y=make_classification(n_samples=10,n_features=2,
n_informative=2,n_redundant=0,n_classes=2,random_state=42)
#数据集中共 10 个样本,每个样本两个特征
print(X,y)
class MyDataset(Dataset):                  #创建自定义数据集,需要继承 Dataset
    def __init__(self,X,y):                #实现__init__()函数
        self.X=X
        self.y=y
    def __getitem__(self, index): #实现__getitem__()函数
        data=self.X[index]
        target=self.y[index]
        return data,target
    def __len__(self):                     #实现__len__()函数
        return len(self.X)
dataset=MyDataset(X,y)
print(len(dataset))
```

Out[6]:	[[1.06833894 -0.97007347] [-1.14021544 -0.83879234] [-2.8953973 1.97686236] [-0.72063436 -0.96059253] [-1.96287438 -0.99225135] [-0.9382051 -0.54304815] [1.72725924 -1.18582677] [1.77736657 1.51157598] [1.89969252 0.83444483] [-0.58723065 -1.97171753]] [1 0 0 0 0 1 1 1 1 0] 10

DataLoader()函数需要将Dataset对象作为其参数,同时在构建DataLoader对象后可指定batch_size值,例如:

In[7]:	dl=DataLoader(dataset,batch_size=5,shuffle=False) #构建DataLoader对象dl,其batch_size设为5,数据不随机排序 print(len(dl))　　#输出数据被划分的批次个数,5个数据一批,因此总共两批 for data,target in dl:　　#遍历每个批次中的数据和标签 　　print(data,target)
Out[7]:	2 tensor([[1.0683, -0.9701], 　　[-1.1402, -0.8388], 　　[-2.8954, 1.9769], 　　[-0.7206, -0.9606], 　　[-1.9629, -0.9923]], dtype=torch.float64) tensor([1, 0, 0, 0, 0], dtype=torch.int32) tensor([[-0.9382, -0.5430], 　　[1.7273, -1.1858], 　　[1.7774, 1.5116], 　　[1.8997, 0.8344], 　　[-0.5872, -1.9717]], dtype=torch.float64) tensor([1, 1, 1, 1, 0], dtype=torch.int32)

采用DataLoader()函数进行数据加载,会自动将数据封装成对应的Tensor类型。

9.5.2 PyTorch中的神经网络层

PyTorch已经实现了常用的神经网络层,如全连接层、循环神经网络层、卷积层,这些模型均为基类torch.nn.Module的子类。PyTorch的常用神经网络层简介如下。

1. 全连接层 torch.nn.Linear

torch.nn.Linear(in_features, out_features, bias=True)中的参数in_features表示

输入的特征数，out_features 表示输出的特征数，bias 表示是否有偏置项。示例代码如下：

In[8]:	`import torch`
	`import torch.nn as nn`
	`layer=nn.Linear(2,3)`
	`x=torch.rand(5,2)`
	`y=layer(x)`
	`print(y.shape)`

Out[8]:	`torch.Size([5, 3])`

输入 x 可以看作输入为 5 条数据，每个数据有两个特征。经过全连接层，可以看到输出变为 3 个特征，即 5×2 的矩阵和 2×3 的矩阵相乘再加偏置项的结果。

2. 循环神经网络层 torch.nn.RNN

循环神经网络层的输入有 input_size（输入维度）、hidden_size（隐含层维度）、num_layer（堆叠层数）、nonlinearity（非线性激活函数）、batch_first（第一维是否为 batch）、dropout（丢弃率）、bidirectional（是否为双向循环神经网络）等。

使用 torch.nn.RNN 的时候输入的维度为（seq_len，batch，input_size），即序列长度、batch 的维度和输入的特征维度，此外还包含初始的隐状态的向量。它的输出包含两个部分，即每一个时刻的输出和最后一个时刻的隐状态。例如：

In[9]:	`layer=nn.RNN(input_size=2,hidden_size=5,num_layers=1,batch_first`
	`=True)`
	`x=torch.rand(2,3,2)`
	`y,h=layer(x)`
	`print(y.shape)`
	`print(h.shape)`

Out[9]:	`torch.Size([2, 3, 5])` `torch.Size([1, 2, 5])`

其他循环神经网络模型如 torch.nn.LSTM 和 torch.nn.GRU 等与 torch.nn.RNN 类似。

3. 二维卷积层 torch.nn.Conv2d

torch.nn.Conv2d(in_channels, out_channels, kernel_size, stride=1, padding=0, dilation=1, groups=1, bias=True, padding_mode='zeros')中的参数 in_channels 表示输入的通道数，RGB 三色图像输入通道是 3；参数 out_channels 表示输出通道数，即卷积核的个数；参数 kernel_size 表示卷积核大小。使用该卷积层时输入的维度为（N，Cin，H，W），其中 N 表示 batch 的维度，Cin 表示输入的通道数，H 和 W 分别表示高和宽。示例代码如下：

In[10]:	layer=nn.Conv2d(in_channels=3,out_channels=2,kernel_size=2) x=torch.rand(2,3,3,3) y=layer(x) print(y.shape)
Out[10]:	torch.Size([2, 2, 2, 2])

4. 池化层

PyTorch 提供了 nn.MaxPool2d、nn.AvgPool2d 等池化层,可实现池化功能。例如:

In[11]:	layer=nn.MaxPool2d(kernel_size=2) x=torch.rand(2,1,2,2) print(x) y=layer(x) print(y)

Out[11]:	tensor([[[[0.3934, 0.0586],
	          [0.1358, 0.2352]]],
	        [[[0.6235, 0.3017],
	        [0.2167, 0.8703]]]])
	tensor([[[[0.3934]]],
	        [[[0.8703]]]])

5. 激活函数层

PyTorch 提供了 torch.nn.ReLU、torch.nn.Tanh 等激活函数。示例如下:

In[12]:	layer=torch.nn.Tanh() x=torch.rand(2,3) print(x) y=layer(x) print(y)

Out[12]:	tensor([[0.5744, 0.9165, 0.4984],
	        [0.8091, 0.8536, 0.7230]])
	tensor([[0.5186, 0.7242, 0.4608],
	        [0.6691, 0.6930, 0.6188]])

6. 损失函数层

PyTorch 提供多种损失函数,如 torch.nn.MSELoss(均方误差损失函数)、nn.CrossEntropyLoss(交叉熵损失函数)、nn.BCEWithLogitsLoss(具有 Sigmoid 函数的二分类交叉熵函数)等。此外,PyTorch 还提供其他常用的层结构,例如 nn.Dropout、nn.

BatchNorm1d 等,读者可以通过 PyTorch 官方文档查询相关的神经网络层。

7. 自定义神经网络模型

利用 PyTorch 构建模型,需要继承 torch.nn.Module 类,并实现__init__()、forward()函数,在__init__()函数中定义模型的每个层,在 forward()函数中说明网络的前向传播过程。

下面给出自定义循环神经网络模型实例。

通常循环神经网络用来解决具有时间序列的问题。在下面的示例中,对于数据集假设 batch 维度为 5,序列长度为 3,输入特征为 2,建立一个多对一的循神经网络模型,以实现数据分类。因此,构建的模型应利用最后一个时刻的隐状态实现数据分类。示例代码和输出结果如下:

In[13]:

```
class RNN_Model(nn.Module):
    def __init__(self,in_features=2,hidden_size=5,out_features=1):
        super(RNN_Model, self).__init__()
        self.layer_1=nn.RNN(in_features,hidden_size,1)
        self.layer_2=nn.Linear(hidden_size, hidden_size)
        self.layer_out=nn.Linear(hidden_size, out_features)
        self.relu=nn.ReLU()
    def forward(self, inputs):
        _,h=self.layer_1(inputs)
        x=h.squeeze()
        x=self.relu(self.layer_2(x))
        x=self.layer_out(x)
        return x
x=torch.rand(5,3,2)
model=RNN_Model(2,5,1)
y=model(x)
print(y.shape)
```

Out[13]:

```
torch.Size([3, 1])
```

在上例构建的循环神经网络模型中,输入的序列数据通过循环神经网络层,将其最后一个时刻输出的隐状态输入全连接层,并利用 ReLU 激活函数进行线性变换,最后将其输入全连接层并输出。

8. 模型的保存和加载

训练好的模型可用 torch.save()函数保存。例如,torch.save(model,'a.pkt')表示把模型 model 及参数存储到文件 a.pkt 中。也可只保存模型参数,这种方式存储数据量少,速度快,例如 torch.save(model.state_dict(),'b.pkt')。模型加载可通过 torch.load()函数实现。例如,torch.load('a.pkt')可加载整个模型,torch.load_state_dict(torch.load('b.pkt'))可加载模型参数。

9.5.3 PyTorch 神经网络的训练过程

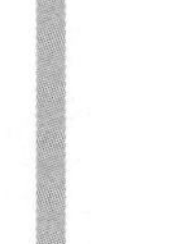

PyTorch 神经网络的训练过程主要包括以下步骤：

(1) 通过模型的 train()函数将模型设置为训练模式。

(2) 选择损失函数和优化方法。

(3) 将所有参数的梯度设为 0。

(4) 输入数据，得到预测输出。

(5) 根据输出计算损失。

(6) 损失反向传播。

(7) 更新参数。

重复步骤(3)～(7)直到训练结束。其训练过程的示例如下：

In[14]:

```
import torch.optim as optim
model.train()
EPOCHS=2
LEARNING_RATE=0.01
criterion=nn.BCEWithLogitsLoss()
optimizer=optim.Adam(model.parameters(), lr=LEARNING_RATE)
for e in range(1, EPOCHS+1):
    epoch_loss=0
    epoch_acc=0
    i=0
    for X_batch, y_batch in dl:
        optimizer.zero_grad()
        y_pred=model(X_batch)
        loss=criterion(y_pred, y_batch.unsqueeze(1) )
        i=i+1
        loss.backward()
        optimizer.step()
        print("epoch{0}:iter:{1},loss:{2}".format(e,i,loss.item()))
```

Out[14]:

```
epoch1:iter:1,loss:0.5562669634819031
epoch1:iter:2,loss:0.6949279308319092
epoch2:iter:1,loss:0.5333636999130249
epoch2:iter:2,loss:0.6839030981063843
```

上例采用二分类的交叉熵 nn.BCEWithLogitsLoss 作为损失函数，采用 Adam 优化器进行优化，通过 model.train()函数将模型设置为训练模式。参数梯度通过 optimizer.zero_grad()函数设为 0，通过损失函数计算预测值和真实值之间的损失，并利用 loss.backward()函数实现梯度的反向传播，最后通过 optimizer.step()实现参数更新。

9.5.4 深度学习模型实例

利用 PyTorch 实现深度学习的过程通常可以分为以下 4 个步骤：

（1）构建用于训练和测试数据集的 DataLoader。

（2）构建模型。

（3）训练模型。

（4）测试模型。

下面给出采用 MLP 结构构建网络模型实现数字手写体识别的示例。

首先，设置初始参数并获取数字手写体识别的数据集，代码和输出结果如下：

In[15]:
```
import torch
import torch.nn as nn
import numpy as np
from sklearn.datasets import load_digits
from sklearn.model_selection import train_test_split
from torch.utils.data import Dataset, DataLoader
batch_size=64                        #设置 batch 的大小
epoch=5                              #设置训练轮数
learning_rate=0.01                   #设置学习率
digits=load_digits()                 #加载 sklearn 中的数字手写体数据集
data=digits.data
target=digits.target
data=data.astype(np.float32)         #将数据转换为 np.float32 类型
target=target.astype(np.int64)       #将输出标签转换为 np.Int64 类型
print(data.shape)
print(target.shape)
```

Out[15]:
```
(1797, 64)
(1797,)
```

从输出结果可以看出，在 sklearn 的数字手写体数据集中共有 1797 个样本，每个样本有 8×8 共 64 个特征。

其次，将数据集划分为训练集、验证集、测试集 3 个部分，每个部分的数据所占的比例分别为 80%、10%和 10%。代码和输出结果如下：

In[16]:
```
X_train, X_test, y_train, y_test=train_test_split(data, target,
test_size=0.2)
X_val, X_test, y_val, y_test=train_test_split(X_test, y_test,
test_size=0.5)
print(X_train.shape,y_train.shape)
print(X_val.shape,y_val.shape)
print(X_test.shape,y_test.shape)
```

Out[16]:
```
(1437, 64) (1437,)
(180, 64) (180,)
(180, 64) (180,)
```

随后建立神经网络模型，该模型包含一个输入层、两个隐含层和一个输出层：

In[17]:

```
class MLP(nn.Module):
    def __init__(self,in_features=64,out_features=10,dropout=0.1):
        super(MLP, self).__init__()
        self.layer_1=nn.Linear(in_features, 64)      #输入层
        self.layer_2=nn.Linear(64, 32)               #隐含层
        self.layer_3=nn.Linear(32, 16)               #隐含层
        self.layer_out=nn.Linear(16, out_features)  #输出层
        self.relu=nn.ReLU()                          #激活函数
        self.dropout=nn.Dropout(p=dropout)           #设置丢弃率
        self.batchnorm1=nn.BatchNorm1d(64)           #BN优化
        self.batchnorm2=nn.BatchNorm1d(32)           #BN优化
    def forward(self, inputs):
        x=self.relu(self.layer_1(inputs))
        x=self.batchnorm1(x)
        x=self.relu(self.layer_2(x))
        x=self.batchnorm2(x)
        x=self.relu(self.layer_3(x))
        x=self.dropout(x)
        x=self.layer_out(x)
        return x
model=MLP()
print(model)
```

Out[17]:

```
MLP(
  (layer_1): Linear(in_features=64, out_features=64, bias=True)
  (layer_2): Linear(in_features=64, out_features=32, bias=True)
  (layer_3): Linear(in_features=32, out_features=16, bias=True)
  (layer_out): Linear(in_features=16, out_features=10, bias=True)
  (relu): ReLU()
  (dropout): Dropout(p=0.1, inplace=False)
  (batchnorm1): BatchNorm1d(64, eps=1e-05, momentum=0.1,
affine=True, track_running_stats=True)
  (batchnorm2): BatchNorm1d(32, eps=1e-05, momentum=0.1,
affine=True, track_running_stats=True))
```

在训练时，为了防止过拟合，需要用验证集保存训练过程中获得的最好模型，验证函数的代码如下：

In[18]:

```
criterion=torch.nn.CrossEntropyLoss()                  #设置损失函数
optimizer=torch.optim.Adam(model.parameters(), lr=0.001)
#设置最优化方法
```

In[18]:

```
def eval(loader):
        model.eval()                                  #设置验证模式
        total=0
        total_val_loss=0
        len_dataset=len(loader.dataset)               #求出数据集的样本个数
        for itr, (data, target) in enumerate(loader):
                pred=model(data)                      #获得预测值
                loss=criterion(pred, target)          #求出损失值
                total_val_loss+=loss.item()
                pred=torch.nn.functional.softmax(pred, dim=1)
                #求出预测的数字值
                for i, p in enumerate(pred):
                        if target[i]==torch.max(p.data, 0)[1]:
                                total=total+1
        accuracy=total/len_dataset                    #计算准确率
        total_val_loss=total_val_loss/(itr+1)
        return total_val_loss,accuracy
```

对模型进行训练,并存储训练中最好的模型。训练过程的代码如下：

In[19]:

```
def train():
    train_loss=list()
    val_loss=list()
    best_val_loss=5
    for e in range(1,epoch+1):
            model.train()
            total_train_loss=0
            for iter,(data,target) in enumerate(train_loader):
                optimizer.zero_grad()
                pred=model(data)
                loss=criterion(pred, target)
                total_train_loss+=loss.item()
                loss.backward()
                optimizer.step()
            total_train_loss=total_train_loss/(iter+1)
            train_loss.append(total_train_loss)
            total_val_loss,val_acc=eval(val_loader)
            val_loss.append(total_val_loss)
            print('\nEpoch: {}/{}, Train Loss: {:.3f},
            Val Loss: {:.3f}, Val Accuracy: {:.3f}'.format(e,
            epoch, total_train_loss, total_val_loss, val_acc))
            if total_val_loss<best_val_loss:
                best_val_loss=total_val_loss
                print("Saving the model state dictionary for
                Epoch: {} with Validation loss: {:.3f}".format
                (epoch,total_val_loss))
                torch.save(model.state_dict(), "model.dth")
            model.train()
```

对整个模型进行训练，并加载训练中得到的最优代码，对测试集进行测试。代码和输出结果如下：

In[20]:	```train() model.load_state_dict(torch.load("model.dth")) test_loss,acc=eval(test_loader) print("Test loss:{:.8f} Test Accuracy:{:.8f}".format(test_loss,acc))```
Out[20]:	Epoch: 1/5, Train Loss: 2.113, Val Loss: 1.942, Val Accuracy: 0.505 Saving the model state dictionary for Epoch: 5 with Validation loss: 1.942 Epoch: 2/5, Train Loss: 1.726, Val Loss: 1.509, Val Accuracy: 0.644 Saving the model state dictionary for Epoch: 5 with Validation loss: 1.509 Epoch: 3/5, Train Loss: 1.369, Val Loss: 1.125, Val Accuracy: 0.761 Saving the model state dictionary for Epoch: 5 with Validation loss: 1.125 Epoch: 4/5, Train Loss: 1.048, Val Loss: 0.818, Val Accuracy: 0.8556 Saving the model state dictionary for Epoch: 5 with Validation loss: 0.818 Epoch: 5/5, Train Loss: 0.763, Val Loss: 0.590, Val Accuracy: 0.894 Saving the model state dictionary for Epoch: 5 with Validation loss: 0.590 Test loss:0.59012139 Test Accuracy:0.86111111

下面给出采用卷积神经网络实现 Minst 数字手写体识别的示例。

采用卷积神经网络训练的过程与本节前一个示例的过程完全一样，区别在于构建数据集的时候需要对数据的维度进行转换，每一个样本的特征要用二维矩阵表示，代码和输出结果如下：

In[21]:

```
digits=load_digits()
data=digits.data
target=digits.target
data=data.astype(np.float32)
data=data.reshape(-1,8,8)      #维度变换
target=target.astype(np.int64)
print(data.shape)
print(target.shape)
X_train, X_test, y_train, y_test=train_test_split(data, target, test_size=0.2)
X_val, X_test, y_val, y_test=train_test_split(X_test, y_test, test_size=0.5)
print(X_train.shape,y_train.shape)
print(X_val.shape,y_val.shape)
print(X_test.shape,y_test.shape)
```

Out[21]:

```
(1797, 8, 8)
(1797,)
(1437, 8, 8) (1437,)
(180, 8, 8) (180,)
(180, 8, 8) (180,)
```

构建卷积网络模型的代码和输出结果如下：

In[22]:

```
class Conv(nn.Module):
    def __init__(self,in_features=1,out_features=10,dropout=0.1):
        super(Conv, self).__init__()
        self.layer_1=nn.Conv2d(1,32,3)
        self.pool_1=nn.MaxPool2d(2)
        self.layer_2=nn.Conv2d(32,16, 3)
        self.layer_out=nn.Linear(1*1*16, out_features)
        self.relu=nn.ReLU()
        self.dropout=nn.Dropout(p=dropout)
    def forward(self, inputs):
        x=inputs.unsqueeze(1)
        x=self.relu(self.layer_1(x))
        x=self.pool_1(x)
        x=self.relu(self.layer_2(x))
        x=torch.flatten(x, 1)
        x=self.dropout(x)
        x=self.layer_out(x)
        return x
model=Conv()
print(model)
```

Out[22]:

```
Conv(
  (layer_1): Conv2d(1, 32, kernel_size=(3, 3), stride=(1, 1))
  (pool_1): MaxPool2d(kernel_size=2, stride=2, padding=0, dilation
=1, ceil_mode=False)
  (layer_2): Conv2d(32, 16, kernel_size=(3, 3), stride=(1, 1))
  (layer_out): Linear(in_features=16, out_features=10,
bias=True)
  (relu): ReLU()
  (dropout): Dropout(p=0.1, inplace=False))
```

在初始化函数__int__中设定神经网络结构中用到的神经网络模型。其中，nn.Conv2d(1, 32, 3)表示使用的二维卷积神经网络有1个通道、32个输入和3个卷积核，步长为1；用nn.Dropout()函数设定丢弃率；nn.Linear(1 * 1 * 16,10)表示全连接神经网络有16个输入和10个输出。

在forword()函数中设定神经网络的前向传递过程。在本例中可以看出，$N\times8\times8$的数据（N为batch的大小）首先将维度转变为$N\times1\times8\times8$，使其经过self.conv1卷积操作后，通过 ReLU 函数得到 $N\times32\times6\times6$ 的数据，输入 max_pool2d 的池化层，得到 $N\times32\times3\times3$ 的数据，然后将输出传递到另一个卷积层 self.conv2，经过 ReLU 激活函数得到 $N\times16\times1\times1$ 的数据，torch.flatten(x,1)函数将 x 的维度变为 $N\times16$，然后在进入全连接网络时通过 self.dropout()函数抑制一部分神经元，最后输入全连接层 self.layer_out 输出。

其余的代码均与本节的前一个示例中的代码一致。对模型进行训练和测试的代码和输出结果如下：

In[23]:

```
train()
model.load_state_dict(torch.load("model.dth"))
test_loss,acc=eval(test_loader)
print("Test loss:{:.8f} Test Accuracy:{:.8f}".format(test_loss,
acc))
```

Out[23]:

```
Epoch: 1/5, Train Loss: 2.113, Val Loss: 1.651, Val Accuracy: 0.517
Saving the model state dictionary for Epoch: 5 with Validation loss:
1.651
Epoch: 2/5, Train Loss: 1.574, Val Loss: 1.166, Val Accuracy: 0.700
Saving the model state dictionary for Epoch: 5 with Validation loss:
1.166
Epoch: 3/5, Train Loss: 1.225, Val Loss: 0.831, Val Accuracy: 0.822
Saving the model state dictionary for Epoch: 5 with Validation loss:
0.831
Epoch: 4/5, Train Loss: 0.959, Val Loss: 0.597, Val Accuracy: 0.906
Saving the model state dictionary for Epoch: 5 with Validation loss:
0.597
Epoch: 5/5, Train Loss: 0.786, Val Loss: 0.468, Val Accuracy: 0.939
Saving the model state dictionary for Epoch: 5 with Validation loss:
0.468
Test loss:0.54003435 Test Accuracy:0.95555556
```

从输出结果可以看出，在相同条件下，卷积神经网络模型的识别准确率高于 MLP 神经网络模型。

思 考 题

1. 深度学习与机器学习的关系是什么？
2. MLP 神经网络由哪些层构成？
3. 循环神经网络和卷积神经网络的特点是什么？
4. 神经网络中常见的激活函数有哪些？它们分别有什么特点？
5. 神经元的特点是什么？
6. 如何利用 PyTorch 构建神经网络模型以实现鸢尾花数据分类？

参考文献

[1] 梅宏. 大数据导论[M]. 北京：高等教育出版社，2018.

[2] 刘鹏，张燕. 大数据导论[M]. 北京：清华大学出版社，2018.

[3] 张尧学. 大数据导论[M]. 北京：机械工业出版社，2018.

[4] Chodorow K. MongoDB权威指南[M]. 邓强，王明辉，译. 北京：人民邮电出版社，2014.

[5] 王鹏. 云计算与大数据技术[M]. 北京：人民邮电出版社，2014.

[6] 孔德丽，屈会雪，卞志勇. 浅析基于Hadoop的高校大数据云平台设计[J]. 机械制造与自动化，2020，49(01)：101-102.

[7] 周志华. 机器学习[M]. 北京：清华大学出版社，2016.

[8] 欧高炎，朱占星，董彬，等. 数据科学导引[M]. 北京：高等教育出版社，2017.

[9] Simon P. 大数据可视化：重构智慧社会[M]. 漆晨曦，译. 北京：人民邮电出版社，2015.

[10] 何明. 大数据导论：大数据思维与创新应用[M]. 北京：电子工业出版社，2020.

[11] 黑马程序员. Python快速编程入门[M]. 北京：人民邮电出版社，2017.

[12] 董付国. Python程序设计[M]. 3版. 北京：清华大学出版社，2020.

[13] 埃里克·马瑟斯. Python编程从入门到实践[M]. 袁国忠，译. 2版. 北京：人民邮电出版社，2020.

[14] 夏敏捷，程传鹏，韩新超，等. Python程序设计从基础开发到数据分析[M]. 北京：清华大学出版社，2019.

[15] 阮敬. Python数据分析基础[M]. 北京：中国统计出版社，2017.

[16] Idris I. Python数据分析[M]. 韩波，译. 北京：人民邮电出版社，2016.

[17] 吕晓玲，宋捷. 大数据挖掘与统计机器学习[M]. 北京：中国人民大学出版社，2016.

[18] 王娟，华东，罗建平. Python编程基础与数据分析[M]. 南京：南京大学出版社，2019.

[19] 袁汉宁，王树良，程永，等. 数据仓库与数据挖掘[M]. 北京：人民邮电出版社，2015.

[20] SubramanianG. Python数据科学指南[M]. 方延风，刘丹，译. 北京：人民邮电出版社，2016.

[21] 尹宝才，王文通，王立春. 深度学习研究综述[J]. 北京工业大学学报，2015，41(1)：48-59.

[22] 张润，王永滨. 机器学习及其算法和发展研究[J]. 中国传媒大学学报(自然科学版)，2016，23(2)：10-18，24.

[23] 艾辉. 机器学习测试入门与实践[M]. 北京：人民邮电出版社，2020.

[24] Etherm A.机器学习导论[M]. 范明，昝红英，牛常勇，译. 北京：机械工业出版社，2009.

[25] Domingos P.A Few Useful Things to Know about Machine Learning[J].Communications of the ACM，2012，55(10)：78-87.

[26] 任雪松，于秀林. 多元统计分析[M]. 北京：中国统计出版社，2011.

[27] 魏贞原. 机器学习——Python实践[M]. 北京：电子工业出版社，2018.

[28] 李航. 统计学习方法[M]. 2版. 北京：清华大学出版社，2019.

[29] 道格拉斯·C.蒙哥马利，伊丽莎白·A.派克. 线性回归分析导论[M]. 王辰勇，译. 北京：机械工业出版社，2016.

[30] 郑丹青. Python数据分析基础[M]. 北京：人民邮电出版社，2020.

[31] 塞巴斯蒂安·拉施卡. Python机器学习[M]. 陈斌，译. 北京：机械工业出版社，2018.

[32] Han J W,Kamber M,Pei J. 数据挖掘概念与技术[M]. 范明,孟小峰,译. 北京：机械工业出版社,2012.

[33] 莫特拉. 机器学习算法[M]. 北京：机械工业出版社,2016.

[34] 安德里亚斯·穆勒,莎拉·吉多. Python 机器学习基础教程[M]. 张亮,译. 北京：人民邮电出版社,2018.

[35] Joshi P. Python 机器学习经典实例[M]. 陈小莉,译. 北京：人民邮电出版社,2017.

[36] 左飞. 统计学习理论与方法[M]. 北京：清华大学出版社,2020.

[37] Forina M. Wine Data Set Center for Machine Learning and Intelligent Systems[EB/OL].[2021-05-21]. https://archive.ics.uci.edu/ml/datasets/Wine.

[38] UCI. SMS Spam Collection Data Set Center for Machine Learning and Intelligent Systems[EB/OL]. [2021-05-21]. http://archive.ics.uci.edu/ml/machine-learning-databases/00228/.

[39] UCI. Iris Data Set Center for Machine Learning and Intelligent Systems[EB/OL]. [2021-05-21]. http://archive.ics.uci.edu/ml/datasets/iris.

[40] Kaggle Inc. hr_comma_sep Data Set[EB/OL]. [2021-05-21]. https://www.kaggle.com/jiangzuo/hr-comma-sep/ version/1.

[41] 赵卫东,董亮. 机器学习[M]. 北京：人民邮电出版社,2018.

[42] Harrington P. 机器学习实战[M]. 李锐,李鹏,译. 北京：人民邮电出版社,2013.

[43] 谢飞. Python 机器学习[M]. 北京：电子工业出版社,2018.

[44] 奥雷利安·杰龙. 机器学习实战[M]. 宋能辉,李娴,译. 北京：机械工业出版社,2020.

[45] 雷明. 机器学习：原理、算法与应用[M]. 北京：清华大学出版社,2019.

[46] 邱锡鹏. 神经网络与深度学习[M]. 北京：机械工业出版社,2020.

[47] 翁贝托·米凯卢奇. 深度学习：基于案例理解深度神经网络[M]. 陶阳,邓红平,译. 北京：机械工业出版社,2019.

[48] 焦李成. 深度学习优化与识别[M]. 北京：清华大学出版社,2017.

[49] 谢林·托马斯,苏丹舒·帕西. PyTorch 深度学习实战[M]. 马恩驰,陆健,译. 北京：机械工业出版社,2020.

图书资源支持

感谢您一直以来对清华版图书的支持和爱护。为了配合本书的使用，本书提供配套的资源，有需求的读者请扫描下方的“书圈”微信公众号二维码，在图书专区下载，也可以拨打电话或发送电子邮件咨询。

如果您在使用本书的过程中遇到了什么问题，或者有相关图书出版计划，也请您发邮件告诉我们，以便我们更好地为您服务。

我们的联系方式：

地　　址：北京市海淀区双清路学研大厦 A 座 714

邮　　编：100084

电　　话：010-83470236　010-83470237

客服邮箱：2301891038@qq.com

QQ：2301891038（请写明您的单位和姓名）

资源下载：关注公众号“书圈”下载配套资源。

资源下载、样书申请

书圈

获取最新书目

观看课程直播